U0209698

国家重点基础研究发展计划（973计划）项目
"空间光学先进制造基础理论及关键技术研究"（2011CB013200）资助

光学非球面镜
可控柔体制造技术

THE CONTROLLABLE COMPLIANT
TOOLS（CCT）TECHNOLOGY
FOR MANUFACTURING OF
ASPHERIC OPTICAL COMPONENTS

李圣怡　戴一帆　彭小强　解旭辉　王贵林　周林　石峰　编著

国防科技大学出版社

内 容 简 介

非球面光学元件是在通常的球面光学元件上增加了高次曲率,它与球面光学元件相比具有系统光学性能好、质量轻等诸多优点。采用非球面技术设计的光学系统,可在航空、航天、国防以及高科技民用领域广泛应用。

本书首先介绍可控柔体制造技术的概念及其体系结构,然后以科研成果为基础,全面系统介绍了基于子孔径的非球面加工基础理论,基于数控小工具的 CCOS 技术,离子束抛光技术,磁流变抛光技术,确定性光学加工误差的评价方法等。

本书可供从事精密和超精密机床设计和制造、光学加工工艺、光学加工测量与控制等相关研究领域的工程技术人员参考,也适合大专院校相关专业的师生阅读。

图书在版编目(CIP)数据

光学非球面镜可控柔体制造技术/李圣怡等编著. —长沙:国防科技大学出版社,2015. 12

ISBN 978 – 7 – 5673 – 0126 – 9

Ⅰ. ①光… Ⅱ. ①李… Ⅲ. ①非球面透镜—制造 Ⅳ. ①TH74

中国版本图书馆 CIP 数据核字(2013)第 161701 号

国防科技大学出版社出版发行

电话:(0731)84572640 邮政编码:410073

http://www.gfkdcbs.com

责任编辑:张 静 责任校对:邹思思

新华书店总店北京发行所经销

国防科技大学印刷厂印装

*

开本:787 × 960 1/16 印张:26.5 字数:490 千

2015 年 12 月第 1 版第 1 次印刷 印数:1 – 800 册

ISBN 978 – 7 – 5673 – 0126 – 9

定价:68.00 元

前 言

相对于传统的球面镜,光学非球面镜增加了曲率的变化,因而在应用层面带来诸多好处,可以提高光学系统性能、简化系统组成、提高设计裕度,在航空、航天、国防以及国民经济等诸多领域的应用需求越来越旺盛。另一方面,由于非球面镜曲率是变化的,属复杂曲面光学元件,用传统球面镜的加工方法进行加工会带来较大的困难,且近年来,非球面镜的加工精度要求不断提高,用于极紫外光刻物镜的光学元件要求达到亚纳米面形精度,如何实现如此高精度非球面光学元件的制造成为业界关注的研究焦点。2004年以来,国防科技大学超精密加工团队承担了国家自然科学基金、国家重大基础研究、国家重大专项等一系列科研项目,开展高精度光学非球面镜加工技术的研究,深入研究了光学非球面镜的加工特点、加工理论和加工方法,总结出了可控柔体光学元件加工理论和方法,并成功研制了系列加工装备,能够很好地解决高精度非球面镜的制造难题。2011年,总结部分成果由国防工业出版社出版了《大中型光学非球面镜制造与测量新技术》一书。近年来,进一步系统整理和提炼研究工作的新进展,出版本书。本书围绕子孔径修形方法,着重介绍了小工具抛光、磁流变抛光和离子束抛光等几种新的方法,这些方法属于可控柔体光学加工范畴,代表了非球面镜光学加工的发展前沿。同时也介绍了非球面镜加工中如何提高其光学性能的理论和工艺。最后,根据子孔径加工方法容易在非球面镜表面产生不同频率误差这一特点,提出了加工质量的评价方法。本书共分以下六章:

第1章对光学非球面镜加工技术进行全面介绍,包括光学系统对非球面镜的要求、光学非球面镜的加工特点、超光滑表面加工技术的特点和实现方法,以及光学非球面镜的经典研抛方法、数控研抛方法等,最后着重讨论了光学元件可控柔体制造技术的概念、技术分类及研究体系。

第2章主要介绍在光学非球面镜确定性研抛基础理论、数学分析和建模方法等方面所取得的成果,包括基于全口径线性扫描方式的面形修正理论、基于极轴扫描方式的面形修正技术、光学非球面修形的频谱特征、熵最大研抛原理等。本章作为确定性研抛加工具有普遍意义的理论基础,将对各类光学非球面镜加工起到指导作用。

第3章主要介绍基于小尺寸研抛工具的CCOS技术。首先介绍了小尺寸研抛工具CCOS加工过程中存在的主要技术难题,然后介绍研制的双转子小工具CCOS加工机床、驻留时间算法及分析、边缘效应下的去除函数建模、光学表面小尺度制造误差的产生原因与修正方法等,最后以Φ500mm抛物面镜加工作为例子,介绍了CCOS加工的全过程和检测结果。

第4章主要介绍离子束抛光技术。首先介绍了离子束抛光的基本原理和相关模型,然后介绍离子束抛光机床的设计与分析、离子束加工去除函数理论建模和实验、离子束抛光的小尺度误差演变等,最后以CVD SiC平面镜、微晶玻璃球面镜和抛物面镜作为例子,介绍了离子束修形抛光的全过程与检测结果。

第5章主要介绍磁流变抛光技术。首先介绍了磁流变抛光技术的发展历史及基本原理,然后介绍磁流变抛光的材料去除机理与数学模型、磁流变抛光机床的设计与分析、磁流变抛光液及其性能测试、磁流变抛光过程的工艺参数优化方法、磁流变抛光表面修形技术与大型平面镜、球面镜和抛物面镜的加工实例等,最后介绍了在磁射流抛光方面的研究结论。

第6章主要介绍确定性光学加工误差的评价方法。首先介绍了常用的光学加工误差评价方法,然后介绍了采用小波变换结合功率谱密度特征曲线的光学加工局部误差的评价方法、基于Harvey-Shack散射理论的光学加工误差评价方法、基于光学性能分析的频带误差评价方法等,最后介绍了上述研究方法在光学非球面镜加工、测量中的应用。

本书主要基于国防科技大学超精密加工团队研究工作整理而成,也吸收了很多本领域的研究成果,虽然尽可能在参考文献中进行了标注,但难免会有遗漏,在这里向有关作者表示歉意。由于作者水平有限,而光学非球面镜加工技术发展很快,一些新的非球面镜加工理论和方法未能列入,在此表示遗憾。最后,要感谢研究室所有在职和调离的老师,以及所有毕业离去和在读的研究生,正是他们的辛勤劳动才使本书内容形成了体系,还要特别感谢学校科研部和国防科技大学出版社,正是他们的大力支持才使本书顺利出版。

作　者
2015. 10

目录 CONTENTS

1

第 3 章 基于小研抛盘工具的 CCOS 技术 ……………………… (136)

第 1 章

非球面光学研抛技术

1.1 光学非球面的优点及应用

1.1.1 光学非球面的优点

小型平面和球面光学镜面的加工较为简单,用传统的加工技术可以制造出面形精度非常高的镜面,但由球面镜构成的光学系统成像质量受到一定的限制。从图1.1(a)可以看出,由一个球面构成的平凸透镜能够汇聚平行于光轴的入射光线,但沿着光轴没有一处能找到这些光线的完美汇聚点,这将影响成像的质量,例如出现清晰度下降和变形等像差问题。传统的光学设计是使用多块不同类型的球面镜组合来消除这些像差,如图1.1(b)所示。所需要的视场越大,则系统使用的光学元件就越多。镜片数的增加,不可避免地使镜头的体积和重量增加,而且还可能增加光线在镜片内的反射而引起耀光现象等不利因素。然而,非球面镜为光学设计提供了新的解决方法,例如图1.1(c)所示,一个设计合理的非球面构成的平凸透镜,可使全部平行于光轴的入射光线汇聚到一点,从而可以消除像差。

在通常的球面上增加了高次曲率的非球面光学元件与球面光学元件相比具有诸多优点,例如,非球面透镜能够消除光线传播过程中的球面像差,提高聚焦和校准的精度,在不增加独立像差个数的前提下,增加了自变量个数,从而增加了像差校正的自由度,可校正高分辨率透镜的像差[2,3]。另外,非球面光学元件还应用在一些特殊场合,如透镜系统的全开口径真实不晕成像或为眼镜设计递增型镜片[2]。非球面透镜的应用,带来出色的锐度和更高的分辨率,采用非球面技术设计的光学系统,可以矫正像差、改善像质、扩大视场、增大作用距离、减少

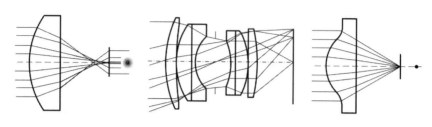

（a）球面镜像差　　　（b）消像差的球面镜组合　　　（c）非球面镜修正像差

图 1.1　球面与非球面的对比[1]

光能损失,从而获得高质量的图像效果和高品质的光学特性,同时镜头的小型化设计也成为可能,上述优点使得非球面在国防以及高科技民用领域得到了越来越广泛的应用。本书中非球面光学元件又称为光学非球面镜,或简称光学非球面。

1.1.2　非球面光学元件在军用装备的应用

据美国陆军的一个调查统计,早在 20 世纪 80 年代,军用激光和红外热成像光电产品需要的非球面光学元件达 23.46 万个,仅次于球面元件(63.59 万个)[4]。AH – 1"眼镜蛇"武装直升机上 20mm 加农炮的 XM – 35 火力控制系统将采用 5 块非球面镜,从而使得新设计的系统由原来超过 7 磅的重量减轻到 3 磅。

激光以光速向目标传递激光能量,具有从干扰到摧毁不同程度的多种杀伤形式。强激光束有着强大的杀伤威力,并且机动灵活,可以任意改变射击方向,不受目标运动与重力的限制等。高能激光武器主要由高能激光器和光束定向器两大硬件组成,其中光束定向器又由大口径发射系统和精密跟踪瞄准系统两部分构成。大口径发射系统用于把激光束发射到远场,并汇聚到目标上,形成功率密度尽可能高的光斑,以便在尽可能短的时间内破坏目标。跟踪瞄准系统用于使发射望远镜始终跟踪瞄准飞行中的目标,并使光斑锁定在目标的某一固定部位,从而有效地摧毁或破坏目标。为此,必须采用主镜直径足够大的大口径发射望远镜,并可根据目标的不同距离对次镜进行平移,以起到调焦的作用。

据统计,从第一颗人造地球卫星上天至 2004 年,40 多年时间里美国和苏联向太空发射的 4000 多颗航天器中,约有 75% 用于军事目的,而其中又有 40% 用于军事对地观测。仅成像侦察卫星美国就发射了近 260 颗,苏联、俄罗斯更是高达 850 多颗。而美国每年在航天侦察方面的预算高达 50 亿美元。除了军事侦察、空间制导与对抗、搜索、跟踪、监视和预警等用途外,高分辨率对地观测卫星还可用于进行国土资源普查(如,探矿、估产、地质地貌地图测绘),也可用于天气与灾害预报(如,气象、海洋观测)等目的。例如美国现役的"锁眼"光学成像侦察卫星KH - 12,估计光学系统主镜口径约$\phi3 \sim \phi4m$,以近地点$270 \sim 280km$,远地点$510 \sim 580km$的太阳同步轨道运行,其可见光和红外对地观测分辨率分别为$0.1 \sim 0.15m$和$0.6 \sim 1m$。

1.1.3 非球面光学元件在民用装备的应用

非球面光学元件在民用领域也有广阔的应用。如,飞机中提供飞行信息的显示系统,高品质的照相机、摄像机的取景器、变焦镜头,红外广角地平仪等各种光学测量仪器中的锗透镜,录像、录音用显微物镜读出头,医疗诊断用的间接眼底镜、内窥镜、渐进镜片等,以及数码相机、VCD、DVD、光驱、CCD摄像镜头,大屏幕投影电视机等图像处理产品。随着光电子系统小型化逐渐成为一种趋势,微光学元件在工程领域中具有很好的应用前景。微光学元件的一个重要用途是用作光纤通信系统中的光连接器件。在我们日常生活使用的很多产品中也有微光学元件的应用,如液晶显示屏的微透镜阵列、激光头的分光镜及用于激光扫描的$F - \theta$镜片等。微光学元件的一个重要应用是用作手机摄像头。随着消费者对于相机的轻巧性及高品质相片等要求的提高,镜头将向着高像质、小型化、轻量化方向发展。由于非球面可以减少波相差,其应用可以减少相机体积、减轻其重量,因此考虑到成像的质量与相机机身的轻薄短小及自动对焦和光学变焦等问题,在镜头中加入微型非球面镜片就成了必然。

天文望远镜是满足人类探索宇宙的有力工具,目前面形最大的光学镜片都用于天文望远镜上。目前,已建成的和计划建设中的极大型天文望远镜——美国的CELT和GSMT主镜直径都为30m,加拿大的XLT和CFHT计划的HDRT主镜直径都为20m,瑞士、西班牙、芬兰、爱尔兰的EURO主镜直径为50m,LAMA计划的OWL主镜直径为100m,EURO50天文台的拼接、离轴非球镜的每个子镜直径都为2m。

把天文望远镜建在天空对观察宇宙比地基天文台要优越得多。如美国国家航空航天局(National Aeronautics and Space Administration,NASA)在1990年成功发射了著名的哈勃空间望远镜(Hubble Space Telescope,HST),其主镜口径为2.4m,面积$4.5m^2$,可以观测到120亿光年内的星系[5,6],完成该项目时的光学制造能力为$1.0m^2/$年。

NASA正在研究下一代空间望远镜(Next Generation Space Telescope,NGST),原计划在2012年发射詹姆斯·韦伯太空望远镜(James Webb Space Telescope,JWST),其主反射镜主镜对角线长6.5m,面积为$25m^2$(由18块六边形

子镜拼接而成),完成该项目所需的光学制造能力要高于 6.0m²/年。表 1.1 列出了 HST 和 JWST 的主镜要求[7],图 1.2 为 NASA 已发射的 HST 照片和在研的 JWST 示意图[8,9]。由于一些技术原因,JWST 至今尚未发射升空。预计于 2018 年发射的单孔径远红外太空观测器(SAFIR),主镜对角线长 10m,面积达到 100m²,其光学制造能力更是要达到惊人的 24.0m²/年,而目前世界上大镜制造能力不足 50.0m²/年。表 1.1 也标示了 NASA 太空项目对光学制造能力需求的发展趋势的预测。

表 1.1　NASA 的 HST 和 JWST 的主镜要求

望远镜	发射年	直径 /m	面密度 /(kg/m²)	制造能力 /(m²/年)	生产成本 /(百万美元/m²)
HST	1992	2.4	240	≈1.0	10
JWST	2012	≈6.0	<25	>6.0	<3

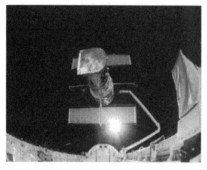
(a) HST

(b) JWST

图 1.2　NASA 已发射的 HST 照片和在研的 JWST 示意图

1.2　光学非球面加工的特点

1.2.1　光学系统对非球面光学元件的要求

进入 21 世纪,国际光学工业市场的竞争更加激烈,对非球面光学元件口径、相对口径、加工精度、轻量化程度、加工效率和生产成本等方面都提出了更高的要求。

光学非球面镜可控柔体制造技术

1. 口径[10]

根据瑞利判据，光学系统分辨远场两物点的极限角距离为 $\Delta\theta = 1.22\lambda/D$（式中 D 为光学系统的有效口径），因此增大光学系统的有效口径是提高光学系统分辨能力的基本途径。以空间相机为例，卫星的高度大约在 200～300km，为了获得高分辨率，要求相机口径至少在 0.5～1m。

2. 相对口径[10]

相对口径是指主镜有效口径与焦距的比值。光学系统的成像锐度、像的照度与相对口径有直接关系：在口径相同的情况下，增大相对口径可以有效提高成像的锐度和照度，从而提高成像质量。另外，增大相对口径可以大大缩短光学系统轴向距离，从而减小系统重量，对于空间光学系统而言，可以降低发射费用。根据科学家的预测，21 世纪大型反射式望远镜主镜的相对口径将大致分布在1:1.5 和 1:1 之间。对于空间相机光学系统来说，由于口径和焦距的限制，目前其相对口径仍较小（1:4以下），但是也向大相对口径发展[11]。

3. 加工精度

光学元件的加工精度直接影响光学系统的性能。光学元件面形精度传统的评价指标主要有反射或透射波前的峰谷值（Peak-to-Valley，PV）、均方根值（Root-Mean-Square，RMS）和表面粗糙度。文献[12,13]认为，各个空间频段的波前误差从以下方面降低了系统的性能：①低频误差降低系统的峰值强度，即影响聚焦性能；②中频误差在降低峰值强度的同时增大光斑尺寸，从而影响系统的成像质量；③高频误差对应大角度散射，降低系统的对比度或信噪比。随着对性能要求的不断提高，光学系统对光学元件的质量评价有了新的要求，即要求对波前误差的频谱分布进行评价和控制。以美国激光惯性约束聚变（Inertial Confinement Fusion，ICF）工程的国家点火装置（National Ignition Facility，NIF）为例，整个装置的光学系统使用 7000 多件大口径光学元件。根据其对系统光学性能的影响，NIF 中的光学元件面形误差被划分为三个空间波段[14]：①波长大于 33mm 的低频面形主要决定了聚焦性能，由 RMS 梯度控制；②波长在 0.12～33mm 的中频波度影响焦斑的拖尾和近场调制，由功率谱密度（Power Spectral Density，PSD）控制；③波长小于 0.12mm 的高频粗糙度对丝状形成有重要影响，由 RMS 粗糙度控制。此外，高分辨率成像系统也对小尺度制造误差提出了严格要求，例如TPFc 次镜（长轴长 890mm）要求全口径内小于 5 个周期的尺度内的扰动为 6nm RMS，5～30 个周期的尺度内的扰动为 8nm RMS，而 30 个周期以上的尺度内的扰动为 4nm RMS；JWST 次镜（口径 ϕ738mm）在相应尺度内的扰动分别为 34nm

RMS、12nm RMS 和 4nm RMS[15]。

4. 轻量化程度

随着光学元件口径的增大,系统重量大幅增加,自重变形和热膨胀变形也成为光学加工界不得不面对的新问题。目前主要采用新材料、离心熔铸、焊接成形、机械减重等方法,提高光学系统的轻量化程度,以降低发射费用和减少光学元件的变形。

零膨胀玻璃和熔石英熔接减重技术是当前大镜镜坯材料和减重技术的主流,德国 SCHOTT 公司和俄罗斯的零膨胀玻璃材料是当前国内外市场的主导产品。零膨胀玻璃的成形采用数控铣磨机械加工方法,镜坯减重采用金刚石砂轮打孔加工与酸蚀方法,目前国内对大口径镜坯的减重,其减重比可达 50% ~ 60%。我国也可生产零膨胀玻璃,但质量上,特别是大镜坯制造技术仍与国外有较大差距。采用熔石英前后面板蜂巢夹芯结构构成熔石英轻型主镜,制造技术趋于成熟,制造的大镜整体镜坯口径可达到 8m。图 1.3 为欧洲制造的口径 8m熔石英镜坯。

图 1.3　欧洲制造的口径 8m 熔石英镜坯

中国科学院光电所发展了熔石英熔接主镜镜坯技术,已经研制了一系列 $\phi400 \sim \phi1300mm$ 的各类熔石英熔接轻型主镜,成功用于国防光学技术、空间光学技术,减重比约达 70%。

评价光学元件轻量化程度的指标是面密度(Areal Density),对于空间望远镜而言具有至关重要的意义。其中已经完成的哈勃空间望远镜采用熔石英玻璃焊接成的 2.4m 轻质主镜,减重比约 70%,面密度为 $240kg/m^2$,而在研的 JWST 将进一步提高轻量化程度,面密度将降低到约为哈勃空间望远镜的 1/10[7]。

表 1.2 列出了美国研制的光学系统主镜的面密度,各种空间反射镜材料的主要性能[16]。

表 1.2　各种光学反射镜材料的性能

参数 ＼ 材料	Be	Si	Al	Cu	Mo	SiC	SiO_2	So－115M	Zerodur	ULE	期望值
密度 $\rho/(10^3 kg/m^3)$	1.85	2.3	2.7	8.9	10.2	3.05	2.2	2.5	2.5	2.21	低
弹性模量 E/GPa	280	157	69	115	325	390	70	92	92	67	高
比刚度 $E/\rho/(10^6 m)$	15.1	6.8	2.7	1.3	3.2	13	3.2	3.7	3.7	3.1	高
导热系数 $\lambda/(W/m \cdot K)$	159	160	220	400	145	185	1.38	1.2	1.67	1.3	高
热膨胀系数 $\alpha/(10^{-6}/K)$	11.4	2.5	23.9	16.5	5	2.5	0.55	0.15	0.05	0.03	低
热变形系数 $\alpha/\lambda/(10^{-8} m/W)$	7.2	1.6	11	4.1	3.5	1.4	40	12.5	3	2.3	低

从表 1.2 中发现,就比刚度而言,Be 和 SiC 远优于其他材料。Be 材料的缺点有:①Be 粉尘吸入人体是有毒的,为防止在加工过程中 Be 粉尘给人体健康带来影响,需要采取一系列的严格的防护措施,这就增加了制造成本;②Be 反射镜的加工量较大,材料利用率低,尽管新近开发的近净成形(Near Net Shape,NNS)制造工艺和新型铍合金的出现可大大降低制造成本,但目前仍比 SiC 高出数倍。

SiC 作为反射镜材料的研究大约开始于 20 世纪 80 年代,之后经过二十多年的研究开发,这种材料以其优异的物理性能和良好的工艺性能逐渐发展成为一种具有广阔应用前景的新型光学材料。与 Be 相比,SiC 具有明显的优势:①各向同性、无毒、不需要特殊设备;②从常温到低温具有良好的光学热稳定性;③发展新的坯体制造工艺也能够实现复杂形状的近净尺寸成形,不但满足了轻量化要求,而且可以减少后序工作量。SiC 材料的比刚度很高,能够制造出直径达 3m 的轻质反射镜,可在太空失重、极低温度和温度变化等环境下运用。图 1.4 为欧洲制造的 SiC 空间光学反射镜。图 1.5 为直径 3m 的大型 SiC 反射镜坯。

目前 SiC 反射镜的发展趋势为:①大型化,反射镜口径将超过 1m;②轻量化,反射镜背面从开式结构发展到闭式结构,减重比大于 75%,可制成超轻反射镜,也可制成异形薄型镜;③表面改性后可获得超光滑表面,例如:反射镜表面镀 SiC 和镀 Si 时,其粗糙度分别为 RMS < 11nm 和 RMS < 0.5nm。

SiC 反射镜坯体制造方法主要有三种:反应烧结法(RB)、化学气相沉积法(CVD)和热压法(HIP)。目前国内也正在探索 SiC 材料的制备和加工工艺,特别是制造大型轻质反射镜还有许多问题需要研究。从国外趋势可以明显看出,不久的将来,可实时控制变形的能动镜首先将会在天基的光学系统中逐步替代实心或空心主镜,再进一步也将会在地基的大型望远镜中应用。

图 1.4　SiC 空间光学反射镜

图 1.5　直径 3m 的大型 SiC 反射镜坯

从 20 世纪 80 年代初开始,美国、苏联、德国、法国、日本等国家开始针对应用于高能激光器反射镜、空间低温深冷反射镜、可折叠型大型探测反射镜和可变形能动薄镜等进行 SiC 基反射镜的研究。20 世纪 90 年代在 SiC 镜坯制作、研磨和抛光方面取得了较大进展,如美国 Xinetics 公司对 SiC 主镜制作技术及其性能进行了深入的研究,提出进一步的目标是研制口径为 8m 的大口径轻型反射镜。美国 SSG 公司研制了一系列 SiC 轻型主镜,直径 90mm,质量小于 30g;直径 230mm 的网络结构反射镜质量小于 400g;直径为 600mm 的 SiC 主镜质量小于 6000g。美国 Schafer 公司研制的 C/SiC 复合材料反射镜平均面密度仅 9.8kg/m^2,反射镜面形精度小于 0.021 波长,表面粗糙度小于 4Å。美国 POCO 公司利用反应烧结法制备出性能优异的轻质 SiC 反射镜,平均面密度 13.06kg/m$^{2[17-24]}$。

5. 制造能力和生产成本

制造能力和生产成本直接反映一个国家的光学工业现代化水平。评价制造能力和生产成本的指标分别是单位时间的制造面积和单位面积的生产费用。非球面元件加工在满足加工精度等指标的前提下应尽量提高制造能力、降低生产成本,以满足对光学元件数量、生产周期和成本的要求。仍以已经发射的 HST 和在研的 JWST 为例,JWST 计划的制造能力为 HST 的 6 倍以上,而生产成本仅为 HST 的 30% 以下,具体指标参见表 1.1。

1.2.2 非球面光学元件的加工分析

1. 非球面加工难度系数

非球面是偏离球面的表面,非球面偏离球面越大,越难加工。与球面在其表面上任一点都具有相同曲率半径并且各点的法线汇聚在同一球心点不同,非球面的各点曲率半径不同、曲率中心不同,面形复杂。例如,一个相对口径 1:1 的深型抛物面,由顶点向边缘曲率半径逐渐减小,在边缘点的曲率半径约等于顶点曲率半径的 90%,即相差大约 10%。

对于非球面,可以找到一个球面,使它与非球面偏离量最小且经过非球面顶点和边缘,称之为“最接近比较球面”。非球面度是指某一非球面表面与一个最接近比较球面的偏差量。

非球面度的大小反映了加工的难度,但不能看其绝对数值,还要看被加工工件直径的大小,例如,抛物面的非球面度可用抛物面与最接近比较球面的最大偏离量表示:

$$\delta_{\max} = 2.44 \times 10^{-4} DA^3 \tag{1.1}$$

式中,D 为该抛物面的有效口径;

A 为相对口径,$A = 2D/R_0$,R_0 为顶点曲率半径。

表明抛物面制造难度与相对口径 A 的三次方成正比,同时与口径 D 成正比,Максутов 认为相对口径 1:2 是经典加工方法的极限[10]。

因此,真正反映非球面的加工难度系数的是非球面的陡度或非球面度变化的梯度。Foreman 在文献[25]介绍一个非球面加工难度系数 μ_F,如图 1.6 所示,根据表面曲率半径 R 在子午平面内与离开光轴距离的比率而决定加工的难易程度,其表达式如下:

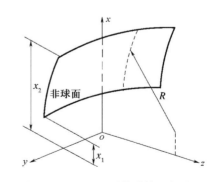

图 1.6　Foreman 系数计算示意图

$$\mu_F = (dR/dx)_{avg} = [R(x_2) - R(x_1)]/(x_2 - x_1) \qquad (1.2)$$

非球面偏离最接近比较球面的斜率越大，非球面的加工难度就越大。Foreman 认为，当加工难度系数 $\mu_F > 5$ 时，非球面非常难加工。例如，使用 QED 公司的磁流变抛光机床 Q22 - X 的直径为 50mm 的抛光轮可以获得最小的抛光斑点直径大小为 4~5mm，当使用这个抛光斑点抛光非球面时，若偏离比率小于 $2\mu m/mm$，则可以精确地加工出表面轮廓，大于此值，就很难保证光滑的表面，而且干涉测量时对偏离值也很敏感。这说明非球面的加工难度问题还必须考虑抛光工具的尺寸和形状。抛光工具必须能遍历整个需要加工表面，而其大小决定了它能加工的最小的局部曲率半径，抛光工具的尺寸和形状决定材料去除规律及相应的抛光运动轨迹。

2. 非球面的曲率效应[25,26]

从抛光工具与工件接触机制的角度来看，两者的曲率是决定接触面积的重要因素。由于大型非球面工件的曲率半径要远远大于抛光小工具的尺寸，因此曲率效应问题不明显，但对于小型非球面工件而言，抛光小工具的曲率半径越接近于非球面的基圆半径，抛光小磨头与工件的局部接触面积会随着径向位置而变化就越剧烈。这种抛光工具和工件的不匹配，会影响抛光过程中局部表面的去除形状和表面粗糙度。

要正确地抛光非球面，必须使得在每个接触位置处抛光工具的曲率半径远远小于非球面表面的曲率。研抛盘式小磨头是用一个足够小的平面来与非球面拟合的，理论上总是存在"贴合"误差，小研抛盘及抛光模的变形有助于减小"贴合"误差。轮式研抛工具也要求其半径小于凹形区域的局部曲率半径，才能正确地实现抛光。如磁流变抛光轮对于可抛光的凹形表面存在一个最小曲率半径的限制，而对凸形表面没有这个限制。例如，Q22 - XE 抛光轮直径 20mm，它能紧密抛光最小尺寸为口径 5mm、曲率半径 15mm 的凹形零件。然而顶点曲率半径为 15mm 的凸形抛物曲面仍然可以使用半径为 35mm 的抛光轮进行抛光。因此，高陡度非球面由于曲率半径变化非常大而难以使用轮式或盘式工具进行抛光；基于抛光垫的传统小磨头抛光技术很难或不能完成微小非球面模具型腔等微光学元件加工，因为制造小的抛光磨头和限制抛光面积小到一定程度都很困难。

此外，研抛盘式工具尺寸过小影响研抛时与工具的接触面积和研磨颗粒有效工作效率，同时研抛盘尺寸过小也造成研抛线速度减小，导致效率大大降低。相对而言，在同等可加工条件下，轮式研抛工具的直径比研抛盘式工具直径一般大得多，因此研抛线速度高，效率也高些。但是轮式研抛工具研抛纹路走向单一,是不利于最佳超光滑表面形成的。

由图 1.7 可以知道,抛光工具和非球面的曲率比值会影响局部抛光区材料去除分布的形状,因此有必要将抛光工具与非球面的表面形状结合起来考虑。

由光学设计知识知道,很多系统用三级像差理论解出的非球面方程就已经能满足要求了,很多情况下二次曲面就可以满足实际光学系统的需要,而且二次曲面设计所需参数较少,在检验上有它的方便之处。二次旋转曲面具有特殊的光学性质,可以帮助我们完全消除某种像差。另外,以二次曲线为基础加高次项时,可以很容易地知道高次非球面偏离二次非球面的程度,而且回转二次曲面和高次非球面可以找到与其偏离最小的比较球面。

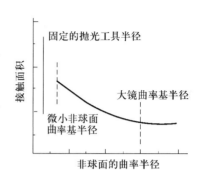

图 1.7　非球面的曲率效应示意图

二次曲面是非球面的基本面形,因此以二次曲面为例来考查抛光工具尺寸对于非球面加工难度的影响。二次曲面可以写成[27,28]

$$z = \frac{cr^2}{1 + \sqrt{1 - (1+k)c^2 r^2}} \tag{1.3}$$

式中,r 为径向位置;

$\quad k$ 为二次曲面偏心率 e 的函数,$k = -e^2$;

$\quad c$ 为近轴曲率,$c = 1/R_0$,R_0 为顶点曲率半径。

这样可以求得在径向位置 r 处的曲率半径:

子午半径　　　$R_t(r) = \dfrac{1}{c}\sqrt{(1 - kc^2 r^2)^3}$

弧矢半径　　　$R_s(r) = \dfrac{1}{c}\sqrt{1 - kc^2 r^2}$

图 1.8 为非球面的曲率半径及局部表面示意图,由图 1.8(a) 可以看出,C_0 是表面在顶点处的曲率中心,AC_0 为顶点曲率半径,P 为曲面上任一点,PC_T 是 P 点在包含光轴与 P 点的子午面内的切向曲率半径,$C_0 C_T C_{TB}$ 是 A、B 两点之间切向曲率中心的轨迹;而 PC_S 是 P 点在法向平面内的弧矢半径,C_S 点位于 $C_0 C_S C_{SB}$ 的径向曲率中心轨迹上。如图 1.8(a) 所示,在顶点 A 处,子午半径与弧矢半径相同,两个方向的半径都随着径向轮廓的改变而变化,子午半径大于弧矢半径,随着径向轮廓距离的增大,两者之间的差别越来越大,使得局部表面变得越来越

接近环面形状,例如在 P 点附近的区域就形成如图 1.8(b)所示环面。因此,小尺寸的抛光工具与非球面表面相接触的局部区域也会是一个环面。

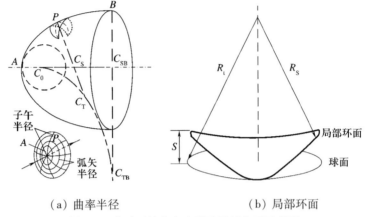

（a）曲率半径　　　　　　　　　　（b）局部环面

图 1.8　非球面的曲率半径及局部表面示意图

抛光过程中材料的去除受到抛光工具和表面形状两方面的限制。考虑到工具尺寸的影响与非球面曲率的变化率,非球面的加工难度问题就转变成比较非球面的表面平滑性与在抛光工具作用下环面垂度 S 的变化之间关系的问题。如果抛光工具的直径 T 远远小于非球面半径 R,那么,非球面在抛光工具作用下的垂度为[27,28]

$$S(r) = \frac{-k \times c^3 \times T^2 \times r^2}{8 \sqrt{(1 - k \times c^2 \times r^2)^3}} \tag{1.4}$$

局部表面的环面形状对于加工的影响很关键,它导致抛光工具在不同位置时材料去除的变化。由式(1.4)可以看出,在工件的边缘处是表面形状变化与垂度变化之比最大的临界点,即

$$F_S = \frac{-k \times c^3 \times T^2 \times \phi^2}{8 \times (4 - k \times c^2 \times \phi^2)^{1.5}} \tag{1.5}$$

式中,F_S 为表面误差 RMS 值;

　　ϕ 为工件的口径。

式(1.5)建立起了表面平滑性与工具作用下垂度变化之间的关系,文献[29]利用式(1.5)建立了一个新的计算机控制抛光非球面的准则,表明非球面的斜率陡度越大,所需要的加工工具越小。为了保持工具与非球面工件表面的适配,通常小工具的口径大约为加工件全口径的 1/5 ~ 1/10,而对于陡度变化很大的非球面来说,需要更小的工具尺寸。对于刚性磨头来说,小的尺寸会影响基

盘的刚度,从而影响去除函数的稳定性,而且过小尺寸的抛光盘在制作上也很难实现。水射流和磁射流抛光技术使用一个柔性液体柱作为抛光工具,通过更换不同直径的喷嘴可以方便地改变抛光工具的尺寸或者抛光斑点大小,相比而言,更易于实现复杂形状表面的精密抛光。

1.3 超光滑表面加工技术

1.3.1 超光滑表面及应用

对元件表面粗糙度的严格要求是根据光学系统的性能要求提出的,在常规光学系统中,用于反射、折射的光学元件的表面粗糙度 Ra 需达到 12nm 才能使用。现代短波光学、强光光学、电子学、IC 技术、信息存储技术及薄膜科学的发展对表面的要求则更为苛刻,我们称表面粗糙度优于纳米量级的表面为超光滑表面(Ultrasmooth Surface)。

作为光学元件,为获得最高反射率不但要求光学表面有高的面形精度,而且特别强调具有表面低散射特性,即极低粗糙度值;作为功能元件应具有高可靠性、高频响、高灵敏性。功能元件多为脆硬或脆软晶体材料,相对于表面粗糙度而言,更注重表面晶格完整性。具有不同特征的超光滑表面可应用于不同的领域:

1. 软 X 射线光学系统

软 X 射线的波长范围为 1~30nm,该波段所有的材料对光都有强烈的吸收作用,因此光学系统多为反射式。在多层膜反射镜式软 X 射线光学系统的关键器件中,反射率是最重要的指标。为提高多层膜镜的反射率,一般要求 $\sigma/\lambda < 1/10$,σ 为镜面粗糙度的均方根值,因此必须采用表面粗糙度 RMS < 1nm 的超光滑反射镜。另外,X 射线多层膜的周期厚度为纳米级,普通光滑表面会造成各膜层沉积厚度的不均匀,并相互交错,从而影响反射率。为此,多层膜反射镜的基板必须采用超光滑表面。

为获得较好的成像质量,考虑到 X 射线散射,软 X 射线光学系统对元件的表面粗糙度提出了更为严格的要求。例如工作于 12.5nm 波段的 20 × Schwarzschild 型显微镜及工作于"水窗波段"同种显微镜都选用了粗糙度 RMS 为 0.1nm 的表面。

2. 激光平面反射镜和光学窗口

高精度陀螺的关键技术之一就是激光反射镜的制造工艺。由于镜面散射会导致激光陀螺的性能降低,因此,陀螺激光反射镜要求最大限度地减少背向散射,而表面粗糙度是引起散射的主要原因。例如,美国 F - 22 战机上激光陀螺反射镜采用具有零膨胀系数的 Zerodur 材料,为达到反射率 >99.99%,要求平面度优于 0.05 μm,表面粗糙度 Ra < 1nm。目前,激光陀螺反射镜可以做到表面粗糙度 Ra < 0.07nm。

在高能激光系统中,光学元件需要承受极高的辐照强度,如激光核聚变用激光束的功率密度 $>10^{12}$ W/cm^2;连续波超声速氧碘激光器(COLL)的输出功率可达兆瓦级。普通反射镜因难以承受如此强的辐照,表面会被烧灼而损坏,因此必须提高反射镜的抗激光损伤阈值。镜面散射是造成表面破坏的重要原因,而散射源于镜面的表面粗糙度及亚表面损伤,因此,只有使用超光滑表面,才能提高反射镜的抗激光损伤阈值。

蓝宝石是用于中波红外(3 ~5 μm)光学窗口的理想材料。由于加工后蓝宝石镜片内的残余应力会影响光传播,因此必须对抛光后的镜片进行退火处理,以消除加工应力;而采用超光滑技术加工的蓝宝石镜片,不仅粗糙度 RMS 可到 0.3 nm,且残余应力极小,其光传播波前误差由常规工艺程序加工后的 $\lambda/20$ 降为 $\lambda/40$。

3. 功能光电器件

功能光电器件通常是在功能晶体表面上通过 MBE 或 CVD、PVD 等方法生长薄膜实现的,如 SOS 器件是在蓝宝石基板上生长硅膜。基板晶体的表面粗糙度、晶格完整性等直接影响膜层原子的排列方式,因此要求基板表面就有极佳晶格完整性和低的粗糙度。另外,许多功能晶体材料,如碲镉汞、锑化铟、磷化铟以及砷化镓等,硬度都很低,只有采用加工单位为原子级的超光滑加工技术,才能获得高质量的表面。例如 KDP 晶体是一种软脆材料,要求表面粗糙度 Ra <2nm。

4. 信息及微电子

例如,硬盘磁存储随垂直记录技术的应用和存储密度的进一步提高,要求硬盘盘片的波纹度、粗糙度均达到 0.1nm 以下。在 45 ~ 18nm 刻线宽度的极大规模集成电路制造中,要求很软的 Low-k 材料实现与铜互连制造,被抛光硅电子芯片表面材质软硬差异很大,还要达到亚纳米级粗糙度。

国内外实现芯片超薄化比较成熟的薄化加工技术有超精密磨削、化学机械抛光(CMP)、湿法腐蚀(WE)和常压等离子腐蚀(ADPE)四种方法。随着基片大尺寸化(450mm)、超薄化(<40μm),加工精度和表面质量的要求越来越高。硅圆基片薄化加工,它不仅要求表面粗糙度达到纳米量级,而且要求表面缺陷趋近

于零,变质层厚度接近于零。需要高效率、高精度、高质量、无污染的先进薄化加工技术。

5. 复杂面形大尺度的超光滑表面

复杂面形大尺度和平面小尺度超光滑表面加工代表着不同的发展方向。以新一代大规模集成电路光刻机物镜为例,在 32nm 刻线宽度的微电子加工中,极紫外光刻技术投影镜头的加工,采用了离轴非球面镜,要求全波段实现亚纳米精度,即面形精度、波纹度和粗糙度同时达到亚纳米级。具体要求是:

(1)面形误差:表面起伏空间波长大于毫米部分的误差,它将产生非常小角度的散射,并与系统的像差相联系,决定着成像系统的质量。由于要在衍射极限下成像,所以要求系统波差的 RMS $< \lambda/14$,分配到每个元件的 RMS < 0.2 nm。

(2)中频粗糙度(MSFR):空间波长在微米量级区域,散射在视场内,会增加闪耀(Flare)等级和减小成像对比度,散射和成像分析要求系统中频粗糙度 RMS 为 0.1nm。

(3)高频粗糙度(HSFR):空间波长小于微米区域,散射不在视场内。损失能量,但不影响成像质量,为提高光刻机生产率,高频粗糙度必须小,表面高频粗糙度 RMS < 0.2nm。

复杂面形大尺度超光滑表面加工是建立在非球镜加工的基础上,采用更高精度的加工手段来实现的,目前主要采用机械小工具 CCOS 和离子束、磁流变等结合的方法来实现。

1.3.2 超光滑表面加工技术概述

以降低元件表面粗糙度为主要目标的超精密加工技术称为超光滑表面加工技术,超光滑表面加工技术是超精密加工技术的一个重要分支。

表面粗糙度测量进入亚纳米量级首先需要统一测量标准。国内外目前在测量大于 0.5nm 粗糙度时大多使用 Zygo 白光干涉仪,如果用 50 倍的光学镜头,取样长度为 0.14mm,10 倍的光学镜头,取样长度为 0.7mm,而使用原子力显微镜测量,取样长度一般在几个微米,通常优于 0.5nm 粗糙度用原子力显微镜测量。如此大的取样长度差异成为比较测量精度的一个难题。

超光滑表面加工技术已发展得很成熟。机械微切削的超光滑表面加工技术有:单点金刚石车削(Single Point Diamond Turning,SPDT)、铣削和镗削,塑性磨削(Ductile Grinding,DG)等。

由传统的游离磨料抛光发展而来的技术有:计算机数控抛光(Computer Numerical Controlled Polishing,CNCP)、固定磨粒磨削(Fixed Abrasive Grinding,

FAG）、弹性发射加工（Elastic Emission Machining, EEM）、浮法抛光（Float Polishing, FP）、磁流变抛光（Magnetorheological Finishing, MRF）、磁场辅助抛光（Magnetic Field Assisted Fine Finishing, MFAFF）等。

由特种加工技术发展而来的技术有：离子束抛光（Ion Beam Figuring, IBF）、反应式离子束抛光（Reactive Ion Beam Figuring, RIBF）、等离子体辅助化学腐蚀（Plasma Assisted Chemical Etching, PACE）或 PACE-Jet、电解磨粒镜面抛光（Electrolytic Abrasive Mirror Finishing, EAFM）、化学蒸发加工（Chemical Vapor Machining, CVM）等。

图1.9[30]所示为各种加工方法的表面粗糙度与材料去除效率之间的对比关系。由图可知道，上述抛光方法都有可能实现1nm以下粗糙度的要求（除MFAFF外），但加工的工件的材料特性、尺寸形状和加工条件各异，效果的差异也很大。此外，要兼顾抛光效率和表面粗糙度，经济性和实用性等来考虑加工方式的选择和综合。

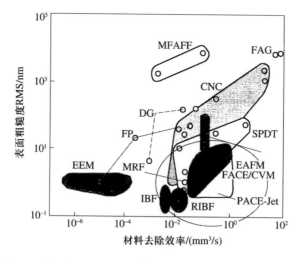

图1.9　各种加工方法的表面粗糙度与去除效率对比关系图

1.3.3　机械微切削的超光滑表面加工技术

1. 单点金刚石切削加工

单点金刚石车削、镗削及飞刀铣削等，其特点是用金刚石刀具对软的材料进行加工，如铝、铜、锡、铅、化学镀镍层、锌、银、金等金属材料和锗、硒化锌、铌酸锂、硅、溴化钾等半导体、晶体材料。金刚石刀具硬度极大，又可刃磨得非常锋利，可以实现极薄的加工去除，从而实现很光滑的表面加工。例如，美国的激光核聚变试验的点火计划(LIF)中 KDP 晶体加工,就是使用单刃金刚石飞切完成的,据报道最高可达到 1.5nm 的表面粗糙度。现在,红外探测器的晶体光学元件、电子产品中的磁盘、磁鼓也用单点金刚石车削加工而成。超精密镗孔技术常用于有色金属偶件的内孔加工,多轴超精密铣床主要用于超精密三维微小结构加工。单刀飞切方式目前较多用于平面加工,常规铣削的多刀刃铣刀尚很少用于超光滑表面加工。

2. 塑性磨削技术

玻璃等硬脆材料的破坏韧性很小,一般只有金属材料破坏韧性的 $10^{-2} \sim 10^{-3}$,对硬脆材料进行机械加工时极易产生破碎和裂纹,所以用普通的切削或磨削方法加工硬脆材料想获得光滑表面是不可能的。人们认识到,只要有超精密加工机床,采用微小进给量和适当的工艺参数,对硬脆材料进行切削或磨削加工,也可以像金属材料塑性加工一样,能够获得超精密镜面。这种硬脆材料的塑性化磨削模式称为塑性磨削或展延式磨削模式(Ductile Mode Grinding,DMG) 或微磨加工(Micro-Grinding,MG)。塑性磨削的加工对象主要是玻璃、工程陶瓷等硬脆材料,通过磨削加工而不需抛光来达到要求的表面粗糙度,更重要的是使亚表面损伤值(Sub Surface Damage,SSD)和破裂模数值(Modulus Of Rupture,MOR)足够小才有意义。展延式磨削理论和试验表明,进入塑性磨削模式对机床的要求是:砂轮的微小进给量应控制在 10 ~100nm 范围,例如 BKT 玻璃大约为 45nm,Zerodur 材料大约 55nm[31]。通常要求机床有 10nm 的进给精度/分辨率,此外由于玻璃等硬脆材料的硬度为一般金属材料的 10 ~100 倍,因此砂轮切入时法向阻力很大,机床还必须具有足够的刚性,才能保证极薄加工的精度。

最近三十多年来,各国的学者不断研究开发新的加工方法。采用磨削方法直接获得高精度抛光表面,包括直接用磨削加工出高精度的平面、非球面和球面光学元件。例如日本中部大学难波义治教授[32]研制的全陶瓷超精密磨床,可以实现 1nm 磨削,如图 1.10(a) 所示。对 BK7 玻璃进行塑性磨削,表面粗糙度用 SPM 测量结果如图 1.10(b) 所示。表面粗糙度 RMS 值可达 0.074nm(由原子力显微镜测得)。

1.3.4 传统游离磨料抛光的超光滑表面加工技术

常用的研磨及抛光法包括古典的低速抛光和现代高速抛光,它们是目前仍然被广泛采用的抛光方法。其抛光原理是:利用所要得到光学元件面形相反面形的抛光模与工件表面形成相对运动,同时在该过程中,加入含有游离磨料的抛光液。抛光模与工件形成面接触,通过抛光液与工件表面之间的机械、化学和物

（a）全陶瓷超精密磨床　　　　（b）BK7玻璃的样件的表面粗糙度

图 1.10　全陶瓷超精密磨床及试件

理作用实现对工件表面抛光。

1. 游离磨料抛光机理

有三种基本理论解释抛光机理:机械微切削说、化学作用说和流变学说。

（1）机械微切削说理论认为,抛光是研磨的继续。由于磨料粒度减小,切削力也减小,从而导致切屑也变小,粗糙度降低。

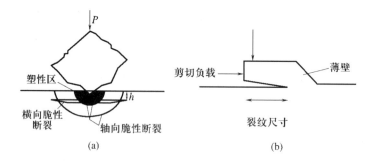

图 1.11　抛光过程中机械破裂机理的两种抛光模型

对于机械微切削主要有两种模型:一种模型是认为通过印压破裂理论来解释抛光磨粒对于光学元件表面的去除作用,如图 1.11（a）所示。抛光磨粒在正压力作用下,对零件表面持续刻压,从而使得工件表面产生破碎,达到材料去除的目的。此模型中的去除率取决于抛光磨粒的微粒形状以及工件材料的特性（弹性模量、硬度和断裂韧度）,古典抛光方法可以用该模型来解释。另一种模型认为材料去除是因为抛光磨粒在粗糙面上的剪切作用,如图 1.11（b）所示。该模型认为光学元件的粗糙表面是由一些纳米级的裂纹引起的,抛光磨粒通过剪切和垂直载荷接触粗糙面。剪切力促使裂纹扩大,而垂直载荷却弥合裂纹。

如果剪切力相对于垂直载荷来说足够大,则产生材料剪切破裂和材料去除。在实际抛光过程中,材料去除可能是两种模型机理的综合作用。

(2)化学作用说认为,水和光学元件表面发生作用会产生水合层,特别是玻璃材料。在抛光时水与玻璃表面的硅酸盐发生水解反应,在玻璃表面形成硅酸凝胶薄膜,从而减缓了水的侵蚀作用,但是由于硅胶层往往是多孔的或因龟裂而产生了裂纹,于是溶液中的碱性离子 OH^- 会进一步侵蚀玻璃的网络内体,使玻璃主体遭受破坏,使大量 SiO_2 转入抛光液中,同时抛光颗粒不断地刮除胶态硅酸保护层,露出的玻璃表面又不断地被水解,如此循环往复,构成了抛光过程。同时,抛光膜和抛光液对工件表面也会产生化学作用,导致材料的去除。经典抛光理论还认为,pH 值在 3~9 的抛光液对提高抛光效率最有利。

(3)流变学说的实质是认为,光学元件在抛光过程中,在被抛光光学元件表面上的分子有流动现象,或称重新分布。流动将使得凸起的地方将凹陷填平,因此认为抛光过程是工件表面分子重新分布而形成平整表面的过程。流动原因主要有:由摩擦热而引起的热塑性流动和热熔化流动,以及由化学作用引起的分子流动。

抛光过程是一个极其复杂的过程,因此,难以用一种学说详尽完整地描述整个抛光过程。只能根据具体的抛光条件,说明在抛光过程中哪一种抛光假说起主要的作用,哪一种是起次要的作用。在超光滑抛光中,使工件表面材料去除是抛光中工件、抛光粉、抛光模及抛光液间的机械作用和化学作用。前者是指抛光粉颗粒锋锐的棱角对工件的切削作用以及与工件表面的摩擦,后者是指抛光液对工件表面的溶解或在工件表面形成一层易去除的薄膜。

2. 传统的超光滑抛光方法

传统的超光滑表面抛光是指沿用结构简单的摆动式抛光机,对抛光膜层材料、抛光粉以及抛光液供给方式加以改进,以实现超光滑表面抛光。

1)抛光膜层材料的改进

古典法抛光采用沥青、松香作为抛光膜,A. J. Leistner[33] 采用聚四氟乙烯(Teflon)抛光膜,成功地获得了平面度为 $\lambda/200$ 的元件。与沥青抛光膜相比,聚四氟乙烯抛光膜不仅有利于保持面形,而且对许多材料都可以实现表面粗糙度 RMS < 0.4nm,并可以有效地抑制元件表面的波纹度和亚表面损伤,从而减小元件的表面散射。采用材质细腻的碳氟化合物泡沫塑料或者纯锡制成抛光膜抛光熔石英、蓝宝石单晶等,也可以获得亚纳米级的光滑表面。

聚四氟乙烯抛光最先是由澳大利亚国家计量实验室(NML)为加工 Fabry-Perot 干涉仪所用高精度光学元件而提出的。目前该技术已在许多材料,甚至像氟化钙、铌酸锂、硅等特殊材料上加工出了超光滑表面。表 1.3 列出了一些材料用聚四氟乙烯抛光膜加工的结果。

表1.3　用聚四氟乙烯(Teflon)抛光膜加工的一些材料的情况

材料	磨料及抛光方式	粗糙度/nm
F4	CeO_2	0.41
	Al_2O_3(超级 – Sol200A),浴法抛光	0.76
BK – 7 光学玻璃	CeO_2	0.69
	Al_2O_3(特殊超级 – SOL),浴法抛光	0.09
Duran50 硼硅酸玻璃	CeO_2	0.7
	Al_2O_3(特殊超级 – Sol200A),浴法抛光	0.16
Herasil 熔石英	CeO_2	0.43
	Al_2O_3(超级 – Sol200A),浴法抛光	0.34
Homosil 熔石英	CeO_2	0.4
	Al_2O_3(特殊超级 – Sol200A),浴法抛光	0.32
晶体石英	Al_2O_3(特殊超级 – Sol200A),浴法抛光	0.23
Zerodur M	CeO_2	0.43
	Al_2O_3(特殊超级 – Sol200A),浴法抛光	0.24
氧化镁	SiO_2,浴法抛光	0.18
	TiO_2,浴法抛光	0.12
氟化钙铌酸锂	SiO_2,浴法抛光	0.11
铌酸锂	SiO_2,浴法抛光	0.11
硅	SiO_2,浴法抛光	0.07
	Al_2O_3(特殊超级 – Sol200A),浴法抛光	0.3

注:未注明抛光方式的为传统抛光

2)抛光液供给方式的改进

古典法抛光中,操作者每隔一段时间往抛光膜上加入少量抛光液,这种抛光液供给方式通常被称为"添加供给(Fresh Feed)"方式。这种方法的缺点是平面度与亚纳米级粗糙度要求往往不能同时满足。1966 年,R . Diez[34]改变抛光液供给方式,采用"浸液供给(Bowl Feed)"方式抛光,将沥青抛光膜浸没于抛光液中,获得了粗糙度 RMS <0.3 nm 的表面。

油浴抛光(Bowl Feed Polishing)[35]是已有超光滑表面加工技术中所需设备较为简单的一种。与传统的抛光设备相比,浴法抛光设备多了一个液槽和搅拌器。抛光过程中液槽使抛光膜和工件浸没于抛光液中,抛光液的深度以静止时淹没工件 10~15mm 为宜;搅拌器作用是消除磨料受离心力作用而沉底的趋势,使其始终处于悬浮状态,表1.4 为几种材料浴法抛光的结果。

表1.4 几种材料浴法抛光的结果

材料	磨料	粗糙度/nm
F4		1
BK-7		0.6
Duran50 硼硅酸玻璃		0.53
Herasil 熔石英	Al_2O_3(超级-Sol200A)	0.55
Homosil 熔石英		0.33
晶体石英		0.44
Zerodur M		0.25

3)抛光粉的改进

精细抛光粉对超光滑抛光极为重要。在材料的原子量级去除中,不可忽视抛光粉的化学作用。R. Mclntosh[36]在浸液抛光中使用胶体氧化硅抛光液和沥青抛光膜,获得了粗糙度 RMS 为 0.6 nm 的硅表面。粒度为数纳米的超微细金刚石(UFD)粉是近年来用炸药爆轰方法合成的新型纳米材料。1995 年,N. Chkhalo[37]等在常规设备上使用 UFD 粉抛光 X 射线光学元件,使其粗糙度由 1nm 降为 0.3nm。

1.3.5 非接触超光滑抛光原理和方法

近年来,晶体的应用需求增长很快,并且出现了许多新型功能晶体。多数晶体的硬度较光学玻璃低,其元件对表面完整性有特殊要求。在常规抛光中,抛光模通过抛光粉颗粒施加给工件表面的力会造成晶体表面损伤,破坏其薄膜晶格完整。为减小施加给工件的抛光力,出现了以保证晶体表面完整性为主要目的的非接触抛光方法,即抛光中工件不与抛光模接触。

J. Gormley[38]提出了"滑板抛光(Hydroplane Polishing)"方法,工件在化学侵

蚀液面上高速旋转，借助于液体动压使工件浮在液面上，如同滑板在水面上滑行一样，从而达到工件表面被均匀侵蚀的目的。用这种方法曾获得了 InP、HgCgTe 等晶体的完整晶面。

河西敏雄(T. Kasai)[39]提出了 P－MAC 抛光法。采用特殊夹具将不同硬度的两个工件在同一抛光盘上抛光。由于不同硬度材料的去除率不同，随抛光时间的延续，低硬度的工件因去除量较大，其表面与抛光盘之间的接触状态由直接接触逐渐变化为准接触至非接触，抛光力相应地由大渐变为零，最后低硬度的工件可获得无损伤表面。

渡边纯二(Watanabe Junji)[40]利用动压轴承的原理，在抛光盘上设计出与其工作面成一定角度的扇形槽。抛光中，抛光液充满扇形槽；楔角的存在使工件相对于抛光盘运动时，在其接触面上产生动压，从而使两表面间出现一层液膜，实现了对大口径平面基板的无损非接触抛光。

日本中部大学难波义治教授[41]开发的浮法抛光技术是一种非接触化学机械抛光方法。浮法抛光是以锡盘为抛光盘，采用浴式抛光方式的加工方法。机床主轴转动精度要求很高，转速为 60 ~200r/min。抛光过程中由于离心力、液槽壁、环带及锡盘上的精细螺纹的共同作用，抛光盘与工件间形成一薄层液膜，将工件托起，悬浮于抛光液内的磨料在离心力的作用下在液膜内沿径向不断"碰撞"工件表面，以原子或分子量级的去除量不断修整微观隆起，实现超光滑表面加工。利用这一技术可以获得边缘规整、无亚表面破坏、晶体表面晶格完整的超光滑表面。锡抛光盘的制作是浮法抛光的关键环节。抛光机本身具有超精密车削功能装置，它可用金刚石车刀在质地优良的锡盘上车出一系列宽 1 ~2mm，深 1mm 左右的同心环，再用金刚石车刀修整盘面形，保证盘的平面度，由于金刚石车刀刀尖的作用，盘面上形成了许多对于浮法抛光十分重要的精细螺纹结构。浮法抛光既可用于软质磨料，又可用于硬质磨料，关键是磨料的粒度和均匀性。为了增大工件与磨料的接触面积和碰撞概率，提高抛光效率，所用磨料粒度要小，最好为纳米量级，通常为小于 20nm。浮法抛光是一种去除量较小的抛光方法。工件需要用传统抛光方法加工到一定的面形精度，一般为 2 ~ 4 个光圈。

图 1.12 是难波义治教授开发的抛光机及其原理图。对单晶硅样件的抛光表面粗糙度用 SPM 测量结果如图 1.13 所示。表面粗糙度 RMS 值可达 0.079nm。中国科学院长春光学精密机械与物理研究所曾用浸液抛光法为同步辐射工作抛光过超光滑元件，并采用浮法抛光的方法获得了粗糙度 RMS < 0.3nm 的超光滑表面。我国北京航空精密机械研究所也开发了类似的浮法抛光机床 CJY－500，对微晶玻璃的抛光试验得到粗糙度为 0.3nm 的结果[42]。

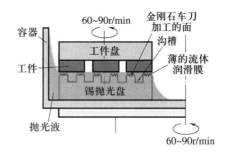

（a）抛光机　　　　　　　　　　　　　　　（b）原理图

图 1.12　浮法抛光技术

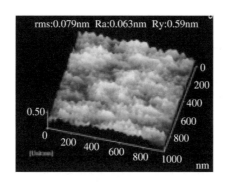

图 1.13　单晶硅样件的表面粗糙度

1.3.6　化学机械抛光超光滑表面加工方法

玻璃材料在一些溶液(例如酸性溶液)中是可溶解的,这种化学特性可以用来提高工件表面的光滑度。单纯的化学腐蚀在工件表面将留下腐蚀坑,因此,在现有化学机械抛光(Chemical Mechanical Polishing,CMP)技术的基础上涌现出多种新技术,该技术一般与流体润滑抛光组合使用,使得工件表面材料以原子量级去除,获得高精度表面[43]。如电化学机械抛光(Electro-Chemical Mechanical Polishing,ECMP)、无磨粒化学机械抛光(Abrasive-Free CMP,AF-CMP)以及等离子辅助化学刻蚀平坦化等新技术。在芯片清洗方面也提出了诸如超临界流体清洗、低温冷凝喷雾清洗、激光清洗等新的工艺技术。

1.　电化学机械抛光技术(ECMP)

由于借助电化学作用提高 Cu 的氧化溶解速度,如图 1.14 所示,并通过抛光盘的机械抛光作用去除 Cu 电化学反应生成的氧化物,实现硅片表面的全局平坦化,因此与 CMP 相比,在超低压抛光条件下也能获得较高的抛光效率。此外,在 ECMP 中电化学作用占主导地位,因此抛光中的机械力作用相对较小,对于超低 low-k/Cu 结构表面,该方法还存在本质缺陷。

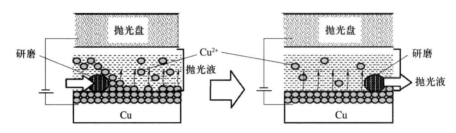

图 1.14　电化学机械抛光原理图

2. 无磨粒化学机械抛光技术(AF-CMP)

如图 1.15 所示,采用具有较强腐蚀能力的无磨粒抛光液,利用抛光垫与被加工材料之间的摩擦作用来去除化学腐蚀产生的反应膜,可实现硅片表面的全局平坦化。由于抛光液的腐蚀性强且不含磨粒,在加工过程中化学腐蚀作用占主导地位,因此有可能使加工表面划痕等缺陷大幅度降低。目前存在的主要问题是去除率太低、平整度不高。

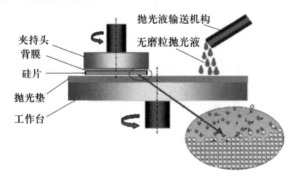

图 1.15　无磨粒化学机械抛光原理图

1.3.7　磁场效应辅助超光滑表面加工技术

进村武男(T. Shinmura)[44]发展了磁力研抛(Magnetic Abrasive Finishing, MAF)技术,采用由铁磁性材料和氧化铝合成的磁性抛光粉。在磁场作用下,磁性抛光粉在磁极间形成抛光粉刷;通过控制磁场强度可以改变抛光粉刷施加在工件上的作用力。这种方法可以用于加工各种形状的表面,包括平面、曲面、内孔和外圆等。

N. Umehara[45]发展了磁性液体抛光(Magnetic Fluid Polishing,MFP)技术,将普通抛光粉混合在磁性流体内,工件与非磁浮板均浸没于磁性抛光液中。根据磁流体动力学原理,在磁场作用下,抛光液中的铁磁性颗粒被吸引向强磁区运动,同时产生浮力将非磁材料(如抛光粉、浮板)推向弱磁区,与工件接触。这样,在磁流体的作用下,工件被浮板和抛光粉抛光。工件所受抛光粉的磨削力可以精确控制,因而可以获得无损的亚纳米级光滑表面。

近年来,磁流变抛光(MRF)技术发展很快,通过控制磁场,可以改变这种磁性流体的物理机械性能,如液固状态、硬度、几何形状等,从而形成不同去除函数的柔性磨头来抛光工件,可以高效地实现超光滑加工,主要针对复杂形状形面的镜面高精度的面形加工控制。国防科技大学在用磁流变抛光方法加工 SiC 平面镜时,可实现 RMS 0.55nm 粗糙度加工(10 倍光学镜头测量)。

1.3.8 粒子流超光滑表面加工技术

森勇藏(Mori)[46]提出了弹性发射加工(EEM)法,这种方法的基本点是采用抛光液浸没工件方式,利用聚氨酯小球在共建表面高速旋转,二者之间产生约 1 μm 厚的液膜;聚氨酯小球带动抛光液中粒度为数十纳米的抛光粉颗粒,在液膜中以极高的速度碰撞工件表面,从而使工件表面产生原子级弹性破坏,导致材料的去除。用 EEM 法加工的软 X 射线反射镜,表面粗糙度 RMS 可达 0.1nm。

利用微粒流对工件表面的碰撞作用,P. Baker[47]发展了早期用于粗加工的射流加工方法,提出了射流抛光(Flow Polishing)方法。精细抛光粉颗粒混在高速水流中射向工件,极微量去除薄膜材料。通过精确控制射流速度、喷射角度等,可对多种材料的表面实现超光滑抛光,工件表面粗糙度 RMS 达 0.1 nm。

高精度、高效率粒子流研抛方法有:

1. 离子束加工技术

离子束加工是在真空条件下,将氩(Ar)、氪(Kr)、氙(Xe)等惰性气体通过离子源产生离子束,经加速、集束、聚焦后轰击到被加工表面或靶材上,以实现各种加工的方法。根据所利用的物理效应和达到的目的,可分为离子束溅射去除加工、离子束溅射镀膜加工、离子束注入加工和离子束曝光等几种。

离子束溅射去除加工利用中性离子流对工件表面原子的物理碰撞,由于是在原子量级上实现去除,因此其加工精度很高,但去除效率很低。20 世纪 80 年代末,由于采用 Kaufman 离子源,可以产生低能大离子流,提高了离子束抛光的去除率。

离子束溅射去除加工还可分为离子束铣(Ion Beam Milling,IBM)和离子束抛光(Ion Beam Figuring,IBF)。离子束铣主要用来对亚表面损伤层进行处理,对被加工表面的水合层和污染层进行清理等。离子束抛光加工用于对加工表面面形误差进行高精度的去除,以达到很高的面形精度。

2. 等离子体辅助化学腐蚀(PACE)技术

L. Bollinger[48]提出了 PACE 技术,其中等离子体是由某种气体在 RF 激励作用下产生的活性等离子体组成。活性等离子体与工件表面物质发生化学反应,生成易挥发的混合气体,从而将工件表面材料去除,因此它是一种利用化学反应来去除表面材料而实现抛光的方法。通过控制 RF 的功率、气体气压及气体的流速等因素就可控制材料的去除率。几种材料及其抛光气体和化学反应式如表1.5 所列。

表1.5 几种材料及其抛光气体和化学反应式

材　料	抛光气体	反应方程式
石英(SiO_2)	CF_4	$SiO_2 + CF_4 \!=\!\!=\!\! SiF_4 + CO_2$
SiC	NF_3	$SiC + NF_3 \!=\!\!=\!\! SiF_X + CF_Y$
Be	Cl_2	$Be + Cl_2 \!=\!\!=\!\! BeCl_2$

必要时还可以实现离子束对表面的碰撞,以提高材料的去除率,其原理和IBF 相似。PACE 抛光是在真空环境下进行的,气压通常为 1~10 托(1 托 = $1.33322 \times 10^2 \text{Pa}$)。抛光头位于工件上方几毫米处,垂直于被加工表面,由一个五轴 CNC 来控制,以满足不同表面需要。利用材料去除量控制设备可实时监控表面的去除量,进而可实现闭环控制。目前 Perkin-Elmer 公司用该技术已在 $\phi 0.5 \sim \phi 1 \text{m}$ 的非球面上加工出面形精度小于 $\lambda/50 \text{RMS}$、粗糙度 RMS $< 0.5 \text{nm}$ 的表面。

最近又有人提出等离子体加工(Plasma Chemical Vaporization Machining,PCVM),其原理是可在大气环境下,利用气—固表面化学反应达到原子级工件表面平坦化。这些原子级平坦化加工新方法,不仅有很高加工精度,同时也有很高的加工效率,例如,等离子体加工效率可达几百微米/分钟,而面形精度 PV 值达到十几纳米。图 1.16 为数控 PCVM 系统[49]。

图 1.16　数控 PCVM 系统

1.4　非球面光学研抛技术

1.4.1　非球面光学元件的经典研抛方法

在经典研抛中,抛光工具与工件表面是实体面接触且相对运动的,在平面或球面工件抛光过程中,面形的收敛是一种自修整过程。抛光工具一般由金属研抛盘和贴在研抛盘上的抛光膜组成,研抛盘可选择铝、铜、铸铁等材料,抛光膜可选研抛布、聚氨酯、沥青等材料。根据抛光工具材料本身的硬度和特征,可使得抛光工具有一定弹性和一定程度可变形,但变形量只能适应工件表面的微小形状变化。因此,若要抛光非球面,必须使用足够小抛光盘和抛光膜或特制形状的抛光膜。

与平面和球面镜相比,非球面的加工和检测更为困难,这是因为:①大多数非球面只有一根对称轴,而球面有无数根对称轴,所以非球面不能采用球面加工时的对研方法来完成;②非球面各点的曲率半径不同,而球面则各点相同,所以非球面面形不易修正;③非球面对元件另一面的偏斜无法用球面透镜所采用的定心磨边方法来解决;④非球面一般不能用光学样板来检验光圈和局部光圈,检验方法复杂而费时。

采用传统研磨抛光和手工加工的方法加工非球面光学元件的过程是:

（1）先用传统研磨抛光加工出与非球面最为接近的球面。

（2）根据镜面中间或边缘应去除的量，设计研抛膜的形状和沟槽的宽窄。

例如，如果中央要去除更多，则研抛膜可刻划为靠中央处宽大，靠边缘处细尖的多个轴对称分布的纺锤棒形状；如果边缘要去除更多，则研抛膜可刻划为靠中央处宽细尖，靠边缘处大的纺锤棒形状。在研磨抛光过程中不断测量和更换研抛膜，逐步逼近所需形状。

（3）对于局部高点，采用手工研抛修形的办法解决。

传统和手工研抛方法人为因素较多，存在很大的盲目性，并且在研抛过程中各种工艺参数容易发生变化，不仅成本高、效率低、劳动强度大，而且加工精度也无法保证，已经远远不能适应对非球面光学元件的广泛需求。

经典抛光技术发展了 200 年，加工依赖人工经验，但对设备的要求低，这一方法迄今仍在我国光学镜加工厂广泛应用，特别是用于对形面精度要求较低的一些民用小型非球镜加工中。对于大镜而言，传统方法加工时间长，例如美国 2.5m 虎克望远镜由朗奇主持光学加工 6 年，美国帕洛玛 5m 望远镜加工先后花费 14 年，我国 2.16m 天文望远镜，1976 年 10 月开始加工，到 1983 年完成，花费了 7 年加工时间，仅达到 80% 的光能集中在 1.19″ 内的光能集中度指标。目前一般经典加工 1m $F/2 \sim F/3.5$ 左右主镜费时约 1~2 年[50]。因此我们把非球面光学元件的经典研抛技术称为光学非球面加工的第一代技术。

1.4.2　非球面光学元件的数控研抛方法

1. 非确定量研抛技术和确定量研抛技术的概念

基于传统的平面和球面研磨、抛光实质上是一种非确定量研抛技术。非确定量研抛技术很难用准确的数学模型描述材料的去除量，只能作定性的推测或量级的估计。对于平面和球面研磨、抛光而言，由于球面的曲率（平面也可看成直径无限大的球面）处处相同，只要有与之面形吻合的磨具进行研抛，经过长时间的走"乱线"加工，便可使面形收敛。

机械加工是利用单刃或多刃刀具切削去除材料，因此去除量可以是确定的。传统光学加工主要用游离磨粒研抛达到最终结果，它是一个随机概率事件的收敛过程，而对某一时刻和工件的某一点处的加工效果和去除量的大小都是非确定的。一般来说，对于小型工件而言，研抛工具的尺寸应足够大，以保证被加工工件不漏边，减小其边缘塌陷和挠起，即边缘效应。对于超大的高精度平面或球面镜而言，要求用更大的研抛机加工（例如，用 4m 环抛机加工 1m 口径平面镜），因此其加工的难度不亚于非镜面的加工。

确定量研抛技术是相对于传统的非确定量研抛技术而言的,它是随着非球面光学元件的加工而产生的新技术。由于非球面的曲率半径处处不相同,因此不可能用与之面形吻合的磨具用经典方法进行研抛。确定量研抛技术是以准确定量的材料去除方式代替传统研磨抛光和手工加工的方法,使非球面光学元件的加工由计算机来控制,全部或部分地取代依赖手工修研工艺,从而能够提高光学元件的加工效率和表面质量,降低废品率。

计算机控制光学表面成形(Computer Controlled Optical Surfacing,CCOS)技术就是确定量研抛技术的核心内容。非球面光学元件的数控研抛方法很多都是建立在 CCOS 基础上的,例如,小工具研抛盘、磁流变、离子束抛光等都是基于子孔径加工原理的,都建立在 CCOS 的基础上。

2. 基于小工具的 CCOS 技术

CCOS 技术是用一个比工件小得多的小工具,在计算机的控制下,以特定的路径、速度在光学元件表面运动,通过控制每一区域内的驻留时间,可以精确地控制元件材料的去除量,达到修正误差、提高精度的目的。与传统的数控加工不同,基于小工具的 CCOS 技术是建立在传统的(四轴或五轴数控机床)三维空间数控技术的基础上,增加了时间维的四维数控技术。时间维的控制是根据去除量的多少转换成小工具在该点留驻的时间或加工的速度来实现的,这种方式我们称为非球面四维数控方式。

对于大口径非球镜而言,基于小工具的 CCOS 技术由于研抛盘直径过小,加工效率也较低。解决以上问题的方法是小工具和大直径工具交替进行,用大直径工具来消除镜面的高、中频误差,用小工具修形,改善低频和局部形状误差,反复迭代,有时还辅助人工修研,最后达到预定精度。

传统的研磨抛光基础上发展的基于小工具的 CCOS 技术都是采用刚性研磨盘,在研磨盘上贴有聚氨酯、沥青、抛光布等各类研抛膜。在非球面加工中,研磨盘要足够小,这样会使其加工效率降低和表面高、中频误差增大。工具直径的增大又有限于对非球面曲率变化的适应能力。研抛膜具有一定弹性,但其柔度和保持性是不可控的。由于磨损等原因使研抛膜产生改变,这使保持去除函数的长期稳定性变得困难。此外,小工具研抛到边缘,研抛条件改变,不可避免地产生边缘效应,这也应进行特殊的处理。基于小工具的 CCOS 技术划分到非球镜第二代加工技术,目前这一代技术已日趋完善,逐步取代第一代技术,成为我国非球镜加工的主流技术。

1.4.3　非球面光学元件的可控柔体制造技术

1. 可控柔体制造技术的分类

光学制造中的柔性工具"Compliant Tool"这一个名词,早就在一定场合中使用 [51,52],我们把近年来出现的这类新技术称之为可控柔体(Controllable Compliant Tools,CCT)制造技术。在"柔体"即"柔性工具"前加上"可控"一词,使它更能反映出现代最新研抛技术的本质和特点。根据提出的可控柔体制造技术的这一概念,将可控柔体研抛技术划分为非球镜第三代加工技术,从而引导新的研究途径和目标。

可控柔体研抛技术的特点是:研磨抛光工具的"柔度"可以通过计算机的控制而改变,从而强化了非球面曲率变化的适应能力或达到保持去除函数的长期稳定性的目标,也可以方便地改变工具的"柔度"以适应不同需求的研抛过程。

实现可控柔体研抛技术的方式有:研磨抛光工具的研磨盘可控柔性变形和研抛模的柔度可控改变两大类。例如应力盘研抛技术就是基于弹性力学理论的可控柔体制造技术,它是由计算机控制一组电机执行器使研磨盘在加工过程中不断弹性变形,以实现研抛工具的柔度控制。而磁流变抛光、离子束抛光技术和射流抛光技术可通过计算机控制磁场、电场和流场来控制加工,在广义上说,这类加工技术是通过改变"研抛模的柔度"来实现加工控制的。可控柔体研抛技术是在非球面四维数控技术的基础上再增加了更为复杂的研抛模柔度控制,形成五维或多维控制,增加了去除函数模型的控制裕度。

本书将以磁流变抛光、离子束抛光和射流抛光技术为主进行介绍和分析。从非球面加工口径来看,这三种技术都属于子孔径加工技术。从加工原理上看,这三种技术都属于基于多能场的可控柔度的柔体制造技术。

(1)磁流变抛光(Magnetorheological Finishing,MRF)技术

20世纪90年代后期,美国罗彻斯特大学光学加工中心(Center for Optical Manufacturing,COM)提出了利用可控磁流体去除光学表面材料的新原理,开发了新的柔性流体制造技术,并对磁流变抛光技术的理论和方法作了长时间的基础研究。

该项技术的原理是:以磁性颗粒、基液、表面活性剂为基体,加入抛光粉,混合均匀,制成磁流变抛光液。在可控磁场作用下,磁流液的链化结构发生变化,从而形成粘度可控的磁流体。利用磁流变技术加工,具有"抛光头"不会变钝或磨损,流动液体可适应零件复杂形面,加工效率很高等优点。在进行小口径光学元件加工方面获得极大成功。QED公司还研制出Q22－750磁流变抛光机床,

在大口径光学元件加工方面也具有重要的应用前景。磁流变抛光加工可以由计算机通过控制磁场强度来控制磁流体的粘度和抛光模的柔度,去除函数在加工过程中长期稳定,是一种适于高效、高精度修形的方法。

(2)射流抛光(Fluid Jet Polishing,FJP)技术

射流抛光是针对复杂形面光学元件加工提出来的抛光成型技术。磁流体喷射抛光(Magnetorheological-fluid Jet Polishing)技术是将射流抛光技术与磁流变抛光技术结合起来的一种新型复杂型面光学抛光技术。通过计算机进行实时控制,原理上能够抛光任何形面和大小的光学元件,有可能解决抛光方法中存在的边缘效应、亚表面损伤等各种问题,也是一种解决大型光学元件二次修形和抛光的好方法。

(3)离子束抛光(Ion Beam Figuring,IBF)技术

离子束抛光采用高能离子,在真空状态下轰击工件,实现材料去除,精度可以达到原子量级。例如,国防科技大学研制的离子束加工机床可用于高精度平面、球面和非球镜加工,其面型误差 RMS 值可达到 $\lambda/600$。

离子束的强度在截面上按高斯函数分布,在真空室内加工,离子束对加工表面没有重力压力,工件表面没有压力变形,也不产生机械刚性研抛的令人头痛的边缘效应问题,尤其适用于超轻超薄镜面的加工。该技术成功用于美国 KECK 望远镜 10m 主镜加工,主镜由多边形子镜拼接而成,离子束抛光主要用于非球面精度指标的二次升级加工。

此外,离子束抛光还能去掉普通抛光后产生的刻纹、应力、微缺陷和表面残留的化学污染,可提高高能激光反射镜的镀膜牢固度和镜面抗破坏阈值。例如美国休斯研究实验室用 7keV,$300\mu A/cm^2$ 的低能离子束抛光蓝宝石和红宝石激光工作物质,可提高其抗激光破坏阈值。用功率密度 $7\sim9GW/cm^2$ 的激光进行抗破坏试验,发现经离子束抛光的工件比经普通抛光的工件抗激光破坏阈值提高 $2\sim6$ 倍。

表 1.6 为各种确定性研抛方法的特性和优缺点对比。从表中可以看出,与 SP、MRF、IBF 技术相比,CCOS 技术具有加工精度和效率高、工艺实现简单、投资低的显著特点,因此广泛应用于大中型非球面光学元件的加工过程中。

表 1.6　不同研抛方法的比较

研抛方法	机械小工具 CCOS	应力盘抛光 SP	磁流变抛光 MRF	离子束抛光 IBF
基本特性	小尺寸传统研抛工具,取决于时间、压力、相对速度;确定性研抛。	大尺寸工具;工具面形与工件面形实时吻合;适于高效、大面积的自动化加工。	磁流体在磁场作用下可改变柔度,实现确定性研抛;适于高效、高精度、自动化修形。	利用离子束能轰击和溅射加工,可实现原子量级去除;适用于高精度和超高精度修形。
优点	具有各种直径的可更换磨头;投资低;对大梯度误差可起平滑作用。	大镜加工效率高,有利于控制小尺度制造误差,减少对人工的依赖。	去除函数稳定可控;效率高;材料剪切去除,可实现无亚表面损伤加工。	去除函数稳定可控;工具与光学元件之间无机械接触,无亚表面损伤层;无边缘效应。
缺点	磨头去除函数不能长时间稳定;效率低;存在亚表面损伤层;易产生小尺度误差;存在边缘效应。	对小局域高精度修形、异形薄镜加工能力差;边缘区域误差不易控制;投资高。	对工件尺寸和曲率有一定的限制;加工斑点小,对大梯度且小尺度误差平滑能力受限;投资高。	在真空中加工;光学材料受限;加工材料去除效率低;投资高。

2. 可控柔体制造技术中关于柔度的基本概念

1)研抛工具柔度的概念和传统研抛工具柔度对加工的影响

研抛工具柔度的概念为:工具在施加单位作用力时的变形量,它是刚度的倒数,刚度和柔度矩阵分别如式(1.6)和式(1.7)所示。

$$[K] = [S] / [F] \tag{1.6}$$

$$[\Delta] = 1 / [K] \tag{1.7}$$

其中,$[K]$、$[S]$、$[F]$ 和 $[\Delta]$ 分别为工具的刚度、变形量、受力和柔度矩阵。

可用图 1.17 简单地表示研抛模的刚度和柔度分布关系。

研抛工具一般由研抛盘和研抛膜组成,也可通称为研抛模。为了叙述方便,把研抛盘和研抛膜在一维的线上划分为分布质量块($m_1, m_2 \cdots m_n$),定义($k_1, k_2 \cdots k_n$)为研抛盘集中质量块($m_1, m_2 \cdots m_n$)的纵向刚度。用 $k_{1,2}$ 表示质量块 m_1、m_2 之间的牵联刚度,则一维分布质量块($m_1, m_2 \cdots m_n$)之间的牵联刚度可用($k_{1,2}$,

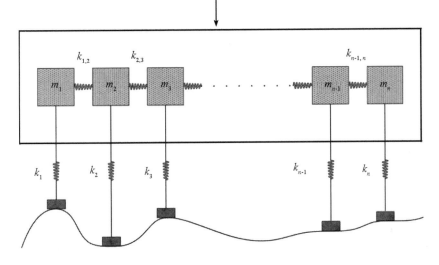

图 1.17　研抛模的刚度和柔度分布关系

$k_{2,3}\cdots k_{n-1,n}$)表示。将研抛模划分为两维的 $n\times l$ 个单元,则可用$[K_{n\times l}]$和$[\Delta_{n\times l}]$分别表示纵向刚度和纵向柔度矩阵,用$[K_{n,l}]$和$[\Delta_{n,l}]$分别表示横向刚度和横向柔度矩阵。纵向刚度$[K_{n\times l}]$越小或纵向柔度$[\Delta_{n\times l}]$越大,则研抛模越能适应工件非球面面形的变化,对非球面面形匹配的能力就越强,研抛模相对于工件表面的定位鲁棒性越大,即定位精度要求不苛刻、不敏感。横向刚度$[K_{n,l}]$越小或横向柔度$[\Delta_{n,l}]$越大,尽管对适应工件非球面面形的变化有好处,但对研抛模下工作区不再自动符合高点优先去除原则,对表面的中、高频误差的光顺不利,横向柔度越小,抑制高中频误差能力越强。

　　研磨盘的刚性对加工效果的影响已有很多人进行过研究,通常用弹性模量不同的金属来改变其柔度,例如,国防科技大学康念辉[53]对采用不同硬度的紫铜、铸铝和铸铁盘后研磨效果进行仿真和试验。紫铜、铸铝和铸铁盘的硬度分别为 370MPa、700MPa 和 2000MPa。仿真和试验的基本工艺参数为:ϕ25 mm 研磨盘、W14 金刚石磨粒、研磨液浓度 5wt. %、压强 36.9kPa、偏心距 10mm、自转与公转速度之比为 -2、自转速度为 90r/min,对一平面工件进行加工。仿真结果表明,当研磨盘硬度从 370MPa 增加到 2000MPa 时,归一化的材料去除率增加了约70%。康念辉用紫铜、铸铝和铸铁研磨盘,针对五种碳化硅光学材料的平面工件进行了试验验证与分析。研磨盘硬度对于材料去除率与表面粗糙度的影响规律如图 1.18 所示,研磨盘硬度的增加使单颗磨粒载荷增加,随着研磨压强的增加,从而导致材料去除率与表面粗糙度都有相应提高。

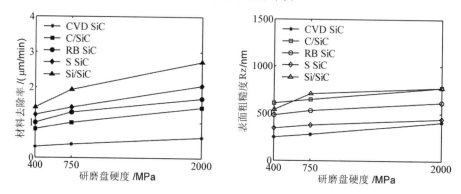

图 1.18　研磨盘硬度对典型碳化硅光学材料研磨效率与表面粗糙度的影响规律

　　研磨压强对于材料去除效率的影响规律如图 1.19 所示,研磨压强的增加使单颗磨粒最大载荷增加,会导致研磨表面的脆性断裂加剧,而研抛盘硬度的增加会导致盘下某些局部区域的压强增加,特别是一些粗大磨粒在研抛中压强增大,对表面和亚表面质量带来不利影响。

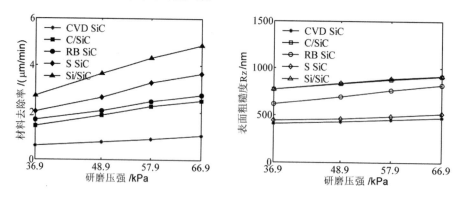

图 1.19　研磨压强对典型碳化硅光学材料研磨效率与表面粗糙度的影响规律

　　例如,国防科技大学王卓[54]分别选用铸铁、硬铝和紫铜作为研磨盘材料,研究研磨盘硬度对亚表面裂纹深度及材料去除效率的影响规律。实验中采用的研磨加工参数为:W20 金刚砂磨粒、研磨压强 16.2kPa、研磨盘公转速度 50r/min、自转与公转的转速比为 −1、自转轴与公转轴偏心为 10mm、研磨液浓度 5wt.%。试件材质为 K9 玻璃。实验结果表明,随着研磨盘硬度的增大,亚表面裂纹深度和材料去除效率均呈现递增趋势,当研磨盘硬度增大 1 倍时,对应的亚表面裂纹深度和材料去除效率分别增大了9%和16%。

抛光膜层的柔性由本身材料所决定,如常用的聚氨酯、沥青、帆布等。其中沥青的柔度最大且具有流动性,是目前高精度和超光滑表面抛光首选材料。但是在抛光加工中,抛光盘的抛光膜磨损会造成去除函数不稳定,进而影响抛光阶段面形误差的收敛效率。

通过实验来寻找抛光盘的抛光膜材料对去除函数稳定性的影响规律。如第3章的图3.6所示。由图可以看出,聚氨酯、阻尼布、沥青三种材料抛光膜的去除函数稳定性依次变差。

上述仿真和实验都是建立在平面加工条件下的。平面加工的压强可以认为是均匀分布的。在非球面加工中,研抛盘与工件的曲面不吻合,研磨压强的分布将随曲率变化而变化。曲率大处压强大,在等硬度的研抛盘情况下,这些局部的材料去除会增大很多,从而破坏非球面面形。在加工非球面时,研抛膜的柔度有限,同时研抛膜的磨损局部加剧,使之寿命下降、去除函数变坏。研抛盘和研抛膜的柔度都不能通过计算机来调控,所以第一代和第二代技术有很大的局限性。

可控柔体制造技术面临的加工任务是非球镜或面形更为复杂的自由曲面镜等。相对于刚性研抛盘而言,研抛工具柔度的基本属性可以表现为:对非球面面形适应的能力很好,工具与工件相对位置的定位精度鲁棒性高。我们期望研抛模有大的纵向柔度$[\Delta_{n \times l}]$,使它具有强的面形适应的能力和高的定位精度鲁棒性,同时又期望研抛模有小的横向柔度$[\Delta_{n,l}]$,使它在研抛模下加工区保持刚性盘具有的高点优先去除原则,以获得好的抑制高、中频误差能力,但是这两个要求往往是矛盾的。

2)应力盘加工技术的柔度

基于弹性变形的应力盘加工技术,它使用铝制的研抛盘,用电机驱动研抛盘变形以适应于非球面工件的面形。由于研抛盘变形是用计算机主动控制的,而不是加工过程中被动形成的,所以上述两个矛盾的要求可以得到很好的统一。

用计算机主动控制的应力盘研抛模,通过弹性变形使得能和被加工的非球面面形处处匹配吻合。因此,宏观上研抛模可以视为有大的纵向柔度$[\Delta_{n \times l}]$。受铝材抗弯强度的约束,研抛模的横向柔度$[\Delta_{n,l}]$很小,因此在研抛模下加工区仍符合高点优先去除原则,抑制高、中频误差能力强。从去除函数的成因来看,其材料的去除机理仍然和传统研抛一样,是基于脆性断裂理论的,其过程仍可用Preston方程来描述。由于研抛盘的直径是被加工主镜的三分之一,它的最大优点是可以大大提升大型非球镜加工的效率,并且对中、高频误差抑制的效果好。但是,研抛盘的直径大也很难对小口径工件或小区域的误差进行准确的修形,加之这种加工方式,对亚表面损伤、工具磨损引起的去除函数长期稳定性、边缘效应等问题仍然存在,因此在大镜加工中往往先用应力盘技术将误差收敛到一定程度,再用小直径的研抛盘进行局部修形,或经反复迭代,最后达到加工目标。

3)离子束抛光加工的柔度

基于子孔径的加工方法,用小直径的工具逼近工件的曲率变化。而粒子束抛光是由离散的、无牵联的粒子流构成的"研抛模",如射流抛光和离子束抛光。相对于刚性研抛模而言,它的纵向柔度$[\Delta_{n \times l}]$很大,对非球面面形适应的能力很好,定位鲁棒性高,但其横向柔度$[\Delta_{n,l}]$也很大,对抑制高、中频误差的贡献很小。

离子束抛光相当纵向刚度和横向牵联刚度都几乎为零的加工,以我们开发的离子束抛光机床为例,在使用离子能量E为500eV,离子电流密度为10mA/cm^{2}的氩离子束加工条件下进行仿真计算,可得到其对材料表面的冲量仅为0.2mN/(cm$^2 \cdot$ s)。因此加工中工件基本不承受正压力,也不会引入表面机械损伤,适宜加工轻量化镜体。离子束流在真空中运动,阻力很小,它的动能在一定范围内几乎与靶距无关,等效"抛光模"定位的鲁棒性可以达数毫米,这就说明从宏观效应上来看,其纵向柔度几乎为无穷大。另外一个优点是离子束径可以聚焦到很小,因此对小口径工件或小区域的误差进行准确的修形能力很强。

离子束抛光的宏观效应是宽聚焦束中无数个离子作用的总和,每个离子之间的牵联刚度几乎为零,这就解释了束径轰击范围内的工件材料不存在高点优先去除的原则,使离子束抛光的溅射宏观效应特点之一是基本不改变其粗糙度状况,离子束抛光是用小束径离子束对加工表面的低频面形误差进行修形,小尺度波长误差的演变规律依赖于表面粘性流动、弹性碰撞流动和热致表面扩散作用机理,在第4章中将详细讨论。

4)磁流变抛光加工的柔度

磁流变抛光处于上述传统硬盘和离子束这两种抛光模式之间,相当纵向刚度和横向牵联刚度都不大的加工。磁流变的抛光轮的直径决定了它对凹镜加工的适应性,它是刚性的,而实际的磁流变抛光轮与工件表面并非直接接触,它们之间的间隙为1mm左右。磁流变液磁化后的缎带被工件压下约0.3mm,抛光轮与工件表面之间依次为磁流变固态核心层、磁流变剪切流动层和磨粒层。在抛光区内由于磁流变液流过楔形区,将会有流体动压力存在,所产生的剪切流动层约100~150μm。因为磁流变抛光膜由是柔性的磁流变液宾汉流体和成核区组成,纵向柔度$[\Delta_{n \times l}]$和横向牵联柔度$[\Delta_{n,l}]$都很大。实验表明,磁流变液流过楔形区的流体动压力最大为200kPa,单颗抛光磨粒对工件表面的正压力仅为

10^{-7}N,该值远远小于古典抛光法中单颗抛光颗粒在抛光时对工件表面的正压力值 $0.007 \sim 0.65$N,因此磁流变抛光中单颗抛光磨粒对工件表面的正压力远小于材料的断裂临界值,只发生塑性去除。

由于磁流变抛光模是柔性的,它的定位精度相对于刚性加工工具的定位精度(如车、铣、磨)具有一定的鲁棒性。国防科技大学石峰等根据理论仿真和实验测试[55],得到了磁流变抛光模的定位精度与加工残差的定量关系。例如,切向定位误差为 0.1mm 时所引起的残差率(由误差引起的残留面形误差 RMS 值与初始面形误差 RMS 值之比)为 1.484%,角度定位误差为 1° 时所引起的残留误差为 0.719%,其敏感方向的法向定位误差为 10μm 时所引起的残差率为 7.446%。尽管法向定位误差作为敏感方向的误差影响较大,但它相对于刚性加工工具的定位精度要求而言还有一定裕度。

5)射流抛光加工的柔度

国防科技大学李兆泽进行了射流抛光加工实验研究,由实验结果可知[56],直径 2mm 喷嘴的最优喷射距离范围为 8 ~ 15mm。在喷射距离为 12mm 时,材料去除量最大,喷射距离增加或减小,材料去除量都逐渐减小,距离偏差 0.2mm 时,材料去除率的变化非常微小,说明有很强的鲁棒性。这种敏感方向的鲁棒性反映了等效抛光模具有较大的柔度。

6)可控柔体制造"柔度可控"的基本属性

传统光学加工主要用游离磨粒研抛达到最终结果,它是一个随机概率事件的收敛过程,而对某一时刻和工件的某一点处的加工效果和去除量的大小都是非确定的。因此传统光学加工是一种非确定量研抛技术,很难用准确的数学模型描述材料的去除量,只能作定性的推测或量级的估计。由于传统的光学研抛加工常常基于统计的规律,因而,在有限时间内,指导加工的原则中基于先验的知识显得尤为重要。加工过程往往是基于工人经验,对加工件试加工,判别加工后尺寸及表面特征目标,再根据工人经验来调整加工过程运行及工艺参数,再试加工来完成的。所以人们常称传统光学制造为经验主导的非确定性加工。

未来光学制造目标,要求是一种可制造、可预测、可批产(Producibility, Predictability, Productivity)的科学制造模式。即对更为复杂的面形、结构和功能要求的光学元件,建立可以制造的装备和工艺;能建立准确的数学模型,并能用计算机对加工中工具特征及过程运行工艺参数进行仿真、预测和控制;制造过程可准确重复,有可以控制的规律,可实现批量生产。光学加工的自动化和智能化是实现未来光学制造目标的主要技术途径。图 1.20 为传统的光学制造路线和未来光学制造路线的对比图。图中的椭圆形包括的是未来光学制造智能化的框架,椭圆形之外为传统的光学制造路线的框架。由于可控柔体制造技术的研抛模的柔度可以用计算机来准确控制,因此它可以把基于经验的制造转变为基于准确数学模型的制造,从而为光学加工过程建模、优化和控制奠定基础。

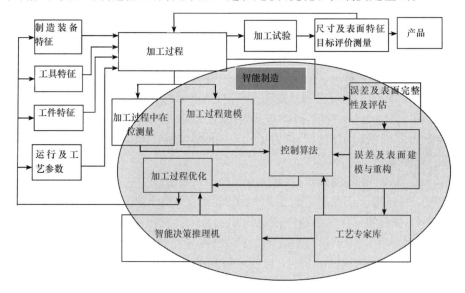

图 1.20　传统的光学制造路线和未来光学制造路线

1.5　基于弹性力学理论的可控柔体制造技术

1.5.1　基于应力变形原理的非球面加工方法

　　基于应力变形原理形成非球面加工方法是在适当可控施力的情况下,圆型薄板表面可以足够近似地弹性变形成为二次曲面,包括离轴二次曲面,甚至高次曲面,也可按着期望的表面任意位置上的可控施力产生所需局部变形。实现这一可控柔体制造过程有以下两种技术途径。

　　1. 可控弹性变形磨具——应力盘抛光(Stressed-lap Polishing,SP)**技术**[57~60]

　　20 世纪 90 年代初,美国亚利桑那大学斯迪瓦天文台大镜实验室(Steward Observatory Mirror Lab.)把刚体弹性变形数学力学基础应用于可控弹性变形大尺寸磨具,使之在径向平移并旋转的动态研磨抛光过程中产生与理论要求连续实时相吻合的离轴非球面面形,该磨具的直径是被加工主镜的三分之一。该方法成功用于 10m 口径的 KECK 望远镜拼接主镜的子镜成形加工。斯迪瓦天文台大镜实验室用应力盘抛光技术,初期先后加工了 1.2 ~ 3.5m 直径的七件大型反射镜,包括:SAO 1.2m $F/1.9$ 主镜,Lennon 1.8m $F/1.0$ 主镜,ARC 3.5m $F/1.75$ 主镜;WIYN 3.5m $F/1.75$ 主镜;Philips Lab. 3.5m $F/1.5$ 主镜等大型镜面,精度达 20nm。以后又先后成功加工了直径 6.5m $F/1.25$ 大型非球面反射镜,LBT 8.4m $F/1.25$ 大型反射镜等。

亚利桑那大学光学中心(OSC)设计的直径 600mm 应力盘结构俯视图如图1.21 所示,应力盘结构侧视图如图 1.22 所示。有 12 个圆筒固定在铝制应力盘上,每个圆筒内都有一组机电致动器,致动器由电机、滚球丝杠、圆筒耳臂和拉紧

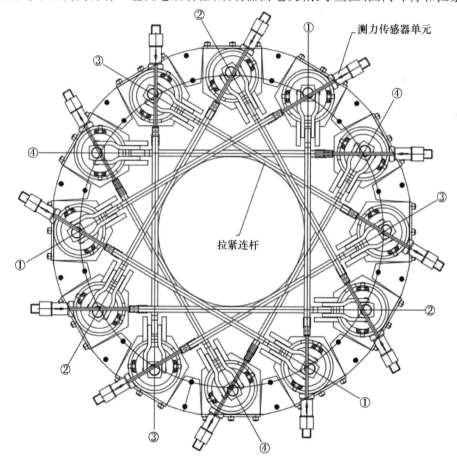

图 1.21　600mm 应力盘结构俯视图

连杆组成。电机的力矩通过滚球丝杠和圆筒耳臂转换为直线的力,平行四边形连杆接在支点上,不仅保证在动态范围内施力的位置高度是常数,而且保证张紧且不扭转。12 个致动器分为四组均匀分布在应力盘边缘上,每三个致动器构成一个等边三角形,三者之间用拉紧连杆两两相联。每个拉紧连杆联接点处都有一个测力传感器,为电机提供反馈信号以控制电机力矩。在 12 个致动器上都施加预紧力,使得应力盘无论在镜子的任何位置作拉伸和压缩动作时都可排除由机电系统的反程间隙产生的影响。应力盘抛光的有效面积为应力盘直径的80% 区域。应力盘与研抛胶层之间有一层尼龙弹性层,为研抛胶层提供合适的平均曲面变形。

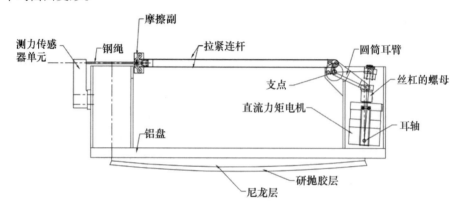

图 1.22　600mm 应力盘结构侧视图

表 1.7 为各应力盘主要参数,1.2m 的应力盘主要用于口径为 3.5m 以上主镜加工,0.6m 和 0.3m 应力盘主要用于较小口径次镜加工。

表 1.7　应力盘主要参数

应力盘有效抛光直径(m)	执行器数	峰值弯矩(N·m)	反馈形式	应力盘厚度(mm)
1.2	18	3400	测力	52.1
0.6	12	1380	测力	25.4
0.3	12	340	测力	12.7
0.6	12	960	测位置	25.4

抛光机床通过 3 个四连杆机构来推动应力盘转动,采用球形支铰与应力盘联接,并尽可能靠近研抛加工面,它只传输转矩,避免由转动切向力而产生的使应力

盘弯曲变形的力矩。四连杆机构采用了两个球形支铰和两个柱形支铰,它可随着面形弦高的变化而被动地作调整,可以避免在加工大镜的不同位置时由于倾斜和转动而在应力盘产生额外的压力梯度。另外 3 个致动器产生的轴向压力和其他两个方向的切向力都可通过压力控制杆传递到应力盘的中心,每个四连杆机构上都装有测力传感器,可为施加压力的调整提供反馈信息,可根据镜面误差的大小来实时改变施加的压力。图 1.23 是 1.2m 应力盘的轴向力和转动力矩传输装置。

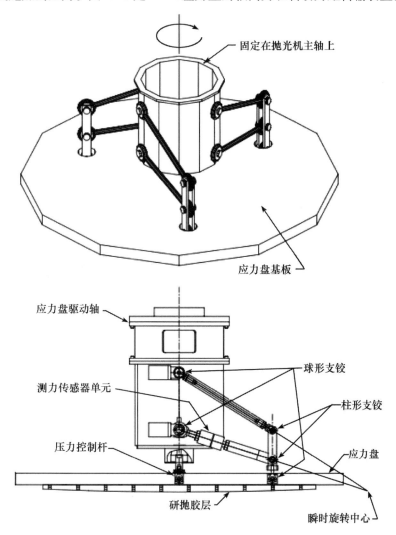

图 1.23　1.2m 应力盘加压装置结构图

由计算机控制,抛光盘在 12 个致动器的作用下,牵引横贯抛光盘背部的连杆产生应力,实现应力盘的低阶变形,使它在不同位置时的变形都能贴合非球面不同的局部面型。另外 3 个致动器根据面形的误差改变抛光压力和压力梯度,完成非球面的加工过程。应力抛光技术解决了大镜的高效加工问题,与此同时,也对光学表面出现的中、高频误差有很好的抑制和光顺效果。1996 年底,亚利桑那大学光学中心的大镜实验室应用该技术为墨西哥制造了一块口径 8.3m 的非球面主镜,面型精度达 $\lambda/6(PV)$ ($\lambda = 0.6328\mu m$)。在 UOA 大镜实验室对直径 6.5m、相对口径为 $F/1.25$ 的 MMT 主镜用应力盘抛光过程中是先用金刚石刀具加工出一个非球面,然后进行抛光,最终的面型误差为 23nm RMS。图 1.24 为 UOA 大镜实验室对直径 8.4m、相对口径为 $F/1.25$ 的 LBT 主镜用应力盘抛光过程。

图 1.24　美国 UOA 大镜实验室使用应力盘抛光技术加工 8.4m LBT 主镜

2. 可控支承变形受体——能动支承技术

用可控支承系统使被研磨的反射镜本身产生弹性变形,经加工后释放应力产生非球面。德国和法国发展了以能动支承技术为主体的光学制造技术,成功加工了大型薄形主镜,特别是柔性能动光学主镜。例如,法国 REOSC 基于能动支承弹性变形理论,采用厚径比达 1∶47 的直径 8.4m 的大型薄柔形主镜的能动支承,以能动光学技术辅助抛光,并最终把镜面调整到所要求的面型精度,完成了 VLT 超大型望远镜四个 8.4m 主镜的研制。

基于弹性变形可控柔体研抛技术使得大型深形非球面复杂制造过程简化为近似于球面制造过程,因此是适合于加工大型非球面镜的非确定性研抛技术。

国内中科院成都光电技术研究所已研制成功 12 个致动器的抛光盘,开展和研究了大型非球面应力盘和能动支承加工技术,已成功地运用于 $\phi1.3\text{m}$ 和 $\phi1.8\text{m}$ 大型深形主镜加工中。

1.5.2 气囊进动抛光技术[61,62]

20 世纪 90 年代,英国伦敦光学实验室提出了一种气囊抛光技术,它用特殊的充入低压气体的球形气囊代替小尺寸研抛盘进行抛光。气囊可以和工件表面紧密贴合,并且接触区域压力分布均匀,从而实现了可控柔性加工。另一方面,研抛过程中,气囊不但旋转,还增加了多位置的摆动。气囊自转轴与被加工工件局部法线成一夹角,并绕该法线作类似陀螺运动的进动运动,称之为进动过程(Precession Process)。进动过程中接触区域内速度轮廓"乱线化",被加工表面纹理呈现出均匀性和无序性的特征,因而获得极优的表面质量。这一技术取得很好效果,已由 Zeeko 公司推出商品化系列机床。

在气囊式进动研抛技术中,作为研抛工具的气囊采用预定形的球形柔性薄膜,气囊内部通过液体或气体供压,压力可控。气囊表面覆盖可更换的抛光膜,比如专用抛光布(Proprietary Cloth),配以适宜的抛光液,可以抛光、研磨或者是融化光学表面。也可以用粘结有磨料的柔性材料替换抛光布,这时可用水代替抛光液。

气囊作为一种柔性研抛工具,通过调节气囊与被加工工件的相对位置可以精确控制气囊与工件表面的接触面积,气囊结构如图 1.25 所示。精确控制加工区域面积,可以得到确定性的去除函数形状,这是实现确定性加工的重要条件。此外,由于气囊与被加工工件接触面积大小可控,可以实现研磨、抛光全过程加工,减少加工准备时间,提高加工效率,降低加工成本,避免因更换研抛工具引起

抛光膜

加强层

气囊层

(a)气囊研抛工具　(b)气囊头部结构　(c)气囊膜结构　(d)气囊外形

图 1.25　气囊结构

的加工误差。

在研抛过程中,可通过控制气囊内部压力来控制加工区域的接触压力,进而稳定地控制材料去除率,提高加工过程的稳定性。也可通过改变气囊内部压力,获得不同的材料去除率,实现从成形到抛光、修形的全过程加工。气囊内部的压强均匀分布,不会因工件的面形变化而改变压强的分布,因此气囊抛光对非球面面形的变化适应性很好。

与传统研抛方法中工具自转轴与工件局部法线平行不同,在气囊式进动研抛过程中,气囊自转轴与工件局部法线成一夹角(进动角),气囊的侧面与工件接触,从而将气囊与工件接触区域的速度轮廓零点移至接触区以外,避免了传统研抛方法由于接触区域中心速度轮廓为零所产生的"W"形表面面形偏差,对卷积误差的控制带来好处。

在此基础上,气囊自转轴绕工件局部法线做进动运动,如图1.26所示。

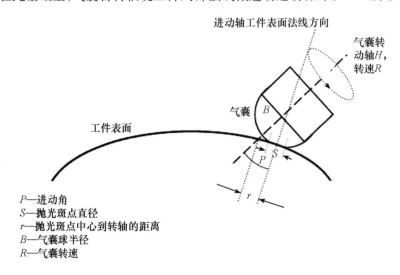

P—进动角
S—抛光斑点直径
r—抛光斑点中心到转轴的距离
B—气囊球半径
R—气囊转速

图1.26 气囊式进动研抛加工示意图

图1.27(a)表示气囊旋转轴在单个位置的进动的表面纹理,这时的进动为:气囊旋转轴绕工件C点以进动角P做四个互为90°位置的进动摆动,加工表面的纹理是一个方向的同心圆。加工工件的表面粗糙度如图1.28(a)所示,可以看到规律性的纹理。

图1.27(b)表示气囊旋转轴在四个位置的进动的表面纹理,每个位置做互为90°位置的进动摆动,这时四个位置进动表面纹理交叉重叠,加工表面的纹理变得交叉无序,去除函数呈高斯型。加工工件的表面粗糙度如图1.28(b)所示,

已经看不到规律性的纹理,粗糙度达 Ra 0.5nm。

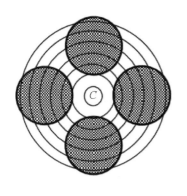

（a）气囊旋转轴在单个位置
互为 90°的进动及纹理

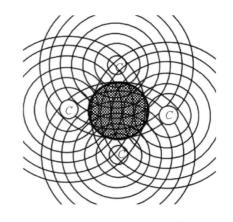

（b）气囊旋转轴在四个位置的
进动及纹理的交叉重叠

图 1.27　进动的表面纹理

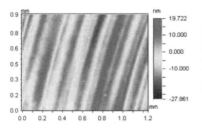

（a）一个位置进动情况下

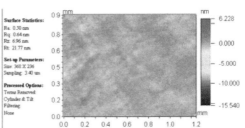

（b）四个位置进动情况下

图 1.28　气囊抛光的表面粗糙度

　　从去除函数的成因来看,应力盘抛光和气囊抛光技术的机理仍然和传统研抛一样。仍可用 Preston 方程对加工过程进行描述,研抛盘在正压力作用下,脆性断裂理论的去除机理仍占主导地位。因此,表面和亚表面损伤,研抛模工具磨损引起的去除函数长期稳定性和边缘效应等问题仍然存在。

　　由于应力盘的直径是被加工主镜的三分之一,它的最大优点是可以大大提升大型非球镜加工的效率,并且对中、高频误差抑制效果好。气囊抛光技术和小工具研磨盘抛光技术很接近,气囊抛光技术的优点是研抛模柔度大,更好地适应非球面面形的变化,研抛线速度可以提高,从而提高加工效率。尽管进动方式可以得到较好的乱线和高斯去除函数,但又降低了修形时的动态响应和加工效率。

实际上，双转子小工具研磨盘抛光也可得到更好的乱线和高斯去除函数。此外，气囊表面覆盖的抛光膜，如果使用沥青膜，因为气囊变形会使沥青膜容易断裂脱落，而工具研磨盘抛光使用沥青膜时，可以增加对磨粒的握持能，使两体延性去除的比例增加，两体特别是三体脆性断裂去除的比例减少，得到非常好的表面加工质量。

1.6 基于多能场的可控柔体制造技术的关键共性理论

对于大型光学非球面镜而言，可控柔体制造技术是一个综合理论体系，给我们的研究提出了新的挑战。该综合理论体系可以在单个具体加工新方法的基础上总结制造的共性规律，使我们的研究更具有一般性和可扩展性，从而使新技术更可持续发展和加强成果转化能力。可控柔体制造技术的综合理论体系，大致可分为以下五个方面。

（1）材料去除机理与数学模型

可控柔体制造利用不同的物理和化学原理，其去除机理不同，去除函数也不同，决定了可控柔体制造不同的基本数学模型。如何揭示不同机理下的规律，开发不同机理条件下的制造手段，无疑是可控柔体制造科学最核心的基础理论问题。

（2）多参数控制策略

研抛工具的柔度可以用研抛介质的成分和性能来控制，但是在加工过程中要改变其成分和性能是困难的，而可控柔体制造技术可以通过计算机控制应力场、电场、磁场、流场的参数来控制研抛工具的柔度。因此，在冗余的控制参数中要优选一些可实现被动控制和主动控制的参数，利用这一多参数综合的条件，通过多参数控制策略实现性能优化，使去除函数长期稳定或实现不同工艺目标，获得优化的去除函数的控制。和传统的抛光和单纯控制加工轨迹的 CNC 加工方式比校，可控柔体制造技术的控制裕度增加了，各种参数对控制目标的影响规律，参数交叉偶合性，参数可控性，参数冗余的选择和优选的控制方式都带来新的研究课题，这是光学研抛加工由不确定性加工过渡到完全确定性加工的关键技术。

（3）4D 数控技术

一般数控是用来控制刀具与工件的空间三维位置关系和保持恒定切削速度的，4D 数控技术除了控制空间三维位置之外，还要控制每个加工点的驻留时间，即空间三维加上时间维的数控。4D数控技术的基本理念是:将三维面形误差分布变换为四维的驻留时间分布,再变换为机床的速度分布和加速度分布,4D数控机床将据此再结合机床的动态特性获得优化的结果来进行控制。与低速机械CCOS研抛方法不同,可控柔体光学制造可实现高速研抛,即高效率、高精度、全自动化的加工,因此在4D数控技术方面也带来新的课题。

(4)误差演变理论与控制技术

基于子孔径加工可控柔体制造技术的目标是对光学表面进行修形,并同时要获得尽可能好的表面、亚表面质量。研抛工具与对被加工工件材料和表面微尺度结构的加工响应共同组成了与其他加工工艺有所不同的规律和特征。因此,在中高频误差生成、收敛规律和控制方法,曲率、边缘等约束条件下的非线性控制,抛光工艺参数和加工路径优化,亚表面质量和完整性等方面都提出了新的要求,形成新的误差演变理论与控制技术。

(5)可控柔体光学制造装备技术

可控柔体光学制造技术基于材料去除的准确数学模型,其机床的运动精度和动态性能都有较高要求,因此,可控柔体光学制造装备技术要求能够承载新的加工机理和实现这种机理的工艺条件,对机床提出了一些特殊的要求。

1.6.1 材料去除机理与数学模型

1. 离子束抛光的材料去除机理与数学模型

将具有一定能量的离子入射到加工工件表面,使表面的部分材料脱离材料的本体,这种现象称为溅射。离子束抛光机就是基于这种溅射现象的。

离子与表面浅层原子碰撞,传递的能量主要分散在两个方面:一部分用于表面原子核的反冲运动,另一部分用于激发或电离原子核外的电子,分别对应于核阻止本领和电子阻止本领。对于低能入射离子来说,核阻止本领是主要的;而对于高能入射离子,电子阻止本领则是主要的。离子束抛光加工用的是低能大束流模式,低能离子产生的溅射现象主要是由粒子之间的弹性碰撞产生的,称为撞击溅射。撞击溅射可以分成三类:单一撞击溅射、线性碰撞级联方式和非线性碰撞级联方式。

单一撞击溅射主要发生在能量较低的离子同表面原子的碰撞过程中,材料表面原子得到的能量与冲量方向都不足以进一步地引起新的反冲原子而直接被溅射出去。

当离子能量大于表层原子的核阻止本领能量时,会进入材料一定深度的浅层,形成一个高斯散射能量分布。这一能量使得在离子路径周围的获得初始反冲能量高的原子进一步与其它静止原子相碰撞,产生一系列新的级联运动。由于材料表面原子的介面与深层原子不同,当它获得的级联碰撞能量大于它的绑定能时,将脱离材料本体而溅射出来。这种以运动原子同静止原子之间的碰撞为主的级联碰撞称为线性碰撞级联方式。

其他在一定的区域内大部分运动原子同运动原子之间的碰撞主要是非线性碰撞级联方式,它加剧了原子的振动,能量变为热的形式。

由此可见,离子束抛光加工的机理是以表面原子弹性溅射去除为主,以表面原子热塑流动为辅的原子量级的搬迁。

溅射过程可以用溅射产额 Y 这个物理量来定量地描述,其定义为平均每入射一个离子从靶表面溅射出来的材料原子数,即

$$Y = \frac{溅射出来的材料原子数}{入射离子数} \tag{1.8}$$

溅射产额与多种因素有关,最主要的是离子入射能量、材料特性、入射角度、入射离子的种类等。在垂直入射条件下,离子能量、材料特性(升华热)是溅射产额的主要影响因素。

关于离子溅射产额的有关模型,文献[63]作了详细的描述,相关主要的内容如下。

早期主要是依据实验结果得到离子溅射产额经验公式。林德哈特(J. Lindhard)发现溅射产额与离子和材料原子序数及原子量有关,并根据汤姆斯－费米(Thomas-Fermi)原子相互作用核制动模型推出了一个溅射产额公式

$$Y(E, M, Z) = 1.35 \left[\frac{M a_0 E_i}{(1+M) Z_t Z_i e^2} \right]^{0.4} \tag{1.9}$$

其中,$M = M_t / M_i$,M_i 为离子的原子量,M_t 为材料的原子量;Z_t, Z_i 分别为材料和离子的原子序数;$a_0 = 0.529 H\mathring{A}$,$H$ 为原子第一玻尔轨道半径。

林德哈特认为,离子溅射是发生在材料表面一定深度范围内的线性级联核制动过程,并且给出了 $Y \propto E_i^{0.4}$ 的重要结论。

希格曼德(P. Sigmand)对阐述溅射机理和推算溅射产额做出了突出贡献,他除了考虑核制动机理和弹性碰撞外,认为溅射原子脱离表面需要能量,飞出原子可看作材料的“气体化”过程,与材料的升华热 U_0 有关。希格曼德推出了溅射产额

$$Y(E) = 0.042 \alpha S_n(E_i) / U_0 \tag{1.10}$$

式中,$S_n(E_i)$ 为核制动截面;α 为弹性碰撞系数(取决于 M_i / M_t);U_0 为材料的升华热。

$$S_n(E_i) = \frac{4\pi Z_t Z_i a_0 e^2 S_n(\varepsilon)}{\sqrt{Z_t^{2/3} + Z_i^{2/3}}(1+M)} \tag{1.11}$$

式中，$S_n(\varepsilon) = \mu_m \varepsilon^{1-2m}$ 为材料相对核制动截面，μ_m 为归纳系数，$\varepsilon = \dfrac{E_i}{E_{tf}}$，$E_{tf}$ 为离子与材料原子汤姆斯 – 费米相互作用能。

将式(1.11)代入式(1.10)，可得到

$$Y(E) = \frac{0.279\alpha\mu_m e^2 Z_t Z_i}{U_0(1+M)\sqrt{Z_t^{2/3} + Z_i^{2/3}}}\left(\frac{E_i}{E_{tf}}\right)^{1-2m} \tag{1.12}$$

简化为

$$Y(E) = CE_i^{0.4 \sim 0.6} \tag{1.13}$$

溅射产额并非随着能量的增大而无限增大，上式中的能量 E_i 具有一定的范围。实际中的溅射产额与能量关系简单示意图如图 1.29 所示。可以看出溅射产额随入射离子能量的变化有如下特征：存在一个溅射阈值 E_t，一般为 20 ~ 100eV。当入射离子的能量小于这个阈值时，没有原子被溅射出来。随着离子能量的增大，溅射产额也随之增大。当入射离子的能量为几十 keV 时，溅射产额可以达到一个最大值。当入射离子的能量超过此能量时，溅射产额开始随入射离子能量的增加而下降。

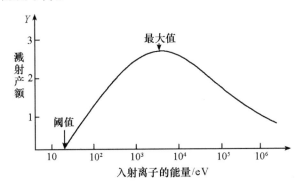

图 1.29　入射离子能量与溅射产额的关系

离子束抛光利用的是低能离子，一般离子的能量的溅射阈值到 2keV 以下。

上述的溅射产额是在离子垂直于材料表面入射的条件下得到的。如果离子以一定的角度入射，溅射产额会发生变化，一般来说，溅射产额在 60° ~ 80° 范围内会达到最大值。

离子的原子序数对溅射产额有一定的影响，溅射产额随着原子序数的增大

而稍有增大。实验证实,在低能量范围内,离子的质量效应不太明显。因 Ar 的成本比其它惰性气体要低很多,因此,离子束抛光一般采用的是 Ar。

离子束抛光加工的数学模型在第 4 章中有详细的描述,这里不再赘述。

IBF 加工适应于光学元件加工,主要有如下特征:

(1)原子量级的精度。离子束修形基于物理溅射效应,工件表面材料在原子量级上去除,抛光可以达到原子量级的加工精度。

(2)去除函数稳定。去除函数具有性能良好的高斯型分布形状,并且离子束可以通过离子束的电流和电压等参数精确控制,在加工过程中非常稳定,不存在"抛光盘磨损"问题,对加工距离、工件表面起伏、环境振动等都不敏感。

(3)无边缘效应。加工镜面边缘时,去除函数不发生改变,去除函数与工件形状无关,适于抛光异型零件、光学表面的面形精度提升。

(4)非接触式加工。加工过程是非接触式的,加工中工件不承受正压力,适宜加工轻量化镜,加工不引入表面机械损伤,无表面和亚表面损伤。

(5)加工范围宽。去除函数的半峰全宽(FWHM)值可以通过栅网和光栏在 1~100mm 内选择,可以实现不同面形和不同口径工件的加工。

2. 磁流变抛光的材料去除机理与数学模型

磁流变抛光的去除机理:它是一种可以完全避免材料脆性断裂的塑性剪切去除,而且,磁流变抛光在塑性区加工的裕度大、易控制、加工效率高。

加工中的磁流变抛光液是一种非牛顿流体。非牛顿流体是指流体以切变方式流动,但其切应力与剪切速率之间为非线性关系的流体,它的特征是,不服从牛顿粘度定律,其粘度不是一个常数,随着切应力、切变速率的变化而变化。

非牛顿流体的类型有宾汉(Bingham)流体、假塑性(pseudoplastic)流体和胀塑性(dilatant)流体等。磁流变液的流体属于宾汉非牛顿流体。

宾汉流体的流动曲线如图 1.30 所示。它与牛顿流体的流动曲线特征相同,均为直线型,只是它不通过原点。其含义是剪切应力低于剪切屈服应力 τ_0 时,它为固体,没有流动,超过 τ_0 之后,才能破坏静止时形成的高度空间结构而实现流动。流动后切变速度或称剪切率 $\dot{\gamma}$ 和剪切应力 τ 的关系为线性的,其斜率为磁流变粘度 η。

Bingham 方程式:

$$\begin{cases} \tau = \mathrm{sgn}(\dot{\gamma})\tau_0 + \eta\dot{\gamma}, & |\tau| > \tau_0 \\ \dot{\gamma} = 0, & |\tau| < \tau_0 \end{cases} \tag{1.14}$$

可以看出,如果宾汉流体介质要发生流动,则 $|\tau| > |\tau_0|$ 必成立。若 $|\tau| <$

$|\tau_0|$,则 $\dot{\gamma}=0$,此时宾汉流体介质形成停滞的"核心"。对于牛顿(Newton)流体而言,τ_0 的值等于零。

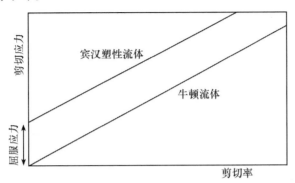

图 1.30　牛顿流体和宾汉流体的流动曲线

　　例如,国防科技大学研制的 KDC - 1 型磁流变液在不同磁场强度下的宾汉流体的流动曲线如第 5 章图 5.52 所示。可见磁流变液剪切屈服应力 τ_0 与磁感应强度几乎呈线性关系。因此宾汉流体在不同的磁场强度下由柔度小的"固态"向柔度大的"液态"转换的剪切屈服应力 τ_0 不同,磁场强度也与其"液态"情况下粘度 η 有关,因此可用磁场强度来控制其"柔度"。

　　磁流变抛光的去除机理与数学模型在第 5 章中有详细的描述,在该章中提出了磁流变抛光磨粒的双刃圆半径材料去除的理论模型;基于 Bingham 流体力学和磁流变液成核理论和实验,获得了材料去除函数的理论预测模型;通过大量实验建立了磁场、粘度、粒度、材料、压深、流量等多参数约束的材料去除实验模型。

　　磁流变抛光能够有效地消除传统抛光的亚表面损伤,获得近零亚表面损伤的超光滑表面。但在磁流变抛光的表面可以看到有明显的单一方向塑性划痕。例如[55],经传统抛光后的试件的表面粗糙度为 RMS 1.028nm、Ra 0.810nm,磁流变抛光后提升到 RMS 0.622nm、Ra 0.495nm,再酸洗处理后表面粗糙度仍可达 RMS 0.684nm、Ra 0.546nm。图 1.31 为试件的表面粗糙度测试结果。

　　塑性去除区的磁流变抛光,还会存在晶格或分子的位错和迁移,也会有一定的加工应力的残留。弹性去除区往往是伴随化学现象而产生,我们适量选择磁流变抛光的参数和专用的磁流变抛光液,使材料的机械去除量非常小,加工可进入弹性去除区。

　　弹性去除为主的加工方式,加工去除效率低,粗糙度下降速率约 0.2nm/h,

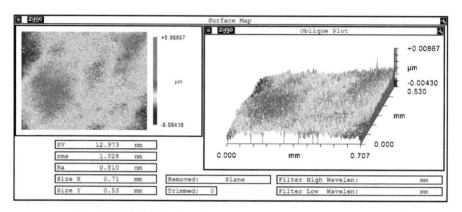

（a）传统抛光后的表面粗糙度（未酸洗）（RMS 1.028nm、Ra 0.810nm）

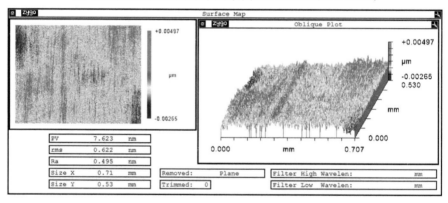

（b）磁流变抛光后的表面粗糙度（未酸洗）（RMS 0.622nm、Ra 0.495nm）

图 1.31　试件的表面粗糙度测试结果

图 1.32 是 ϕ30mm 熔石英平面用 50 倍镜头白光干涉仪测量的加工前结果，粗糙度 Rq 0.812nm、RMS 1.020nm，图 1.33 是原子力显微镜测量的加工后结果，加工后粗糙度 Rq 0.216nm、Ra 0.160nm，AFM 1μm × 1μm，加工后塑性划痕基本消失。

最后，可得以下结论：

（1）磁流变抛光基于塑性域剪切去除机理可实现无亚表面损伤加工

磁流变抛光材料的去除机理不再基于脆性断裂原理，而是基于 Bingham 流体的塑性剪切原理，过程中抛光颗粒被施加的正压力来源于羰基铁粉微粒在磁场中受的磁场浮力和流体动压力。由于单颗抛光颗粒对工件表面的正压力很小，远小于材料的断裂临界值，因此只发生塑性去除。抛光颗粒被施加的剪切力也来源于磁流变液的流体动压力。材料去除主导因素是剪切力，正压力只是辅

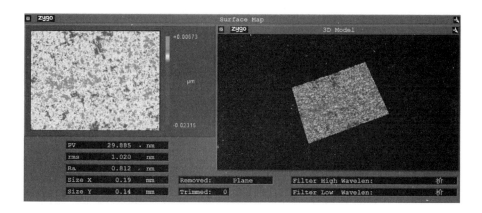

图 1.32　用 50 倍镜头白光干涉仪测量粗糙度的结果

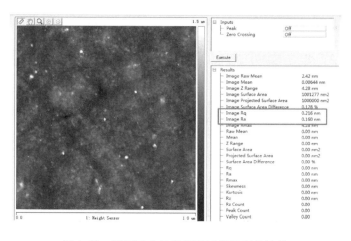

图 1.33　用原子力显微镜测量粗糙度的结果

助因素,两者相辅相成,共同促使磨料微粒与工件表面的接触和摩擦来实现材料的剪切去除。

（2）磁流变抛光高的去除效率的机理

在理想情况下,磁流变抛光的材料去除效率与剪切应力 τ、相对速度 ν 成正比,传统的 preson 方程 $H = K \cdot P \cdot V$ 也应相应地修正为 $H = K \cdot \tau \cdot \nu$。轮式磁流变抛光点的线速度相对于盘式小工具要高得多,所以效率也高。

在传统抛光过程中,抛光膜(沥青膜或聚氨酯膜)对磨粒的把持能力有限,两体塑性去除和三体塑性去除同时存在,能够形成有效材料去除的磨粒比例较小;在磁流变抛光过程中,链状羰基铁粉形成的柔性抛光膜对磨粒的把持能力较强,材料去除以两体塑性去除为主,形成有效材料去除的磨粒比例较高。可见在一定范围内,增加磨粒的粒度将提高材料去除效率。

（3）磁流变抛光可以进入弹性抛光域加工

进一步增加链状羰基铁粉形成的柔性抛光膜的柔度和加大磁流变液流过楔形区的间隙以减小动压,磁流变抛光可以进入弹性抛光域加工。

3. 射流变抛光的材料去除机理与数学模型

磨料液体射流抛光(Fluid Jet Polishing, FJP)技术是从磨料水射流切割技术发展而来的,它使用相对很低的压力(低于 1.5MPa),获得了其 Ra 值能达到纳米水平的表面粗糙度,而磨料水射流切割技术是在很高的压力作用下经过喷嘴加速形成高速的射流喷射到工件的表面来实现材料的切割。

磨料水射流抛光技术的基载液采用水,磨料及基载液在容器中经过机械搅拌均匀后,由一个相对低压的压力系统将其吸入抛光用喷嘴而形成射流,射流束以一定的冲击速度喷射到工件表面,对其进行加工去除作用,最后,使用过的抛光液经防护罩及回收皿过滤后重新回到容器中以备循环使用。工件一般安装在一个可以做自转运动、摆动运动和直线运动的多轴数控主轴上,通过摆动和直线运动,可以设定工件加工表面法线与喷嘴轴线间的夹角,以及工件距离喷嘴的基准距。加工中只要保证射流液体自身的工艺参数稳定,以及恒定其与工件间的角度和距离,就可以获得长时稳定的去除函数,从而通过控制该去除函数在工件各局部区域的驻留时间,来实现工件表面面形误差的修正,达到确定性抛光修形的目的。

磨料水射流抛光是个复杂的材料去除过程,它包括磨料粒子对工件材料的碰撞和微剪切等作用。根据材料破坏类型的不同,一般主要分为脆性去除、塑性去除和弹性变形三类。脆性去除多发生在冲击能量较大的情况,如水射流切割中材料以脆性去除为主。

弹性变形一般只在低速碰撞时发生,通常伴随着工件表面的化学反应,使工件表面微突出点的材料改变其性能,再由纳米级磨粒的机械碰撞和微剪切等作用来去除。射流弹性发射加工技术就是典型的代表,它的材料去除量非常微小,材料弹性变形量也很微小,对材料不产生破坏和残余应力,用于超光滑加工中。图 1.34 为弹性发射水射流抛光原理图[64],弹性发射抛光头是一个狭窄缝式喷头,主要参数选择范围:喷头狭窄缝宽度 G 为 $50 \sim 200\mu m$,喷头宽度 W 为 $0.50 \sim 20mm$,倾斜角度 θ 为 $35° \sim 90°$,离工件距离 D 为 $1 \sim 2mm$,初始流速约为 $100m/s$,压力约为 $10^{-7}Pa$。

文献[64]介绍了用狭缝尺寸为 $200\mu m \times 10mm$ 和 $200\mu m \times 1mm$ 的两种抛

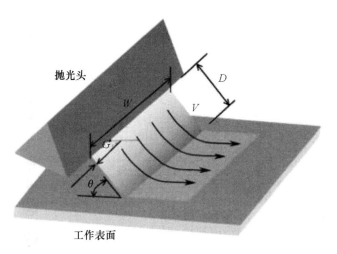

图 1.34 弹性发射水射流抛光原理图

光头进行的两组实验。表 1.8 为实验的主要参数。

表 1.8 实验的主要参数

	实验 A	实验 B
工件材料	石英玻璃	硅
抛光磨粒	$\phi 0.1\mu m, SiO_2$	$\phi 2.0\mu m, SiO_2$
抛光液浓度	10vol.%	10vol.%
加工区域	$25mm \times 21mm$	$4mm \times 4mm$
进给速率	$200mm/min$	$200mm/min$
两次进给之间的距离	$10\mu m$	$10\mu m$
进给方向	X	Y
加工总时间	16h	11h
喷头缝隙尺寸	$10mm \times 200\mu m$	$1mm \times 200\mu m$
入射角	$35°$	$35°$
初始液体速率	$30m/s$	$30m/s$

图 1.35(a) 和 (b) 是实验狭缝尺寸为 $10mm \times 200\mu m$ 的抛光头加工前后的面形, 在加工修正前和修正后的加工误差分别是 PV 7.8nm(RMS 1.3nm) 和 PV 2.0nm(RMS 0.3nm), 该抛光头被用来实现空间分辨率为 3mm 的工件加工。

图 1.36(a) 和 (b) 是实验狭缝尺寸为 $1mm \times 200\mu m$ 的抛光头加工前后的面

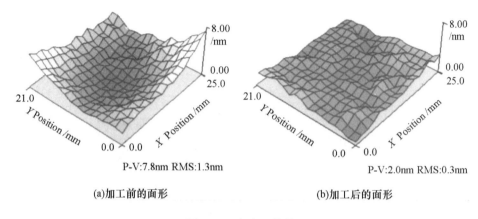

P-V:7.8nm RMS:1.3nm

(a)加工前的面形

P-V:2.0nm RMS:0.3nm

(b)加工后的面形

图 1.35　实验 A 结果

形,在加工修正前和修正后的加工误差分别是 PV 3.21nm(RMS 0.32nm)和 PV 0.98nm(RMS 0.14nm),该抛光头被用来实现空间分辨率为 3mm 的工件加工。

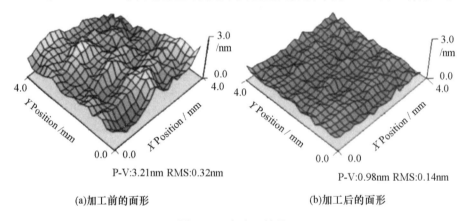

P-V:3.21nm RMS:0.32nm

(a)加工前的面形

P-V:0.98nm RMS:0.14nm

(b)加工后的面形

图 1.36　实验 B 结果

1.6.2　多参数控制策略

可控柔体制造技术可以通过计算机控制应力场、电场、磁场、流场的参数来控制研抛工具的柔度。因此在冗余的控制参数中要优选一些可实现被动控制和主动控制的参数,利用这一多参数综合的条件,通过多参数控制策略实现性能优化,使去除函数长期稳定或实现不同工艺目标,获得优化的去除函数的控制。可控柔体制造技术的控制裕度增加了,各种参数对控制目标的影响规律,参数交叉偶合性,参数可控性,参数冗余的选择和优选的控制方式都带来新的研究课题,这是光学研抛加工由不确定性加工过渡到完全确定性加工的关键技术。

磁流变抛光过程的影响因素十分复杂,磁流变抛光去除函数的主要影响因素可以分为三类:(1)材料因素。由于组成成份和晶相结构不同,不同被抛光材料的表面机械特性(硬度、弹性模量、断裂强度等)、化学稳定性和材料相对结合强度等物理、化学特性差异明显。(2)磁流变液因素。由于羰基铁粉、磨料和稳定剂等组份的种类及含量不同,不同种类磁流变液的剪切屈服强度、零磁场粘度和 pH 值等性能指标差异较大。(3)工艺参数因素。抛光轮转速、压入深度、流量和磁场等工艺参数影响磁流变抛光区域的磁场、压力场和剪切应力场的大小及分布,最终影响磁流变抛光的去除函数。磁流变抛光去除函数各影响因素之间相互影响、相互耦合。例如,磁流变液会对材料表面的机械特性与化学稳定性产生影响,而磁场会影响磁流变液的剪切屈服强度和表观粘度。

必须通过理论分析和实验,来优化所选取的参数,实现多参数控制略策。由于材料、磁流变液和工艺参数繁多,我们通过分类正交方法进行实验研究。第一类实验是固定工件材料和磁流变液参数,重点研究工艺参数(转速、流量、磁场和压入深度)优化对去除函数的影响,第二类实验是固定工艺参数,重点研究工件材料和磁流变液对去除函数的影响。最终去除函数多参数优化控制的目标是确保去除函数的性能(去除效率,形状和表面质量)稳定性能满足 12 天运行偏差优于 3%~5% 的水平。

图 1.37 是通过优化控制后由实验得到的一组 MRF 去除函数,它能得到 0.5nm/s 的最小材料去除函数的加工,这是实现纳米精度加工的必要条件。同时还要满足长期稳定,满足 12 天连续循环运行,其磁流变液性能偏差小于 3%~5% 的水平。

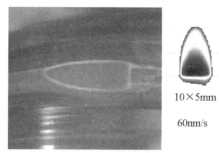

| 10×5mm | 8×4mm | 6×3mm | 3×2mm | 1.5×1mm | 0.8×0.4mm |
| 60nm/s | 50nm/s | 22nm/s | 9nm/s | 2nm/s | 0.5nm/s |

图 1.37　通过优化控制后由实验得到的一组 MRF 去除函数

磁流变抛光的工艺目标可以通过计算机改变其工艺参数而达到,如在去表面损伤层时采用大切削余量加工方式,在高精度最终修形时采用微量去除加工方式。在不同的被加工材料,如超硬材料 SiC、软脆易潮解材料 KDP、各向异性材料氟化镁、氟化钙等必须要不同的工艺参数与控制策略。

例如[55],为了实现磨削亚表面损伤层厚度测量、磁流变粗抛和精抛三个不同的工艺要求,可通过控制磁流变抛光的磁场及适当工艺参数,分别获取三个不同的去除函数,其详细性能指标见表 1.9。图 1.38 为三个磁流变抛光去除函数的两维图。去除函数 2 的体积去除效率高达 2.513mm³/min,可用于磁流变粗抛,高效地去除磨削产生的亚表面损伤层。去除函数 3 加工的表面粗糙度为 RMS 0.522nm,可用于磁流变精抛,去除磁流变粗抛产生的抛光纹路并提升表面质量。去除函数 1 的外形尺寸较大,去除效率居中,去除函数内部变化趋势平缓,可用于介于上述两种加工要求之间的场合。

表 1.9　磁流变消除磨削亚表面裂纹层采用的去除函数性能指标

序号	长度×宽度 /mm×mm	峰值效率 /(μm/min)	体积效率 /(mm³/min)	粗糙度 RMS /nm
1	30.0×17.0	5.672	1.371	0.767
2	30.0×17.0	11.505	2.513	1.046
3	15.0×7.0	2.313	0.0944	0.522

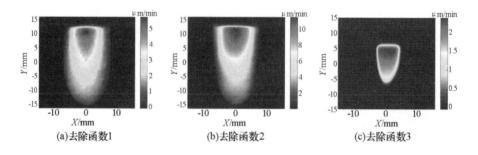

(a)去除函数1　　　　　(b)去除函数2　　　　　(c)去除函数3

图 1.38　三个磁流变抛光去除函数的两维图

采用去除函数 1,在磨削表面制造三个斑点,用于制造测量亚表面损伤层的厚度,测得该 K9 玻璃磨削后的亚表面裂纹层深度约为 50μm。

采用去除函数 2 对口径 100mm 的 K9 玻璃平面镜进行磁流变粗抛,156min 后试件材料被均匀去除 50μm,可将磨削后的亚表面裂纹层全部去除。图 1.39

为磁流变粗抛后的表面粗糙度测试结果,粗抛后磁流变抛光纹路非常明显,表面粗糙度为 RMS 1.310nm,Ra 0.926nm。

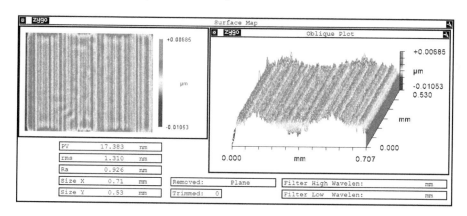

图 1.39　磁流变粗抛后的表面粗糙度

采用去除函数 3 对上述工件进行磁流变精抛,加工 17.5min 后试件材料被均匀去除 200nm。图 1.40 为磁流变精抛后的表面粗糙度测试结果,精抛后表面粗糙度有明显提高,RMS 值提升到 0.722nm,Ra 0.578nm,并且消除了磁流变粗抛的抛光纹路。将试件进行酸洗处理和超声清洗后,使用高倍显微镜进行观察,未见任何亚表面裂纹,这表明磨削过程产生的亚表面裂纹层已经被磁流变抛光完全去除。

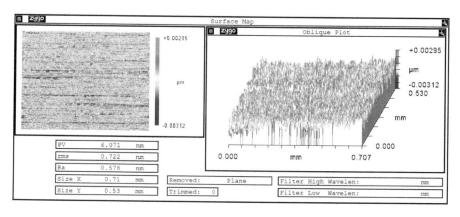

图 1.40　磁流变精抛后的表面粗糙度

离子束抛光与磁流变抛光的加工过程有相似之处,为了建立多参数模型的去除函数的稳定性优化控制,我们针对石英、微晶和 K4 玻璃,SiC、KDP 等晶体材料的理论和实验结果进行分析[65]，建立了表征去除效率的指标、法向去除速率、体积去除速率、溅射产额与束能、束流以及入射角度之间的关系模型。揭示了离子束加工光学镜面的材料去除效率、不同材料之间的相对去除效率与工艺参数的关系。我们可用去除函数环半峰全宽、体积去除率和峰值去除率为评价指标来研究去除函数的长时稳定性、线性性、小扰动鲁棒性以及大参数调节变化等特征。实验结果表明：离子束加工中的去除函数具有较长时稳定性，去除量对时间具有线性关系、对工艺参数小扰动具有鲁棒性，可以通过调节离子束电源参数优化选取去除函数的宽度和幅值，利用不同束径的离子束对镜面进行高效的修形。

图 1.41 是通过优化控制后由实验得到的一组 IBF 去除函数，它能得到 0.1nm 的最小材料去除模型的分辨率的，其长期稳定性能满足连续 50h 运行偏差优于 3% ~ 5% 的水平。这是实现亚纳米精度加工的必要条件。

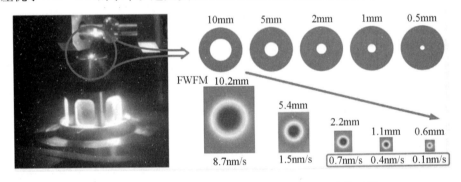

图 1.41　通过优化控制后由实验得到的一组 IBF 去除函数

1.6.3　4D 数控技术

一般数控是用来控制刀具与工件的空间三维位置关系和保持恒定切削速度的，4D 数控技术除了空间三维位置控制之外，还要控制每个加工点的驻留时间，即空间三维加上时间维的数控。4D 数控技术的基本理念是：将三维面形误差分布变换为四维的驻留时间分布，再变换为机床的速度分布和加速度分布，4D 数控机床将据此再结合机床的动态特性获得优化的结果来进行控制。

传统的研磨抛光技术是基于非确定式加工方式的，不遵循机床的误差复印原则，因此对机床本身的静态和动态精度要求都不高。基于小工具的 CCOS 技术虽然也是一种用 4D 技术实现的确定式加工方式，但其加工效率、去除函数模型的准确性和可控最小去除分辨率都有限，因此对空间和时间的分辨率要求也不高。

基于子孔径加工的可控柔体制造技术,其加工孔径可以更小,如 MRF 缎带压痕宽可达 $4\sim6mm$,IBF 小孔径可达 $1mm$,因此可以对更高频的误差分布进行修形。这就要求机床有更高的空间位置分辨率和控制精度,通常要求机床的空间位置分辨率和控制精度应分别优于 $1\mu m$ 和 $10\mu m$。更重要的是,MRF 和 IBF 的材料去除模型可控最小去除分辨率应优于亚纳米量级,对机床运动的时间分辨率要求很高。精准的时间驻留分布,要求控时精度达数十毫秒量级,并且通常是通过转换成瞬时速度及速度梯度的分布来实现,因此对机床的精度和动态性能的要求更高。可见与低速机械 CCOS 研抛方法不同,可控柔体光学制造可实现高速研抛,即高效率、高精度、全自动化的加工,因此在 4D 数控技术方面也带来新的课题。

以六轴联动的 MRF 机床为例,可以用多体动力学零级建模理论建立起机床空间运动精度模型,分析其三维空间位置精确控制及对加工精度的影响。还可以用多体动力学的一级和二级建模理论建立起机床空间速度和加速度精度控制模型,作为时间维精确控制的基础,来分析其四维时空的精确控制及对加工精度的影响。

由于材料的去除量是去除函数和驻留时间的卷积,所以驻留时间可由反卷积方法求得。4D 数控技术对机床的精度和动态特性有更高的要求,其软件的重点在于驻留时间的精确控制,以及加工路径和驻留时间实现能力的协调。在加工机床 4D 数控实现技术方面,对驻留时间分布的迭代算法加速;驻留时间边缘延拓和平滑优化;低陡度非球面平面化近似;高陡度非线性修正算法;大口径工件海量数据高效算法等基础理论研究也提出了更高要求。为实现光学超精密加工的自动化,还要开发与装备配套的 CAM/CNC 工艺软件,包括加工路径规划、数控代码生成、加工结果预测等基本环节组成的工艺流程,和适合于复杂面形光学元件的数字化加工其他功能。详细介绍见第 2 章。下面着重针对机床动态性能的有限性进行讨论,并举例说明在 4D 数控中寻找弥补机床动态性能不足的最优的加工参数和新的加工路径规划等方法。

1. 机床动态性能及其对加工精度的影响规律

在离子束、磁流变抛光过程中,通过各种算法进行反卷积运算通常能够得到较为准确的驻留时间,而驻留时间的准确实现与机床的动态特性有关。驻留时间的准确实现是指选择合理的运动方式,以及运动速度和加速度,使去除函数在控制面积内的实际驻留时间达到理论驻留时间。影响驻留时间准确实现的主要因素有机床的动态性能和加工路径规划等,机床的动态性能主要包括机床的速度和加速度。一般情况下,各驻留点的理论驻留时间不同,各速度控制点的运动速度也不同,在相邻速度控制点之间运动系统存在加减速过程,通常认为以一个恒定的加速度在加速,加速度的大小直接关系到驻留时间的实现精度。

机床的最大速度和加速度关系到驻留时间的准确实现,影响 MRF 的修形精度。我们用初始面形 PV 为 0.147λ,RMS 为 0.032λ,($\lambda = 632.8\text{nm}$)的有效口径为 98mm 的镜面,在 Y 轴行距为 0.5mm 光栅扫描加工情况下进行仿真[66]。表 1.10 给出三种情况下的仿真结果,其中理想情况下机床的最大速度与最大加速度都没有限制。由于机床动态响应的原因,区域驻留时间比理论驻留时间长,材料去除量偏多,使得修形结果出现局部"塌陷",修形精度和面形收敛比都会有不同程度的下降。

KDUPF – 700 磁流变抛光机床的实际动态性能是,其 $v_{max} = 6000\text{mm/min}$,$a_{max} = 1.71\text{m/s}^2$,要想获得更好的加工效果,就要依赖于 4D 数控实现技术。机床动态性能受到电机驱动、传动方式、被驱动工作台质量及控制系统与方法等条件的约束,在设计机床时应予优先考虑。一旦机床安装调试完毕,可以用均匀增加驻留时间分布和区域路径重新规划等措施弥补机床动态性能的不足,提高加工精度,下面简介这两项措施。

表 1.10 机床动态性能对加工结果的影响

	理想情况:	机床动态性能 1: $v_{max} = 6000\text{mm/min}$; $a_{max} = 1.71\text{mm/s}^2$	机床动态性能 2: $v_{max} = 12000\text{mm/min}$ $a_{max} = 2.4\text{mm/s}^2$
加工时间(min)	16.945	17.263	17.03
修形精度	PV:0.01725λ, RMS:0.001046λ	PV:0.02775λ,RMS: 0.002657λ	PV:0.0234λ, RMS:0.001237λ
面形收敛比	30.6	12.0	26.0

2. 均匀增加驻留时间分布来降低对机床动态性能的要求

周林[65] 在建立线性方程组(CEH)模型,并应用截断奇异值分解(TSVD)算法对驻留时间求解中发现,加工时间长短(或材料去除量多少)和加工后残差 RMS 值都与截断参数 k 有关。关于 TSVD 算法详见 2.4.3 节。把 k 值连接起来就构成了一条曲线。由于这样一条曲线可以预测不同截断参数时的加工过程

（即加工时间长短）和加工精度（即加工残差大小），所以称之为"加工预测曲线"。我们发现，在对数坐标系中，加工预测曲线的形状通常具有字母"L"形，所以称之为"L-曲线"。最优的 k 值处于"L-曲线"的拐角处。

磁流变和离子束修形加工过程中，需要增加一定厚度的额外去除层来实现驻留时间的非负化，并且也可增加另一额外去除层以降低对机床动态性能的要求。该额外去除层的厚度可以由上述最优的 k 值来决定。

下面通过一组磁流变抛光的对比实验来说明[66]。采用编号 1# 和 2# 的两块 $\phi100mm$ 的 $k9$ 玻璃平面镜分别进行抛光修形实验。1# 的额外去除层 H_{extra} 为零，2# 的额外去除层 H_{extra} 为 0.1mm。表 1.11 表示加工结果。图 1.42(a) 和 (b) 分别为 1# 镜的初始面形误差和经 MRF 修形的面形误差测量图，图 1.42(c) 和 (d) 分别为 2# 的初始面形误差和经 MRF 修形的面形误差测量图。

表 1.11　1# 和 2# 工件的加工结果

样本	1#: $H_{extra}=0$	2#: $H_{extra}=0.1mm$
初始面形误差	145.01 nm PV, 26.342nm RMS	120.60 nm PV, 27.898 nmRMS
加工后面形误差	82.924 nm PV, 12.244 nm RMS	52.305 nm PV, 2.754nmRMS
面形收敛比	2.15	10.12

上述实验说明，根据修形的需要，在初始面形误差上附加适当厚度的额外去除层可降低对机床动态性能的要求。

3. 重新规划区域的加工路径来降低对机床动态性能的要求

另一种弥补动态性能不足的措施是区域路径的重新规划。以螺旋扫描加工方式为例，加工越靠近中心，转速不变的情况下，线速度会越来越小，到达中心点，线速度为零。为了实现按驻留时间分布的控制，在理论上，越接近工件中心，转台所需要的转速越大，中心点处转速应为无穷大，这是不可能实现的。当超越转台可能实现的最高转速时，出现速度截断，使驻留时间过大，造成中心区过切而坍陷。对于这一问题，可以通过路径的重新规划来进行控制。可以基于速度截断区域的去除量总和来对驻留时间进行规划。例如胡浩提出[67]采用等面积增长螺旋线的抛光路径，加工转速和螺距逐步增大而其螺旋线扫描的去除函数的面积增长速率恒定，他称之为非等螺距速度截断补偿方法，它可降低加工中心区域的转速，从而降低对机床运动性能的要求。图 1.43 为中心区域速度截断补偿控制原理示意图。

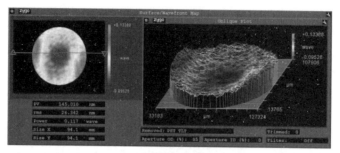

(a)1#初始面形误差

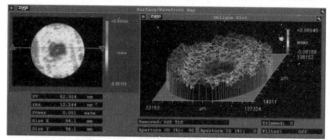

(b) 1# 额外去除层为零的加工结果

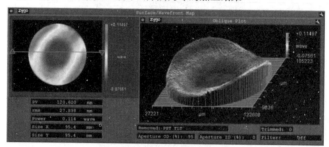

(c) 2#的初始面形误差

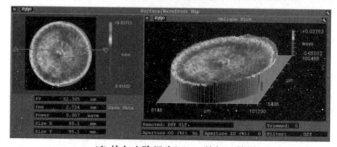

(d) 均匀去除层为0.1mm的加工结果

图 1.42　1#和 2#工件的 MRF 修形结果

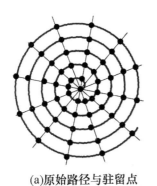
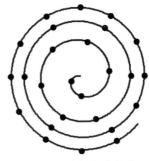

(a)原始路径与驻留点   (b)改进路径与驻留点

图 1.43　中心区域速度控制原理示意图

1.6.4　误差演变理论与控制技术

基于子孔径加工可控柔体制造技术的目标是对光学表面进行修形,并同时要获得尽可能好的表面、亚表面质量。研抛工具与对被加工工件材料和表面微尺度结构的加工响应共同组成了与其他加工工艺有所不同的规律和特征。因此,在中高频误差生成、收敛规律和控制方法,曲率、边缘等约束条件下的非线性控制,抛光工艺参数和加工路径优化,亚表面质量和完整性等方面都提出了新的要求,形成新的误差演变理论与控制技术。

低、中、高频误差产生的原因很复杂,对于基于子孔径的加工方法而言,主要的原因有:

(1)卷积效应带来的误差

由于基于子孔径的加工方法的驻留时间解算是基于去除函数在运动轨迹方向的卷积计算获得的,卷积作用产生的周期性残留误差是不可避免的,因此卷积效应带来的误差是原理性的误差。

(2)路径规划带来的误差

扫描加工的换行将带来一定残留误差,规律性的换行行距带来规律性的误差,会形成光栅效应,从而产生光的调制,这是需要尽力避免的。

(3)修形能力不足带来的误差

第2.3.2节对去除函数的尺寸与修形能力进行了讨论,提出了加工可达性问题的理论描述和定义。面形误差频率越高,驻留函数解就越大,需要去除的额外材料越多,才能去除该面形误差。此外,机床的定位、运动误差和动态特性决定了它的修形能力。

（4）工艺参数的波动产生的误差

抛光工具参数的误差、光学材料本身、加工与测量环境等均会引入加工误差。还有加工工件面形微观变化，如边缘、曲率、陡度、局部奇异点等也会造成加工误差。

最近，针对上述主要问题我们进行了以下研究：

1. 基于熵增理论设计局部随机加工路径规划

研抛的目标是使镜面形状误差和表面粗糙度误差趋于最小并达到一致收敛的过程。离散磨粒的研抛加工，其收敛过程是一个典型的反复进行的多参数随机过程，应符合某种形式的统计规律。由于不同情况下的研抛工艺差异很大，最大熵原理是一个比较通用的概念和描述方法。

传统研抛工艺主要针对平面和球面的加工，研磨盘与工件盘之间的相对运动形成一定的乱动轨迹是比较容易实现的。但是对于非球面加工，由于机械结构的约束，全域形成一定的乱动轨迹是困难的。2.7节介绍了子孔径加工方法中采用小区域熵增理论的实验。2.7.4节中的实例是在直线栅格轨迹非球面加工中，用基于熵增理论设计局部随机加工路径，采用信息熵作为去除函数驻留点随机分布的测度，用以有效抑制磁流变抛光的中高频误差。实验证实，局部随机路径加工的中高频误差明显小于等距光栅扫描路径加工的中高频误差，特别是对换行产生的PSD曲线中的频率成份的尖峰值有明显抑制作用。

等螺距螺旋线扫描方式用于圆形的对称工件加工的效果好于直线光栅扫描方式。胡浩[67]提出，在加工中，去除函数沿直径进出整个表面，加工过程中会扫过整个加工表面两次，并且两次的螺旋线并不重复，见图1.44（a），因此沿直径进行加工后的中高频制造误差比仅沿着半径加工要小。我们采用沿直径分布的

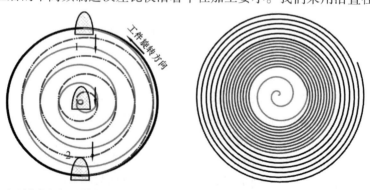

（a）沿直径加工等螺距轨迹　　（b）随机螺距轨迹示意图（只画出沿半径加工）

图1.44　优化后的螺旋路径

伪随机螺距路径,基于面形误差分布来随机改变螺旋线螺距大小,如图1.44(b)所示。

在磁流变抛光中采用1mm等螺距螺旋路径沿半径方向加工一口径为100mm(90%口径)的熔石英材料平面镜,初始面形如图1.45(a)所示,面形误差PV值为1.279λ,RMS值为0.334λ,加工后结果如图1.45(b)所示,面形精度提升到PV值0.386λ,RMS值0.059λ。可以发现加工表面存在明显的螺旋线痕迹和周期性波纹,表明螺旋扫描和光栅扫描在本质上都受卷积效应的影响。将加工后的面形用单轴研抛机重新进行光顺处理,加工结果如图1.45(c)所示,可以看到光顺后的表面消除了明显的周期性波纹,在这一表面上再采用随机螺距螺旋路径进行加工,去除函数沿直径进出整个表面,加工结果如图1.45(d)所示。

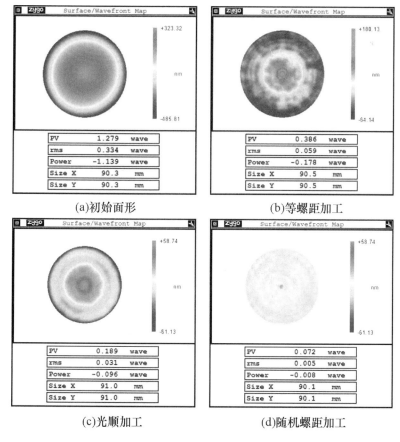

(a)初始面形   (b)等螺距加工

(c)光顺加工   (d)随机螺距加工

图1.45 采用随机螺距螺旋线的加工结果

将面形精度提升到 PV 值 0.072λ, RMS 值 0.005λ（λ/200）。图 1.46 为两次加工的 PSD 曲线,等螺距螺旋路径加工的 PSD 曲线在 1mm 波长处出现明显尖峰突起,随机螺距螺旋路径加工的 PSD 曲线在 1mm 波长处没有出现明显尖峰突起,频谱在整个频段上的数值也明显减小,实验结果不仅验证了随机螺距螺旋路

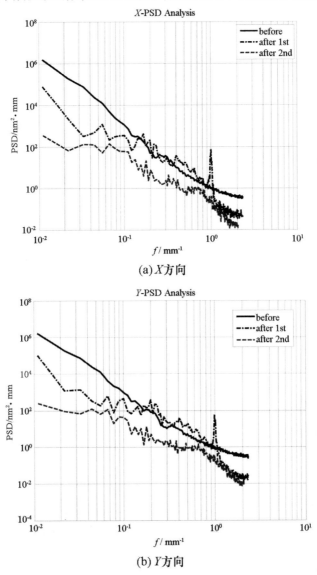

(a)X方向

(b)Y方向

图 1.46　采用等距螺旋线和随机螺距螺旋线加工的 PSD 曲线

径能够对中高频加工误差进行有效抑制,而且精度也有很大提升。

2. 球面几何效应与误差非线性补偿控制

针对高陡度曲面非线性效应问题,曲面卷积的计算往往使计算复杂化并带来算法的不稳定。对于离子束加工而言,球面几何修正为主的补偿控制策略可以得到很好效果,而对磁流变加工而言,由于缎带三维体态的变化涉及非牛顿流体动力学问题,其补偿控制策略就复杂得多。

在沿光轴入射条件下,加工的去除函数也是一个非线性的变化过程。图1.47是离子束抛光在不同入射角度情况下的去除函数形状变化图。从第4章中图4.20可见,其峰值去除率具有明显的非线性变化特征。在70°左右入射角时有一个明显的拐点,在70°左右去除率达到最大。这种去除函数形状和去除率的非线性变化,也将对纳米精度的加工带来不确定因素。因此需要建立其变化的非线性模型,在大矢高光学元件加工中利用补偿的办法实现高精度。

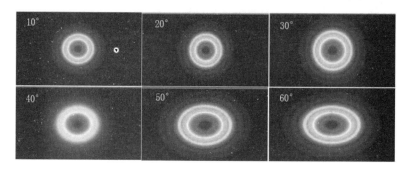

图 1.47 不同入射角下的去除函数形状和峰值去除率的非线性变化

对于大矢高非球面,如果按正投影的方法将其面形三维误差的测量结果在平面上投影展开,其误差的位置和大小相对法向都发生了明显的非线性变化。大梯度误差的情况下,卷积计算引入的误差过大,要实现纳米精度的制造将是一个难题。研究表面误差的非线性展开,给出符合加工轨迹规划的误差分布结果,将有助于高精度的实现。

3. 边缘效应的非线性补偿控制

机械研磨盘漏边现象导致边缘去除函数不可控,造成边缘塌陷和翘起。离子束"束斑"横向牵联柔度大,缺边对其高斯型去除函数影响很小,可忽略不计。磁流变压痕在边缘处会有较大变化,因此必须有适当的补偿控制策略。

与传统的小磨头抛光技术相类似,磁流变加工后工件边缘的误差与仿真加工的结果差别尤为明显,这种现象就是我们所说的边缘效应。边缘效应是接触式抛光方法的一个普遍难题,磁流变抛光也不例外。磁流变抛光产生这一误差主要是因为边缘加工区域的去除函数状态的改变,由于磁流变抛光对材料的去除是缎带在加工区域内的流体动压力和剪切力共同作用的结果,当加工工件边缘时,磁流变液的截流状态与在工件内部时明显不同,如图1.48所示。图1.48(b)中所示是抛光位置位于工件内部时的液体截流情况,而图1.48(a)和1.48(c)描述的则分别是抛光斑点进入工件边缘和抛光斑点离开工件边缘时液体的截流情形。工件边缘处的去除函数相对于理想去除函数发生了较大的改变,而编程过程中对驻留时间的计算则始终认为去除函数处于理想状态,这一原因导致了边缘区域的材料去除同理想情况产生区别,从而引入边缘效应。

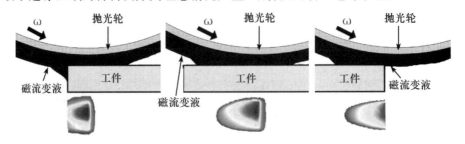

(a) 抛光斑点进入工件边缘时　(b) 抛光位置位于工件内部时　(c) 抛光斑点离开工件边缘时

图1.48　磁流变抛光液体的截流情形

在加工参数不改变的前提下,实验方法得到的这个规律可以应用于去除函数效率补偿。例如我们用带边缘补偿的方法加工一块口径100mm的圆形平面镜,仅经过一次加工,工件的面形误差由初始的PV 0.201λ,RMS 0.050λ,可收敛到PV 0.059λ,RMS 0.007λ,全口径误差收敛比高达7.1。实验结果充分验证该方法控制边缘效应的有效性。

4. 表面粗糙度和亚表面完整性控制[68,69]

磁流变塑性域剪切的特征可以大大改善表面质量,去除表面疵病及表面水解层,最终达到近无亚表面损伤,表面粗糙度可达到小于0.3～0.5nm水平。磁流变抛光属于低损伤性抛光技术,因此它还可以用来作为亚表面损伤检测的手段,并由此可以推导出表面粗糙度与亚表面损伤的关系。离子束加工也可以通过小入射角轰击、牺牲层保护等方法使表面粗糙度进一步减小,例如45°入射角抛光时,工件粗糙度由0.67nm RMS改善到0.38nmRMS;牺牲层保护时,工件粗糙度由0.81nm RMS可改善到0.28nmRMS,而且真空环境下离子束加工表面清洁处理功能也最好。例如,我们针对ϕ100mm尺寸的化学气相沉积碳化硅平面反射镜试件,首先基于加工效率和亚表面损伤选择合理的工艺参数,并采用磁流变抛光斑点法测量各道工序的亚表面损伤,在此基础上对磁流变抛光工艺参数进行优化,最后采用离子束抛光进行精度提升,使工件的低频和中频误差均大幅下降,最终工件的面形精度均方根方差值达到 0.1007λ,表面粗糙度均方根方差值为 0.1659nm。

1.6.5 可控柔体光学制造装备技术

传统的超精密切削加工机床是基于误差复印原则的,即机床的误差将复印到加工工件上。通常超精密金刚石加工机床是典型代表,其机床运动精度为 100nm 级,加工的精度基本为 100nm 级。

传统的研抛加工机床是以离散磨粒加工实现高精度加工的,误差收敛是基于统计规律的。所以它不再遵循机床的误差复印原则,机床的运动精度可以是 0.1mm,而工件精度可以是纳米级,但加工的非确定性使之加工误差收敛时间长。

可控柔体光学制造技术是基于材料去除的准确数学模型的,其机床既不遵循误差复印原则,也不遵循非确定性统计规律。机床的运动精度有较高要求,约 10μm 级,机床的动态性能也有较高要求,控时精度为几十毫秒量级。因此可控柔体光学制造装备技术要求能够承载新的加工机理和实现这种机理的工艺条件,对机床提出了一些特殊的要求。可控柔体光学制造装备技术包括机床结构设计、精度分析、控制系统、工具系统、在线在检测量仪器和相应的软件等,这些内容在本书的第 3 ~ 5 章都有相应的介绍。

参 考 文 献

[1]　Council N R. Harnessing light:optical science and engineering for 21st century[M]. Washington, DC: National Academy Press,1998.

[2]　Bielke A,Beckstette K,Kübler C,et al. Fabrication of aspheric optics:process challenges arising from a wide range of customer demands and diversity of machine technologies[C]. Proc. SPIE,2004,5252.

[3]　张学军.《非球面加工与检测技术》专题文章导读[J]. 光学精密工程,2006,14(4):527.

[4]　辛企明. 光学塑料非球面制造技术[M]. 北京:国防工业出版社,2005.

[5]　Endelman L L,Enterprises E,Jose S. Hubble space telescope:now and then[C]. Proc. SPIE,1997,2869: 44 - 57.

[6]　Crocker J H. Commissioning of hubble space telescope:the strategy for recovery[C]. Proc. SPIE,1993, 1945:2 - 10.

[7]　Stah H P. Optic needs for future space telescopes[C]. Proc. SPIE,2003,5180:1 - 5.

[8] Marshall Space Flight Center. SOMTC overview[R]. Talk for NASA Technology Days,2004.

[9] JWST Mirror Manufacturing Overview[R]. Talk for NASA Technology Days,2005.

[10] 杨力. 先进光学制造技术[M]. 北京:科学出版社,2001.

[11] 郝云彩. 空间详查相机光学系统研究[D]. 上海:中国科学院上海药物研究所,2000.

[12] Barakat R. The influence of random wavefront errors on the imaging characteristics of an optical system [J]. Optica Acta,1971,(18):683 − 694.

[13] Harvey J E,Kotha A. Scattering effects from residual optical fabrication errors[C]. Proc. SPIE, 1995, 2576:155 − 174.

[14] Lawson J K,Auerbach J M,English R E,et al. NIF optical specifications:the importance of the RMS gradient[R]. LLNL Report UCRL-JC-130032,1998:7 − 12.

[15] Tricard M,Murphy P E. Subaperture stitching for large aspheric surfaces[R]. Talk for NASA Technology Days,2005.

[16] Lyubarsky S V,Khimich Y P. Optical mirrors made of nontraditional materials [J]. Opt. Technol,1994, 61 − 67.

[17] Anapol M, Hadfield P. SiC Lightweight telescopes for space applications [C]. Proc. SPIE 1992, 1693:42 − 45.

[18] Eaton D C G,et al. The materials challeges facing Europe[R]. ESA Bulletin 75,1998.

[19] Robichaud J,Anapol M,Gardner L,et al. Ultralightweight off-axis three mirror anastigmatic SiC visible telescope[C]. Proc. SPIE,California,1995:74 − 78.

[20] Tobin E,Magida M,Krim S,et al. Design,fabrication and test of a meter-class reaction bonded SiC mirror [C]. Proc. SPIE California,1995:57 − 63.

[21] Robb P,Charpentier R,Lyubarsky S V,et al. Three mirror anastigmatic telescope with a 60-cm aperture diameter and mirror made of silicon carbide [C]. Paoc. SPIE,California,1995:87 − 92.

[22] Pickering M A ,Taylor R L,Keeley J T ,et al. Chemically vapor deposited silicon carbide (SiC) for optical application[C]. Proc. SPIE,Florida,1989:50 − 54.

[23] Goela J S ,Taylor R L. Large scale fabrication of lightweight Si/SiC LIDAR mirrors[C]. Proc. SPIE, Florida,1989:63 − 68.

[24] Tam H Y,Cheng H B,Wang Y W. Removal rate and surface roughness in the lapping and polishing of RB-SiC optical components [J]. Journal of Material Processing Technology,2007,1 − 5.

[25] Foreman J W. Simple numerical measure of the manufacturability of aspheric optical surfaces[J]. Applied Optics,1986,25(6):826 − 827.

[26] Kumler J. Designing and specifying aspheres for manufacturability[C]. Proc. SPIE,2005,5874:58740C − 1 − 9.

[27] Yang M Y,Lee H C. PC-based numerically controlled polishing machine for aspherical surfaces with dwell time control[C]. Proceedings of the First International Euspen Conference,1999,1:242 − 245.

[28] Yang M Y,Lee H C. Local material removal mechanism considering curvature effect in the polishing process f the small aspherical lens die[J]. Materials Processing Technology,2001,116:298 − 304.

[29] Christian du J E U. Criterion to appreciate difficulties of aspherical polishing[J]. Proc. SPIE,2004,5494 − 14 − 9.

［30］ Stowers I F. Review of precision surface generation process and their potential application to the fabrication of large optical components［C］. Proc. SPIE,1988,996:6673.

［31］ Wills-Moren W J,Carlisle K,et al. Ductile regime grinding of glass and other brittle materials by the use of ultra-stiff machine tools［C］. Proc. SPIE,1990.

［32］ Namba Y,Wada R,Unno K,et al. Ultra-precision surface grinder having a glass-ceramic spindle of zero-thermal expansion［J］. Annals of the CIRP,1989,38(1):331－334.

［33］ Leistner A J. Teflon some new developments and results［J］. Applied Optics,1993,32(19):3416－3424.

［34］ Dietz R,Bennet T J. Bowl feed technique for producing supersmooth optical surfaces［J］. Applied Optics, 1966,5(5):881－882.

［35］ Wingerden J V. Production and measurement of superpolished surfaces［J］. Optical Engineering,1992,31 (5):1086－1092.

［36］ Mclntosh R B. Chemical-mechanical polishing of low-scatter optical surfaces［J］. Applied Optics,1980,19 (14):2329－2331.

［37］ Chkhalo N I. Ultradispersed diamond powders of detonation nature for polishing X-ray mirrors［J］. Nucl. Instr. Methods Phys. Res. A,1995,359:155－156.

［38］ Gormley J. Hydroplane polishing of semiconductor crystals［J］. Rew. Sci. Instr. ,1981,52(8):1256 －1258.

［39］ Kasai T,Kobayashi A. Progressive mechanical and chemical polishing. The science of polishing［J］. Technical Digest,OSA,1984,TuB－B4－1－TuB－B4－4.

［40］ 渡边纯二,等. 半导体基板の非接触研磨技术［J］. 精密工程,1983,49(5):655－660.

［41］ Namba Y,Tsuwa H. Ultraprecision float finishing machine［J］. Annals of the CIRP,1987 (36):211 －214.

［42］ 杨志甫,杨辉,李成贵,等. 基于 HHT 的微晶玻璃超光滑表面抛光［J］. 光学精密工程,2008,16 (1):35－41.

［43］ Moon Y. Mechanical aspects of the material removal mechanism in chemical mechanical polishing［D］. Berkeley: University of California,1999.

［44］ Shimura T,Takazawa K,et al. Study on magnetic abrasive process finishing characteristics［J］. Prec. Eng. ,1984,18(4):347－348.

［45］ Umehara N. Magnetic fluid grinding a new technique for finishing advanced ceramics［C］. Annals of the CIRP,1994,43:185－188.

［46］ Yamauchi M K,Endo K. Elastic emission machining［J］. Prec. Eng. ,1987(9):123－128.

［47］ Baker P. Advanced flow-polishing of exotic optical materials［J］. Prec. SPIE,1989,1160:263－270.

［48］ Bollinger L,Zarowin C. Rapid, nonmechanical, damage-free figuring of optical surfaces using plasma-assisted chemical etching(PACE):Part I Experimental results［J］. Proc. SPIE,1988,966:82－90.

［49］ Yuzo M,Kazuto Y,Kazuya Y,et al. Development of plasma chemical vaporization machining［J］. Review Scientific Instruments,2000,71(12):4627－4632.

［50］ 苏定强. 2. 16 米天文望远镜工程文集［M］. 北京:中国科学技术出版社,2001.

［51］ Burge J H, Anderson B, Benjamin S,et al. Development of optimal grinding and polishing tools for aspheric surfaces［C］. Proc. 2001. 4451:153－164.

[52] Kim1 D W, Burge J H. Rigid conformal polishing tool using non-linear visco-elastic effect[J]. Optics Express, 2010,18(3):2242－2257.

[53] 康念辉.碳化硅反射镜超精密加工材料去除机理与工艺研究[D].长沙:国防科技大学机电工程与自动化学院,2009.

[54] 王卓.光学材料加工亚表面损伤关键技术研究[D].长沙:国防科技大学机电工程与自动化学院,2008.

[55] 石峰.高精度光学镜面磁流变抛光关键技术研究[D].长沙:国防科技大学机电工程与自动化学院,2009.

[56] 李兆泽.磨料水射流抛光技术研究[D].长沙:国防科技大学机电工程与自动化学院,2011.

[57] West S C, Martin H M, Nagel R H,et al. Practical design and performance of the stressed lap polishing tool[J]. Aplied Optics,1994,33(33).

[58] Anderson D S, Angel J R P, Burge J H, et al. Stressed-lap polishing of a 3.5－m f/1.5 and 1.8－m f/1.0 mirrors, in Advanced Optical Manufacturing and Testing II[C]. V. J. Doherty, ed. Proc. Soc. Photo-Opt. Instrum. Eng. , 1531, 260－269,1991.

[59] Martln H M, Alien R G, Burge H, et al. Fabrication of mirror for the Magellan telescopes and large binocular telescope [C]. Proc. SPIE,2002,4837:609－618.

[60] Martln H M, Alien R G, Burge H,et al. Optics for 20/20 telescope[C]. Proc. SPIE, 2002, 4840:1－12.

[61] Walker D D, Brooks D, King A. The 'Precessions' tooling for polishing and figuring flat, spherical and aspheric surfaces[J]. Optics Express, 2003,11(8):958－964.

[62] Walker D D, Beaucamp A T H, Bingham R G, et al. The precessions process for efficient production of aspheric optics for large telescopes and their instrumentation[C]. Proc. SPIE, 2002, Vol. 4842, 73－84.

[63] 刘金声.离子束技术及应用[M].北京:国防工业出版社,1995.

[64] Yamauchi K,Mimura H,et al. Figuring with subnanometer-levei accuracy by numerically controlled elstic emission maching[J]. Reweiw Scientific Instruments ,2002,75(11):4028－4033.

[65] 周林.光学镜面离子束修形理论与工艺研究[D].长沙:国防科技大学机电工程与自动化学院,2008.

[66] 袁磊.磁流变机床性能分析及其对加工精度的影响规律研究[D].长沙:国防科技大学机电工程与自动化学院,2012.

[67] 胡浩.高精度光学元件磁流变可控补偿修形关键技术研究[D].长沙:国防科技大学机电工程与自动化学院,2011.

[68] 廖文林,戴一帆,周林,陈善勇.离分束作用下的光学表面粗糙度演变研究[J].应用光学,2010,31(6):5－9.

[69] 康念辉,李圣怡,郑子文,戴一帆.化学气相沉积碳化硅平面反射镜的高精度超光滑加工[J].中国机械工程,2009,20(1):69－73.

第 2 章
非球面光学研抛基础理论

　　无论是机械小工具研抛、气囊式进动研抛还是磁流变抛光(MRF)和离子束抛光(IBF)加工技术都是由小工具逼近原理发展起来的,都可称为基于子孔径研抛的非球面加工方法,都具有共同的或相似的基础理论。

　　国防科技大学精密工程研究室针对非球面镜的子孔径研抛加工基础理论进行了系统的整理与研究。该基础理论体系的研究主要包括镜面形状对修形过程模型的影响与分析、非球镜面形控制模型、小工具修形能力量化评价指标、驻留时间解算算法、路径规划以及驻留时间实现方式等。这些理论和算法对于非球面小工具成形加工,都是具有普遍意义的理论基础,将对加工实现起指导作用。

2.1　Preston 方程及其应用

1. Preston 方程

　　传统的光学机械研抛技术中,研抛盘(用铜、铝或铸铁制成)和贴附在盘面的抛光膜(常用聚氨酯、沥青、帆布等材料制成)组成的抛光模,在游离磨料的作用下,通过与工件机械接触的运动,对工件表面的材料进行去除,达到面形修整和表面光滑的目的。

　　1927 年,Preston 提出了著名的 Preston 假设:对一定大小的抛光模而言,在宏观效果上和很大的数值范围内,研抛去除的速率可以描述成如下线性方程[1]:

$$\frac{\mathrm{d}z}{\mathrm{d}t} = Kvp \tag{2.1}$$

式中,K 为比例常数,它由除速度和压力以外的所有因素决定;

v 为表面某一点瞬时的研抛速度，$v = v(x, y, t)$；

p 为研抛压力，$p = p(x, y, t)$。

根据 Preston 方程，在已知被加工位置和研抛工具之间的相对速度和压力的条件下，可以计算出在加工时间 t 内被加工位置的材料去除量：

$$\Delta z(x, y) = K \int_0^t v(x, y, t) p(x, y, t) \, dt \qquad (2.2)$$

Preston 方程使光学研抛过程得到简化，对于过程控制是非常有用的。但是，光学研抛加工过程非常复杂，不仅存在抛光模与工件表面的机械切削作用，也有抛光模、研抛液和光学零件之间的化学作用，还存在由摩擦热引起的光学零件表面分子的流动现象。除了存在线性关系的抛光模压强和转速外，磨料的性质和粒度、研抛液的浓度和 pH 值、抛光模的材料、抛光模的运动方式以及环境温度等诸多因素对研抛作用都有非常重大的影响，单靠 Preston 方程来准确建立所有研抛参数与材料去除之间的数学关系进行定量控制是困难的。一种简单的方法是：将除 v、p 之外的所有因素都归入比例常数 K 并保持恒定，这样 Preston 方程可视为一线性方程。

Preston 方程还可写成：

$$\frac{dz}{dt} = K \frac{p}{Q} \frac{ds}{dt} \qquad (2.3)$$

式中，p 为研抛压力；

Q 为研抛面积；

ds/dt 为工件与抛光模之间的相对速度。

实际上要使比例常数 K 保持恒定是困难的，因此传统的光学加工中常用 Preston 方程对研抛过程进行定性分析，如：

（1）工件与抛光模之间的突出高点承受更大的压强，因此材料去除速率会更大。选择不同硬度的抛光模都可以通过微观不平面上的压强分布来得到不同的研磨抛光效果。

（2）从 Preston 方程可以看到，研抛加工所能达到的精度与机床本身的运动精度没有直接关联，不存在超精密加工机床误差复印现象。

（3）传统的光学加工中，工件与抛光模之间通常是通过绕不同轴心的回转或加摆动来实现的，工件上各点的线速度不一样，因此去除率各有不同。

（4）为了增加研抛路径的随机性，通常工件与抛光模中的一个是借助于研磨过程的摩擦力矩来驱动的。单纯依据几何关系来计算线速度已不能得到准确的数值，这也给精确定量研抛带来困难。

2. Preston 方程在传统研抛加工中的应用[2]

下面以平面研抛加工为例来说明 Preston 方程的定性指导作用。平面研抛中,抛光模和工件产生面接触,工件相对于抛光模既转动,又沿一定的弧线摆动。在这种运动方式下,工件表面始终处于非收敛的变化中,即面形朝凹或凸的方向单调改变。平面成形的目的是:在研抛过程中通过调整工艺参数,使工件表面材料逐步趋于均匀研磨去除,最终获得理想平面。

根据 Preston 方程,表面材料的去除率与相对速度、工作压强成正比。所以可根据这个原理,通过分析工件和抛光模之间的相对速度和压强的分布形式,来研究工件表面的材料去除特点和抛光模的磨损情况。以摆臂式平面(球面)研抛机为例,在主轴作转动以及工件盘既转动又摆动的条件下,任意瞬时工件与抛光模接触区域内各点的相对线速度将影响到工件的表面粗糙度、面形精度和加工效率。图 2.1 为加工过程中抛光模和工件盘的位置关系图,O 为抛光模的中心,M 为工件盘的中心,研磨盘以 ω_0 旋转,工件盘以 ω_M 随动旋转,同时作线速度为 v_T 的往复摆动。设 R_P 为任意点 P 到 O 的距离,r_P 为任意点 P 到 M 的距离。从几何关系和运动分析可以分别得到工件半径为 r 的环带上的平均相对线速度,抛光模环半径 r_Q 的带上的平均相对线速度,工件盘半径为 r 的整个圆环上的平均压强,抛光模上半径为 R 的圆环的平均压强的数学模型,如表 2.1 所列[2]。

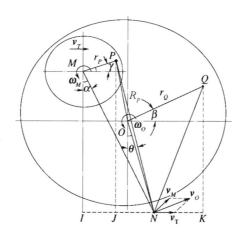

图 2.1　加工过程中抛光模和工件盘的位置关系

表 2.1 工件和抛光模上的平均相对线速度和平均压强

参　数	数 学 模 型
瞬时速度中心 N 坐标	$N_x = \overline{ON} \cdot \sin\theta$ $N_y = -\overline{ON} \cdot \cos\theta$ 其中 $\theta = \arctan\left(\dfrac{-M_x \cdot \omega_M}{M_y \cdot \omega_M + v_T}\right)$; $\overline{ON} = \dfrac{\sqrt{(M_y \cdot \omega_M + v_T)^2 + M_x^2 \omega_M^2}}{\omega_O - \omega_M}$;
P 点的相对线速度 v_P	$v_P = \overline{PN} \cdot (\omega_O - \omega_M)$; $\overline{PM} = r_P$; γ 为与水平方向夹角; $\overline{PN} = \sqrt{(\overline{MN} \cdot \cos\alpha + r_P \sin\gamma)^2 + (\overline{MN} \cdot \sin\alpha - r_P \cos\gamma)^2}$ 其中: $\overline{MN} = \dfrac{\sqrt{(M_y \cdot \omega_O + v_T)^2 + M_x^2 \omega_O^2}}{\omega_O - \omega_M}$
半径 r 的工件环带上的平均相对线速度	$\bar{v} = \dfrac{1}{T}(\omega_O - \omega_M)\displaystyle\int_0^T \sqrt{\overline{MN}^2 + r_P^2 + 2\overline{MN} r_P \sin(\gamma - \alpha)}\, dt$ 其中: $\alpha = \arctan\left(\dfrac{-M_x \cdot \omega_O}{M_y \cdot \omega_O + v_T}\right)$;
半径 r_Q 的抛光模盘环带上的平均相对线速度	$\bar{v}' = \dfrac{1}{T}(\omega_O - \omega_M)\displaystyle\int_0^T \sqrt{\overline{ON}^2 + r_Q^2 + 2\overline{ON} r_Q \sin(\beta - \theta)}\, dt$
工件盘半径为 r 的整个圆环上的平均压强	$\bar{p}_M = \dfrac{1}{\pi}\displaystyle\int_0^{\theta_M} p\, d\theta = \dfrac{1}{\pi}(p_0 \theta_M - kr\sin\theta_M)$; $\theta_M = \pi - \arccos\dfrac{R_O^2 - r^2 - \lambda^2}{2\lambda r}$
抛光模上半径为 R 的圆环的平均压强	$\bar{p}_O = \dfrac{1}{\theta_O}\displaystyle\int_0^{\theta_O} p\, d\theta = \dfrac{1}{\theta_O}\displaystyle\int_0^{\theta_O}(p_0 + ky)\, d\theta$; $\theta_O = \arccos\dfrac{R^2 - R_M^2 + \lambda^2}{2\lambda R}$

因此,可以运用 Preston 方程对研抛过程进行定性分析,结果如表 2.2 所列。

表 2.2 工艺参数对工件盘和抛光模部位的影响

工艺参数	影响结果	顶针位置	偏心距离	摆速	主轴转速
工艺参数对工件盘部位的影响	提高材料去除率	离开主轴转动中心	增大	增大	增大
	边缘部位相对多抛	离开主轴转动中心	减小	减小	增大
	中央部位相对多抛	靠近主轴转动中心	增大	增大	减小
工艺参数对抛光模修磨的影响	边缘部位相对多抛	离开主轴转动中心	增大	减小	增大
	中央部位相对多抛	靠近主轴转动中心	减小	增大	减小

2.2　非球面加工的确定性成形原理

计算机控制光学表面成形（CCOS）技术是由美国 Itek 公司 W. J. Rupp 在 20 世纪 70 年代初期提出的，其基本思想就是以定量检测和定量加工来代替手工加工，使加工过程能够定量地向确定性方向发展，从而实现非球面镜的完全自动化加工。基于小工具的 CCOS 技术的突出优点在于加工过程中小工具能够有效地跟踪非球面表面各点曲率半径的变化，与非球面的面形良好吻合，从而提高加工精度。

不同的加工方式小工具可以为不同的形式，如传统的小直径研抛盘、磁流变缎带、气囊压斑或离子束流等。对于磁流变抛光和离子束抛光加工技术而言，由于它们的去除原理与机械小工具研抛的去除原理不同，例如磁流变抛光的机械正压力很小，主要靠磨粒在黏性流体介质作用下的剪切力去除。离子束抛光加工时是靠离子轰击、溅射和材料绑定能的相互作用而形成的去除能力，因此不能直接运用上述 Preston 方程。但是在确定性加工中，为了简化过程，也可沿用 Preston 方程线性化简化原则。我们把 Preston 方程中 p 重新定义为广义的去除作用"力"，v 为表面某一点瞬时的作用速度，K 仍为除 v 和 p 以外的所有因素决定的比例常数，因此 CCOS 系统工作原理是通用的、基础性的。这样，我们仍可运用新定义的 Preston 方程（2.1）来讨论共性的问题。

CCOS 系统工作原理如下：

（1）通过对试样的工艺试验，得到准确的材料去除函数 $R(x,y)$。

（2）对光学零件的面形误差进行检测，获取待加工镜面面形误差的分布数据：面形误差函数 $E(x,y)$。

（3）根据材料去除分布函数和材料去除函数，计算驻留时间分布并预期相应的残留误差，获得适当的迭代次数分配。加工驻留时间计算是根据材料去除的可加性，以面形误差和去除函数为输入，形成控制面形成形的卷积方程，来求解出确定性加工所需控制量——驻留时间密度函数 $T(x,y)$。

（4）基于驻留时间进行时间和空间位置控制，结合相应的轨迹规划方法，生成数控代码，生成当前替代过的三维空间和一维时间结合的四维数控文件。

（5）进行数控加工，加工完成后转步骤（2）。

求得驻留时间密度函数 $T(x,y)$ 是 CCOS 方法的关键，其理论依据是：Preston 原理描述加工过程中的材料去除与工艺参数之间的关系，这一经验性的原理指出，在一般工艺范围内，抛光过程可以描述成线性方程（2.1）的形式。

根据 Preston 假设和工艺中"小工具"的结构,抛光模的特性以及运动方式,研抛液和磨料特性,可以建立加工中的去除函数 $R(x,y)$,即单位时间的材料去除量。

忽略工件面形和面形误差对去除函数的影响,在保持工艺参数不变的情况下,可以认为材料去除具有可加性和对时间的线性性。在镜面的笛卡儿坐标系中,工件材料的去除量函数 $E'(x,y)$、去除函数 $R(x,y)$ 和驻留时间函数 $T(x,y)$ 之间可以用式(2.4)的卷积方程表示:

$$E'(x,y) = R(x,y) \otimes T(x,y) =$$
$$\int_{-\infty}^{+\infty} \int_{-\infty}^{+\infty} R(x-x',y-y') T(x'-y') \,dx'dy' \qquad (2.4)$$

在加工过程中,如果面形误差的测量值 $E(x,y)$ 都可以准确测得,就只需以去除函数为核函数从面形误差函数 $E(x,y)$ 中解卷积,求出驻留时间 $T(x,y)$。

去除函数的性质假设如下:

(1)待加工镜面各点的材料去除特性是一致的,因此去除率相同,去除函数不随加工位置变化而变化。

(2)工艺参数保持不变,则材料的去除对加工时间是线性的,正比于驻留时间。并且,材料去除函数不随加工的时间而变化,具有长时稳定性。

(3)待加工镜面表面曲率梯度是连续缓变的,不存在加工点处局部陡峭变化构造。

满足上述性质的去除函数是用式(2.4)这一线性卷积方程描述加工过程的必要条件,但对于不同的加工方法,去除函数的稳定性不同,CCOS 加工的效果会有很大差异。

式(2.4)表明,工艺过程中工件上任意点 (x,y) 的总去除量等于去除函数驻留于镜面上任意点 (x',y') 时对此点去除量的累积和。式(2.4)中 $(x-x',y-y')$ 表明计算点与驻留点在工艺过程描述坐标系内的相对位置关系,去除量仅与两点间的矢量相关,而与计算点以及驻留点的实际位置无关。实际上,曲面两点间的距离不一定能够表达成曲面上两点在笛卡儿坐标系投影坐标之差,两点之间的距离还与曲面的形状相关,距离的表达形式与曲面的摆放方式相关。因此镜面形状对加工过程的描述亦存在一定的影响,如面形不宜太陡等。可见线性形式描述加工成形过程也存在一定的局限。

在 CCOS 原理方面,如果忽略面形形状对成形的影响,我们可以把去除函数、驻留时间密度函数和去除的面形误差三者之间的关系描述成线性卷积模型。实际上,待加工面形一般为曲面,曲面的不可展开性决定了曲面上两点的距离不能够用两点在某一广义坐标系中坐标增量的线性组合表示,故 CCOS 原理本质上应该用非线性的卷积方程加以描述。

假设去除函数的宽度远小于工件任意点处最小的曲率半径,在工件$S(x,y)$上任意驻留点(x',y')邻域内,待加工曲面可展开成一阶 Taylor 形式:

$$S(x,y) = S(x',y') + \partial_x S(x - x') + \partial_y S(y - y') \tag{2.5}$$

在任意驻留点处,假设去除函数坐标系的 z 轴与工件在此点处的外法线一致,去除函数的 x 轴与工件沿 x 向的切线一致,去除函数的 y 轴由右手规则确定,去除函数坐标系的原点与此驻留点重合,则可以求解工件上任意计算点(x,y)在驻留点(x',y')处去除函数坐标系中的坐标为

$$\left(\frac{(1 + (\partial_x S)^2)(x - x') + (\partial_x S)(\partial_y S)(y - y')}{\sqrt{1 + (\partial_x S)^2}}, \frac{(1 + (\partial_x S)^2 + (\partial_y S)^2)(y - y')}{\sqrt{1 + (\partial_x S)^2 + (\partial_y S)^2} \sqrt{1 + (\partial_x S)^2}}, 0 \right)$$
$$\tag{2.6}$$

式(2.6)表明,任意计算点与驻留点之间的距离与待加工零件在驻留点处的局部构造紧密相关,由式(2.4)表达的成形原理应该以更为广泛的积分形式代替:

$$E'(x,y) = \int_{-\infty}^{+\infty} \int_{-\infty}^{+\infty} R(x,y;x',y') T(x',y') \mathrm{d}x' \mathrm{d}y' \tag{2.7}$$

式(2.7)就是第一类 Fredholm 积分方程。

2.3　非球面加工的成形过程理论分析[3-11]

2.3.1　非球面加工的成形过程双级数模型

国防科技大学焦长君等对非球面加工的成形过程双级数模型进行了推导[3],对于最优的去除函数的形状是正态分布或高斯分布的场合,如双旋转小研抛盘和离子束抛光去除函数 $R(x,y)$ 的形状都接近于高斯分布,都可用 Hermite 级数进行拟合,经过空间偶延拓后的面形误差 $E(x,y)$ 可用纯余弦形式的 Fourier 级数来描述。在这两类级数分析的基础上,利用 Fourier 变换,可以从式(2.4)中综合分析出驻留时间的解析形式。

1. 去除函数的 Hermite 级数模型

设去除函数 R 存在二维 Hermite 级数,具体形式为

$$R_H(x,y) = \sum_{m=0}^{\infty} \sum_{n=0}^{\infty} r_{nm} \delta_{\sigma_x}^m(x) \delta_{\sigma_y}^n(y) \tag{2.8}$$

由式(2.8)表示的去除函数 Hermite 模型的 Fourier 变换为

$$\mathscr{F}_{R_H(x,y)}(\omega_x, \omega_y) = R_1(\omega_x, \omega_y) + R_2(\omega_x, \omega_y) + \left[I_1(\omega_x, \omega_y) + I_2(\omega_x, \omega_y) \right] i$$

$$(2.9)$$

推导过程见附录 A。

2. 面形误差的 Fouier 级数模型

空间偶延拓后面形误差函数可展开成仅含有余弦的形式：

$$E_F(x,y) = \sum_{m=0}^{\infty} \sum_{n=0}^{\infty} \lambda_{mn} \alpha_{mn} \cos m\omega_0^x x \cos n\omega_0^y y \tag{2.10}$$

由式(2.10)描述的面形误差的 Fourier 变换为

$$\mathscr{F}_{E_F}(\omega_x, \omega_y) = \sum_{n=0}^{\infty} \sum_{m=0}^{\infty} \lambda_{mn} a_{mn} \pi^2 \{ (\delta(\omega_x + \omega_0^x) +$$

$$\delta(\omega_x - \omega_0^x))(\delta(\omega_y + \omega_0^y) + \delta(\omega_y - \omega_0^y)) \} \tag{2.11}$$

推导过程见附录 B。

3. 驻留时间求解

根据去除函数的 Hermite 级数模型和面形误差的 Fourier 级数模型，基于式 (2.4)，利用 Fourier 变换方法，可以求解出驻留时间为[3]

$$T(x,y) = \sum_{m=0}^{\infty} \sum_{n=0}^{\infty} \frac{\lambda_{mn} \alpha_{mn}}{2} \left\{ \frac{R_+ \cos(m\omega_0^x x + n\omega_0^y y) + I_+ \sin(m\omega_0^x x + n\omega_0^y y)}{R_+^2 + I_+^2} + \right.$$

$$\left. \frac{R_- \cos(m\omega_0^x x - n\omega_0^y y) + I_- \sin(m\omega_0^x x - n\omega_0^y y)}{R_-^2 + I_-^2} \right\} \tag{2.12}$$

式(2.12)中，系数 R_+，R_-，I_+ 和 I_- 推导过程见附录 C。

4. 算法误差分析

在双级数法模型中，去除函数的 Hermite 级数模型以及面形误差的 Fouier 级数存在的误差会影响加工后的面形。定义加工后面形残差的 RMS 值与初始面形误差的 RMS 值之比为加工残差率，以此衡量算法的误差，则根据定义有[3]

$$\eta_{HF} \leqslant \frac{\| E - E_F \|}{\| E \|} + \max_{DHF} \left\| \frac{\mathscr{F}_R - \mathscr{F}_{R_H}}{\mathscr{F}_{R_H}} \right\| \tag{2.13}$$

式(2.13)表明，算法误差小于去除函数拟合相对误差与面形误差拟合相对误差之和。推导过程见附录 D。

2.3.2 去除函数尺寸大小影响

普遍认为工艺过程去除函数的斑点越小，工艺过程的修形能力越强。为了从理论上对工艺过程的修形能力进行分析和研究，首先必须对修形能力提出合理的量化评价指标。在研究修形工艺的过程中，我们发现由于去除函数具有一定的宽度,加工中实际去除的材料量总是多于需要修正的面形误差材料量(期望去除的材料量),修形过程的材料去除量示意如图2.2所示。对于一个好的修形过程,或者说修形能力强的修形过程,其材料量的实际去除应该接近期望的去除量,例如,脉冲函数的修形能力是最强的,它实际去除的材料量等于期望去除的材料量。根据这一思想,我们提出以材料去除有效率对修形工艺的修形能力进行量化评价的方法:

$$材料去除有效率 = \frac{期望去除的材料量}{实际去除的材料量} \tag{2.14}$$

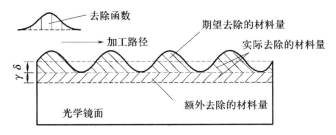

图2.2 修形过程的材料去除量示意图

根据材料去除有效率的定义,图2.2所示的修形过程的材料去除有效率为

$$\eta = \frac{\delta}{\delta + \gamma} \tag{2.15}$$

根据定义可知,材料去除有效率$0 < \eta \leqslant 1$,η越接近1,则修正能力越强,反之,η越接近0,则修正能力越弱。根据材料去除有效率的定义,如果误差面形的幅值为A_e,那么消除该误差面形时所需去除的材料量的幅值为A_e/η。

为了便于讨论,假设去除函数具有高斯分布,以此分析高斯型去除函数的修形能力。假设要修正的误差面形为波长λ的空间正弦误差,其幅值大小为δ_λ。不失一般性,假设该面形误差沿x向,则期望去除的材料量函数$r_\lambda(x)$可以表示为

$$r_\lambda(x) = \delta_\lambda \left(\sin \left(2\pi \frac{x}{\lambda} \right) + 1 \right) \tag{2.16}$$

加工过程可以用一维卷积方程进行建模,即

$$r(x) = \tau(x)p(x) \tag{2.17}$$

其中一维的束函数为

$$p(x) = \frac{B}{\sqrt{2\pi}\sigma} e^{-\frac{x^2}{2\sigma^2}} \tag{2.18}$$

根据式(2.17)和式(2.18)可以求解出驻留时间函数为

$$\tau(x) = \frac{\delta_\lambda}{B}\left[e^{2\left(\pi\frac{\sigma}{\lambda}\right)^2} \sin\left(2\pi\frac{x}{\lambda}\right) + 1 \right] \qquad (2.19)$$

因为驻留时间分布函数不能为负值,所以实际的驻留时间分布函数为

$$\tau_a(x) = \tau(x) - \inf[\tau(x)] =$$

$$\frac{\delta_\lambda}{B}e^{2\left(\pi\frac{\sigma}{\lambda}\right)^2}\sin\left(2\pi\frac{x}{\lambda}\right) + \frac{\delta_\lambda}{B}e^{2\left(\pi\frac{\sigma}{\lambda}\right)^2} \qquad (2.20)$$

所以实际的材料去除量为

$$r_a(x) = \tau_a(x) * p(x) = r_\lambda(x) + \delta_\lambda\left(e^{2\left(\pi\cdot\frac{\sigma}{\lambda}\right)^2} - 1 \right) \qquad (2.21)$$

式(2.21)表明,加工中去除的额外材料量为

$$\gamma(x) = r_a(x) - r_\lambda(x) = \delta_\lambda\left(e^{2\left(\frac{\pi}{6}\frac{d}{\lambda}\right)^2} - 1 \right) \qquad (2.22)$$

其中,$d = 6\sigma$,是高斯函数直径。式(2.22)表明额外去除量 $\gamma(x)$ 不随 x 而变化,所以,$\gamma(x)$ 可以简记为 γ。

根据式(2.15)和式(2.22),可以计算出用直径为 d 的高斯型去除函数修正波长为 λ 的空间误差的材料去除有效率 η 与去除函数直径 d 和误差空间波长 λ 有关系:

$$\eta(d,\lambda) = e^{\frac{-\pi^2}{18}\left(\frac{d}{\lambda}\right)^2} \qquad (2.23)$$

式(2.23)显示材料去除有效率 $\eta(d,\lambda)$ 是变量 d/λ 的负指数函数,随着 d/λ 的增大,下降很快。当 $d/\lambda = 0.5$ 时,材料去除有效率是 87%;当 $d/\lambda = 1$ 时,材料去除有效率快速下降到 58%;当 $d/\lambda = 2$ 时,则已下降到 11%。

2.3.3　去除函数扰动影响

加工过程中,去除函数的去除率和形状随着加工的进行会发生略微的变化。最基本的去除函数可以通过样件的定量加工试验,再由波面干涉仪测得。去除函数测量时横向标定误差也会影响去除函数的宽度。另外,测量结果不可避免存在噪声。本节将分析去除率、去除函数宽度以及测量噪声对加工过程的影响。

1. 去除函数扰动模型

假设实际加工过程中的去除函数为

$$R = R_0(x,y) + R_s(x,y) + \varepsilon(x,y) \qquad (2.24)$$

其中 $R_0(x,y)$ 为去除函数的名义值,用于工艺过程驻留时间的求解;去除函数误差分成两类:一类为确定性误差 $R_s(x,y)$,进一步假定其 Hermite 级数模型为

$$\mathscr{F}_{R_s} = R_1^s + R_2^s + [I_1^s + I_2^s]\mathrm{i} \qquad (2.25)$$

另一类为随机误差,假定为白噪声:

$$\langle \varepsilon(x,y) \rangle_\varepsilon = 0 ; \langle \varepsilon(x,y)\varepsilon(x',y') \rangle_\varepsilon = D\delta(x-x',y-y') \qquad (2.26)$$

并且假定确定性误差与随机误差之间不相关,故可以将此两因素单独考虑。

2. 确定性误差影响

加工过程中,首先利用去除函数的名义值 $R_0(x,y)$ 计算出工艺过程所需驻留时间,然后再以实际去除函数对镜面误差进行修正,去除函数确定性误差的存在会在面形修正过程中引入加工残差,根据式(2.4)、式(2.12)和式(2.24)可以求解出加工残差 E_s 的 Fourier 变换为

$$\mathscr{F}_{E_s} = -\frac{\mathscr{F}_E \mathscr{F}_{R_s}}{\mathscr{F}_{R_0}} \qquad (2.27)$$

利用双级数法进一步分析可得加工残差在空间域中的表达式为

$$E_s = \sum_{m=0}^{\infty} \sum_{n=0}^{\infty} -\frac{\lambda_{mn}^2 a_{mn}}{2}\Big[C_1^S \cos(m\omega_0^x x + n\dot{\omega}_0^y y) + C_2^S \sin(m\omega_0^x x + n\omega_0^y y) +$$
$$C_3^S \cos(m\omega_0^x x - n\omega_0^y y) + C_4^S \sin(m\omega_0^x x - n\omega_0^y y) \Big] \qquad (2.28)$$

其中

$$C_1^S = \frac{R_{s+}R_{0+} + I_{s+}I_{0+}}{R_{0+}^2 + I_{0+}^2}, C_2^S = \frac{R_{s+}R_{0+} - R_{0+}I_{s+}}{R_{0+}^2 + I_{0+}^2},$$
$$C_3^S = \frac{R_{s-}R_{0-} + I_{s-}I_{0-}}{R_{0-}^2 + I_{0-}^2}, C_4^S = \frac{R_{s-}R_{0-} - R_{0-}I_{s-}}{R_{0-}^2 + I_{0-}^2} \qquad (2.29)$$

根据式(2.28),利用三角函数之间的正交性,可求出加工残差的 RMS 值。定义加工残差率为加工残差的 RMS 值与初始面形的 RMS 值之比,以此衡量对加工的影响。根据定义有

$$\eta_{E_s}^2 = \frac{\displaystyle\sum_{m=0}^{\infty}\sum_{n=0}^{\infty} \frac{\lambda_{mn}^2 a_{mn}^2}{8}\{(C_1^S)^2 + (C_2^S)^2 + (C_3^S)^2 + (C_4^S)^2\}}{\displaystyle\sum_{m=0}^{\infty}\sum_{n=0}^{\infty} \frac{\lambda_{mn}^2 a_{mn}^2}{4}} \qquad (2.30)$$

1)去除率扰动影响

加工中去除函数的形状保持不变,名义去除函数和实际去除函数分别为 R_0 和 R_s,实际去除函数的去除率与名义去除函数的去除率比值为 r_A,则去除函数确定性误差的模型为

$$\mathscr{F}_{R_s} = (r_A - 1)\mathscr{F}_{R_0} \qquad (2.31)$$

根据式(2.28)求解出由去除率误差引入的加工残差为

$$E_s(\gamma_A) = (1 - \gamma_A)E_F \qquad (2.32)$$

式(2.32)表明,若加工中去除函数低估($r_A > 1$),则加工误差凸凹性与初始面形的相反;若去除函数高估($r_A < 1$),则残留误差凸凹性与初始的一致。故比较加工前后面形误差的凸凹性可以判断去除率误差的方向。

将式(2.31)代入式(2.30)可求解出由去除效率估计误差引入的加工残差率为

$$\eta_{E_s}(r_A) = |r_A - 1| \tag{2.33}$$

式(2.33)表明去除率变化将线性影响到面形,与去除函数的形状以及面形误差形态无关。此类误差的影响可以通过去除率误差"辨识—补偿"策略得以显著减弱。

2)去除函数宽度扰动影响

式(2.30)表明,去除函数形状扰动对工艺过程的影响较为复杂,为了简化讨论,得到对工艺参数优选有指导意义的结论,假设去除函数为高斯型,宽度分布参数为σ,工艺过程中,去除函数宽度在x和y向各相对于σ变化了r_x、r_y,则加工过程中的去除函数为

$$R(x,y) = A\exp\left(-\frac{x^2}{2\sigma^2(1 + r_x)^2} - \frac{y^2}{2\sigma^2(1 + r_y)^2}\right) \tag{2.34}$$

将式(2.34)改写成式(2.24)的形式后将相关量代入式(2.30),并且考虑到R_0和R_s的对称性,可以求得

$$\eta_{E_s}^2 = \frac{\sum_{m=0}^{\infty}\sum_{n=0}^{\infty}\frac{\lambda_{mn}^2 a_{mn}^2}{4}\left(\frac{\mathscr{F}_{R_s}^2}{\mathscr{F}_{R_0}^2}\right)}{\sum_{m=0}^{\infty}\sum_{n=0}^{\infty}\frac{\lambda_{mn}^2 a_{mn}^2}{4}} = \frac{\sum_{m=0}^{\infty}\sum_{n=0}^{\infty}\frac{\lambda_{mn}^2 a_{mn}^2}{4}(\eta_{E_s}^2(\omega_x, \omega_y))}{\sum_{m=0}^{\infty}\sum_{n=0}^{\infty}\frac{\lambda_{mn}^2 a_{mn}^2}{4}} \tag{2.35}$$

其中$\eta_{E_s}(\omega_x, \omega_y)$为去除函数宽度变化对某单一频率$(\omega_x, \omega_y)$误差的影响:

$$\eta_{E_s}^2(\omega_x, \omega_y) = \left((1 + r_x)(1 + r_y)\exp\left(-\frac{\sigma^2}{2}(2\omega_x^2 r_x + \right.\right.$$
$$\left.\left. \omega_x^2 r_x^2 + 2\omega_y^2 r_y + \omega_y^2 r_y^2)\right) - 1\right)^2 \tag{2.36}$$

根据式(2.36),若$r_x > 0$且$r_y > 0$,则其指数部分必定小于1,此时有

$$\eta_{E_s}(\omega_x, \omega_y) \leqslant r_x + r_y + r_x r_y \tag{2.37}$$

式(2.37)表明,若去除函数的宽度被低估了,则其对加工的影响小于两个方向宽度的估计相对误差之和,对加工的影响可控,且较小。

但当某个方向的宽度被高估($r_x < 0$或者$r_y < 0$)时,则式(2.36)较为复杂,其必定会出现大于1的情形,且随着误差频率的增大而增大。去除函数宽度或

者形状变化对修形过程的中、高频影响较大。需对工艺过程中的各种参数的长时稳定性进行严格的控制。

3. 随机性误差影响

例如式(2.26),随机误差的性质由自相关函数定义,从而可采用相关分析法分析随机性误差的影响。为了简化讨论过程,仅讨论各方向仅存在单一频率(ω_x,ω_y)的情形。

根据帕斯瓦尔定理,加工过程中,由随机噪声引入的面形误差均方为

$$\text{RMS}_{E_\varepsilon}^2 = \frac{\|\mathscr{F}_{E_\varepsilon}\mathscr{F}_{E_\varepsilon}^*\|}{(2\pi)^2} = \frac{\|\mathscr{F}_\varepsilon\mathscr{F}_\varepsilon^*\mathscr{F}_T\mathscr{F}_T^*\|}{(2\pi)^2} = D\frac{\|\mathscr{F}_T\mathscr{F}_T^*\|}{(2\pi)^2} =$$

$$D\|T\|^2 = D\sum_{m=0}^{\infty}\sum_{n=0}^{\infty}\frac{\lambda_{mn}^2 a_{mn}^2}{8}\left(\frac{R_+^2+I_+^2}{(R_+^2+I_+^2)^2} + \frac{R_-^2+I_-^2}{(R_-^2+I_-^2)^2}\right) \tag{2.38}$$

从而由随机误差引入的加工残差率为

$$\eta_{E_\varepsilon}^2 = \frac{D\sum\limits_{m=0}^{\infty}\sum\limits_{n=0}^{\infty}\dfrac{\lambda_{mn}^2 a_{mn}^2}{8}\left(\dfrac{R_+^2+I_+^2}{(R_+^2+I_+^2)^2} + \dfrac{R_-^2+I_-^2}{(R_-^2+I_-^2)^2}\right)}{\sum\limits_{m=0}^{\infty}\sum\limits_{n=0}^{\infty}\dfrac{\lambda_{mn}^2 a_{mn}^2}{4}} \tag{2.39}$$

当去除函数具有回转对称特性时,式(2.39)可以简化为

$$\eta_{E_\varepsilon}^2 = \frac{D}{R_1^2(\omega_x,\omega_y)} = \frac{D}{\mathscr{F}_R^2(\omega_x,\omega_y)} \tag{2.40}$$

式(2.40)表明:测量噪声的影响随着误差频率的增大而增强,可以通过提高测量精度(信噪比)的方法抑制测量噪声的影响,在同一测量精度下,减小去除函数的宽度有利于抑制噪声的影响。

2.3.4 定位误差影响

在修形工艺过程中,由于装卡和初始定位等因素的存在,不可避免地引入定位误差 $\delta = [\delta_x, \delta_y]$,图 2.3 为定位误差在实际加工中的位置关系图。实际工艺的去除函数为

$$R'(x,y) = R(x+\delta_x, y+\delta_y) \tag{2.41}$$

由式(2.41)可知,实际去除的面形为

$$\begin{aligned}\mathscr{F}_{E_\delta} &= \mathscr{F}_{R'}\mathscr{F}_T = \exp((\omega_x\delta_x + \omega_y\delta_y)\mathrm{i})\mathscr{F}_E \\ &= \mathscr{F}(E(x+\delta_x, y+\delta_y))\end{aligned} \tag{2.42}$$

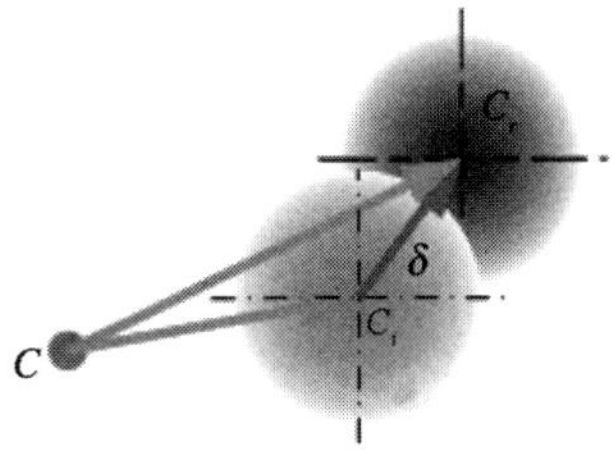

图 2.3　定位误差

C—工件上的加工点;

C_r—去除函数中心实际定位点;

δ—去除函数定位误差,$\delta = [\delta_x, \delta_y]$;

C_i—去除函数中心理论定位点。

故由定位误差引入的加工残差率为

$$\eta_\delta^2 = \frac{\| E_\delta(x,y) - E(x,y) \|^2}{\| E(x,y) \|^2} = \frac{\sum\limits_{m=0}^{\infty}\sum\limits_{n=0}^{\infty} \frac{\lambda_{mn}^2 a_{mn}^2}{4} \eta_\delta^2(m\omega_0^x, n\omega_0^y)}{\sum\limits_{m=0}^{\infty}\sum\limits_{n=0}^{\infty} \frac{\lambda_{mn}^2 a_{mn}^2}{4}} \qquad (2.43)$$

其中 $\eta_\delta^2(m\omega_0^x, n\omega_0^y)$ 为定位误差对某单一频率 $(m\omega_x, n\omega_y)$ 引入的加工残差率:

$$\begin{aligned}
\eta_\delta^2(m\omega_0^x, n\omega_0^y) &= (\cos(m\omega_0^x(x + \delta_x))\cos(n\omega_0^y(y + \delta_y)) - \\
&\quad \cos(m\omega_0^x x)\cos(n\omega_0^y y))^2 \\
&\approx (m\omega_0^x \delta_x)^2 + (n\omega_0^y \delta_y)^2
\end{aligned} \qquad (2.44)$$

图 2.4 给出了在 $m\omega_0^x = n\omega_0^y = 1$ 的情况下,由式(2.44)给定的定位误差影响模型及模型相对误差和定位精度的关系图,当 $|\delta_x| < 0.01 \times 2\pi/(m\omega_0^x)$、$|\delta_y| < 0.01 \times 2\pi/(n\omega_0^y)$ 时,定位误差的影响小于 10%。

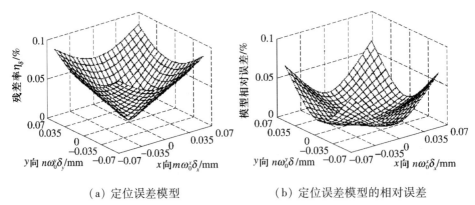

(a) 定位误差模型　　　　　　(b) 定位误差模型的相对误差

图 2.4　定位误差影响

式(2.44)和图 2.4(a)都表明,定位误差的影响随误差频率的增大而增大,随定位误差增大而增大。此类误差必须得到有效的控制。抑制此类误差影响的策略:对最显著的小工具安装误差进行补偿,对小工具运动和"对刀"误差(即小工具与光学工具的相对位置)进行控制。同时,也可以根据加工过程的中间数据对系统性定位误差进行辨识后补偿,以进一步降低其对工艺过程的影响。

2.3.5　离散间隔影响

CCOS 工艺中驻留时间的计算和实现都是采用某一离散形式。在驻留时间的点实现方式中驻留时间是二维离散的,在驻留时间的连续速度实现方式中,驻留时间的实现在一个方向上是离散的,另一个方向上是连续的,但这种连续仅仅是一种区域平均的结果,相当于信号系统中的采样保持,同样也是存在离散效应的。所以说,驻留时间的实现本质上是离散的。

驻留时间的离散相当于基于路径成形的车削加工进给步距,必然会对加工后的面形存在一定的影响。文献[2]基于两者之间的相似性,利用车削加工中进给步距对加工影响的分析方法给出离散间隔的确定方法。本小节从频域角度分析离散对加工的影响。

对于理想的加工系统,两方向都无须离散,此种方式的频域实现如图 2.5 (a),但如图 2.5(b),驻留时间的离散会在频域中增大附加成分。设驻留时间在 x 向和 y 向的离散间隔分别为 T_{sx} 和 T_{sy},则离散后的驻留时间在空间域中的形式为

$$T_s(x,y) = \sum_m \sum_n T(mT_{sx}, nT_{sy}) \delta(x - mT_{sx}) \delta(y - nT_{sy}) T_{sx} T_{sy} \quad (2.45)$$

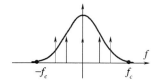

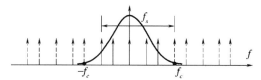

（a）连续实现的频谱 　　　　　　　（b）离散实现的频谱

图 2.5　采样间隔对加工的影响

其在频域中的表达式为

$$\mathscr{F}_{T_s} = \sum_m \sum_n \mathscr{F}_T\left(\omega - m\frac{2\pi}{T_{sx}}, \omega - n\frac{2\pi}{T_{sy}}\right) \quad (2.46)$$

根据 CCOS 原理,可求出由离散所引入的附加去除面形为

$$\mathscr{F}_E = \mathscr{F}_R(\mathscr{F}_{T_s} - \mathscr{F}_T) \quad (2.47)$$

图 2.6 给出了高斯型去除函数宽度为 6mm（6σ 宽度）,采样间隔为 2mm 时,周期为 25mm、幅值为 1mm 的面形误差的仿真残差与式(2.47)给定的理论残差,其中理论残差取前三项。

为了抑制离散对加工过程的影响,必须对离散间隔加以控制,根据 Nyquist 采样定理,离散间隔必须大于本身最大频率的两倍。对于 CCOS 加工系统,最大频率应该为去除函数的截止频率。设去除函数具有类高斯形式,x 向和 y 向宽度分别为 W_x 和 W_y（6σ 宽度）,则 x 向和 y 向截止频率分别为

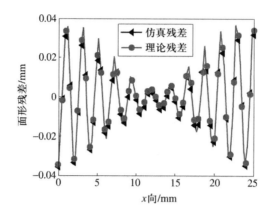

图 2.6　离散间隔影响仿真

$$f_{cx} = \frac{9}{\pi W_x}, \quad f_{cy} = \frac{9}{\pi W_y} \tag{2.48}$$

从而 x 向和 y 向的采样间隔应该满足

$$T_{sx} < \frac{1}{2f_{cx}} = \frac{\pi W_x}{18}, \quad T_{sy} < \frac{1}{2f_{cy}} = \frac{\pi W_y}{18} \tag{2.49}$$

2.4　全口径线性扫描方式面形修正理论[3,12-15]

　　根据 CCOS 原理,解算出加工所用驻留时间后,要求运用适当的方式在某一路径上实现,从而实现对特定面形误差的修正,得到所需的镜面。其中涉及面形控制模型、驻留时间解算算法、路径规划及驻留时间实现方式等问题。

　　驻留时间的解算一般采用某种离散格式。文献[16]给出的简单离散格式,将卷积方程离散成矩阵卷积的形式,适合于数值计算,对于任意一种驻留时间解算算法,此离散格式占用的计算资源少且计算时间短,但此格式的线性性决定了其不适用于非线性问题,如由镜面形状引入的非线性。文献[17]、[18]给出的离散方法,通过对单点的去除量逐个计算,将卷积运算离散成矩阵乘法运算,虽然在离散格式描述时没有强调其适用于非线性问题,但可通过对局部距离进行适当的修正,以解决由镜面形状等因素引入的非线性。此离散格式致使驻留时间解算所需的计算资源和计算时间与镜面的尺寸成超线性关系,不利于大型镜面的加工[19,20]。对于这两类离散形式,我们应该分别加以研究,并进行适当的修正,使其适用于不同的问题。如第一种离散格式,当非线性因素较弱时,可利用其去除函数对工艺参数小扰动、面形误差以及镜面形状等因素不敏感的特性，结合路径规划方法，将修形工艺近似成常用的线性卷积模型[7]，离散成矩阵卷积模型，以便于对驻留时间进行快速解算。但对于强非线性问题，应该采用第二种离散格式，在驻留时间求解时应该利用去除函数对称性以及其他特性改进算法，以提高计算效率并降低资源消耗。

从成形方程中解算出驻留时间密度函数是 CCOS 控制重要的环节。驻留时间求解问题实际上就是第一类 Fredholm 积分方程的逆问题，具有不适定性。现有的解算方法可以分成两类：①解析方法，如高斯小波法和级数拟合法。小波方法将去除函数和面形误差函数都用高斯小波进行表达，用小波基卷积的性质，将逆问题转化成正问题，以求解驻留时间密度函数的高斯小波分解的系数。级数方法将去除函数和面形误差函数都展开成级数，再利用 Bochner 代数求解驻留时间函数级数的系数。解析方法的拟合属性滤除了面形误差的高频部分，解决了问题的不适定性，但计算过程和处理手段一般比较复杂。②数值类解算方法，主要有脉冲迭代法、SVD 法和正则化方法。脉冲迭代方法一般利用简单的离散格式，具有线性特征，简单易行，但不能够解决非线性问题，同时存在计算发散问题。SVD 方法利用第二类离散格式，可以解决非线性问题，但计算所需内存和计算速度与离散点数成超线性关系，对于大型镜面计算时间过长，若问题为线性且去除函数具有回转对称特性，可以利用 Kronecker 积加速求解过程并降低资源要求。正则化方法分成频域和空间域两种，前者通过对高频进行截断处理解决不适定问题，后者利用 Tikhonov 正则化方法。数值类计算方法一般不能够保证所计算出的驻留时间大于零，必须进行适当偏置处理以满足工艺过程必须为正的要求。

发展于 20 世纪 50 年代天文观测图像处理中的数字图像恢复算法与驻留时间求解本质上为同类问题，能否将这一领域中成熟的极大似然函数法、最大熵法和 Bayesian 方法等根据离子束抛光工艺过程的特征，引入驻留时间解算中来，结合路径规划，形成适合于离子束抛光的高效求解算法，我们对此进行了相关分析。

对于线性扫描加工方法，驻留时间的实现有点驻留法和速度驻留法两种基本方式。假设利用某种方法计算出的驻留时间密度函数为 $T(x,y)$，加工中沿着 x 向和 y 向的采样间隔均为 S，点驻留法通过在网格点上驻留 $T(x,y)S^2$ 来实现驻留时间，采样点之间迅速通过，故在实现过程中运动系统总是处于不断地开启、停止状态中，存在过程不稳定因素，并增加驻留时间，不利于加工过程的稳定实现。速度驻留方法通过在间隔点之间以某一速度运动，达到运动速度的连续性且实现驻留时间。运动速度计算有两种方式:一种如文献[18]给出的精确的速度计算方式,这种方法考虑运动系统的动态特性,通过运动方程和运动顺序计算出系统的运动速度;另一种是文献[21]~[23]等采用的近似计算方式,间隔点之间的运动速度为 $1/(T(x,y)S)$。前者虽然能够"精确地"计算出速度,但需要预先知道系统的动态参数,联动系统动态参数难以测量,从而速度的"精确"也就失去了意义,速度计算过程复杂,且不适合大型镜面的加工。速度的近似计算方式简单易行,但具有一定的近似误差,分析误差与工艺参数的关系,通过在驻留时间求解时对驻留时间增加适当的限制条件以减小实现误差。

加工中常用的两种路径规划方法:①沿着 xy 轴线进行线性扫描的方法,也称为网格扫描方式;②沿着某一螺线扫描的极轴运动方法,也称为 $\rho-\theta$ 扫描的方法。2.4 节和 2.5 节分别介绍这两类方法的理论基础。

2.4.1 基于 Bayesian 的迭代算法

1. 迭代算法

1)算法推导

将误差面形 $E(x,y)$ 和驻留时间 $T(x,y)$ 看作随机变量,根据极大似然参数估计准则,求解驻留时间就是极大化其验后概率密度函数 $P(T|E)$。Bayesian 原理指出:验后概率密度函数与验前概率密度函数 $P(T)$ 以及面形误差 E 的条件概率密度函数 $P(E|T)$ 之间的关系为

$$P(T \mid E) = \frac{P(E \mid T)P(T)}{P(E)} \qquad (2.50)$$

假定加工中去除函数在某一驻留时间下的模拟加工去除面形 E 的条件概率 $P(E|T)$ 满足参数为 $R \otimes T$ 的 Poisson 分布,极大化式(2.50)可以转化成

$$\min_T J_1(T) \qquad (2.51)$$

其中 $$J_1(T) = \iint_\Omega (R \otimes T - E\log(R \otimes T))\,\mathrm{d}x\mathrm{d}y \qquad (2.52)$$

由式(2.51),利用变分法,有

$$\frac{R(-x,-y)}{\iint_\Omega R\mathrm{d}x\mathrm{d}y} \otimes \frac{E}{R \otimes T} = 1 \qquad (2.53)$$

利用多步迭代方法求解式(2.53),则在 T_{k+1} 收敛到理论解时应该有

$$\frac{T_{k+1}}{T_k} \to 1 \qquad (2.54)$$

由式(2.53)和式(2.54)可以形成如下迭代格式:

$$T_{k+1} = T_k \times \left(\frac{R(-x, -y)}{\iint_\Omega R \mathrm{d}x \mathrm{d}y} \otimes \frac{E}{R \otimes T} \right) = \varphi(T_k) \qquad (2.55)$$

式(2.54)实际上是常规的 RL（Richardson-Lucy）迭代方法针对非归一化去除函数的推广形式。类似于常规 RL 迭代法,此迭代方法也具有正定性:若给定的初始解 T_0 大于零,则生成的迭代序列必定大于 0。迭代求解中,初始值一般选取为待去除的面形误差,因此,可在不对驻留时间进行负值截断或者偏置处理的前提下解决驻留时间必须为正的问题。

2）算法加速

利用迭代序列 $\{T_k\}$,构造由当前步和前一步迭代值构成的表征迭代解收敛方向的向量,沿此向量进行一维搜索以获取更优的预测解:

$$y_k = T_k + \alpha_k(T_k - T_{k-1}) \qquad (2.56)$$

将此预测解代入式(2.55)即可得到下一步迭代解:

$$T_{k+1} = \varphi(y_k) \qquad (2.57)$$

式(2.56)中一维线性搜索参数可利用向量外推重合近似的方法确定:

$$\alpha_k = \frac{\mathrm{sum}(\boldsymbol{g}_{k-1} \cdot \boldsymbol{g}_{k-2})}{\mathrm{sum}(\boldsymbol{g}_{k-2} \cdot \boldsymbol{g}_{k-2})} \qquad \alpha_k \in (0,1)$$

$$\boldsymbol{g}_k = T_{k+1} - y_k \qquad (2.58)$$

其中,· 表示矩阵对应元素相乘,sum 表示矩阵所有元素之和。

2. 边缘延拓

待修工件可能为圆形,或者为非规则形状,从而离散后面形误差矩阵不能够被完全填充,导致边缘数据点的性质与工件内点的性质不一致,从而产生算法上的边缘效应,影响加工收敛。为此需要对镜面的误差数据进行适当延拓。

1）高斯延拓法

以直径为 D_w 的圆形待加工镜面为例,去除函数的半径为 R_t,则延拓后为边长 $(D_w + 2R_t)$ 的矩形,采用高斯延拓,如图 2.7 所示,镜面外的任意点 f 延拓后的值为

$$E(f) = E(p)\exp\left(-\frac{l^2}{2\sigma^2}\right) \qquad (2.59)$$

式中,σ 为高斯延拓参数,一般选取 $\sigma \geqslant R_t/3$。

离散成矩阵卷积的计算格式,利用式(2.55)进行迭代计算仅需四次 FFT 计算,显著提高迭代速度。Bayesian 迭代算法适用于非线性问题,只需将算法中的卷积计算换成相应的非线性形式。

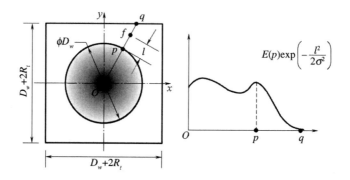

图 2.7　边缘延拓示意图

2）膨胀延拓法

对于异形镜面,上述高斯延拓法难以解决,为此采用优化的领域平均值法对边缘数据进行延拓,算法的流程如图 2.8 所示。为了提高延拓的平滑性,我们充分利用了测量数据的连续特性,只有当边缘数据点的 8 个领域中有 3 个以上的领域中的数据有效时,才进行边缘延拓。

根据图 2.8 所示的流程对边缘数据进行延拓时,只涉及简单的逻辑判断及求和平均,所以计算效率很高,并且能得到边缘的平滑延拓,避免了边缘延拓中的边缘效应。

3. 驻留时间实现与优化

1）驻留时间实现

驻留时间实现误差分析示意如图 2.9 所示。

设驻留时间密度函数为 $T(x, y)$,加工中 x 向、y 向离散间隔分别为 S_x、S_y,工艺实现沿着 x 向连续扫描,y 向间歇运动。忽略加、减速过程,则在连续运动的间隔内运动速度为

$$V = \frac{S_x}{T(x, y) S_x S_y} = \frac{1}{T(x, y) S_y} \tag{2.60}$$

运动中各区间驻留时间的变化致使速度的变化量为

$$dV = -\frac{dT_{S_x}(x, y)}{T^2(x, y) S_y} = -\frac{S_x(\partial_x T)}{T^2 S_y} \tag{2.61}$$

设系统的加速度为 a,速度变化引入的加速时间为

$$t_a = \frac{dV}{a} = -\frac{dT_{S_x}(x, y)}{a T^2(x, y) S_y} \tag{2.62}$$

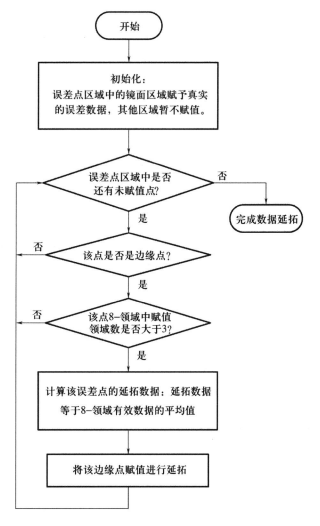

图 2.8　边缘平滑延拓流程

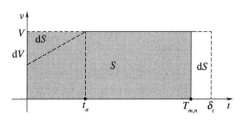

图 2.9　驻留时间实现误差分析示意图

则系统动态过程引起此区间驻留时间实现误差：

$$\delta_t = \frac{dS}{V} = \frac{at_a^2}{2V} = \frac{(dT_{S_x}(x,y))^2}{2aT^3(x,y)S_y} \tag{2.63}$$

由此，可以求解出驻留时间实现的相对误差为

$$\varepsilon = \frac{\delta_t}{TS_xS_y} = \frac{(dT_{S_x}(x,y))^2}{2aT^4(x,y)S_xS_y^2} = \frac{S_x(\partial_xT)^2}{2aT^4S_y^2} \tag{2.64}$$

式(2.64)表明，驻留时间实现相对误差与系统加速度成反比，与间歇运动方向的采样间隔平方成反比，与驻留时间密度函数在连续运动方向上的导数的平方成正比。

2）光滑化处理

式(2.64)表明，减小驻留时间密度函数在连续运动方向上的导数利于驻留时间准确实现，这里在式(2.51)中引入与驻留时间密度函数的梯度相关的附加目标函数——总变分，光滑化驻留时间的同时具有一定的抑制噪声的作用，其形式为

$$J_2(T) = \mu \iint_{\Omega} \mid \nabla T \mid dxdy \tag{2.65}$$

式中，μ 为权重因子，$\nabla = \left[\frac{\partial}{\partial x}, \frac{\partial}{\partial y}\right]$ 为梯度算子。

从而式(2.51)转化成

$$\min_T (J_1 + J_2) \tag{2.66}$$

对式(2.66)利用变分法后再引入多步迭代，可以得到如下的迭代方法：

$$T_{k+1} = \frac{T_k}{1 - \mu \frac{\Delta T_k}{\mid \nabla T_k \mid}} \times \left(\frac{R(-x,-y)}{\iint_{\Omega} Rdxdy} \otimes \frac{E}{R \otimes T}\right) = \varphi'(T_k) \tag{2.67}$$

其中：$\Delta = \frac{\partial^2}{\partial x} + \frac{\partial^2}{\partial y}$ 为二维 Laplace 算子。

求解中应该注意权重因子的选取。过小的权重因子起不到平滑驻留时间密度函数和降噪的作用；过大的权重因子使结果过于平滑而降低解的精度。

4. 低陡度非球面平面化近似

平面和柱面存在等距的正交网格，但球面、抛物面等二次曲面不存在此类网格，对于非球面度为毫米以下尺度的非球面，采用如下的加工路径，可形成拟等距正交网格。

1）平面式路径规划

相对口径较小的球面边缘倾角较小,可以将工件边缘倾角看成加工中入射角度扰动,而较小的入射角度扰动对去除函数的影响可以忽略。由此,可以将球面近似看成平面进行加工,不同之处在于需要使用 z 轴以保持离子源与加工点之间的距离。球面上网格由 xy 平面内正交网格沿着 z 轴方向在球面上投影形成。加工球面时,此路径仅仅需要三个联动自由度——x、y、z。

设球面的曲率半径为 p,将坐标原点置于顶点处,则球面的方程为

$$z = \frac{-(x^2 + y^2)}{p + \sqrt{p^2 - (x^2 + y^2)}} \tag{2.68}$$

加工中 x 向、y 向的采样间隔分别为 S_x 和 S_y,则网格点坐标为

$$x = mS_x, y = nS_y, z = \frac{-(x^2 + y^2)}{p + \sqrt{p^2 - (x^2 + y^2)}} \tag{2.69}$$

定义间隔变化率 e_l 和网格扭曲度 dis 来衡量网格的等距性和网格扭曲。由于 x 向和 y 向具有可交换性,故仅需讨论其中一个方向的评价指标,下面以 x 向为例进行讨论。

间隔变化率定义为网格点距离相对于标准采样间隔的变化率,根据式 (2.69) 可以求解出间隔变化率

$$e_l = \sqrt{1 + (\partial_x z)^2} - 1 \approx \frac{(\partial_x z)^2}{2} \tag{2.70}$$

网格扭曲度定义为网格线夹角对正交状态的变化值:

$$\text{dis} = \arccos\frac{\boldsymbol{v}_x \boldsymbol{v}_y}{|\boldsymbol{v}_x||\boldsymbol{v}_y|} - \frac{\pi}{2} \approx \frac{\boldsymbol{v}_x \boldsymbol{v}_y}{|\boldsymbol{v}_x||\boldsymbol{v}_y|} \approx \partial_x z \partial_y z \tag{2.71}$$

式中,$\boldsymbol{v}_x$,$\boldsymbol{v}_y$ 为沿着 x 向和 y 向的切向量,分别为

$$\boldsymbol{v}_x = \begin{bmatrix} 1 & 0 & \partial_x z \end{bmatrix}, \boldsymbol{v}_y = \begin{bmatrix} 0 & 1 & \partial_y z \end{bmatrix} \tag{2.72}$$

由式 (2.70) 和式 (2.71) 知,如图 2.10 所示,对于直径为 500mm,相对口径 1:1 的球面进行此方式的网格划分后,间隔变化率小于 2%,绝对误差为数微米,由此造成的线性误差小于加工系统的定位误差,可以忽略不计。网格扭曲度小于 dis,根据去除函数的性质,在此角度范围内摆动对去除函数的形状影响不大,也忽略其影响。

此种路径规划方法实现仅需三个联动运动自由度——x、y、z,但当工件边缘倾角较大时,入射角度扰动将会从根本上影响到去除函数,此时此种方法不可取。

2) 球面式路径规划

首先确定待加工镜面的最接近球面,设其曲率半径为 R,对于相对口径不是

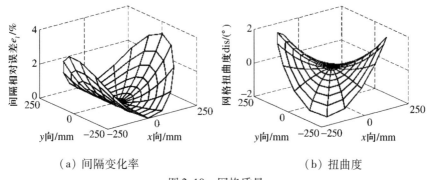

（a）间隔变化率　　　　　　　　（b）扭曲度

图 2.10　网格质量

很大的镜面,待加工镜面沿着法向度量偏离最接近球面的量一般为毫米或者亚毫米量级。由于加工中总是保持在接近于镜面加工点处法向去除,此类偏差产生微弱影响,根据去除函数的鲁棒性,可以忽略。另外,在一定的范围内,去除函数对工件曲率半径不敏感,故一般非球面的加工可以借助于其最接近球面进行讨论,以下的讨论围绕最接近球面展开。

将最接近球面的参考系置于球心上,z 轴与回转对称轴平行。如图 2.11 所示,以绕 x 轴和 y 轴的等夹角大圆系列 GCx 和 GCy 形成的网格作为驻留时间密度函数计算和加工实现网格,GCx、GCy 与 z 轴的夹角分别记为 α、β,大圆之间的夹角简单取为

$$\Delta\alpha = S_y/R \quad \Delta\beta = S_x/R \tag{2.73}$$

图 2.11　路径规划示意图

加工中方向平行于最接近球面在各网格点处的法线,假定加工沿着 x 向大弧段连续进行,完毕后转下一个 x 向弧段。将 GCx 和 GCy 投影到 xy 平面内,求解投影所得的两个系列椭圆的交点后,再映射到最接近球面上,得到网格的坐标:

$$x = \frac{R\cos\alpha\sin\beta}{\sqrt{1 - \sin^2\alpha\sin^2\beta}}, y = \frac{R\sin\alpha\cos\beta}{\sqrt{1 - \sin^2\alpha\sin^2\beta}}, z = \frac{R\cos\alpha\cos\beta}{\sqrt{1 - \sin^2\alpha\sin^2\beta}}$$

$$\tag{2.74}$$

由于球面的不可展开性,网格必然不是规则的矩形,定义间隔变化率 e_l 和网格扭曲度 dis 来衡量网格的等距性和网格扭曲。

以 x 向大弧段连续运动为例给出间隔变化率 e_l 具体表达式:

$$e_l = \frac{|v_\beta| \mathrm{dis}\beta - S_x}{S_x} \approx -\alpha^2 \tag{2.75}$$

网格扭曲度为

$$\mathrm{dis} = \arccos \frac{\boldsymbol{v}_\alpha \boldsymbol{v}_\beta}{|\boldsymbol{v}_\alpha||\boldsymbol{v}_\beta|} - \frac{\pi}{2} \approx \alpha\beta \tag{2.76}$$

其中

$$\boldsymbol{v}_\alpha = \begin{bmatrix} \partial_\alpha x & \partial_\alpha y & \partial_\alpha z \end{bmatrix}, \boldsymbol{v}_\beta = \begin{bmatrix} \partial_\beta x & \partial_\beta y & \partial_\beta z \end{bmatrix} \tag{2.77}$$

由式(2.73)和式(2.74)知,对于直径为 $500\mathrm{mm}$,相对口径 $A = 1:1$ 的球面进行网格划分后的网格变形,间隔变化率小于 2%,绝对误差为数微米,由此造成的线性误差小于加工系统的定位误差,可以忽略不计。网格扭曲小于 $3°$,去除函数在此角度范围内摆动对去除函数的形状影响微弱,也可忽略[24]。

将由等夹角大圆在最接近球面上张成的网格视为正交的等距网格,低陡度非球面成形过程可离散成矩阵卷积的计算格式,可快速解算工艺所需驻留时间。同时,工艺过程仅需 $xyzB$ 轴联动即可实现,A 轴作间歇运动。

2.4.2 脉冲迭代方法

在 CCOS 技术中,脉冲迭代法具有较理想的求解结果,而且该方法运算量小,计算速度快,故在大中型镜面的计算机控制研抛加工中使用较多。因此对于大中型光学镜面的离子束抛光,选择脉冲迭代法作为驻留时间的求解算法。

脉冲迭代法求解驻留时间的最初思想是将去除函数理想化为去除脉冲,去除脉冲的强度即等于去除函数的体积率 B。实际中,材料去除量、去除函数和驻留时间等在计算机里都是用离散矩阵表示的,我们在这里给出基于离散矩阵的脉冲迭代法计算步骤:

(1)计算材料去除量矩阵 $\boldsymbol{R}$、去除函数矩阵 $\boldsymbol{P}$ 和去除函数体积去除率 B。

(2)设定初始值:驻留时间矩阵 $\boldsymbol{T}_0 = \boldsymbol{R}/B$,残差矩阵 $\boldsymbol{E}_0 = \boldsymbol{R} - \boldsymbol{T}_0 * \boldsymbol{P}$,$k = 0$。

(3)计算驻留时间校正量:$\Delta_k = \boldsymbol{E}_k/B$。

(4)校正驻留时间:$\boldsymbol{T}_{k+1} = \boldsymbol{T}_k + \lambda \Delta_k$。

(5)驻留时间非负性检查:如果 $\boldsymbol{T}_{k+1}$ 中有小于零的元素,则将其置零。

(6)计算残差矩阵:$\boldsymbol{E}_{k+1} = \boldsymbol{R} - \boldsymbol{T}_{k+1} * \boldsymbol{P}$。

（7）判断驻留时间 T_{k+1} 和残差 E_{k+1} 是否满足要求。若满足,则结束计算;否则令 $k = k+1$,转向步骤（3）继续计算。

这里在校正驻留时间的步骤中增加了松弛因子 λ,松弛因子控制残留误差收敛的速率,松弛因子 λ 越大,残差收敛越快,反之,残差收敛较慢,但是松弛因子 λ 过大时,迭代过程容易发散。为了保证收敛的稳定性,松弛因子选小一点,一般取 $\lambda \leqslant 1$。该方法计算过程中除了进行矩阵卷积运算以外,只需要作矩阵的加、减和数乘运算,运算量较小,运算速度快。该方法的迭代过程类似于简森—范锡图特(Jansson-Van Cittert)法,计算驻留时间具有很好的效果,而且该方法比简森—范锡图特法运算量小。

在应用迭代法求解驻留时间时,随着迭代次数 k 的增加,残差的 PV 值和RMS 值一般会逐渐减小并收敛,当迭代过程中 PV 值和 RMS 值收敛到一定程度时,则终止迭代,输出计算结果。

在应用脉冲迭代法求解驻留时间的过程中,首先要计算材料去除量矩阵 R,由于激光波面干涉仪测量输出的面形误差数据一般是零均值的数据,不适宜直接作为材料去除量,假设干涉仪测量输出的面形误差数据矩阵为 H,则通常的计算材料去除量矩阵的方法是

$$R = H - \min(H) \tag{2.78}$$

式中,$\min(H)$ 为矩阵 H 中的最小元素值。

该方法的物理意义:即将误差以最低点为基准全部去除。

当误差面形比较平滑时,用式(2.78)计算的材料去除量矩阵 R 比较合理。但是,当误差面形不平滑,或者有塌边或低坑时,用式(2.78)计算的材料去除量矩阵 R 偏大,导致计算所得的驻留时间偏长,加工时间也偏长。为了确定合理的材料去除量,计算出合理的驻留时间,我们不采用式(2.78)而是用下式计算材料去除量:

$$R = H + \gamma \mathrm{RMS} \tag{2.79}$$

式中,RMS 为面形数据 H 的均方根值;

γ 为控制材料去除量(或加工时间)大小的参数。

当 γ 较大时,材料去除量较多,加工时间较长,加工残差较小;反之,当 γ 较小时,材料去除量较少,加工时间较短,加工残差较大。驻留时间计算过程中根据实际情况选取合理 γ 值,一般 γ 取值在 $1 \sim 4$,最常取值范围为 $2 \sim 3$。

2.4.3　截断奇异值分解法

将有效的光学镜面面形误差(材料去除量)网格化为一系列的离散点,记第 i 点的坐标值为 (x_i, y_i),误差值记为 z_i,设总共有 m 个点。加工中,离子源在空间中一系列离散的点上驻留以进行加工,记第 j 个驻留点(加工点)的坐标值为 (x'_j, y'_j),驻留时间值为 t_j,设总共有 n 个加工点。

加工时,离子束在加工点 (x'_j, y'_j) 停留时间 t_j 对误差点 (x_i, y_i) 的材料去除量为

$$r_{ij} = \alpha_{ij} t_j \tag{2.80}$$

其中,$a_{ij} = p(x_i - x'_j, y_i - y'_j)$。那么所有加工点 (x'_j, y'_j) 对点 (x_i, y_i) 的材料去除量总和为

$$r_i = \sum_{j=1}^{n} a_{ij} t_j \tag{2.81}$$

把所有的 r_i 按顺序组成一个列向量 $\boldsymbol{r}$,那么,加工过程就可以表示为一个线性方程组

$$\boldsymbol{r} = \boldsymbol{A}\boldsymbol{t} \tag{2.82}$$

式中,$\boldsymbol{A}$ 为 m 行 n 列的矩阵,第 i 行第 j 列的元素为 a_{ij},$\boldsymbol{r} = \left[r_1, r_2, \cdots, r_m\right]^{\mathrm{T}}$,$\boldsymbol{t} = \left[t_1, t_2, \cdots, t_n\right]^{\mathrm{T}}$。

该模型具有以下优点:

(1) 误差点和驻留点(加工点)不需要相同的网格划分。

(2) 网格点不需要均匀划分。

(3) 驻留点可以少于、等于或多于误差点。

(4) 去除函数和工件可以具有任意形状,不需要人为延拓误差面形或去除函数。

(5) 随空间变化的去除函数也适用。

驻留时间求解问题是反卷积问题,属于不适定问题。不适定问题的本质并不会随问题的模型而改变[24],矩阵 $\boldsymbol{A}$ 的条件数非常大。对于离散不适定问题,不能把传统的高斯消去法、LU、Cholesky、QR 分解法等直接应用于问题的求解,因为这些方法所求得的解可能与问题的真实解相距甚远,使得这些解对实际问题毫无意义。所以离散不适定问题的求解必须采用一定的正则化方法,所以我们提出应用截断奇异值分解(Truncated Singular Values Decomposition, TSVD)正则化的驻留时间求解方法[4]。

对于线性方程组,使残差最小的解为

$$t_{ls} = \sum_{i=1}^{m} \frac{\boldsymbol{u}_i^{\mathrm{T}} \boldsymbol{r}}{\sigma_i} \boldsymbol{v}_i \tag{2.83}$$

式中, σ_i 为矩阵 $\boldsymbol{A}$ 的奇异值, 并且 $\sigma_1 \geqslant \sigma_2 \geqslant \sigma_3 \geqslant \cdots \geqslant \sigma_m \geqslant 0$;

$\boldsymbol{u}_i, \boldsymbol{v}_i$ 为奇异值 σ_i 对应的左奇异向量、右奇异向量, 奇异值和奇异向量满足如下方程:

$$\boldsymbol{A} = \boldsymbol{U} \sum \boldsymbol{V}^{\mathrm{T}} = \sum_{i=1}^{m} \sigma_i \boldsymbol{u}_i \boldsymbol{v}_i^{\mathrm{T}} \tag{2.84}$$

式 (2.84) 称为矩阵 $\boldsymbol{A}$ 的奇异值分解, 其中, $\boldsymbol{U} = [\boldsymbol{u}_1, \boldsymbol{u}_2, \cdots, \boldsymbol{u}_m]$, $\boldsymbol{V} = [\boldsymbol{v}_1, \boldsymbol{v}_2, \cdots, \boldsymbol{v}_m]$, $\boldsymbol{U}$ 和 $\boldsymbol{V}$ 是酉矩阵, 即 $\boldsymbol{U}^{\mathrm{T}} \boldsymbol{U} = \boldsymbol{I}_{m \times m}$, $\boldsymbol{V} \boldsymbol{V}^{\mathrm{T}} = \boldsymbol{I}_{n \times n}$。

看起来式 (2.83) 是求解驻留时间的完美公式, 但是实际上该解无法应用到加工中去。原因是问题的不适定性导致该解的值很大, 无法运用。导致解 t_{ls} 不能应用的直接原因是式 (2.83) 中的作为除数的奇异值 σ_i 在 i 值增大时会逐渐减小, 直到非常趋近零, 这些小奇异值引起驻留时间 t_{ls} 的幅值迅速增加, 而且很大, 使解 t_{ls} 不能应用。

为了减小较小奇异值对驻留时间的影响, 我们应用 TSVD 正则化算法来求解驻留时间, 方程组的 TSVD 解为

$$t_k = \sum_{i=1}^{k} \frac{\boldsymbol{u}_i^{\mathrm{T}} \boldsymbol{r}}{\sigma_i} \boldsymbol{v}_i \quad k \leqslant m \tag{2.85}$$

其中参数 k 称为截断参数, 控制小奇异值 σ_i 对解 t_k 的影响。k 越小, 解受小奇异值的影响较少, 解的值较小; k 越大, 解受小奇异值的影响较多, 解的值较大。

根据 Hansen 的研究, 离散不适应问题非零的奇异值数值大小跨越好几个数量级, 而且奇异值之间没有明显的跳跃, 所以在 TSVD 方法中, 似乎要确定合理的 k 值也不容易, 但在实际上, 可以容易地计算出不同截断参数 k 时的残差和解的大小, 根据残差和解的大小可以选取到合理的 k 值。

根据 TSVD 求解式 (2.85), 可计算出截断参数为 k 时的驻留时间的范数为[19,25]

$$\|t_k\|_2^2 = \sum_{i=1}^{k} \left(\frac{\boldsymbol{u}_i^{\mathrm{T}} \boldsymbol{r}}{\sigma_i} \right)^2 \tag{2.86}$$

相应的残差的范数为

$$\| \boldsymbol{r} - \boldsymbol{A} t_k \|_2^2 = \sum_{i=k+1}^{n} (\boldsymbol{u}_i^{\mathrm{T}} \boldsymbol{r})^2 \tag{2.87}$$

而残差的数值大小 $\| \boldsymbol{r} - \boldsymbol{A} t_k \|_2 / \sqrt{m}$ 正好直接为加工后面形残差的 RMS 值,

驻留时间的数值大小 $\|\boldsymbol{t}_k\|_2/\sqrt{m}$ 正好定性地描述了驻留时间的长短(或材料去除量的多少)。

若定义

$$R_k = \frac{\|\boldsymbol{r} - \boldsymbol{At}_k\|_2}{\sqrt{m}} = \left[\frac{1}{m}\sum_{i=k+1}^{m}(\boldsymbol{u}_i^{\mathrm{T}}\boldsymbol{r})^2\right]^{\frac{1}{2}} \tag{2.88}$$

$$\delta_k = \frac{\|\boldsymbol{t}_k\|_2}{\sqrt{m}} = \left[\frac{1}{m}\sum_{i=1}^{k}\left(\frac{\boldsymbol{u}_i^{\mathrm{T}}\boldsymbol{r}}{\sigma_i}\right)^2\right]^{\frac{1}{2}} \tag{2.89}$$

则式(2.88)和式(2.89)表明在 TSVD 求解方法中,表征加工时间量(或材料去除量)的 δ_k 和加工后残差 RMS 值的 R_k 都与截断参数 k 有关,并且 δ_k 随着参数 k 的增大而单调递增,R_k 随着 k 的增大而单调递减。

由于 R_k 是截断参数 k 的单调函数,所以可以根据期望的加工残差 R_d 较容易地确定截断参数 k 的值

$$k_{\mathrm{RMS}} = \min\{k \mid R_k \leqslant R_d\} \tag{2.90}$$

2.5 极轴扫描方式面形修正理论[26-31]

2.5.1 去除函数具有回转对称特性

1. 工艺过程模型

图 2.12 所示为 $\rho - \theta$ 加工方式对应的加工路径扫描示意图。被加工工件做回转运动,加工中离子束沿镜面半径方向运动,以保证离子束垂直入射工件。在极轴扫描加工中,如果将被加工镜面的体坐标系设定为参考系时,则镜面可视为静止不动,此时,加工过程中去除函数随加工点在镜面上不同的方位角而有所改变。加工中方向角 θ 与原始去除函数 R 之间的关系为

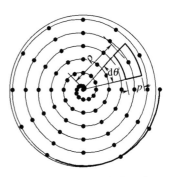

图 2.12 $\rho - \theta$ 加工方式对应的加工路径扫描示意图

$$R(\theta) = \mathrm{rotz}(R,\theta) \tag{2.91}$$

式中,$\mathrm{rotz}(R,\theta)$ 为将去除函数绕 z 轴方向旋转 θ 角度。

由式(2.91)可以看出,如果去除函数不是严格回转对称,则极轴加工过程为非线性过程。高斯型去除函数基本是回转对称的,可以对去除函数进行回转

对称平均处理,将系统简化成线性时不变和空间不变的线性系统。通常在对去除函数进行回转对称处理之前,需要确定其最接近回转中心。对具有近高斯分布的特性来说,可以用高斯函数拟合来确定最接近回转中心。

假设实验得到去除函数的测量值为 $RC(x,y)$,则上述确定最接近回转中心问题可以描述成如下最优化问题:

$$\min_{\delta_x,\delta_y,\sigma,A} \left\| A\exp\left\{ -\frac{(x-\delta_x)^2}{2\sigma^2} - \frac{(y-\delta_y)^2}{2\sigma^2} \right\} - RC(x,y) \right\| \qquad (2.92)$$

式中,σ 为表征拟合后去除函数宽度的参数;

δ_x、δ_y 为去除函数偏心参数;

A 为峰值去除率。

利用式(2.92)求解出偏心信息后,对去除函数的测量值 $RC(x,y)$ 进行纠偏处理,得纠偏后的去除函数测量值

$$R = RC(x-\delta_x, y-\delta_y) \qquad (2.93)$$

对式(2.93)确定的去除函数测量值 $R(\rho,\theta)$（本文中角度的单位为(°)）进行回转对称处理,得到用于建模描述的去除函数

$$R'(\rho,\theta) = \frac{1}{360} \int_0^{360} R(\rho,\theta') \, d\theta' \qquad (2.94)$$

去除函数经过式(2.94)的回转对称平均处理后,极轴加工过程可近似用时空不变的线性 CCOS 原理来描述,加工过程的去除函数 R'、驻留时间函数 T 和面形误差 E 之间的关系为

$$E = R' \otimes T \qquad (2.95)$$

2. 驻留时间求解与实现

基于 CCOS 原理的光学镜面面形误差控制的关键在于根据式(2.95)计算出驻留时间函数 T,对于极轴加工方式,还存在如何以螺旋路径的方式实现的问题。如图 2.12 所示,与线性扫描加工不同,极轴加工方式的驻留时间在某一螺旋线(路线参数可变)上实现,设螺旋线可表达成

$$\rho = k(\theta) \qquad (2.96)$$

线性扫描加工方式中驻留时间实现有两种基本方式:①点驻留方式;②速度运动实现方式。前者是在各个驻留点上必需的时间,各驻留点之间以某一速度迅速通过。速度实现方式通过在实现路径上相连两点之间以某一速度连续运动通过,以实现给定的驻留时间。但在极轴加工方式中,由于在螺旋线上很难寻求均匀分布于镜面上的点阵,因此在第一种实现方式中相连驻留点之间的运动时

间不一致,会在工艺过程引入非均匀分布的附加驻留时间,从而影响加工精度。对此虽可以根据路径的选取,计算出附加驻留时间的分布后进行适当补偿,减小或消除其影响,但如此操作比较繁复。

连续速度实现方式将驻留时间分区域实现,通过改变各个区域的加工扫描速度以体现区域的驻留时间,实现对面形的局部修正。求解出的驻留时间密度函数为 $T(\rho,\theta)$,如图 2.12 所示,某一环带上 $\mathrm{d}\theta$ 角度微元形成的扇形区域总驻留时间约为

$$t(\rho,\theta) \approx T(\rho,\theta)\rho p(\theta)\mathrm{d}\theta \tag{2.97}$$

其中 $p(\theta)$ 螺距,定义为加工点所在环带前后环带极轴半径之差的 $1/2$,约为

$$p(\theta) \approx 360k'(\theta) \tag{2.98}$$

螺距选择与去除函数的宽度以及驻留时间等参数相关,一般来讲须小于去除函数的宽度的 $1/6$。忽略机床动态性能,对于平面和低陡度(非)球面,在式(2.97)给定时间内完成螺旋线上相连两点之间的运动,运动系统的合成运动速度为

$$v(\rho,\theta) = \frac{\sqrt{(\mathrm{d}\theta)^2 + (k'(\theta)\mathrm{d}\theta)^2}}{T(\rho,\theta)\rho p(\theta)\mathrm{d}\theta} \tag{2.99}$$

一般加工过程都有 $k'(\theta) \ll 1$,故式(2.99)近似为

$$v(\rho,\theta) \approx \frac{1}{T(\rho,\theta)\rho p(\theta)} \tag{2.100}$$

近似结果式(2.100)表明,极轴加工中 C 轴的转动为主要运动,整个系统的合成运动速度几乎等其运动速度。系统运动速度与驻留时间值、螺距和半径成反比,与角度间隔没有关系。

对式(2.100)进一步分析可以看出,当某点的驻留时间值很小或者极轴半径很小时,系统的运动速度将会比较大,但加工系统运动性能的限制使速度不可能无限大,必须对过大的运动速度进行截断。速度截断意味着增大此区域的驻留时间,必然会在此区域多去除材料而影响修形精度,特别在连续多个环带上速度都比较大时,情况更为严重。式(2.100)同时也表明可以通过调整螺距来减小速度。此时螺距选择的依据是:环带总时间不小于以截断速度运行扫描完此环带的时间。显然,如此操作可以保证经过速度截断后不会对总的加工时间有较大的影响。采用上述处理策略可以有效解决驻留时间值很小或者极轴半径很小时,系统的运动速度过大问题。

2.5.2　去除函数不具有回转对称特性

1. 回转对称面形光学零件加工的路径规划

回转对称光学零件的磁流变成形抛光如图 2.13 所示,工件绕主轴自转,MRF 倒"D"形抛光模沿着工件的一条直径 x 轴上的特定驻留点进给,工件在该驻留点自转整数圈。即磁流变抛光的"柔性抛光模"以环带方式对工件进行抛光成形,所以计算的时候可以只考虑工件的某个中心截面,将二维规划问题简化为一维问题。如在半径为 r_i 点处,抛光模在抛光区 A_i 对工件发生了材料去除,由于工件的自转,材料去除是回转对称的。工件在 r_i 点处驻留了时间 T_i,工件自转了 N_i 圈,工件上的材料去除量为 H_i。当工件在 r_i 点处自转完 N_i 圈后,"柔性抛光模"快速地进给到 r_{i+1} 点抛光区域 A_{i+1},驻留 T_{i+1} 时间,即工件自转了 N_{i+1} 圈,在该点工件上的材料去除量为 H_{i+1}。

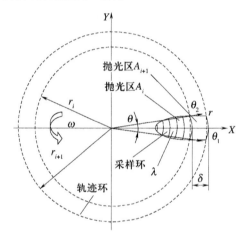

图 2.13　回转对称光学零件磁流变成形抛光示意图

通过测量可以获得工件原始表面形貌数据 Z_m,该数据与所想要得到的面形数据 Z_d 的差就是光学零件需要加工的余量 H_a。磁流变抛光目的就是各环带的材料去除总量叠加后能够尽量接近 H_a,从而获得合格的光学零件。因此需要合适的算法来获得"柔性抛光模"在各环带的驻留时间,得到工件在各个驻留点上的回转圈数 N,使磁流变抛光中工件的实际材料去除量尽量接近需要加工的余量 H_a。下面介绍一种基于矩阵的代数算法来计算驻留时间向量。

2. 材料去除向量

"柔性抛光模"驻留在 r_i 点 T_i 时间,则在该环带上工件的材料去除量为

$$H_i(r) = R_i(r, \theta) * T_i \qquad (2.101)$$

式中，$R_i(r, \theta)$ 为"柔性抛光模"在 r_i 点的材料去除函数。

式(2.101)中的卷积表示工件上某点的材料去除是"柔性抛光模"各点对该点材料去除的总和。由于加工回转工件只需要一维进给，工件在半径 r_i 处的材料去除与角度 θ 无关，因此，将去除函数 $R_i(r, \theta)$ 转换到一条直径上，称之为模板函数 $R_i(r)$，则有

$$R_i(r) = \frac{1}{\omega} \int_{\theta_1}^{\theta_2} R_i(r, \theta) \mathrm{d}\theta \qquad (2.102)$$

式中，θ_1，θ_2 为"柔性抛光模"在 r 点对工件有去除作用的角度范围；

ω 为工件自转角速度。

则式(2.101)可转化为下式：

$$H_i(r) = R_i(r) N_i \qquad (2.103)$$

为了得到离散的代数方程，将式(2.103)离散化。对工件表面进行离散化采样，采样间距为 λ，工件直径 D 范围内有 $2m+1$ 个采样点，则有 $\lambda = D/(2m)$；磁流变抛光轨迹环驻留点间距为 δ，如图 2.14 所示，设工件上的驻留点总数为 n，则有 $\delta = D/(n-1)$。则转移函数 $R_i(r)$ 离散化为

$$R_i^j = \frac{1}{\omega} \int_{\theta_1}^{\theta_2} R_i(r_i^j, \theta) \mathrm{d}\theta \qquad j = 1, \cdots, 2m+1 \qquad (2.104)$$

式中，R_i^j 为"柔性抛光模"驻留在 r_i 点时第 j 个采样点的单位材料去除量。

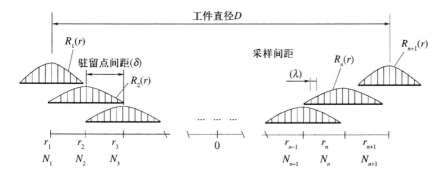

图 2.14　回转对称光学零件磁流变成形抛光的离散化示意图

当第 j 个采样点在抛光区 A_i 范围内时，有 $R_i^j \geq 0$，第 j 个采样点在抛光区 A_i 范围外时，$R_i^j = 0$。如果抛光模在 r_i 点驻留了 T_i 时间，工件回转了 N_i 圈，则第 j 点的材料去除量为

$$H_i^j = R_i^j \cdot N_i \qquad (2.105)$$

由式(2.104)，抛光模驻留在 r_i 点时，工件上各个采样点的材料去除率向量为

$$\boldsymbol{R}_i = \begin{bmatrix} R_i^1 \\ \vdots \\ R_i^{2m+1} \end{bmatrix} \tag{2.106}$$

磁流变抛光的"柔性抛光模"对整个工件加工完一遍后，第 j 个采样点的材料去除总量为

$$H^j = \sum_{i=1}^{n+1} H_i^j = \sum_{i=1}^{n+1} R_i^j N_i = R_1^j N_1 + \cdots + R_{n+1}^j N_{n+1} \qquad j = 1, \cdots, 2m+1 \tag{2.107}$$

最后，表示工件所有采样点的材料去除总量 $\boldsymbol{H}$ 为材料去除率矩阵 $\boldsymbol{R}_{(2m+1,n)}$ 和驻留时间向量 $\boldsymbol{N}$ 的乘积：

$$\boldsymbol{H} = \begin{bmatrix} H^1 \\ \vdots \\ H^{2m+1} \end{bmatrix} = \boldsymbol{R}_{(2m+1,n)} \cdot \boldsymbol{N} = \begin{bmatrix} R_1, \cdots, R_{n+1} \end{bmatrix} \cdot \begin{bmatrix} N_1 \\ \vdots \\ N_{n+1} \end{bmatrix} \tag{2.108}$$

由于工件是回转对称的，则有 $H^j = H^{2m+2-j}$；由于工件材料的去除也是回转对称的，则有 $R_i^j = R_i^{2m+2-j}$。因此，求解工件的一半表面，也可以得到驻留时间向量 $\boldsymbol{N}$，所以，式(2.108)可以简化为

$$\boldsymbol{H}_s = \boldsymbol{R}_s \cdot \boldsymbol{N} = \begin{bmatrix} R_{s1}, \cdots, R_{sn+1} \end{bmatrix} \cdot \begin{bmatrix} N_1 \\ \vdots \\ N_{n+1} \end{bmatrix} \tag{2.109}$$

式中，$\boldsymbol{H}_s = \begin{bmatrix} H^1 \\ \vdots \\ H^{m+1} \end{bmatrix}$，$\boldsymbol{R}_{si} = \begin{bmatrix} R_i^1 \\ \vdots \\ R_i^{m+1} \end{bmatrix}$。

根据需要加工的余量 H_a，能够确定材料去除向量 $\boldsymbol{H}_s$，由磁流变抛光的工件材料去除函数可以确定材料去除率矩阵 $\boldsymbol{R}_s$，现要求解式(2.109)的驻留时间向量 $\boldsymbol{N}$。由于材料去除率矩阵 $\boldsymbol{R}_s$ 不是方阵，没有逆矩阵，因此，利用最小二乘法求解式(2.109)。由于向量 $\boldsymbol{N}$、向量 $\boldsymbol{H}_s$、矩阵 $\boldsymbol{R}_s$ 都是非负的，只能利用非负最小二乘(Nonnegative Least Squares, NNLS)法求解，使得范数 $\| \boldsymbol{H}_s - \boldsymbol{R}_s \cdot \boldsymbol{N} \|$ 有最小值。$\boldsymbol{N}$ 由式(2.109)非负最小二乘法解的取整得到。

非负最小二乘法有专门的解法，本文根据以下解法求得驻留时间向量 $\boldsymbol{N}$。

3. 非负最小二乘(NNLS)的数值求解

对于线性不等约束的最小二乘问题中的非负最小二乘问题，其规范的数学

描述是

$$
\begin{cases}
\min \| \boldsymbol{Ab} - \boldsymbol{y} \| \\
\boldsymbol{b} \geqslant 0
\end{cases}
\tag{2.110}
$$

其中,$\boldsymbol{A} \in \boldsymbol{R}^{m \times n}$,$\boldsymbol{y} \in \boldsymbol{R}^m$,$\boldsymbol{b} \in \boldsymbol{R}^n$。含义是,在所有满足非负条件的 n 维向量中,找出使 $\| \boldsymbol{Ab} - \boldsymbol{y} \| = \min$ 的 $\boldsymbol{b}$。

根据 Kuhn-Tucker 定理,可以确定 NNLS 问题的 Kuhn-Tucker 条件是:n 维向量 $\boldsymbol{b}$ 是式(2.110)的一个解,当且仅当存在一个 m 维向量 $\boldsymbol{w}$ 以及自然数集合 $\{1,2,\cdots,m\}$ 的一个分划:$\varepsilon \cup \delta = \{1,2,\cdots,m\}$,$\varepsilon \cap \delta = \varnothing$,使得

$$
\boldsymbol{w} = \boldsymbol{A}^{\mathrm{T}}(\boldsymbol{Ab} - \boldsymbol{y})
\tag{2.111}
$$

而且 $\begin{cases} b_i = 0 & i \in \varepsilon \\ b_i > 0 & i \in \delta \end{cases}$; $\begin{cases} w_i = 0 & i \in \delta \\ w_i > 0 & i \in \varepsilon \end{cases}$

$\boldsymbol{w}$ 称为 $\boldsymbol{b}$ 的对偶向量。根据 Kuhn-Tucher 条件,可得到以下算法。

给出 $m \times n$ 矩阵 $\boldsymbol{A}$,m 维向量 $\boldsymbol{y}$、$\boldsymbol{w}$、$\boldsymbol{z}$ 为准备工作单元,P 为 Z 的指标集,它们会在算法执行过程中得到修正。终止时,$\boldsymbol{b}$ 存储解向量,$\boldsymbol{w}$ 存储对偶向量。

(1)设 $P = \varnothing$,$Z = \{1,2,\cdots,m\}$,$\boldsymbol{b} = 0$。

(2)计算 n 维向量,$\boldsymbol{w} = \boldsymbol{A}^{\mathrm{T}}(\boldsymbol{Ab} - \boldsymbol{y})$。

(3)如果 $Z = \varnothing$,或对所有 $j \in Z$,$w_j \leqslant 0$,则转向步骤(12)。

(4)寻找一指标 $t \in Z$,使得 $w_i = \max\{w_j | j \in Z\}$。

(5)把指标 t 从 Z 转向 P。

(6)设 $\boldsymbol{A}_p$ 表示如下定义的 $m \times n$ 矩阵:

$$
\boldsymbol{A}_p \text{ 的 } j \text{ 列 } = \begin{cases} \boldsymbol{A} \text{ 的 } j \text{ 列} & \text{若 } j \in P \\ 0 & \text{若 } j \in Z \end{cases}
$$

利用 QR 分解法计算无约束的最小二乘问题 $\boldsymbol{A}_p \boldsymbol{z} \approx \boldsymbol{y}$ 的解 $\boldsymbol{z} \in \boldsymbol{R}^n$。注意只有分量 $z_j (j \in P)$ 才由这个问题确定,定义其他 $Z_j = 0$,$j \in Z$。

(7)如果 $Z_j > 0$ 对于所有 $j \in P$ 成立,则置 $\boldsymbol{b} = \boldsymbol{z}$,转向步骤(2)。

(8)寻找指标 $q \in S$ 成立,使 $b_q / (b_q - z_q) = \min\{b_j / (b_j - z_j) | z_j \leqslant 0,j \in P\}$。

(9)令 $\alpha = b_q / (b_q - z_q)$。

(10)取 $\boldsymbol{b} = \boldsymbol{b} + \alpha(\boldsymbol{z} - \boldsymbol{b})$。

(11)把所有满足 $b_j = 0$ 的指标 $j \in P$ 从 P 中转至 Z 中,并转向步骤(6)。

(12)计算结束。

计算终止时的解向量 $\boldsymbol{b}$ 满足:

$$
\begin{cases}
b_j > 0 & j \in P \\
b_j = 0 & j \in Z
\end{cases}
$$

而且是最小二乘问题 $A_p b \approx y$ 的解向量。

2.6　修形的频域分析

CCOS 原理从误差量值的角度出发,指出材料的去除与时间的线性关系且具有时间累积可加性,原理没有涉及工艺中材料的去除机理,属于几何修形模型。模型的准确性不仅与模型的几何性质相关,如上述的工件形状对修形模型的影响,还与材料去除原理相关。去除原理的卷积方程与控制系统和信号处理系统的系统方程相似,可以用信号系统的相关理论对修形过程进行描述。修形中去除函数相当于系统的传递函数,驻留时间相当于系统的输入,类比于信号系统的相关结论,去除函数的形状决定了 CCOS 系统是低通系统,对低频部分修除能力强,对高频部分修除能力弱。但对于"小磨头"修形过程,接触式的材料去除机理使材料去除过程相关长度与"小磨头"的尺寸相当[11],从而在"小磨头"修形过程中高频成分也得到了有效的去除,但低频成分的去除仍然可以用 CCOS 原理较好地描述。空间域宽度与频域宽度成反比,减小去除函数空间域的宽度可以提高去除函数频域的宽度,从而提高加工的修形能力。

由于高斯型去除函数具有回转对称的性质,它在任意方向上的修形能力是一样的,所以高斯型去除函数的修形能力分析可以使用一维模型。但对于任意形状的去除函数,它在不同方向上的修形能力一般不同,必须采用二维模型方程进行分析。

2.6.1　一般修形条件下的频谱特征

假设要修正的误差面形为

$$r_e(x, y) = A_e \cdot \sin\left[2\pi(f_x x + f_y y)\right] \quad (2.112)$$

该面形表示在 xy 平面上无限延伸的正弦面形,其幅值为 A_e,沿 x 方向上的频率为 f_x,沿 y 方向上的频率为 f_y。为了使驻留时间的计算比较简单,我们引入复面形 $\hat{r}_e(x, y)$ 来表示面形 $r_e(x, y)$,复面形 $\hat{r}_e(x, y)$ 定义为

$$\hat{r}_e(x, y) = A_e e^{i2\pi(f_x x + f_y y)} \quad (2.113)$$

则真实的面形仅为复面形的虚部,即

$$r_e(x, y) = \text{Im}\left[\hat{r}_e(x, y)\right] \quad (2.114)$$

用复面形代替实面形完全是形式上的,目的是用比较简单的指数函数运算来代替比较复杂的三角运算,使计算大大简化。这和信号处理里常用复信号代替实信号是一个道理。

根据二维 Fourier 变换运算可知，复面形误差 $\hat{r}_e(x,y)$ 的频谱为

$$\hat{R}_e(u,v) = A_e \cdot \delta(u - f_x, v - f_y) \tag{2.115}$$

式中，$\delta(u,v)$ 为脉冲函数。

根据驻留时间求解式(2.17)可以计算出修正该误差面形 $\hat{r}_e(x,y)$ 所需的驻留时间为

$$\hat{\tau}_e(x,y) = \frac{A_e}{P(f_x, f_y)} e^{i2\pi(f_x x + f_y y)} \tag{2.116}$$

如果将去除函数频谱 $P(f_x, f_y)$ 写成极坐标的形式

$$P(f_x, f_y) = |P(f_x, f_y)| \cdot e^{i\varphi(f_x, f_y)} \tag{2.117}$$

那么驻留时间式(2.116)可以改写为

$$\hat{\tau}_e(x,y) = \frac{A_e}{|P(f_x, f_y)|} e^{i[2\pi(f_x x + f_y y) - \varphi(f_x, f_y)]} \tag{2.118}$$

如果将去除函数频谱 $P(f_x, f_y)$ 写成极坐标的形式

$$\tau_e(x,y) = \mathrm{Im}[\hat{\tau}_e(x,y)] =$$
$$\frac{A_e}{|P(f_x, f_y)|} \sin[2\pi(f_x x + f_y y) - \varphi(f_x, f_y)] \tag{2.119}$$

由此可见，修正单一频率的正弦误差面形所需要的驻留时间也为同一频率的正弦函数，其幅值为误差面形幅值除以去除函数频谱幅值，相位比误差面形相位超前 $\varphi(f_x, f_y)$。

由于实际的驻留时间不能为负值，所以实际加工中的驻留时间为

$$\tau_a(x,y) = \tau_e(x,y) + \frac{A_e}{|P(f_x, f_y)|} \tag{2.120}$$

加工中实际的材料去除量为

$$r_a(x,y) = \tau_a(x,y) \otimes p(x,y) =$$
$$\tau_e(x,y) \otimes p(x,y) + \frac{A_e}{|P(f_x, f_y)|} \otimes p(x,y) =$$
$$r_e(x,y) + \frac{A_e B}{|P(f_x, f_y)|} \tag{2.121}$$

由于面形 $r_e(x,y)$ 是零均值面形，所以加工中实际去除的材料总量为

$$\frac{A_e B}{|P(f_x, f_y)|}$$

而期望去除的材料量为 A_e，所以修形的材料去除有效率为

$$\eta = \frac{A_e}{\frac{A_e B}{|P(f_x,f_y)|}} = \frac{1}{B}|P(f_x,f_y)| \tag{2.122}$$

材料去除有效率公式(2.122)表明材料去除有效率值等于去除函数的归一化傅里叶幅值谱。当去除函数为高斯函数时,可以验证式(2.122)和式(2.23)计算的材料去除有效率是一致的。

根据修形能力公式(2.122)计算的材料去除有效率是二维分布的,材料去除有效率同时与误差频率的大小 f 和方向 θ 有关。式(2.122)也可写成极坐标形式

$$\eta = \frac{1}{B}|P(f,\theta)| \tag{2.123}$$

实验分析中如果要分析单一方向 θ 上的修形能力强弱,可以做出 θ 方向上的材料去除有效率 η 随频率 f 的变化曲线。

2.6.2 回转对称型去除函数的修形能力

CCOS 工艺中的去除函数一般都是回转对称的。当去除函数是回转对称时,可以从数学上证明修形能力公式(2.123)与 θ 无关,即去除函数在任意方向上的修形能力是样的,不同方向上的修形能力曲线是一致的,此时材料去除有效率 η 仅是频率 f 的函数,记为 $\eta(f)$,可以证明,$\eta(f)$ 可以通过去除函数的母线方程的傅里叶变换计算出来

$$\eta(f) = \frac{1}{B_p}|F\{p(r)\}| \tag{2.124}$$

式中,$B_p = \int_{-\infty}^{\infty} p(r)\mathrm{d}r$。

实验中不完全回转对称的去除函数也常常被当作回转对称去除函数处理,通常根据平均的母线方程计算出平均意义上的修形能力曲线,即

$$\eta(f) = \frac{1}{B_p}|F\{\bar{p}(r)\}| \tag{2.125}$$

平均母线方程 $\bar{p}(r)$ 的定义见式(2.18)。

假设要修正正弦误差面形仅沿 x 方向,即它的空间频率 $(f_x,f_y) = (f,0)$,此时根据式(2.122),修形能力仅与去除函数 $p(x,y)$ 和频率 f 有关,记为 $\eta(f)$,则

$$\eta(f) = \frac{|P(f,0)|}{B} \tag{2.126}$$

根据二维 Fourier 变换的定义,有

$$P(f,0) = \int_{-\infty}^{\infty} \int_{-\infty}^{\infty} p(x,y) \exp(-i2\pi fx) dx dy =$$

$$\int_{-\infty}^{\infty} \exp(-i2\pi fx) dx \int_{-\infty}^{\infty} p(x,y) dy = \qquad (2.127)$$

$$\int_{-\infty}^{\infty} p_1(x) \exp(-i2\pi fx) dx =$$

$$F\{p_1(x)\}$$

将式(2.127)代入式(2.126)即有

$$\eta(f) = \frac{1}{B}|F\{p_1(x)\}| \qquad (2.128)$$

由此可见,计算 x 方向上的修形能力,可以不需要完整的二维去除函数 $p(x,y)$,仅需要知道 x 方向上的一维去除函数 $p_1(x)$。

2.7　熵最大研抛原理[11,32]

Preston 方程描述了研抛过程中材料去除率与研抛盘压强和转速的线性关系。研抛的目标是使镜面形状误差和表面粗糙度误差趋于最小并达到一致收敛,该收敛过程是一个典型多参数随机过程,应符合某种形式的统计规律。但是,由于不同情况下的研抛工艺差异很大,我们试图寻找一个比较通用的概念和方法来加以描述。

熵的概念最早来自于热力学,它反映了一个热力学系统接近热平衡态的程度,信息熵是一种描述信息不确定度的尺度。近年来,信息熵和最大熵原理被广泛应用到信息处理问题中。我们将熵的概念应用到研抛加工中,用它来表示镜面形状误差和表面粗糙度误差收敛的能力和自修正(Self Correction)的能力,从而提出一种对超精密研抛效果表述的新方法和基于最大熵原理(Maximum Entropy Principle)的平面研抛工艺参数优化方法。这一方法旨在寻找最优的工艺参数,提高光学零件的加工精度和效率。

信息论的创始人 Shannon 借助热力学中"熵"的概念,提出用信息熵表示事物运动或存在状态的不确定性程度,对概率信息进行度量,不确定性越大,熵就越大,熵的定义如下:

离散随机变量 $X = \{x_1, x_2, \cdots, x_N\}$,其概率分别为 $p_1, p_2, \cdots, p_N$,该随机变量的不确定性的测度可以由熵 $H(p_1, p_2, \cdots, p_N)$ 表示。

定义式为

$$H = -\sum_{i=1}^{N} p_i \ln p_i \tag{2.129}$$

其中 $p_i \geqslant 0$，并且 $\sum_{i=1}^{N} p_i = 1$；规定 $p_i = 0$ 时，$p_i \ln p_i = 0$。

熵 H 具有如下两个基本性质：

（1）$H(p_1, p_2, \cdots, p_N) \geqslant 0$，其中等号成立，当且仅当对某 $i, p_i = 1, p_k = 0(k \neq i)$。这表明确定场的熵最小（等于零）；

（2）$H(p_1, p_2, \cdots, p_N) \leqslant \ln N$，其中等号成立，当且仅当 $p_i = 1/N, i = 1, 2, \cdots, N$。这表明等概率场具有最大熵。

最大熵原理描述在一定条件下，随机变量满足何种分布时熵取得最大值。

2.7.1 研抛熵原理表述

设研抛加工中工件上一点（可看作面积单元）A_i，根据 Preston 方程，其在时间 T 内的材料去除量为

$$z_i = \int_0^T K p_i v_i \mathrm{d}t \qquad i = 1, 2, \cdots, N \tag{2.130}$$

式中，p_i 为 A_i 点的相对压力；

v_i 为 A_i 点的相对运动速度。

工件上所有点 $A_i(i = 1, 2, \cdots, N)$ 的材料去除量之和为

$$Z = \sum_{i=1}^{N} z_i \tag{2.131}$$

令第 A_i 点的材料去除量占总材料去除量的比例（即概率密度）为

$$\lambda_i = z_i/Z \qquad i = 1, 2, \cdots, N \tag{2.132}$$

从而有

$$\sum_{i=1}^{N} \lambda_i = 1 \tag{2.133}$$

$$\lambda_i \geqslant 0 \qquad i = 1, 2, \cdots, N \tag{2.134}$$

新引入的物理量 λ_i 描述了材料去除量的分布状况。为了综合反映工件表面材料去除量的分布状况，定义工件研抛信息熵函数为

$$H = -\sum_{i=1}^{N} \lambda_i \ln \lambda_i \tag{2.135}$$

由式（2.135）定义的工件研抛信息熵 H 可反映出不同的研抛加工设计方案中总材料去除量不确定性分布，熵越大，材料去除量分布越均匀，这将为研抛加工工艺参数优化设计提供重要信息。

以上建立了工件研抛信息熵的数学表达式,下面具体分析工件研抛信息熵与各点材料去除量的函数关系。

各点材料去除概率密度 λ_i 为各点材料去除量 z_i 的函数。首先考察 λ_i 对 z_i 的灵敏度。由式(2.132)可推得

$$\frac{\partial \lambda_i}{\partial z_l} = \begin{vmatrix} z_i^{-1} \sum\limits_{j=1, j \neq i}^{N} \lambda_i \lambda_j > 0 & i = l \\ -z_i^{-1} \lambda_i \lambda_l < 0 & i \neq l \end{vmatrix} \qquad (2.136)$$

又由熵的表达式(2.135)可得熵 H 对第 l 点材料去除量的灵敏度为

$$\frac{\partial H}{\partial z_l} = -\sum_{i=1}^{N} \frac{\partial \lambda_i}{\partial z_l}(\ln\lambda_i + 1) =$$

$$-\frac{\partial \lambda_l}{\partial z_l}(\ln\lambda_l + 1) - \sum_{i=1, i \neq l}^{N} \frac{\partial \lambda_i}{\partial z_l}(\ln\lambda_i + 1) \qquad l = 1, 2, \cdots, N$$

$$(2.137)$$

将式(2.136)代入式(2.137)中,整理后可得

$$\frac{\partial H}{\partial z_l} = -z_l^{-1} \lambda_l \sum_{i=1}^{N} \lambda_i \ln \frac{\lambda_l}{\lambda_i} \qquad l = 1, 2, \cdots, N \qquad (2.138)$$

现对式(2.138)进行如下分析:

(1)各点材料去除量 z_i 恰使 $\lambda_i = 1/N$ 时,显然有 $\partial H / \partial z_l = 0$,此时工件研抛信息熵 H 取得最大值,材料去除量为均匀分布。

(2)当各点材料去除量 z_i 使 $\lambda_i > 1/N$(其中 $i \neq l$)时,$\lambda_l > 1/N$,则有 $\partial H / \partial z_l < 0$,此时工件研抛信息熵 H 将随 z_l 的减小而增大,各点材料去除量趋于均匀分布。

(3)当各点材料去除量 z_i 使 $\lambda_i > 1/N$(其中 $i \neq l$)时,$\lambda_l < 1/N$,则有 $\partial H / \partial z_l > 0$,此时工件研抛信息熵 H 将随 z_l 的增大而增大,各点材料去除量趋于均匀分布。

上述分析结果表明,工件研抛信息熵 H 为具有单个峰值的上凸函数,且仅当各点的材料去除概率密度彼此相等时,即 $\lambda_i = 1/N$ 呈离散型均匀分布时,工件研抛信息熵 H 达到最大值。由此可见,基于最大熵原理的研抛加工设计的物理意义即为等材料去除设计准则,这也符合文献[5]中提及的工件均匀研磨原理。

2.7.2　最大熵原理在定偏心平面研抛中应用的实例[33-37]

下面以工件无摆动、工件表面与研抛盘完全接触条件下的平面研抛为例,通过数值模拟显示出工件研抛信息熵 H 随决定各计算点材料去除量的参数而改

变的情况,并通过实验对数值模拟结果进行验证。

如图 2.15 所示,A 点为考察点,O 为研抛盘中心,O' 为工件中心,$\boldsymbol{\omega}_1$ 和 $\boldsymbol{\omega}_2$ 分别为研抛盘和工件角速度,g 为偏心距,R、r 分别为 A 点到工件中心、研抛盘中心的距离。设 R_1 为研抛盘半径,R_2 为工件半径,e 为偏心率(偏心距与工件半径之比),n 为工件转速与研抛盘转速之比,H 为工件研抛信息熵,z 为工件材料去除量,z_p 为研抛盘磨损量。

工件半径 r 上 A 点的相对运动速度 v 为其绝对运动速度 v_2 及牵连速度 v_1 之差,v 的 x 向、y 向分量标量可表示为

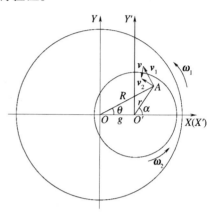

图 2.15　定偏心平面研抛示意图

$$v_x = v_1 \sin\theta - v_2 \sin\alpha \tag{2.139}$$
$$v_y = -v_1 \cos\theta + v_2 \cos\alpha \tag{2.140}$$

又有 $v_1 = R\omega_1$,$v_2 = r\omega_2$ 得

$$v^2 = v_x^2 + v_y^2 = R^2\omega_1^2 + r^2\omega_2^2 - 2Rr\omega_1\omega_2(\sin\theta\sin\alpha + \cos\theta\cos\alpha) \tag{2.141}$$

应用正弦定理和余弦定理并联合式(2.141)可推得

$$v^2 = (\omega_1^2 + \omega_2^2)r^2 + g^2\omega_1^2 - 2r^2\omega_1\omega_2 + 2rg(\omega_1^2 - \omega_1\omega_2)\cos\alpha \tag{2.142}$$

设转速比 $n = \omega_2/\omega_1$、偏心率 $e = g/R_2$、归一化半径 $f = r/R_2$,式(2.142)整理后得

$$v = R_2\omega_1[f^2(1-n)^2 + e^2 + 2fe(1-n)\cos\alpha]^{1/2} \tag{2.143}$$

在压力分布均匀,研抛过程中工艺参数不变的条件下,由式(2.130)、式(2.143)和 $\mathrm{d}t = \mathrm{d}\alpha/\omega_2 = \mathrm{d}\alpha/(n\omega_1)$,得到工件在旋转一周内的材料去除量分布函数:

$$z(f) = \frac{KpR_2}{n}\int_0^{2\pi}[f^2(1-n)^2 + e^2 + 2fe(1-n)\cos\alpha]^{\frac{1}{2}}\mathrm{d}\alpha \tag{2.144}$$

由研抛方式易知,工件同一半径上各点材料去除量相同,所以在数值模拟中仅取工件半径上 N 个等间距的点为计算点。

因压强分布均匀,研抛信息熵亦可称为运动熵。当参数选取归一化值为 $R_1 = 2$、$R_2 = 1$、$\omega_1 = 1$、$K = 1$、$p = 1$,计算点 $N = 11$ 时的模拟计算结果见图 2.16 ~ 图 2.20。

图 2.16 为运动熵 H 与偏心率 e、转速比 n 的关系,可以看出转速比越接近

1、偏心率越大时,运动熵越大。图2.17为不同转速比n时运动熵H与偏心率e的关系,转速比$n=1$时,运动熵为恒定值,n一定但不等于1时,运动熵H随偏心率的增大而增大,说明工件上各点材料去除量越接近。

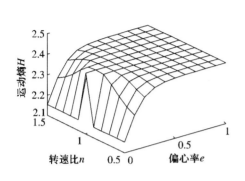

图2.16 运动熵H与偏心率e、
转速比n的关系

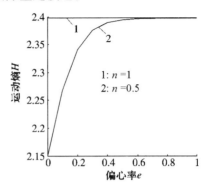

图2.17 不同转速比n时运动熵H
与偏心率e的关系

图2.18为不同偏心率e时运动熵H与转速比n的关系,偏心率e一定时,转速比$n=1$时,运动熵H达到最大值,说明此时工件上各点材料去除量相等。图2.19为工件半径方向材料去除量分布图,可以看出,材料去除效率随偏心率的增大而提高。图2.20为$n=1$时研抛盘半径方向磨损分布图,可以看出,在工件小于研抛盘且工件不露边的情况下,转速比$n=1$时,研抛盘磨损不均匀。

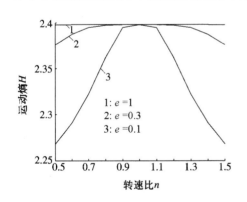

图2.18 不同偏心率e时运动熵H
与转速比n的关系

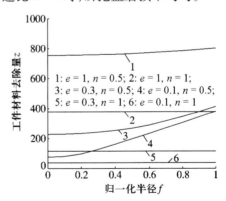

图2.19 工件半径方向材料
去除量分布图

为了验证上述工艺参数优化结果的正确性,我们在JM030.2型研抛机增加了上盘转速可调装置,对直径为100mm、厚度为5mm、表面镀有50μm厚CVD膜层的 SiC 工件做了研抛实验。研磨采用的工艺参数为:研抛盘和工件转速为 20r/min,偏心距为 40mm,压力为 0.1MPa,研磨剂为 W1 金刚石微粉和煤油。经过 10h 研磨后,SiC 工件平面度峰谷值由 1.9μm 提高到 0.18μm,表面粗糙度均方根值达到 0.035μm,可以转入抛光加工,说明转速比为 1 时研磨效果良好。当采用不同的转速比和偏心率时,得到的结果与前述数值模拟分析结果吻合,从而说明工艺参数优化结果是正确的。

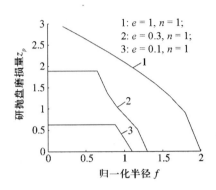

图 2.20 研抛盘半径方向磨损分布图

在表面粗糙度误差趋于最小并达到一致收敛的过程中,研磨抛光的乱动轨迹无疑也是非常有益的,也就是说存在一种轨迹熵,轨迹熵越大,研磨抛光中有规律的加工痕迹越小,表面粗糙度误差应该趋于更小。由于机械结构的约束,运动学规律理想情况下应该是唯一的,因此无论是绝对轨迹还是相对轨迹均具有一定的运动周期,随着时间的延长,该点的运动会简单地重复以前的路线。通过计算可见,任意点 P 的运动周期为摆动周期和主轴转动周期的最小公倍数(工件盘随动转速和主轴转速非常接近,它们的周期可视为相等)。但是,研磨盘或工件盘中的一个的转动是由摩擦驱动的,顶针在顶针孔中的运动也是由摩擦决定。由于加工过程中偶然因素的诱发或工艺参数的改变,运动路线将会发生变化,从而形成一定的乱动轨迹。若在一定时间内,将不同半径、不同相位的各点轨迹进行叠加,便可演示出工件表面的材料去除过程,从而能够更好地研究和掌握散料磨粒研抛加工的基本规律,为定区域定量加工提供理论指导。

2.7.3 基于最大熵原理的双转子小工具加工工艺参数选择的实例[11]

小尺度制造误差的确定区域修正法的参数选择应符合材料均匀去除原理和基于最大熵原理的研抛设计准则。参数选择原则是对已确定的小尺度制造误差存在区域进行均匀去除,同时对其他区域不能产生影响,且对光学表面的整体精度不产生破坏。

在确定区域加工中,工件静止,抛光盘的运动采用行星运动方式,其运动关系如图 2.21 所示。其中,O_1 为公转中心;O_2 为自转中心即抛光盘的中心;g 为偏心距,即公转半径;r_0 为抛光盘的半径;抛光盘的公转和自转角速度分别为 ω_1

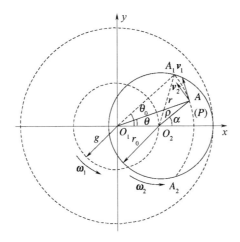

图 2.21　抛光盘运动示意图

和 $\boldsymbol{\omega}_2$。抛光盘的作用范围即去除函数覆盖区域的半径为 $g + r_0$。

根据 Preston 假设理论,工件加工区域内材料去除量分布函数为[26]

$$z(r) = \frac{Kp\omega_1}{2\pi} \int_{-\theta_0}^{\theta_0} \big[r^2(1+f)^2 + r_0^2 f^2 e^2 - $$
$$2rr_0 fe(1+f)\cos\theta \big]^{1/2} \mathrm{d}\theta \quad r \in [0, g+r_0] \quad (2.145)$$

其中 $\theta_0 = \arccos\left(\dfrac{r^2 + g^2 - r_0^2}{2rg} \right)$,转速比 $f = \omega_2/\omega_1$,偏心率 $e = g/r_0$。

同样可以计算出抛光盘磨损量分布函数为

$$z_{\mathrm{pad}}(s) = \frac{Kp\omega_2}{f} \int_0^{2\pi} \big[s^2(1-f)^2 + $$
$$r_0^2 e^2 + 2sr_0 e(1-f)\cos\alpha \big]^{1/2} \mathrm{d}\alpha \quad s \in [0, r_0] \quad (2.146)$$

可以通过数值模拟显示抛光信息熵 H 随抛光参数转速比 f 和偏心率 e 改变的情况。由抛光方式易知,加工区域内同一半径上各点材料去除量相同,为考察不同半径处材料去除量的分布,在数值模拟中取加工区域半径上 N 个等间距的点为计算点。当参数选取归一化的值为 $K = 1$、$P = 1$、$r_0 = 1$、$\omega_1 = 1$,计算点 $N = 11$ 时的模拟计算结果,见图 2.22 ~ 图 2.25。

图 2.22 为加工区域抛光信息熵与偏心率、转速比的关系;图 2.23 为抛光盘磨损信息熵与偏心率、转速比的关系。可以看出转速比为 -1 或 0、偏心率接近 0 时,工件确定区域抛光信息熵与抛光盘磨损信息熵同时达最大值,此时符合材料均匀去除原理。

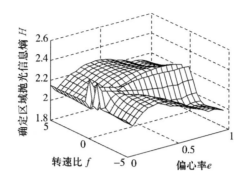

图 2.22 工件确定区域抛光信息熵与转速比、偏心率的关系

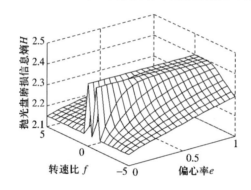

图 2.23 抛光盘磨损信息熵与转速比、偏心率的关系

可以选择转速比为 −1 或 0,偏心率为 0 ~ 0.1。图 2.24 为转速比为 −1 或 0、偏心率为 0.1 时加工区域的归一化材料去除量,图 2.25 为相同参数下抛光盘磨损量分布情况。可以看出,此时抛光区域内 82% 直径范围内为均匀去除,而

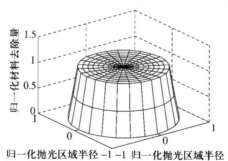

图 2.24 加工区域的归一化材料去除量

在加工区域边缘,材料去除量为零,且此时抛光盘的磨损是均匀的,说明这种情况下符合前面提出的不破坏光学表面整体精度的参数选择原则。

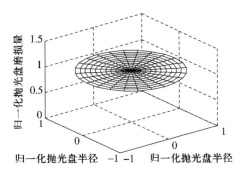

图 2.25　抛光盘磨损分布情况

需说明的是,进行数值模拟是为了寻找符合材料均匀去除原理的最优的工艺参数组合,我们所期望的实际材料去除量分布(高点去除)与模拟得到的材料去除量分布应是不同的。转速比和偏心率确定后,抛光盘的直径可以选择为恰好使存在中频误差的区域(如果此区域较大或不规则,可以将其分块处理)落在均匀抛光加工区域内时的尺寸,对于高陡度非球面而言,选择抛光盘尺寸时还应考虑抛光盘与光学表面不吻合度的影响。加工时间则根据误差大小和材料去除效率决定。

2.7.4　基于熵增原理抑制磁流变修形中、高频误差的实例[27]

在非球面加工轨迹规划上,一般采取直线 Z 字形栅格轨迹和螺旋形轨迹两种方式,由于进给间距是固定的,因而在表面往往会留下残留误差痕迹。减小由规则加工路径引起的残留误差痕迹是抑制加工面中、高频误差的关键。螺旋形轨迹规划一般应用于回转对称工件加工的场合,我们采用自适应螺旋方法,根据线速度来改变螺线加工间距,可以减少等距痕迹残留造成的"光栅效应"。

直线 Z 字形栅格轨迹规划可以应用于回转对称和非回转对称不规则形状的工件加工,也可用于拼接加工场合[25]。一种伪随机轨迹规划方法可以减小等距进给留下的痕迹,尽可能使得全域更接近于乱动轨迹,如图 2.26 是 ZEEKO 公司为气囊研抛五边形镜设计的伪随机轨迹规划。

我们以 RMF 抛光为例,在直线 Z 字形栅格轨迹规划中引入局部随机运动,即对于非球面加工,全域形成一定的乱动轨迹是困难的,该方法在小区域增加随机轨迹线来减少等距痕迹残留误差。磁流变修形过程中，我们用信息熵作为去除函数驻留点随机分布的测度，从理论上和实验都表示基于熵增原理设计的局部随机加工路径，可有效地抑制磁流变修形中、高频误差。

图2.27(a)为线性扫描局部随机加工路径示意图，图中随机扰动的幅值等于进给行距(1mm)，图2.27(b)为区域 $x \in [30,40]$，$y \in [30,40]$ 的局部放大图。可见局部随机加工路径中，去除函数的运动

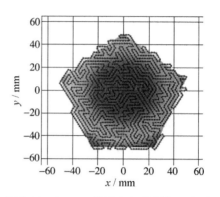

图2.26　ZEEKO公司为气囊研抛五边形镜设计的伪随机轨迹规划

轨迹不再具备规则性和规律性，而是成为杂乱无章的"乱线"，去除函数的驻留点在每行内呈现随机分布的状态，由确定性驻留转化为随机性驻留，这必将有利于减小卷积残留误差和抑制中、高频误差。下面结合熵增理论，分析局部随机加工路径对中、高频误差的抑制作用。

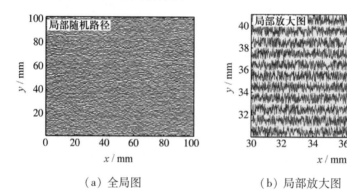

（a）全局图　　　　　　　　（b）局部放大图

图2.27　线性扫描局部随机加工路径示意图

假设去除函数驻留点在每个面积区域内概率分布密度为 $D_{a_i} = \{d_1, d_2, \cdots, d_{N2}\}$，则控制面积 a_i 内去除函数驻留点随机分布的测度可定义为熵

$$H_{a_i}(d_1, \cdots, d_{N2}) = -\sum_{i=1}^{N2} d_i \ln d_i \qquad (2.147)$$

对于整个光学表面，去除函数驻留点随机分布的测度可定义为

$$H = \sum_{i=1}^{m} H_{a_i} \qquad (2.148)$$

图2.28为去除函数驻留点在任意控制面积内的驻留概率分布。其中，图

（a）为线性扫描加工路径的位置驻留模式，去除函数驻留点为一孤立点；图（b）为线性扫描加工路径的速度驻留模式，去除函数驻留点等概率地分布在一条直线上；图（c）为局部随机加工路径的局部随机驻留模式，去除函数驻留点等概率地分布在整个控制面积内。采用 $N \times N$ 的等距网格将 a_i 分割成 N^2 个面积区域，每种驻留模式去除函数驻留点在每个面积区域内的概率分布密度为

$$D_1 = \begin{cases} d_{i,j} = 1 \\ d_{p,q} = 0 & p \neq i, q \neq j \end{cases}$$

$$D_2 = \begin{cases} d_{i,j} = \dfrac{1}{N} & j \in [1, N] \\ d_{p,q} = 0 & p \neq i \quad q \in [1, N] \end{cases} \qquad (2.149)$$

$$D_3 = \{ d_{i,j} = \dfrac{1}{N^2} \qquad i, j \in [1, N] \}$$

式中，D_1, D_2, D_3 分别为位置驻留模式、速度驻留模式、局部随机驻留模式的驻留点概率分布。

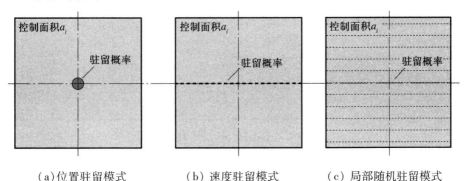

（a）位置驻留模式　　　　（b）速度驻留模式　　　　（c）局部随机驻留模式

图 2.28　去除函数驻留点在任意控制面积内的驻留概率分布

根据去除函数驻留点的概率分布密度，可以计算出每种驻留模式的信息熵

$$H_1 = -\sum_{i,j=1}^{N} d_{i,j} \ln d_{i,j} = 0$$

$$H_2 = -\sum_{i,j=1}^{N} d_{i,j} \ln d_{i,j} = \dfrac{\ln N}{N} \qquad (2.150)$$

$$H_3 = -\sum_{i,j=1}^{N} d_{i,j} \ln d_{i,j} = \ln N$$

式中，H_1, H_2, H_3 分别为位置驻留模式、速度驻留模式、局部随机驻留模式的信

息熵。

由式(2.150),位置驻留模式的熵为零,局部随机驻留模式的熵最大,速度驻留模式的熵为局部随机驻留模式的$1/N$。

可见,局部随机加工路径满足熵增原理,能够获得最大的去除函数驻留不确定度,这必将有利于抑制磁流变修形中、高频误差,下面将通过具体实验验证局部随机加工路径对磁流变修形中、高频误差的抑制作用。

我们进行局部随机路径和等间距线性扫描路径的加工效果对比实验。口径100mm(90%,CA)的K9平面镜,均匀去除$1\mu m$厚度的材料,其中,第一、第三象限采用局部随机路径,第二、第四象限采用等间距线性扫描路径。图2.29为局部随机路径与线性扫描路径加工效果对比图。由图(a)可知,滤除低频面形误

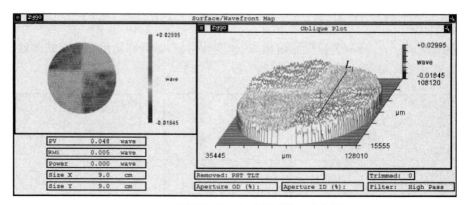

(a) 面形误差测量结果(滤除低频面形误差)

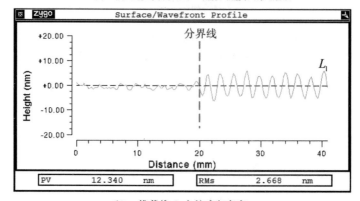

(b) 一维截线L_1上的残留高度

图2.29 局部随机路径与线性扫描路径加工效果对比图

差后,局部随机路径加工区域的中、高频误差明显小于线性扫描加工区域;由图(b)可知,在一维截线 L_1 上,局部随机路径加工区域的残留高度约为 PV 2.1nm(分界线左侧),而线性扫描加工区域的残留高度约为 PV 12.5nm(分界线右侧),两者相差近6倍,可见局部随机路径可以明显抑制磁流变修形中、高频误差。局部随机路径和线性扫描路径加工区域的 PSD 曲线如图 2.30 所示。与线性扫描加工区域相比,局部随机路径加工区域的中、高频误差有明显改善,并且消除了由固定的进给行距引起的尖峰状频带误差(图 2.30(b))。

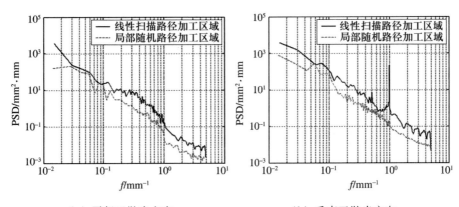

(a) 平行于抛光方向　　　　　　(b) 垂直于抛光方向

图 2.30　局部随机路径和线性扫描路径加工区域的 PSD 曲线

采用局部随机加工路径,对口径 100mm(80%,CA)K9 平面镜进行实际的磁流变修形实验。经过一次磁流变工艺循环,面形误差由加工前的 PV 91.2nm、RMS 19.7nm 提高到 PV 38.6nm、RMS 5.45nm,面形收敛比为 3.61。磁流变加工后的面形误差如 2.31 所示。磁流变加工前、后的面形误差 PSD 曲线如图 2.32

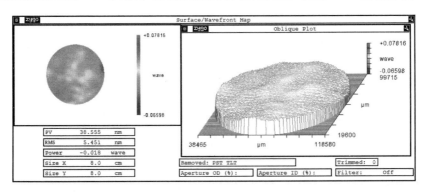

图 2.31　平面镜磁流变加工后的面形误差

所示。由图 2.32 可知，磁流变加工后，面形误差的高、中、低频均有明显改善，并且垂直于抛光方向的 PSD 曲线上未见明显的尖峰状频带误差。

综合运用磁流变修形工艺优化方法后，磁流变修形的面形加工精度进一步提高至 PVλ/15、RMSλ/110 左右，面形收敛比也提高至 3.61，并且磁流变修形后 PSD 曲线有明显改善，在垂直于抛光方向上也未见明显的尖峰状频带误差。

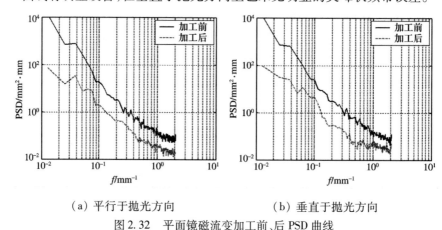

（a）平行于抛光方向　　　　　（b）垂直于抛光方向

图 2.32　平面镜磁流变加工前、后 PSD 曲线

参 考 文 献

[1]　Preston F. The theory and design of plate glass polishing machines[J]. J. Soc. Glass Technol, 1927(9)：214 – 256.

[2]　王贵林. SiC 光学材料超精密研抛关键技术研究[D]. 长沙：国防科技大学机电工程与自动化学院，2002.

[3]　焦长君. 光学镜面离子束加工材料去除机理与基本工艺研究[D]. 长沙：国防科技大学机电工程与自动化学院，2009.

[4]　周林. 光学镜面离子束修形理论与工艺研究[D]. 长沙：国防科技大学机电工程与自动化学院，2008.

[5]　焦长君，李圣怡，王登峰，等. 离子束加工光学镜面材料去除特性[J]. 光学精密工程，2007，15(10)：1520 – 1526.

[6]　焦长君，解旭辉，李圣怡，等. 光学镜面离子束加工的材料去除效率[J]. 光学精密工程，2008，16(8)：1343 – 1348.

[7]　焦长君，李圣怡，解旭辉，等. 光学镜面离子束加工去除函数工艺可控性分析[J]. 光学技术，2008，34(5)：651 – 654.

[8]　石峰，戴一帆，彭小强，等. 磁流变抛光过程的材料去除三维模型[J]. 中国机械工程，2009(6)：644 – 648.

[9] 彭小强,戴一帆,李圣怡. 磁流变抛光的材料去除数学模型[J]. 机械工程学报,2004(4):67-70.

[10] 周林,戴一帆,解旭辉,等. 光学镜面离子束加工的可达性[J]. 光学精密工程,2007,15(2):160-166.

[11] Allen L N,Keim R E. An ion-guring system for large optic fabrication. in current developments in optical engineering and commercial optics[C]. Proc. SPIE. 1989,33-50.

[12] 周旭升. 超精密研抛理论与工艺技术研究[D]. 长沙:国防科技大学机电工程与自动化学院,2002.

[13] 焦长君,李圣怡,解旭辉,等. 基于 Bayesian 原理的低陡度光学镜面面形误差离子束修正驻留时间算法研究[J]. 机械工程学报,2009,45(11):253-259.

[14] 石峰,戴一帆,彭小强,等. 基于矩阵运算的光学零件磁流变加工的驻留时间算法研究[J]. 国防科技大学学报,2009(2):103-106.

[15] 彭小强,戴一帆,李圣怡. 磁流变抛光的材料去除数学模型[J]. 机械工程学报,2004(4):67-70.

[16] Crocker J H. Commissioning of hubble space telescope:the strategy for recovery[C]. Proc. SPIE,1993,1945:2-10.

[17] Shanbhag P M,et al. Ion beam machining of millimeter scale optics[J]. Applied Optics,2000,39(4):599-611.

[18] Carnal C L,Egert C M,Hylton K W. Advanced matrix-based algorithm for ion beam milling of optical components. in International Symposium on Optical Applied Science and Engineering[C]. Proc. SPIE,1992.

[19] Fruit M,Schindler A,Hansel T. Ion beam figuring of SiC mirrors provides ultimateWFE performance for any type of telescope. in part of the EUROPTO con-ference on optical fabrication and testing[C]. Proc. Berlin SPIE,1999,142-154.

[20] Hansen P C,Nagy J G,O'Leary D P. Deblurring images matrices,spectra and fil-tering[M]. Society for Industrial and Applied Mathematic,PA,2006.

[21] 周林,戴一帆,解旭辉,等. Model and method to determine dwell time in ion beam figuring[J]. 纳米技术与精密工程,2007,5(2):107-112.

[22] Allen L N,Keim R E. An ion figuring system for large optic fabrication[C]. in Current Developments in Optical Engineering and Commercial Optics. Proc. SPIE,1989:33-50.

[23] Drueding T W,Bifano T G,Fawcett S C. Contouring algorithm for ion figuring[J]. Precision Engineering,1995,17:10-21.

[24] 戴一帆,周林,解旭辉,等. 应用离子束进行光学镜面确定性修形的实现[J]. 光学学报,2008,28(6):1131-1135.

[25] Frost F,Ziberi B,Höche T,et al. The shape and ordering of selforganized nanostructures by ion sputtering[J]. Nuclear Instruments and Methods in Physics Research,2004(B 216):9-19.

[26] Richardson W H. Bayesian-based iterative method of image restoration[C]. JOSA,1972,(62):55-59.

[27] 彭小强,戴一帆,李圣怡,等. 回转对称非球面光学零件磁流变成型抛光的驻留时间算法[J],国防科技大学学报,2004,26(3):89-92.

[28] 石峰. 高精度光学镜面磁流变抛光关键技术研究[D]. 长沙:国防科技大学机电工程与自动化学院,2009.

[29] 解旭辉,焦长君,李圣怡,等. 离子束 $\rho - \theta$ 加工方式修正光学镜面误差方法研究[J]. 机械工程学报,2009,45(12):192 - 197

[30] 彭小强,戴一帆,李圣怡,等. 基于矩阵的回转对称非球面磁流变抛光驻留时间算法研究[J]. 国防科技大学学报,2004,26(3):89 - 92.

[31] 周旭升,李圣怡,戴一帆,等. 光学表面中频误差的控制方法[J]. 光学精密工程,2007,15(11):1668 - 1673.

[32] 彭小强. 确定性磁流变抛光的关键技术研究[D]. 长沙:国防科技大学机电工程与自动化学院,2004.

[33] 吴乃龙,袁素云. 最大熵方法[M]. 长沙:湖南科学技术出版社,1991.

[34] 周旭升. 李圣怡. 郑子文. 基于最大熵原理的平面研抛工艺参数优化[J]. 中国机械工程,2005,16(11):1001 - 1004.

[35] Bradley R M, Harper J M E. Theory of ripple topography induced by ion bom-Bardment[J]. Vac. Sci. Technol,1988(A6):2390.

[36] Chung J M. The comparison among filtering methods of regularization[EB/OL]. http://www. hollymuse. com/.

[37] 李圣怡,焦长君,解旭辉,等. 离子束修正光学镜面误差中拼接加工方法研究[J]. 中国科学,2009,39(12):1928 - 1933.

附录 A 两维 Hermite 级数

Hermite 多项式为以 $\rho(x) = \dfrac{1}{\sqrt{\pi}\sigma}\exp\left\{-\dfrac{x^2}{\sigma^2}\right\}$ 为权函数的实 Hilber 空间中的一组正交多项式,各项通式为

$$H_n^\sigma = \frac{H_n^1\left(\dfrac{x}{\sigma}\right)}{\sigma^n} \qquad (A-1)$$

其中

$$H_n^1 = \begin{cases} \displaystyle\sum_{i=0}^{j}(-1)^i\frac{(2j)!}{i!(2j-2i)!}(2x)^{2j-2i} & n = 2j \\[3mm] \displaystyle\sum_{i=0}^{j}(-1)^i\frac{(2j)!}{i!(2j+2i)!}(2x)^{2j+1-2i} & n = 2j+1 \end{cases} \qquad (A-2)$$

Hermite 多项式各项之间存在如下关系

$$\langle H_m^\sigma, H_n^\sigma \rangle = \begin{cases} 0 & m \neq n \\[2mm] \dfrac{2^n n!}{\sigma^{2n}} & m = n \end{cases} \qquad (A-3)$$

定义于以 $\rho(x) = \dfrac{1}{\sqrt{\pi}\sigma}\exp\left\{-\dfrac{x^2}{\sigma^2}-\dfrac{y^2}{\sigma^2}\right\}$ 为权函数的实 Hilbert 空间 $L_\rho^2(\mathbf{R}^2)$ 上的函数集 $\{(-1)^{n+m}H_n^{\sigma_x}(x)H_n^{\sigma_y}(y), m, n \in 0 \cup \mathbf{N}\}$ 为一组完全正交系。$\forall f(x,y) \in L_\rho^2(\mathbf{R}^2)$ 可以展开成如下形式

$$f(x,y) = \sum_{n=0}^{\infty}\sum_{m=0}^{\infty}r_{nm}\delta_{\sigma_x}^m(x)\delta_{\sigma_y}^n(y) \qquad (A-4)$$

其中

$$\begin{aligned} \delta_{\sigma_x}^m(x) &= (-1)^m H_m^{\sigma_x}(x)\rho(x) = \frac{\mathrm{d}^m\rho(x)}{\mathrm{d}x^m} \\[2mm] \delta_{\sigma_y}^n(x) &= (-1)^n H_n^{\sigma_y}(y)\rho(y) = \frac{\mathrm{d}^n\rho(y)}{\mathrm{d}y^n} \end{aligned} \qquad (A-5)$$

展开式中各系数为

$$r_{nm} = \frac{\int_{-\infty}^{\infty} \int_{-\infty}^{\infty} f(x,y) H_n^{\sigma_x}(x) H_m^{\sigma_y}(y) \mathrm{d}x\mathrm{d}y}{\int_{-\infty}^{\infty} \int_{-\infty}^{\infty} f(x,y) \delta_{\sigma_x}^n(x) H_n^{\sigma_x}(x) \delta_{\sigma_y}^m(x) H_m^{\sigma_y}(y) \mathrm{d}x\mathrm{d}y} =$$

$$\frac{(-1)^{n+m} \delta_{\sigma_x}^{2m} \delta_{\sigma_y}^{2n}}{2^n n! 2^m m!} \int_{-\infty}^{\infty} \int_{-\infty}^{\infty} f(x,y) H_m^{\sigma_x}(x) H_n^{\sigma_y}(y) \mathrm{d}x\mathrm{d}y \qquad (A-6)$$

式$(A-4)$所给出的形式为函数 $f(x,y)$ 的两维 *Hermite* 级数。其基函数为分离变量型的,根据 *Fourier* 变换的定义和性质,可求解基函数任意项 $\delta_{\sigma_x}^m(x)$ $\delta_{\sigma_y}^n(y)$ 的 *Fourier* 变换如下

$$\mathscr{F}_{\delta_{\sigma_x}^m(x)\delta_{\sigma_y}^n(y)}(\omega_x,\omega_y) = \int_{-\infty}^{\infty} \mathrm{d}x \int_{-\infty}^{\infty} \mathrm{d}y \{ \delta_{\sigma_x}^m(x) \delta_{\sigma_y}^n(y) \exp(-i\omega_x x - i\omega_y y) \} =$$

$$(i\omega_x)^m (i\omega_y)^n \exp\left(-\frac{\omega_x^2 \sigma_x^2 + \omega_y^2 \sigma_y^2}{4}\right) \qquad (A-7)$$

由式$(A-7)$,根据二维 *Fourier* 变换的定义可以求解出式$(A-4)$ 表示的函数 $f(x,y)$。*Hermite* 级数的 *Fourier* 变换为

$$\mathscr{F}_{f(x,y)}(\omega_x,\omega_y) = \exp\left(-\frac{\omega_x^2 \sigma_x^2 + \omega_y^2 \sigma_y^2}{4}\right) \sum_{m=0}^{\infty} \sum_{n=0}^{\infty} \{ r_{mn}(i\omega_x)^m (i\omega_y)^n \} =$$

$$R_1(\omega_x,\omega_y) + R_2(\omega_x,\omega_y) + [I_1(\omega_x,\omega_y) + I_2(\omega_x,\omega_y)] i \qquad (A-8)$$

其中对于 $R_1(\omega_x,\omega_y)$ ω_x 和 ω_y 皆为实偶函数,$R_2(\omega_x,\omega_y)$ 对于 ω_x 和 ω_y 皆为实奇函数,$I_1(\omega_x,\omega_y)$ 相对于 ω_x 为实奇函数,相对于 ω_y 为实偶函数;$I_2(\omega_x,\omega_y)$ 相对于 ω_x 为实偶函数,相对于 ω_y 为实奇函数。具体表达如下

$$R_1(\omega_x,\omega_y) = \sum_{k=0}^{\infty} \sum_{l=0}^{\infty} \left\{ r_{(2k)(2l)}(i\omega_x)^{2k}(i\omega_y)^{2l} \exp\left(-\frac{\omega_x^2 \sigma_x^2 + \omega_y^2 \sigma_y^2}{4}\right) \right\}$$

$$R_2(\omega_x,\omega_y) = \sum_{k=0}^{\infty} \sum_{l=0}^{\infty} \left\{ r_{(2k+1)(2l+1)}(i\omega_x)^{2k+1}(i\omega_y)^{2l+1} \exp\left(-\frac{\omega_x^2 \sigma_x^2 + \omega_y^2 \sigma_y^2}{4}\right) \right\}$$

$$I_1(\omega_x,\omega_y) = \sum_{k=0}^{\infty} \sum_{l=0}^{\infty} \left\{ r_{(2k+1)(2l)}(i\omega_x)^{2k}(i\omega_y)^{2l} \exp\left(-\frac{\omega_x^2 \sigma_x^2 + \omega_y^2 \sigma_y^2}{4}\right) \right\}$$

$$I_2(\omega_x,\omega_y) = \sum_{k=0}^{\infty} \sum_{l=0}^{\infty} \left\{ r_{(2k)(2l+1)}(i\omega_x)^{2k}(i\omega_y)^{2l} \exp\left(-\frac{\omega_x^2 \sigma_x^2 + \omega_y^2 \sigma_y^2}{4}\right) \right\}$$

$$(A-9)$$

附录 B 两维 Fouier 级数

定义于二维子空间 $\Omega = [-\pi, \pi] \times [-\pi, 2\pi]$ 上的三角函数集

$$\{\sin mx \sin ny; \sin mx \cos ny; \cos mx \sin ny; \cos mx \cos ny, mn \in [0] \cup \mathbf{R}\}$$

$$(B-1)$$

为二维空间中的完备正交系。

函数 $f(x,y) \in L(\Omega)$，$\Omega = [-\pi, \pi] \times [-\pi, 2\pi]$ 且满足一定的条件，则可以展开成如下的两维 Fourier 级数形式

$$f(x,y) = \sum_{m=0}^{\infty} \sum_{n=0}^{\infty} \lambda_{mn} [a_{mn} \cos mx \cos ny + b_{mn} \sin mx \cos ny$$

$$c_{mn} \cos mx \cos ny + d_{mn} \sin mx \cos ny] \qquad (B-2)$$

其中
$$\lambda_{mn} = \begin{cases} 1/4 & \text{当 } m = n = 0 \\ 1/2 & \text{当 } m = 0, n > 0 \text{ 或 } m > 0, n = 0 \\ 1 & \text{当 } m > , n > 0 \end{cases} \qquad (B-3)$$

式（B-2）中各项系数如下

$$\begin{cases} a_{mn} = \dfrac{1}{\pi^2} \int_{-\pi}^{\pi} \int_{-\pi}^{\pi} f(x,y) \cos mx \cos ny \, dxdy \\[2mm] b_{mn} = \dfrac{1}{\pi^2} \int_{-\pi}^{\pi} \int_{-\pi}^{\pi} f(x,y) \sin mx \cos ny \, dxdy \\[2mm] c_{mn} = \dfrac{1}{\pi^2} \int_{-\pi}^{\pi} \int_{-\pi}^{\pi} f(x,y) \cos mx \sin ny \, dxdy \\[2mm] d_{mn} = \dfrac{1}{\pi^2} \int_{-\pi}^{\pi} \int_{-\pi}^{\pi} f(x,y) \sin mx \sin ny \, dxdy \end{cases} \qquad (B-4)$$

进一步，设函数为定义于二维子空间 $\Omega = [-a, a] \times [-b, 2b]$ 上的偶函数，也即函数满足如下对称条件

$$\begin{cases} f(-x, y) = f(x,y) \\ f(x, -y) = f(x,y) \\ f(-x, -y) = f(x,y) \end{cases} \qquad (B-5)$$

在对称条件（B-5）下，$f(x,y)$ 可以展开成仅仅含余弦项的形式

$$f(x,y) = \sum_{m=0}^{\infty} \sum_{n=0}^{\infty} \lambda_{mn} a_{mn} \cos \frac{\pi m}{a} x \cos \frac{\pi n}{b} y \qquad (B-6)$$

其中 λ_{mn} 由式（B-3）给出，式（B-6）中系数 a_{mn} 为

$$a_{mn} = \frac{4}{ab} \int_{-\pi}^{\pi} \int_{-\pi}^{\pi} f(x,y) \cos \frac{\pi m}{a} x \cos \frac{\pi n}{b} y \, dx dy \qquad (B-7)$$

引入冲击函数 δ 后,绝对可积、平方可积函数及周期函数都存在 Fourier 变换。

Euler 公式给出三角函数与复指数函数之间的关系,根据 Euler 公式,三角函数可以表达为如下复指数函数形式

$$\begin{cases} \sin x = \dfrac{\exp(xi) - \exp(-xi)}{2i} \\ \cos x = \dfrac{\exp(xi) + \exp(-xi)}{2} \end{cases} \qquad (B-8)$$

根据式(B-8)可以求解出三角函数的 Fourier 变换为

$$\begin{cases} \mathscr{F}_{\sin \omega_0} x(\omega) = \pi i (\delta(\omega + \omega_0) - \delta(\omega - \omega_0)) \\ \mathscr{F}_{\cos \omega_0} x(\omega) = \pi (\delta(\omega + \omega_0) + \delta(\omega - \omega_0)) \end{cases} \qquad (B-9)$$

根据二维 Fourier 级数的基和二维 Fourier 变换变量可分离特性,二维基函数的 Fourier 变换为

$$\mathscr{F}_{\cos \omega_0^x x \sin \omega_0^y y}(\omega_x, \omega_y) = \int_{-\infty}^{\infty} dx \int_{-\infty}^{\infty} dy (\cos \omega_0^x x \cos \omega_0^y y \exp(-i\omega_x x - i\omega_y y)) =$$

$$\int_{-\infty}^{\infty} dx (\cos \omega_0^x x \exp(-i\omega_x x)) \int_{-\infty}^{\infty} dy \cos \omega_0^y y \exp(-i\omega_y y)) =$$

$$\pi^2 [\delta(\omega_x + \omega_0^x) + \delta(\omega_x - \omega_0^x)][\delta(\omega_y + \omega_0^y) + \delta(\omega_y - \omega_0^y)]$$

$$(B-10)$$

结合式(B-10),由式(B-6)描述偶函数的 Fourier 级数的 Fourier 变换为

$$\mathscr{F}_{f(x,y)} y(\omega_x, \omega_y) = \sum_{n=0}^{\infty} \sum_{m=0}^{\infty} \lambda_{mn} a_{mn} \pi^2 \{ (\delta(\omega_x + \frac{\pi m}{a}) + \delta(\omega_x - \frac{\pi m}{a})) \times$$

$$(\delta(\omega_y + \frac{\pi n}{b}) + \delta(\omega_y - \frac{\pi n}{b})) \} \qquad (B-11)$$

附录 C 驻留时间双级数模型求解

利用二维 Hermite 对去除函数进行建模、对面形误差函数进行偶延拓后用二维 Fourier 级数建模,然后利用由式(2.2)描述的 CCOS 原理,对其进行 Fourier 变换,得

$$\mathscr{F}_{E(x,y)}(\omega_x, \omega_y) = \mathscr{F}_{R(x,y)}(\omega_x, \omega_y) \mathscr{F}_{T(x,y)}(\omega_x, \omega_y) \qquad (C-1)$$

将二维 Fourier 级数的 Fourier 变换式（B-11）和二维 Hermite 级数的 Fourier 变换式（A-8）代入式（C-1）得驻留时间函数 $T(x,y)$ 的 Fourier 变换为

$$
\mathscr{F}_{T(x,y)}(\omega_x,\omega_y) = \frac{\mathscr{F}_{E(x,y)}(\omega_x,\omega_y)}{\mathscr{F}_{R(x,y)}(\omega_x,\omega_y)} =
$$

$$
\sum_{n=0}^{\infty}\sum_{m=0}^{\infty}\lambda_{mn}a_{mn}\frac{\pi^2[\delta(\omega_x+\omega_0^x)+\delta(\omega_y-\omega_0^y)]\cdot[\delta(\omega_x+\omega_0^x)+\delta(\omega_y-\omega_0^y)]}{R_1(\omega_x,\omega_y)R_2(\omega_x,\omega_y)+I_1(\omega_x,\omega_y)I_2(\omega_x,\omega_y)\mathrm{i}} =
$$

$$
\sum_{n=0}^{\infty}\sum_{m=0}^{\infty}\lambda_{mn}a_{mn}[\mathscr{F}_{T_{mn}^1(\omega_x,\omega_y)}+\mathscr{F}_{T_{mn}^2(\omega_x,\omega_y)}+\mathscr{F}_{T_{mn}^3(\omega_x,\omega_y)}+\mathscr{F}_{T_{mn}^4(\omega_x,\omega_y)}]
$$

$$
(C-2)
$$

其中

$$
\mathscr{F}_{T_{mn}^1(\omega_x,\omega_y)} = \frac{\pi^2\delta(\omega_x-\omega_0^x)\delta(\omega_y-\omega_0^y)}{R_1(\omega_x,\omega_y)+R_2(\omega_x,\omega_y)+[I_1(\omega_x,\omega_y)+I_2(\omega_x,\omega_y)]\mathrm{i}}
$$

$$
\mathscr{F}_{T_{mn}^2(\omega_x,\omega_y)} = \frac{\pi^2\delta(\omega_x-\omega_0^x)\delta(\omega_y+\omega_0^y)}{R_1(\omega_x,\omega_y)+R_2(\omega_x,\omega_y)+[I_1(\omega_x,\omega_y)+I_2(\omega_x,\omega_y)]\mathrm{i}}
$$

$$
(C-3)
$$

$$
\mathscr{F}_{T_{mn}^3(\omega_x,\omega_y)} = \frac{\pi^2\delta(\omega_x+\omega_0^x)\delta(\omega_y-\omega_0^y)}{R_1(\omega_x,\omega_y)+R_2(\omega_x,\omega_y)+[I_1(\omega_x,\omega_y)+I_2(\omega_x,\omega_y)]\mathrm{i}}
$$

$$
\mathscr{F}_{T_{mn}^4(\omega_x,\omega_y)} = \frac{\pi^2\delta(\omega_x+\omega_0^x)\delta(\omega_y+\omega_0^y)}{R_1(\omega_x,\omega_y)+R_2(\omega_x,\omega_y)+[I_1(\omega_x,\omega_y)+I_2(\omega_x,\omega_y)]\mathrm{i}}
$$

利用 R_i、$I_i(i=1,2)$ 的奇偶性，根据 Fourier 逆变换的定义可以求得式（C-3）定义的函数在空间域内的解析式为

$$
T_{mn}^1 = \frac{\exp(\mathrm{i}\omega_0^x x+\omega_0^y y)}{4[R_1(\frac{\pi m}{a},\frac{\pi n}{b})+R_2(\frac{\pi m}{a},\frac{\pi n}{b})]+[I_1(\frac{\pi m}{a},\frac{\pi n}{b})+I_2(\frac{\pi m}{a},\frac{\pi n}{b})]\mathrm{i}}
$$

$$
T_{mn}^2 = \frac{\exp(\mathrm{i}\omega_0^x x-\omega_0^y y)}{4[R_1(\frac{\pi m}{a},\frac{\pi n}{b})-R_2(\frac{\pi m}{a},\frac{\pi n}{b})]-[I_1(\frac{\pi m}{a},\frac{\pi n}{b})-I_2(\frac{\pi m}{a},\frac{\pi n}{b})]\mathrm{i}}
$$

$$
T_{mn}^3 = \frac{\exp(-\mathrm{i}\omega_0^x x+\omega_0^y y)}{4[R_1(\frac{\pi m}{a},\frac{\pi n}{b})-R_2(\frac{\pi m}{a},\frac{\pi n}{b})]-[I_1(\frac{\pi m}{a},\frac{\pi n}{b})-I_2(\frac{\pi m}{a},\frac{\pi n}{b})]\mathrm{i}}
$$

$$
T_{mn}^4 = \frac{\exp(-\mathrm{i}\omega_0^x x-\omega_0^y y)}{4[R_1(\frac{\pi m}{a},\frac{\pi n}{b})+R_2(\frac{\pi m}{a},\frac{\pi n}{b})]-[I_1(\frac{\pi m}{a},\frac{\pi n}{b})+I_2(\frac{\pi m}{a},\frac{\pi n}{b})]\mathrm{i}}
$$

$$
(C-4)
$$

对（C-2）的两边进行 Fourier 逆变换后将（C-4）代入可得驻留时间分布

函数的空间域表达的级数形式

$$T(x,y) = T_{mn}^1 + T_{mn}^2 + T_{mn}^3 + T_{mn}^4 =$$

$$\sum_{n=0}^{\infty}\sum_{m=0}^{\infty} \frac{\lambda_{mn} a_{mn}}{2}\Big[\frac{R_+ \cos(m\omega_0^x x + in\omega_0^y) + I_+ \sin(m\omega_0^x x + in\omega_0^y)}{R_-^2 + I_-^2} +$$

$$\frac{R_- \cos(m\omega_0^x x - in\omega_0^y) + I_- \sin(m\omega_0^x x - in\omega_0^y)}{R_-^2 + I_-^2}\Big] \qquad (C-5)$$

其中
$$\begin{aligned}
R_+ &= R_1(m\omega_0^x, n\omega_0^y) + R_2(m\omega_0^x, n\omega_0^y)\\
R_- &= R_1(m\omega_0^x, n\omega_0^y) - R_2(m\omega_0^x, n\omega_0^y)\\
I_+ &= I_1(m\omega_0^x, n\omega_0^y) + I_2(m\omega_0^x, n\omega_0^y)\\
I_- &= I_1(m\omega_0^x, n\omega_0^y) - I_2(m\omega_0^x, n\omega_0^y)
\end{aligned} \qquad (C-6)$$

式(C-5)便是基于两类级数建立的去除函数求解算法公式。

附录 D　驻留时间双级数模型求解误差分析

算法实际上包含了三个计算单元,分别为去除函数的 Hermite 级数的近似拟合、面形误差函数的 Fourier 级数拟合和驻留时间计算过程中的面形误差函数 Fourier 级数项的取舍。这三类计算都将对计算结果引入影响。去除函数 Hermite 级数的计算影响到其 Fourier 变换的求解精度,后两者影响到面形的拟合精度。应用频域分析的办法分析这三者对计算结果的影响。

为了方便描述,首先给出推导过程中需要使用到的符号及其意义:

$\mathscr{F}_R$——工艺过程所对应的去除函数的 Fourier 变换;

$\mathscr{F}_{R_H}$——用 Hermite 级数拟合建立的去除函数模型所对应的 Fourier 变换;

$\mathscr{F}_E$——实际所测得的面形误差的 Fourier 变换;

$\mathscr{F}_{E_F}$——实际应用到驻留时间解算中的面形误差的 Fourier 变换;

$\mathscr{F}_{T_{HF}}$——基于 Hermite 和 Fourier 级数法计算的驻留时间分布函数的 Fourier 变换;

$\mathscr{F}_{HF}$——利用 Hermite 和 Fourier 级数法计算实际去除的面形;

$\mathscr{F}_{E_{HF}}$——利用 Hermite 和 Fourier 级数法计算实际去除的面形的 Fourier 变换。

基于 Hermite 和 Fourier 级数计算所得驻留时间分布函数的 Fourier 变换为

$$\mathscr{F}_{T_{HF}} = \frac{\mathscr{F}_{E_F}}{\mathscr{F}_{R_H}} \qquad (D-1)$$

根据 CCOS 卷积方程,实际所去除的面形为

$$\mathscr{F}_{E_{HF}} = \mathscr{F}_R \frac{\mathscr{F}_{E_F}}{\mathscr{F}_{R_H}} = (\mathscr{F}_{R_H} - \mathscr{F}_R - \mathscr{F}_{R_H}) \frac{\mathscr{F}_E - (\mathscr{F}_E - \mathscr{F}_{E_F})}{\mathscr{F}_{R_H}} =$$

$$\mathscr{F}_E - (\mathscr{F}_E - \mathscr{F}_{E_F}) + \frac{\mathscr{F}_R - \mathscr{F}_{R_H}}{\mathscr{F}_{R_H}} \cdot \mathscr{F}_{E_F} \qquad (\text{D}-2)$$

用算法所引入的加工残差率来评估驻留时间的求解精度。加工残差率定义为算法引入的加工残差的 RMS 与原始面形误差的 RMS 之比,即

$$\eta_{HF} = \frac{\|E - E_{HF}\|}{\|E\|} = \frac{1}{\|E\|} \left\| E - E_F - \frac{R - R_H}{R_H} E_F \right\| \leqslant$$

$$\frac{\|E - E_{HF}\|}{\|E\|} + \frac{1}{\|E\|} \left\| \frac{R - R_H}{R_H} E_F \right\| \qquad (\text{D}-3)$$

式(D-3)表明由算法引入的加工残差由两部分组成,第一部分为经过有限项截断后的面形误差拟合精度,第二部分为由去除函数拟合误差导致其 Fourier 计算出现偏差而引入的计算误差。第一部分求解很容易,这里不再具体描述。第二部分计算较为复杂,这里给出在 $\mathscr{F}_R$ 和 $\mathscr{F}_R - \mathscr{F}_{R_H}$ 仅含有实偶项时的结果:

$$\left\| \frac{R - R_H}{R_H} E_F \right\| = \left\| \frac{\mathscr{F}_R - \mathscr{F}_{R_H}}{\mathscr{F}_{R_H}} E_F \right\| = \sum_{\omega_x, \omega_y} \left\| \frac{R - R_H}{R_H} \right\|_{\omega_x, \omega_y} \|E_F\|_{\omega_x, \omega_y} \leqslant$$

$$\max \left\| \frac{R - R_H}{R_H} \right\|_{\omega_x, \omega_y} \left\{ \sum_{\omega_x, \omega_y} \|E_F\|_{\omega_x, \omega_y} \right\} =$$

$$\max \left\| \frac{R - R_H}{R_H} \right\|_{\omega_x, \omega_y} \{ \|E\| - \|E - E_F\| \} \qquad (\text{D}-4)$$

其中 $[\omega_x, \omega_y] \in D(E_F)$, $D(E_F)$ 为 E_F 的频域。

将式(D-4)代入式(D-3)可得

$$\eta_{HF} = \frac{\|E - E_F\|}{\|E\|} = \frac{1}{\|E\|} \left\| \frac{R - R_H}{R_H} E_F \right\| \leqslant$$

$$\frac{\|E - E_F\|}{\|E\|} + \max \left\| \frac{R - R_H}{R_H} \right\|_{\omega_x, \omega_y} \frac{\|E\| - \|E - E_F\|}{\|E\|} \approx$$

$$\frac{\|E - E_F\|}{\|E\|} + \max \left\| \frac{R - R_H}{R_H} \right\|_{\omega_x, \omega_y} \qquad (\text{D}-5)$$

式(D-5)表明,双级数法驻留时间计算的误差上限约等于面形误差拟合精度与去除函数拟合最大误差之和。

第 3 章

基于小研抛盘工具的 CCOS 技术

3.1 基于小研抛盘工具的 CCOS 技术综述[1-4]

3.1.1 小工具 CCOS 技术进展

基于小研抛盘工具的 CCOS 技术是在传统研抛技术的基础上,采用比工件直径小得多的研抛盘来实现光学镜面加工的,通常简称为小工具 CCOS 技术。20 世纪 70 年代初至 80 年代中前期,美国 Itek 公司的 Ronald Aspden 对小工具 CCOS 的数学模型和研磨阶段的材料去除机理作了开创性的研究[5]。1977 年,Perkin-Elmer 公司的 R. A. Jones 在 Ronald Aspden 所作 CCOS 数学模型的基础上,提出了一种采用卷积迭代算法计算小工具驻留时间的模型。此外,他还对不同运动方式下小工具的加工效果进行了大量研究,并指出:小工具可以是单轴旋转或双轴旋转的,其面形误差收敛的条件是小工具去除函数应趋于高斯分布[6]。

在此基础上,R. A. Jones 设计完成了世界上第一台计算机控制抛光机[7,8],为美国空军加工出一块 $\phi500\text{mm}$、$f/3.5$ 的抛物面反射镜,面形精度为 $0.04\mu\text{m}$ RMS,表面粗糙度小于 5nm,总加工周期为 3 个月,其效率要明显高于传统加工的效率。

R. A. Jones 在 Perkin-Elmer 公司还对研抛盘小工具 CCOS 工艺进行了广泛试验,加工出了以金属、玻璃为材料的平面、非球面、轻薄型、离轴式等多种类型高难度的大、中口径工件[7,9-11]。其中包括:经过 65h 抛光,将一块 813mm × 883mm 的椭圆形 15kg 轻质铍平面镜的面形精度从 0.4λ RMS 提高到 0.05λ RMS;修抛了一块 $\phi1500\text{mm}$、厚 90mm 的薄熔石英双曲面镜,面形精度达到

0.074λ RMS;$\phi 109mm$ 金属高次非球面镜经过 $42\sim62h$ 的抛光,面形精度达到了 $0.5\mu m$;修抛 $F1.5$、$\phi 1800mm$ 的轻质石英非球面主镜,将面形精度从 0.16λRMS 提高到 0.04λRMS,抛光时间为 $72h(4\ 个周期)$;用 $4h$ 修抛一块 $\phi 470mm$ 的离轴反射镜,使面形精度从 0.042λRMS 提高到 0.012λRMS。

研抛盘小工具 CCOS 技术实际应用最有代表性的例子是哈勃空间望远镜 HST 及其修复所用的误差修正镜。哈勃望远镜于 1990 年发射,进入太空后,发现非球面主镜产生了 $2\mu m$ 的形面误差,使得原设计的 140 亿光年观测距离缩短到 40 亿光年。1994 年,由 Tinsley 公司与 Itek、Eastman Kodak 等公司合作,完成在太空中对哈勃望远镜的修复工作[12,13],修复所用的非球面轴向补偿校正镜价值 4000 万美元、新广角行星相机价值 2400 万美元,哈勃望远镜经过维修后观测到了 120 亿光年内的 10 个星系。

美国 LLNL 实验室在其国家点火装置(NIF)计划以及法国在其兆焦激光 (LML)计划的研制工作中,也采用了研抛盘小工具 CCOS 工艺进行非球面透镜的制造。REOSC 公司制造出用于 LML 计划的实验性大型方形聚焦透镜,该透镜的孔径为 $250mm\times250mm$,相对孔径为 $f/5$,凸面半径为 $640.05mm$,圆锥常数为 -2.12337。对聚焦透镜的最后性能检验表明,在波纹度小于 4nm RMS 和粗糙度小于 1nm 情况下,单次透射波前质量 PV 值、RMS 值分别为 85nm 和 8nm,已经达到了技术规范的要求[4]。

进入 21 世纪,研抛盘小工具 CCOS 技术向高效、低耗和非专家可操作方向发展,并与应力盘抛光、磁流变抛光、离子束抛光等技术一起,联合解决非球面制造领域中的新材料、新工艺等问题。美国 Tinsley 实验室研究 CCOS 技术已有二十多年,现已具有 $\phi 1.5m$(离轴镜为 $1.2m$)以内的各种材料非球面的生产能力,每月可生产高质量非球面光学零件 100 余片。该公司用改进的 CCOS 技术完成了两块 SiC 材料非球面镜的抛光,获得了较高的加工精度[14]:$\phi 295mm$ 离轴抛物面镜达到 8nm RMS 面形精度和 0.8nm RMS 粗糙度;$220mm\times140mm$ 离轴抛物面镜达到 11nm RMS 面形精度和 0.9nm RMS 粗糙度。

2006 年,Tinsley 实验室仅用三个多月时间就完成了对 JWST 主镜的一块子镜(材料为铍)的小工具 CCOS 研磨,面形精度 PV 值由最初的 $250.57\mu m$ 收敛到 $22.4\mu m$,RMS 值由最初的 $49.101\mu m$ 收敛到 $1.46\mu m$,比预计完成日期提前了 41 天[15]。

国内从 20 世纪 80 年代后期开始进行研抛盘小工具 CCOS 技术的研究,南京紫金山天文台、北京理工大学、清华大学等单位分别研制了 $\rho-\theta$ 型和 $X-Y$ 型实验机床,开展了一些计算机控制抛光的原理性研究[16-18]。1997 年,浙江大学进行了光学非球面自动加工的研究,取得了较好的结果[19]。成都精密光学加工中心[4]也于 1998 年从俄罗斯引进了 AD – 1000 型数控研磨抛光机,利用研抛盘小工具数控抛光技术经过仅 30h 的抛光,将 340mm × 340mm 的 K9 玻璃平面反射镜面反射波前误差由大于 3.5λ PV 收敛至 0.26λ PV。此后,长春光机所成功研制了 FSGJ – 1 数控非球面光学加工中心,在此基础上又建立了 FSJG – 2 数控非球面光学加工中心,其具有代表性的成果是将一块 600mm × 300mm 的 SiC 离轴非球面反射镜加工到面形精度 13nm RMS[20]。国防科技大学研制的研抛盘小工具 CCOS 机床,加工 ϕ476mm 的 SiC 非球面反射镜,面形精度达到 λ/100RMS。

3.1.2　小工具 CCOS 技术的关键问题

研抛盘小工具 CCOS 技术发展至今已比较成熟。但是,该项技术仍有一些问题需要解决,例如加工收敛效率低、去除函数长期稳定性差、存在亚表面损伤层、存在边缘效应、小尺度制造误差较大、距离非专家可操作的目标尚有一定距离等[4,21-23]。目前,该技术已成为国内非球面光学零件加工的主流技术,但上述问题对其加工精度和效率仍存在较大影响。

1. 小工具 CCOS 加工收敛效率

1974 年,亚利桑那大学光学中心的 R. E. Wagner 和 R. R. Shannon 等深入研究了研抛盘小工具 CCOS 用于非球面加工时材料去除量的数学模型以及研磨阶段材料的去除机理,给出了计算 Preston 方程中比例常数 K 的经验公式[24]:

$$K = S\gamma_0 / (2\pi gf) \tag{3.1}$$

式中,S 为与磨粒形状和磨剂浓度有关的常数;

　　　g 为磨粒的平均半径;

　　　γ_0 为单个裂纹引起的材料去除量;

　　　f 为引起裂纹的最小作用力,与零件材料性能有关。

罗切斯特大学光学制造中心的 Donald Golini 和 Paul Funkenbusch 在小工具 CCOS 过程的优化方面做了大量工作,提出了微量磨削(Micro-Grinding)技术,采用散粒金刚石磨料对工件表面进行研磨,短时间内使面形误差下降到 0.4μm RMS,大大提高了面形误差收敛效率[1,25,26]。1987 年,美国 LLNL 实验室的 David F. Edwards 和 P. Paul Hed 研究了研磨过程中磨料粒度、表面粗糙度和亚表面损伤(Sub-Surface Damage,SSD)深度的关系,将 SSD 深度控制在 2μm 以下,从而减小抛光去除量,提高整体加工效率[27,28]。

Itek 公司对微研磨技术、小工具结构也作了深入研究,对收敛比进行了大量实验[29-31]。由于 CCOS 加工是一个经多次迭代逐步收敛的过程,因此每个加工周期收敛速度的快慢会直接影响小工具 CCOS 的加工效率。收敛比 C 表征收敛的快慢，$C = \delta_n / \delta_{n-1}$。$\delta_{n-1}$ 表示第 n 个加工周期前的加工面形误差，δ_n 表示加工后的面形误差，C 越小，表示收敛越快(也有一些文献定义收敛比为其倒数,收敛比越大,表示收敛越快)。Itek 公司研究总结了收敛比的范围,在研磨阶段 $C = 0.3 \sim 0.8$,在抛光阶段 $C = 0.5 \sim 0.9$[32]。而用传统方法,收敛比 C 很难小于 0.8[33]。

2. 小工具驻留时间的模型

1977 年,R. A. Jones 提出了一种采用卷积迭代法计算小工具驻留时间的模型[6]。1992 年,Charles L. Carnal 给出了驻留时间求解的矩阵方法[34]。1999 年,清华大学的李全胜给出了小工具 CCOS 技术中驻留时间求解的三种算法并进行了分析比较:基于加工仿真的驻留时间算法需要做大量的卷积计算,计算时间较长,残留误差较大;基于傅里叶变换的驻留时间算法与基于滑动平均和傅里叶变换的驻留时间算法计算时间短,计算后的残留误差小[35]。2000 年,Prashant M. Shanbhag 等给出用于离子束加工驻留时间求解的小波方法[36]。2001 年,Hocheol Lee 和 Minyang Yang 也把矩阵方法作为小型轴对称非球面的驻留时间求解算法[37]。2002 年,国防科技大学的王贵林给出了驻留时间求解的脉冲迭代法[3],提出了研抛盘和工件表面在接触区域内的吻合误差与局部压强、材料去除率、收敛比相互关系的数学模型,研究了研磨过程中面形误差的收敛规律。中国科学院光电技术研究所的万勇提出一种智能控制模型——改进型自适应模糊控制模型[38]。长春光机所对 Zernike 模型进行了修正,提出了新的局部线性插值模型(Local Interpolation Model,LIM),该模型能够准确地反映实际面形误差特别是非对称误差的分布情况,从而有效控制面形误差收敛;在控制非对称误差收敛的同时,对曲率半径的偏差也进行了有效控制。利用该模型,长春光机所在加工空间相机 $\phi500$mm、$f/2$ 双曲面主反射镜中,用约 100h 的修磨,主镜的面形误差从 10μm RMS 收敛到 1.48μm RMS,同时该模型还有效地使双曲面的顶点曲率半径偏差控制在 0.3mm 以下,满足了公差要求(±1mm)[1]。

3. 小尺度制造误差

近年来,研究人员已经注意到小工具抛光后的光学零件小尺度制造误差大的问题。

20 世纪 90 年代初,美国 LLNL 实验室[4]对光学零件的波前评价指标细化到各个空间波段,并首次引入波前 PSD 的评价指标。针对点火工程(NIF)光学镜面的具体要求,波前评价指标为:

(1)低频段 $L > 33$mm。透射波前畸变 $\leqslant \lambda/6$ PV;反射波前畸变 $\leqslant \lambda/4$ PV;波

前梯度 $\leqslant \lambda / 90\text{cm}^{-1}$ RMS。

（2）中频段 $33\text{mm} > L > 0.12\text{mm}$。这段空间频率成分将导致光束的高频调制与系统的非线性增长，造成光学零件的丝状破坏和降低光束的可聚焦功率。用 PSD 描述，要求 $\text{PSD} \leqslant Av^{-b}$（$0.03\text{mm}^{-1} \leqslant v \leqslant 8.5\text{mm}^{-1}$），其中 $A = 1.05$，$b = 1.55$。

（3）高频段 $L < 0.12\text{mm}$。光学零件的高频纹波调制并不影响系统光束质量，但将影响薄膜的损伤阈值和增加散射损耗，要求表面粗糙度小于或等于 0.6nm RMS。

2004 年，LLNL 实验室又进一步将中频段 $33\text{mm} > L > 0.12\text{mm}$ 误差分为两部分，即将光学零件表面误差分为四个频段，并提出了各频段的精度指标及相应检测方法[21]。

我国近几年也逐步对光学零件表面的小尺度制造误差加以重视。长春光机所张学军等指出表面波纹度或中频误差的空间周期范围通常为工件直径的 1/10 ~ 1/40，对 CCOS 后中频误差的产生原因以及消除方法也进行了初步研究[1]。国防科技大学王贵林采用自功率谱密度函数分析了抛光表面的误差结构，利用尺度无关的分形模型描述抛光表面的轮廓特征，提出采用一阶自回归分形模型对光学加工表面进行模拟的新方法，并给出了面形误差成分对研抛盘尺寸选择的要求[39]。成都光电所尝试采用波前 PSD 来描述中、高频误差，用于指导数控光学加工工艺，对抛光磨头的特性、抛光磨头运动参数、抛光轨迹和去除余量等提出了要求[4]，分析了小磨具加工中的磨具运动方式对光学零件表面频率分布的影响。2007 年，国防科技大学杨智[40,41]利用小波变换的方法能够得到特定频段误差在光学表面各区域的含量。

4. 边缘效应

在 CCOS 加工过程中，边缘效应主要是由研抛盘不能完全移出工件表面以及研抛盘运动到工件边缘时与工件的相对压力发生了变化造成的。

解决边缘效应的传统方法是在工件外圈镶上一些垫块，使研抛盘露出工件边缘时保持接触面积不变。但是这种方法对垫块的形状、材料性能及调整精度都有较高要求，非常麻烦，要适应 CCOS 加工的需要有一定困难。

为了有效地控制"边缘效应"，技术人员做了大量的工作，并且总结出如下一些经验[4]：

（1）研抛盘漏边最多不超过研抛盘直径的 1/3。

（2）尽量提高研抛盘在工作边缘的运行速度，减少磨头单次研抛时间，实行快速多次的去除方法。

（3）采用不同形状的研抛盘。试验证明,在采用相同运动参数的前提下(如平转动),方形研抛盘具有较好的边缘研抛效果,圆形的研抛盘研抛效果次之,而菱形研抛盘的研抛效果最差。

（4）尽量在模拟算法上补偿压力和覆盖时间变化引起的去除函数变化。

在解决边缘加工问题中,文献[42-44]分别在理论上研究了边缘条件下的压力分布状况和材料去除模型,QED 公司在工程采用更小的磁流变"磨头"去除在边缘预留的加工余量[45],这种方法可以为小工具研抛所借鉴。

3.2　AOCMT 光学非球面加工机床

国防科技大学精密工程研究室设计和研发的 AOCMT 光学加工机床是一台铣磨、研抛复合光学加工机床。该机床如图 3.1 所示,它具有五轴(x、y、z、A、C)联动功能,可以实现 $\phi600mm$ 以内平面、球面、非球面的铣磨成形、在位检测、研磨抛光等功能[46,47]。

图 3.1　国防科技大学的 AOCMT 光学非球面加工机床

将非球面零件的加工分为铣磨成形和研磨抛光两个加工工序进行。铣磨成形精度由机床本身的精度决定,研磨抛光精度由研抛工艺参数决定。

铣磨加工示意图如图 3.2(a)所示。根据输入的非球面面形方程,磨头(砂轮)高速旋转的同时沿 A 轴摆动并随 z 轴工作台作 y 向和 z 向的平动,工件在转台上以相应速度作回转运动(同时可作 x 向平动),从而形成所要求的非球面面形。

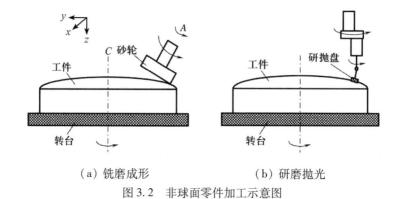

（a）铣磨成形　　　　　　（b）研磨抛光

图 3.2　非球面零件加工示意图

经铣磨成形后,零件的面形精度一般应达到 PV 值 15μm 以内,经过在位检测和数控补偿加工,面形精度可达到 PV 值 7μm 左右。

研抛加工示意图如图 3.2(b)所示。通过对双旋转研磨抛光工具的工艺参数进行调整,实现非球面零件要求的最终精度。这里可以调整的工艺参数包括自转转速、公转转速、研抛压强、驻留时间、研磨抛光盘形状及尺寸等。

图 3.3 为 AOCMT 光学加工机床以双旋转研抛盘为小工具的 CCOS 系统工作原理。单轴研抛盘因中心转动线速度为零,其去除函数为倒 w 形。双旋转研抛盘由两个电机和两个轴组成,采用可调偏心机构调整两轴距离,使研抛盘既可绕轴 2 自转,又可绕轴 1 作公转运动。它的优点是可以通过改变自转与公转的转速比、自转中心和公转中心的偏距,使研抛工具能够得到接近理想状态的高斯形状去除特性函数。该装置所设计双旋转研抛工具的转速比和偏心率具有较大

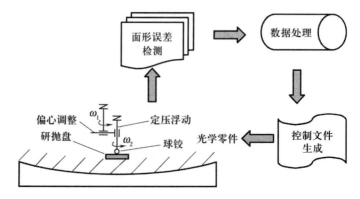

图 3.3　采用双旋转研抛工具的 CCOS 系统工作原理

　光学非球面镜可控柔体制造技术

的调整范围,为从较大的参数调整空间优化研抛工具的运动参数提供了可能,还可通过气缸调节研磨抛光压力的恒定,使研抛工具能够满足零件加工精度的要求。

在该机床上,我们对亚表面损伤层的控制、面形误差收敛效率、小尺度制造误差的控制等问题展开了研究,通过系统的试验获得了各加工阶段工艺参数的优选结果,优化了研抛工具的去除函数参数,建立了去除函数尺寸、空间误差波长、额外去除量与误差收敛比的关系,提出了修正小尺度制造误差的有效方法,为有效解决大中型光学非球面的全口径、全波段面形误差控制问题和提高整体加工效率提供了依据。3.7 节为针对该机床应用实例之一:以 $\phi 500\text{mm}\ f/3$ 抛物面反射镜的加工工艺过程作为对象,来研究和分析 CCOS 工艺的控制。该工件加工后的面形精度达到 0.035λ RMS,其中尺度在 $100 \sim 2\text{mm}(5 \sim 250$ 个周期$)$ 范围内的制造误差含量为 5.9nm RMS,表面粗糙度约为 1nm RMS,顶点曲率半径偏差控制在 1.2mm$(0.4‰)$。

3.3　去除函数的建模与分析

3.3.1　理想去除函数的特性

去除函数是用于描述小工具抛光模在工作区域里对材料的去除特性。以单旋转的研抛盘为例,由于中心点线速度为零,去除能力也为零,其去除函数是中心为零的。开始抛光时,由于加工前的形面误差大,用这种去除函数也能减小表面误差,幅值大、频率低的误差比高频误差减小得快,但到一定程度后,整个面形误差会随抛光时间而增大。这是因为表面形状误差很多高频误差成分不会降低,反而增大,即研抛过程的面形误差不收敛到期望的值,反而出现发散现象。

要想得到好的收敛加工过程,即尽快地收敛到面形误差的最小值,我们采用的去除函数应该尽可能地满足以下特点:

(1)去除函数是最好一个旋转对称函数,它使材料的去除特性也旋转对称。旋转对称函数在加工面的任一方向的卷积都是一样的,这对不同方向加工路径的驻留时间求解带来好处。如果得不到严格的旋转对称函数,也期望至少是面对称的,走刀方向选择对称面正交方向是最好的。

(2)去除函数的中心具有最大的去除量,函数具有单个峰值,并且沿半径方向单调衰减到零。

(3)在去除函数的最大半径以外,不具备去除材料的能力。

（4）以去除函数的半径为自变量，要求函数的斜率在中心峰值和边缘处为零。

（5）去除函数为连续的光滑函数。

理想去除函数是旋转对称高斯函数，近高斯类旋转对称函数也可认为是理想的去除函数。

我们研制的双转子研抛机构的运动方式是行星式运动，通过自转和公转电机实现转速比的任意可调性；通过机构实现偏心距的大范围调节；采用气缸和电气比例减压阀以获得恒定的抛光压力；抛光盘和自转轴采用球铰链联结，以增强抛光盘对工件面形变化的自适应性。

3.3.2　理论模型[1-3]

在计算去除函数时，我们事先作如下约定：

（1）认为材料的去除仅仅是由在表面上运动的抛光模的抛光作用所致，所以只要知道单位时间内停留在某一区域的抛光模所去除的材料数量。

（2）抛光时材料的去除量只与抛光模自身的运动方式有关，而与抛光模在工件上的移动无关。

（3）假设抛光盘和工件表面均为平面，并保持紧密接触。压力从磨盘垂直作用在工件上，而且压强均匀分布并保持恒定。在实际加工曲面时，只要抛光盘处于加工点的法线方向，并且抛光模的面积足够小，则可基本满足此条件。

（4）K 值与速度、压力无关，只与被加工表面粗糙度、加工材料、研磨与抛光材料、冷却液、抛光液以及温度等工艺因素有关，且假设在加工过程中这些工艺参数基本保持不变。

双旋转研抛工具的运动关系如图 3.4 所示。其中，O_1 为公转中心；O_2 为自转中心即研抛盘的中心；g 为偏心距，即公转半径；r_0 为研抛盘的半径；研抛盘的公转和自转角速度分别为 ω_1 和 ω_2。研抛盘的作用范围即去除函数覆盖区域的半径为 $g + r_0$。

考察点 P 为工件研抛区域内的任意一点，A 为研抛盘上与 P 点重合的点。A 点的相对运动速度 v 等于其公转、自转线速度之和，即

$$v = v_1 + v_2 \tag{3.2}$$

v 的 x 方向、y 方向分量的标量可表示为

$$\begin{cases} v_x = -v_1 \sin\theta - v_2 \sin\alpha \\ v_y = v_1 \cos\theta + v_2 \cos\alpha \end{cases} \tag{3.3}$$

又由 $v_1 = r\omega_1$，$v_2 = \rho\omega_2$，得

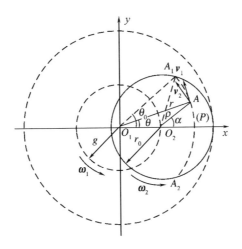

图 3.4　双旋转研抛工具的运动分析

$$v^2 = (v_x^2 + v_y^2) = r^2\omega_1^2 + \rho^2\omega_2^2 + 2r^2\rho\omega_1\omega_2(\sin\theta\sin\alpha + \cos\theta\cos\alpha) \qquad (3.4)$$

应用正弦定理和余弦定理联合式(3.4)可推得

$$v^2 = (\omega_1^2 + \omega_2^2)r^2 + g^2\omega_2^2 + 2r^2\omega_1\omega_2 - 2rg(\omega_2^2 + \omega_1\omega_2)\cos\theta \qquad (3.5)$$

设自转与公转的转速比 $f = \omega_2/\omega_1$，偏心率 $e = g/r_0$，式(3.5)整理后得 A 点（或 P 点）的相对运动速率：

$$v = \omega_1[r^2(1+f)^2 + r_0^2f^2e^2 - 2rr_0fe(1+f)\cos\theta]^{1/2} \qquad (3.6)$$

在压力恒定且分布均匀、研抛过程中工艺参数不变的条件下，由 Preston 方程和 $\mathrm{d}t = \mathrm{d}\theta/\omega_1$，得到 P 点单位时间内的材料去除量为

$$R(r) = \frac{Kp\omega_1}{2\pi}\int_{-\theta_0}^{\theta_0}[r^2(1+f)^2 + r_0^2f^2e^2 - 2rr_0fe(1+f)\cos\theta]^{1/2}\mathrm{d}\theta \qquad (3.7)$$

其中 $r \in [0, (1+e)r_0]$，$\theta_0 = \arccos\left(\dfrac{r^2 + (e^2-1)r_0^2}{2rer_0}\right)$。

由于 P 点的任意性，式(3.7)即为双旋转研抛工具的去除函数。

3.3.3　实验模型

针对理论模型进行了实验验证，具体的实验参数如下：被抛光材料为 K9 玻璃；抛光液为 H－3 氧化铈(CeO₂)水溶液；抛光压力恒定；抛光盘直径为 25mm，抛光膜材料为聚氨酯；偏心距为 10mm(对应偏心率为 0.8)，公转与自转速度分别为 50r/min、－150r/min(对应转速比为 -3)；抛光时间为 1min。

加工前后均用干涉仪进行面形测量，将得到的测量数据处理后和仿真结果

进行比较,如图 3.5 所示。

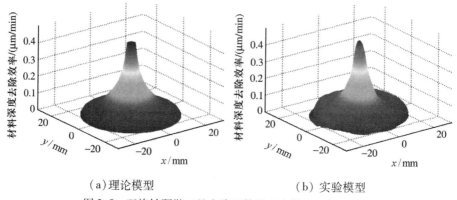

(a)理论模型　　　　　　　　　(b)实验模型

图 3.5　双旋转研抛工具去除函数的理论模型和实验模型

可以看出,实验结果和理论仿真结果是基本一致的,说明了去除函数理论模型的正确性。

在抛光加工中,抛光盘的抛光膜磨损会造成去除函数不稳定,进而影响抛光阶段面形误差的收敛效率。通常是通过实验来寻找抛光盘的抛光膜材料对去除函数稳定性的影响规律。以 K9 平面玻璃为实验件,进行定点抛光实验,每点抛光时间均为 10min。实验工艺参数是:抛光盘直径为 25mm,抛光盘材料为铸铁,抛光液采用 H-3 氧化铈抛光粉配制成的水溶液,偏心距为 10mm(对应偏心率为 0.8),自转速度为 70r/min,自转与公转的转速比为 -0.68,抛光压强恒定,三种抛光膜材料分别为聚氨酯、阻尼布和沥青。通过实验得到三种抛光膜材料对应的材料体积去除率与时间的关系曲线,如图 3.6 所示。

从图 3.6 可以看出,聚氨酯、阻尼布、沥青三种材料抛光膜的体积去除函数稳定性依次变差。

3.3.4　去除函数的修形能力分析

去除函数特性是决定小工具 CCOS 收敛效率的关键因素之一,影响双旋转研抛工具去除函数特性的参数主要有偏心率(自转中心到公转中心的距离与研抛盘半径的比,用 e 表示)、转速比(自转速度与公转速度的比,用 f 表示)和尺寸。研究人员对影响去除函数形状的偏心率和转速比做了大量研究,例如文献[48]得到的优化的去除函数参数是 $e=0.83$、$f=8$,文献[2]得到的两组参数为 $e=1$、$f<-1.5$ 和 $e=1$、$f>100$。

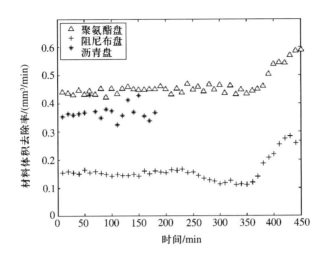

图 3.6　不同抛光膜材料的体积去除率—时间关系曲线[83]

1. 去除函数修形能力的评价指标

我们把去除函数修正表面误差的能力称为去除函数的修形能力。就修形能力而言,最好的去除函数应该是脉冲函数,脉冲函数具有无穷大的截止频率,因此它可以完全消除任意形式的表面误差。由于研抛盘尺寸不可能无限小,其产生的去除函数不可能成为脉冲函数形式,因此我们选用其截止频率作为评价去除函数修形能力的指标。

下面给出截止频率的选择方法。根据式(3.7),在给定研抛盘半径 r_0、偏心率 e 和转速比 f 的情况下,去除函数可以唯一确定。设幅值归一化的去除函数为 $R_n(x)$,用下式表示:

$$R_n(x) = \frac{R(x)}{\max_R(x)} = \frac{\int_{-\theta_0}^{\theta_0} \left[x^2(1+f)^2 + r_0^2 f^2 e^2 - 2xr_0 fe(1+f)\cos\theta \right]^{1/2} \mathrm{d}\theta}{\max \int_{-\theta_0}^{\theta_0} \left[x^2(1+f)^2 + r_0^2 f^2 e^2 - 2xr_0 fe(1+f)\cos\theta \right]^{1/2} \mathrm{d}\theta}$$

$$(3.8)$$

其中 $x \in \left[-(1+e)r_0, (1+e)r_0 \right]$,$\theta_0 = \arccos\left(\dfrac{x^2 + (e^2-1)r_0^2}{2xer_0} \right)$。

对式(3.8)进行傅里叶变换,得到 $R_n(x)$ 的频谱

$$R_F(\omega) = \int_{-(1+e)r_0}^{(1+e)r_0} R_n(x) \mathrm{e}^{-\mathrm{i}\omega x} \mathrm{d}x \qquad (3.9)$$

去除函数的截止频率是根据去除函数的幅值频谱 $|R_F(\omega)|$ 确定的。理论

上,去除函数对其频谱幅值非零处的频率成分的误差均有修正作用,为了统一比较各去除函数的修形能力,我们可以选择幅值谱线下降到峰值的5%处对应的频率为去除函数的截止频率,认为该去除函数能够对低于此频率的面形误差进行有效修正。以去除函数直径40mm、偏心率0.8、转速比−3工艺参数下的去除函数为例,图3.7为归一化的去除函数及其幅值频谱图,可以选择其截止频率为0.0465mm^{-1}。

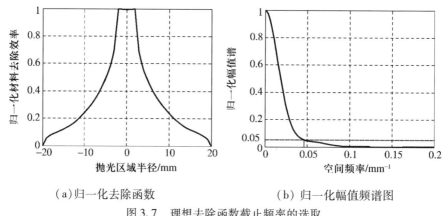

(a)归一化去除函数　　　　　　　(b)归一化幅值频谱图

图3.7　理想去除函数截止频率的选取

2. 去除函数参数对修形能力的影响规律

从式(3.8)和式(3.9)可以看出,决定去除函数截止频率大小的参数有去除函数尺寸和偏心率、转速比,而两式较为复杂,很难直接从中得出各参数对截止频率的影响规律,因此,我们采用单因素实验法,即固定其他参数,只改变一个参数来看这一参数对截止频率的影响规律。本节分别建立去除函数直径、偏心率和转速比与截止频率的关系,并对不同去除函数的修形能力和加工应用情况进行讨论。

1)转速比对修形能力的影响

转速比与去除函数截止频率的关系可以通过计算机仿真得到。仿真条件为:去除函数直径为40mm,偏心率为0.6、0.8和1。得到偏心率为0.8时不同转速比条件下的去除函数形状如图3.8所示,转速比对截止频率的影响规律如图3.9所示。

从图3.8和3.9中可以看出,当转速比为负值时,表示自转与公转转向相反,此时去除函数截止频率较大,即具有较高的修形能力;当转速比为0或−1时,可以获得相同的去除函数性状和截止频率,且此时符合研抛模均匀磨损条件;当转速比为正值时,去除函数的截止频率随转速比的增大而增大。但考虑到

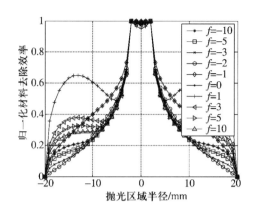

图 3.8　不同转速比条件下的理想去除函数形状（偏心率为 0.8）

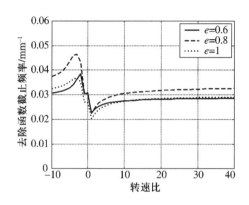

图 3.9　去除函数转速比对截止频率的影响（偏心率为 0.8）

工程实现的难易程度，转速比绝对值一般不能超过 10，而当 $0 < f < 10$ 时的去除函数截止频率较低，且此范围内转速比较小时，去除函数不满足具有单个峰值的条件，因此在实际加工中不宜采用。综合以上分析，在研抛加工中一般选择负的转速比，其中，$-5 \leqslant f \leqslant -2$ 时，去除函数的截止频率较大，即此时具有较强的修形能力。

　　2）偏心率对修形能力的影响

　　偏心率与去除函数截止频率的关系可以通过计算机仿真得到。仿真条件为：去除函数直径为 $\phi 40\text{mm}$，转速比为 -2、-3 和 -5，得到转速比为 -3 时不同偏心率条件下的去除函数形状如图 3.10 所示，偏心率对截止频率的影响规律如图 3.11 所示。

　　从图 3.10 和图 3.11 中可以看出，去除函数的截止频率随着偏心率的增大

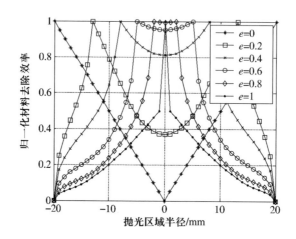

图 3.10 不同偏心率条件下的理想去除函数形状(转速比为 -3)

而增大,但当偏心率增大到约 0.8 时达到极大值,也就是说此时去除函数的修形能力最强,偏心率继续增大时,去除函数的截止频率有下降的趋势。在实际的面形误差修正加工中,可以选择 $0.6 \leqslant e \leqslant 1$,此时的去除函数具有较大的截止频率和较强的修形能力。

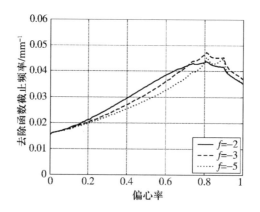

图 3.11 去除函数偏心率对截止频率的影响

3)去除函数直径对修形能力的影响

去除函数尺寸与其截止频率的关系可以通过计算机仿真得到。具体仿真条件为:转速比为 -3,偏心率为 0.8,得到去除函数直径对截止频率的影响规律如图 3.12 所示。

从图 3.12 中可以看出,截止频率随去除函数的尺寸减小而增大,即去除函

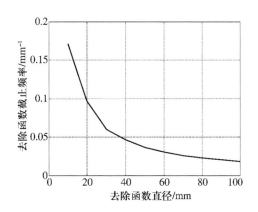

图 3.12　去除函数直径对截止频率的影响

数直径越小,其修形能力越强。但考虑到减小去除函数直径的同时,会使加工时间大大增加、小尺度制造误差增大,因此在对面形误差进行修正加工时,应慎重地选择去除函数直径。

3.3.5　复杂形状研抛盘去除函数的建模和特性分析

1. 复杂形状研抛盘的去除函数的建模和实验验证

从 3.3.4 节分析可知,就修形能力而言,最好的去除函数应该是脉冲函数,因为脉冲函数具有无穷大的截止频率。我们知道截止频率随研抛盘的尺寸减小而增大,但是,要通过减小研抛盘的面积来增大截止频率,会降低生产率,增加高频碎带。

国防科技大学精密工程研究室尚文锦对复杂形状研抛盘的去除函数的去除能力进行了研究[46],通过改变研抛盘的形状而不是改变研抛盘面积大小,来获得近似脉冲函数的去除函数模型。这样就可以使面形误差快速收敛到理想值,又避免了由小研抛盘所引起的高次像差问题。

在实际的抛光过程中,研抛盘本身的几何形状是圆形的,不过盘上粘贴的研抛膜,如阻尼布、聚氨酯和沥青等可以用刀来切割成三角形、正方形、花瓣形等不同形状,如图 3 - 13 所示。为了叙述方便,我们暂对研抛盘和研抛膜不加区别,认为两者的几何形状一致。下面以三角形研抛盘为例,推导复杂形状研抛盘去除函数计算方法。

我们知道在行星运动方式下抛光的相对运动由研抛盘自身的回转运动与其围绕公转轴的回转运动相叠加而形成。

图 3.13　不同形状的研抛膜

在垂直于研抛盘和公转轴的平面内,研抛盘的旋转轴为 o_2,公转轴为 o_1,如图 3.14 所示。在该平面内建立坐标系 $o_1x_1y_1$ 和 o_2xy,他们分别固定在研抛盘公转轴和自转轴上。两坐标系中的 o_1x_1 和 o_2x 轴均为沿 o_1o_2 连线方向。原点分别为 o_1、o_2。o_1o_2 间距离为偏心距 e。点 A 为去除区域内的一点,不失一般性,不妨设点 A 初始位置在 o_1o_2 的连线上,距 o_1 点的距离为 R_A,这样,问题就归结于求点 A 相对于研抛盘的运动[49]。

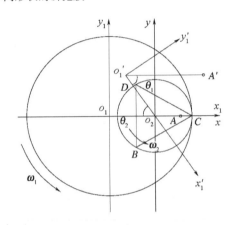

图 3.14　三角形盘行星运动的相对运动关系

当抛光 t 时间后,研抛盘绕自转轴线 o_2 转过角度 $\theta_2 = \omega_2 t$,即坐标系 o_2xy 绕 o_2 转过 θ_2 角,相当于自转轴(坐标系 o_2xy)不动,$o_1x_1y_1$ 绕 o_2 反向转过 θ_2 角,这样在坐标系 o_2xy 中,o_1 运动到 o'_1 点,坐标系 $o_1x_1y_1$ 运动到 $o'_1x'_1y'_1$ 位置。同时,研抛盘绕公转轴线 o_1 转过角 $\theta_1 = \omega_1 t$,相当于坐标系 $o_1x_1y_1$ 不动,点 A 绕 o_1 转过 θ_1 角,到 A' 点。此时 A' 点在坐标系 o_2xy 中的坐标为

$$
\begin{aligned}
x_A &= o'_1A'\cos(\theta_1 - \theta_2) - o_2o'_1\cos\theta_2 \\
y_A &= o'_1A'\sin(\theta_1 - \theta_2) - o_2o'_1\sin\theta_2
\end{aligned}
\tag{3.10}
$$

因为

$$
\begin{aligned}
o'_1A' &= R_A \\
o_2o'_1 &= e
\end{aligned}
\tag{3.11}
$$

所以点 A 相对于研抛盘的运动方程为

$$
\begin{cases}
x = R_A\cos(\omega_1 - \omega_2)t - e\cos\omega_2 t \\
y = R_A\sin(\omega_1 - \omega_2)t + e\sin\omega_2 t
\end{cases}
\tag{3.12}
$$

对上述运动方程求导,得

$$\begin{cases} v_x = -R_A(\omega_1 - \omega_2)\sin(\omega_1 - \omega_2)t + e\omega_2\sin\omega_2 t \\ v_y = R_A(\omega_1 - \omega_2)\cos(\omega_1 - \omega_2)t + e\omega_2\cos\omega_2 t \end{cases} \quad (3.13)$$

针对三角形研抛盘,研抛盘上有效的去除区域为$\triangle BCD$。显然,只有当点A的运动轨迹在有效的去除区域$\triangle BCD$内时,磨具才对A点有去除作用。下面推导由研抛盘自转而引起的有效的去除区域$\triangle BCD$位置的变化(称为位姿)。为了不失一般性,我们设$\triangle BCD$的初始位置如图 3.14 所示,设研抛盘半径为R。

当抛光t时间后,研抛盘绕自转轴线o_2转过角度$\theta_2 = \omega_2 t$。此时,三角形$\triangle BCD$各顶点在坐标系$o_2 xy$中的坐标为

$$\begin{cases} x_C = R\cos\omega_2 t \\ y_C = R\sin\omega_2 t \end{cases} \quad (3.14)$$

$$\begin{cases} x_D = R\cos(120° + \omega_2 t) \\ y_D = R\sin(120° + \omega_2 t) \end{cases} \quad (3.15)$$

$$\begin{cases} x_B = R\cos(240° + \omega_2 t) \\ y_B = R\sin(240° + \omega_2 t) \end{cases} \quad (3.16)$$

下面给出判断一点是否在$\triangle BCD$内的条件。

直线CD的判断条件:

(1) 当$x_C = x_D$时,如果$x_C > 0$并且$x_A \leqslant x_C$,那么点A即在有效区域一侧;如果$x_C < 0$并且$x_A \geqslant x_C$,那么点A即在有效区域一侧。

(2) 当$x_C > x_D$时,如果$y_A \leqslant \dfrac{y_C - y_D}{x_C - x_D}(x_A - x_D) + y_D$,那么点$A$即在有效区域一侧。

(3) 当$x_C < x_D$时,如$y_A \geqslant \dfrac{y_C - y_D}{x_C - x_D}(x_A - x_D) + y_D$,那么点$A$在有效区域一侧。

同理可以得到直线DB、BC的判断条件,当点A同时满足上述三条直线的判断条件时,那么点A在有效的去除区域$\triangle BCD$内。

根据点A的相对运动方程和有效去除区域的判断条件,可计算出工件上被去除区域内任意点的去除量,给出计算去除函数的程序流程图,如图 3.15 所示。

从以上计算方法中可以看出,只要能够给出研抛盘的有效区域的判断条件,就可以计算出该类型研抛盘的去除函数。具有规则形状的研抛盘,其判断条件较容易求出,适合使用该方法。

针对仿真算法,我们进行了实验验证,具体的实验参数如下:被抛光材料为 K9 玻璃,经精密研抛机研磨过,平面度小于 $2\mu m$;抛光液为 FP1.2 氧化铈

（CeO_2）水溶液；研抛盘直径为 25mm，其上粘贴阻尼布，粘接剂为热熔胶；公转速度为 50r/min，自转速度为 −100r/min，转速比（自转比公转）为 $n = -2$（负号表示旋转方向相反）；偏心距为 6.25mm；抛光时间为 $t = 15$min。实验数据和仿真结果，如图 3.16 所示。

通过实验结果和仿真结果的比较，可以得到以下的结论：

（1）从仿真结果和实验结果中均可以看出，有效去除区域比理论值（即 $R + 2e$）小，这主要是因为三角盘在其顶点处，与工件的有效接触面积很小，造成去除量明显减少，形成较小的去除区域。

（2）实验结果表明，中心区域的去除量最大，但并不像仿真结果那样明显和尖锐，而且，在边缘处产生了两个较大的峰值。这主要是因为当抛光膜的弹性变形不足以补偿研抛盘的平面度误差，形成边缘高中心低的面形时，就使得研抛盘边缘的压力相对增大，从而使得边缘的材料去除量变大。

（3）实验结果验证了仿真算法是正确的。但由于加工过程的复杂性，仍需要进行局部修正。

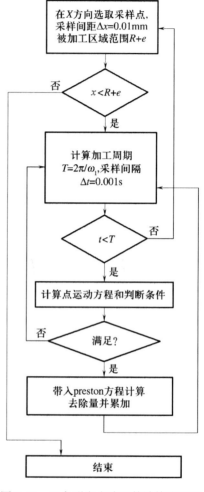

图 3.15　三角形盘去除函数计算流程图

应用该模型编程计算十分方便。只要知道了研抛盘的几何图样，给出边界的判断条件，就可计算出其理论的去除函数，不同形状的研抛盘的去除函数的计算差异仅在于判断条件的不同。此模型可用于今后对其他形状的研抛盘参数的寻优工作。

2. 复杂形状研抛盘去除函数的特性分析

改变研抛盘运动参数，经过计算机仿真，可以得到不同去除特性的去除函数曲线。从仿真结果和实际的加工中，我们得到三角形研抛盘和其他研抛盘比较所具有两个显著的特点：

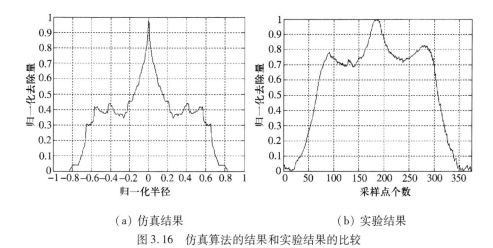

（a）仿真结果　　　　　　　　　（b）实验结果

图 3.16　仿真算法的结果和实验结果的比较

（1）三角盘的去除函数在特性上更趋近于脉冲函数,具有较高的中心去除量和较窄的去除区域。经过计算机仿真,给出了三角盘在不同参数下的去除函数特性曲线,如图 3.17 所示。从图中可以得到三角盘的这种特性。同时,随着转速比 n 的提高,这种特性越明显。

（2）在采用相同的运动参数的前提下,三角盘具有比较好的边缘抛光效果。

众所周知,制约 CCOS 技术发展的两大难题分别是:中、高频误差和边缘效应。三角形的特点(1)为我们解决 CCOS 技术两大难题之一的中、高频误差提供了一种新的选择。

不同的应用场合,中、高频的波长范围规定不一,从三角形研抛盘的去除函数模型可知,可以针对不同的需要,有目的地改变有效去除区域,从而达到在不改变研抛盘大小的情况下,获得近似脉冲函数的去除函数模型。这样就可以使面形误差快速收敛到理想值,又减少了由小研抛盘所引起的高次像差问题。

在小工具 CCOS 技术中,一般认为产生中、高频误差的主要原因有:控制面形精度的抛光工艺的工艺参数不适当;抛光时抛光表面的粘—滑摩擦振动;抛光表面接触压力的不均匀分布;抛光运动轨迹密度的不均匀和波动;小研抛盘对光学表面的非连续作用等。其中以研抛盘工具对光学表面的非连续作用引起的波浪形的切带误差最为主要。对于这种波纹度误差的消除,从卷积理论的角度来看,只要去除函数足够逼近脉冲函数,并且卷积相邻点距离,即进给步距也要足够小,就能消除这种误差。为了减小卷积相邻点距离,可把驻留时间折换为速度,采用变速加工方式。与时间驻留加工的非连续性方式相比较,变速加工方式更利于加工的连续性,可减小非连续作用引起的切带误差。但这也只可能在一

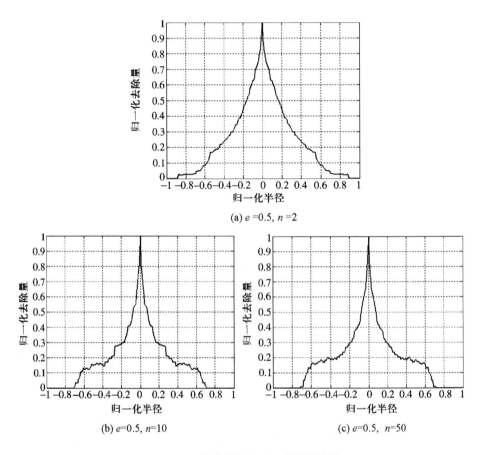

(a) $e = 0.5$, $n = 2$

(b) $e = 0.5$, $n = 10$

(c) $e = 0.5$, $n = 50$

图 3.17　不同参数的去除函数特性曲线

维方向起作用,另一维换行移动仍是非连续的。所以即便去除函数足够逼近脉冲函数,小尺度误差仍是不可避免的,消除小尺度误差的方法还是采用大尺寸研抛盘。去除函数足够逼近脉冲函数只是提高了对局部误差的修形能力。

3.4　CCOS 技术中驻留时间算法及分析

在 CCOS 加工中,工件表面的材料去除量和去除函数确定以后,作为输入控制量的驻留时间分布是决定残留误差大小的关键因素。光学加工中常用的驻留时间求解算法有比例估算法、迭代法、矩阵法、傅里叶变换法等[4,34,35,50]。本节仅对脉冲迭代法进行介绍并加以改进,同时对其关键处理方法和适用情况展开讨论[47]。

3.4.1 基于加工时间的脉冲迭代法[3]

脉冲迭代法求解驻留时间的基本思想是将去除函数加工区域的材料去除量集中到中心点上,定义为去除脉冲(Removal Pulse,RP),根据式(3.7),去除脉冲可以表示为

$$\text{RP} = \iint_{\Omega} R(\sqrt{x^2 + y^2})\text{d}x\text{d}y \qquad (3.17)$$

式中,$R(\sqrt{x^2 + y^2})$为加工区域任意点(x,y)处的材料去除率;

Ω为去除函数作用区域。

设驻留时间初始值为

$$D_0(x,y) = H(x,y)/\text{RP} \qquad (3.18)$$

式中,$H(x,y)$为工件表面的材料去除量。

残留误差可以表示为

$$E_1(x,y) = H(x,y) - R(x,y) * D_0(x,y) \qquad (3.19)$$

根据残留误差的分布情况进一步规划驻留时间,该求解方法是一个多次迭代、逐步收敛到理想面形的过程。所谓基于加工时间是指在计算过程中不能增加额外加工时间或者说不能增加额外去除量,计算步骤如下:

(1)计算出工件表面的材料去除量函数$H(x,y)$、去除函数$R(x,y)$、去除脉冲RP;

(2)置面形误差$E_k(x,y) = E_{k-1}(x,y)$($k = 0$时,$E_0(x,y) = H(x,y)$)、驻留时间$D_k(x,y) = D_{k-1}(x,y) + E_k(x,y)/\text{RP}$;

(3)如果$D_k(x,y) < 0$,令$D_k(x,y) = 0$;

(4)计算残留误差$E_{k+1}(x,y) = H(x,y) - R(x,y) * D_k(x,y)$;

(5)若$E_{k+1}(x,y)$满足要求,运算结束;否则令$k = k+1$,转向步骤(2)。

为了使脉冲迭代法计算驻留时间时,驻留时间不出现负值,先对初始面形误差增加一均匀的额外去除量,再利用基于加工时间的脉冲迭代法求解驻留时间。这种处理方法相当于所有计算点的驻留时间均增加一偏移量,从而以增加额外去除量的代价获得高的收敛精度,称为基于加工精度的脉冲迭代法。

为了比较基于加工时间和基于加工精度两种迭代方法的特点,对给定初始面形误差和去除函数进行了仿真计算。

给定一正弦形式的原始误差:

$$z(x,y) = \sin\left(\frac{2\pi}{\lambda}x + \frac{\pi}{2}\right) + 1 \tag{3.20}$$

式中取 $\lambda = 50\text{mm}$，$x,y = [-100,100]$。

双旋转研抛工具的工作参数为:研抛盘半径 $r = 10\text{mm}$、偏心率 $e = 0.8$、转速比 $f = -3$，最大去除效率 $1\mu\text{m/min}$。

从表 3.1 可以看出两种计算方法各自的特点，利用基于加工时间的脉冲迭代法计算得到的总驻留时间较短，但是收敛精度较低，而利用基于加工精度的脉冲迭代法计算得到的收敛精度较高，但是总驻留时间较长。在实际加工中，应根据面形误差特点和加工需要选择驻留时间计算方法:在研抛初始阶段，面形误差较大且低频误差占的比例大，此时应选用基于加工时间的脉冲迭代法计算驻留时间;当面形误差中相对较高频率成分占主导时，应选用基于加工精度的脉冲迭代法计算驻留时间，可以得到较高的收敛精度。两种方法的特点以及各自的适用范围列于表 3.2。

表 3.1　两种驻留时间求解算法计算结果对比

算 法 名 称	初始误差 RMS /μm	残留误差 RMS /μm	误差收敛比	总驻留时间 /min
基于加工时间的脉冲迭代法	0.7078	0.0502	0.071	226.4
基于加工精度的脉冲迭代法	0.7078	0.0087	0.012	335.7

表 3.2　两种驻留时间求解算法的特点和适用范围

算法名称	算法特点	适用范围
基于加工时间的脉冲迭代法	总驻留时间较短，收敛精度较低	要求获得较大材料去除量时的研抛初始阶段
基于加工精度的脉冲迭代法	总驻留时间较长，收敛精度较高	要求获得较高面形精度时的研抛后期阶段

3.4.2　卷积效应对残留误差的影响

在数控加工中，研抛工具是以一定的进给步距沿一定的轨迹作进给运动的，由于研抛盘具有一定尺寸，对运动轨迹之外的区域有材料去除作用，轨迹上相邻点的卷积作用造成波浪形残留误差的产生，称为卷积效应[1,3,51]，图 3.18 为 CCOS 的卷积效应示意图。

从理论上讲,研抛盘的尺寸和加工进给步距趋于无限小时,卷积效应将被完全消除,但这在实际加工中是不可能实现的,也就是说卷积效应是不可避免的,我们只能选择能够抑制波浪形残留误差产生的工艺参数。从 CCOS 的数学模型和双旋转研抛工具的去除函数理论模型容易知道,影响卷积效应的因素主要有:去除函数直径、去除函数形状(由转速比和偏心率确定)和加工进给步距。

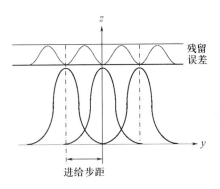

图 3.18 CCOS 的卷积效应示意图

在前面的研究中我们已经得到具有较强修形能力去除函数的参数选择范围,本节在此范围内考察各参数变化对卷积效应的影响,以得到由卷积效应造成的残留误差的产生规律。

1. 工艺参数与残留误差关系的建立方法

CCOS 的卷积模型为

$$E(x,y) = H(x,y) - R(x,y) * D(x,y) \tag{3.21}$$

式中,$H(x,y)$ 为工件表面面形误差;

$R(x,y)$ 为研抛工具的去除函数;

$D(x,y)$ 为驻留时间函数;

$E(x,y)$ 为加工后的残留误差。

设双旋转研抛工具的幅值归一化的去除函数为 $R(x,y)$,根据式(3.7),去除函数 $R(x,y)$ 的直径和形状可由研抛盘尺寸、转速比、偏心率确定。

直接建立去除函数直径、转速比、偏心率及加工进给步距与残留误差的关系表达式十分困难。下面以修正光学表面均匀误差为例,通过加工仿真建立各参数对卷积效应的影响规律。工艺参数与残留误差关系的建立过程如下:

(1)给定初始面形误差 $H(x,y)$(取 $1\mu m$ 均匀误差)、去除函数 $R(x,y)$(对其进行去除量归一化,最大去除效率 $1\mu m/min$)和加工进给步距;

(2)计算驻留时间 $D(x,y)$ 与残留误差 $E(x,y)$;

(3)分别改变去除函数直径、转速比、偏心率及加工进给步距等影响卷积效应的参数,建立各参数与残留误差的关系。

下面以仿真实例加以说明。

给定一均匀形式的原始误差,其方程为

$$H(x,y) = 1 \tag{3.22}$$

其中 $x, y \in [-100, 100]$。

双旋转研抛工具的去除函数为：去除函数直径 $d_0 = 20\text{mm}$、偏心率 $e = 0.8$、转速比 $f = -3$，最大去除效率 $1\mu\text{m}/\text{min}$，去除函数形状如图 3.19 所示。图 3.20 为计算点间距为 0.5mm、进给步距为 2mm 时得到的去除边缘部分的残留误差。

可以计算出残留误差的大小：43.4nm PV、11.8nm RMS。至此，建立了各参数与残留误差之间的关系。

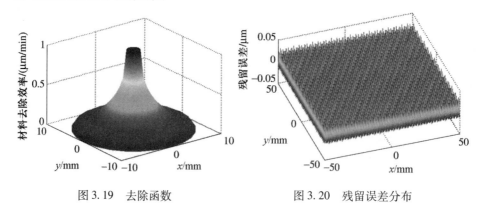

图 3.19　去除函数　　　　　　　图 3.20　残留误差分布

2. 转速比对残留误差的影响

转速比与残留误差的关系可以通过计算机仿真得到。仿真条件见表 3.3，不同转速比条件下的去除函数形状参见图 3.8，得到的转速比对残留误差的影响规律如图 3.21 所示。

表 3.3　转速比与残留误差关系的仿真条件

去除函数直径/mm	40	偏心率	0.8
计算点间距/mm	0.5	进给步距/mm	2
转速比		-5、-4、-3、-2	

从图 3.21 中可以看出，当双旋转研抛工具自转与公转的转速比为负值时，对残留误差均有较强的抑制能力，当转速比为 -3 时，残留误差 RMS 值最小。因此，在抛光过程中我们应该选择转速比约为 -3 的去除函数。

3. 偏心率对残留误差的影响

偏心率与残留误差的关系可以通过计算机仿真得到。仿真条件见表 3.4，不同偏心率条件下的去除函数形状参见图 3.10，得到的偏心率对残留误差的影响规律如图 3.22 所示。

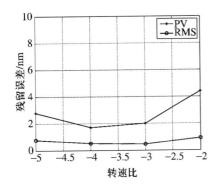

图 3.21　转速比对残留误差的影响　　图 3.22　偏心率对残留误差的影响

表 3.4　偏心率与残留误差关系的仿真条件

去除函数直径/mm	40	转速比	-3
计算点间距/mm	0.5	进给步距/mm	2
偏心率		0.6、0.7、0.8、0.9、1	

　　从图 3.22 可以看出,去除函数偏心率为 0.8 时,残留误差最小。事实上,去除函数偏心率在 0.8 左右时,其修正面形误差的能力也较强,因此在 CCOS 加工中可以选取确定的偏心率为 0.8。

4. 去除函数直径对残留误差的影响

　　去除函数直径与残留误差的关系可以通过计算机仿真得到。仿真条件见表3.5,得到的去除函数直径对残留误差的影响规律如图 3.23 所示。

表 3.5　去除函数直径与残留误差关系的仿真条件

转速比	-3	偏心率	0.8
计算点间距/mm	0.5	进给步距/mm	2
去除函数直径/mm		10、20、30、40、50、60、70、80	

　　从图 3.23 可以看出,去除函数直径越大,由卷积效应产生的残留误差越小。考虑到去除函数直径变大会使其修正低频误差的能力降低,在实际选择去除函数直径时,应选择能够满足全波段误差控制要求的尺寸。

5. 进给步距对残留误差的影响

　　进给步距与残留误差的关系可以通过计算机仿真得到。仿真条件见表

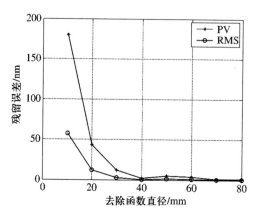

图 3.23　去除函数尺寸对残留误差的影响

3.6，其中相对进给步距的含义是进给步距与去除函数尺寸的比值（即对去除函数直径进行归一化后的步距）。得到的进给步距、相对进给步距对残留误差的影响规律分别如图 3.24、图 3.25 所示，图 3.25 中收敛比的含义是加工后的误差 RMS 值与加工前误差 RMS 值的比值，收敛比越小，表示收敛速度越快。

表 3.6　进给步距与残留误差关系的仿真条件

去除函数直径/mm	40	转速比	− 3
计算点间距/mm	0.5	偏心率	0.8
进给步距/mm	1、1.5、2、2.5、3、3.5、4		
相对进给步距/mm	0.025、0.0375、0.05、0.0625、0.075、0.0875、0.1		

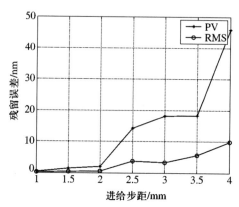

图 3.24　进给步距对残留误差的影响

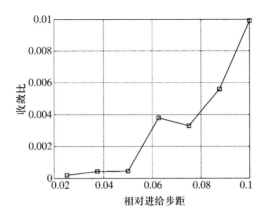

图 3.25   相对进给步距对收敛比的影响

从图 3.24 中可以看出，随着进给步距的增加，残留误差 RMS 值增大。这说明，为了控制残留误差，应该选较小的进给步距。从图 3.25 可以得到，相对进给步距小于 0.05 时，收敛比在 0.001 以下，超过 0.05 后，收敛比急剧增加，因此，可以选择 CCOS 加工中进给步距小于去除函数直径的 0.05 倍。

6. 去除函数相对直径、额外去除量对误差收敛比的影响

在通过对无误差表面的仿真加工得到了卷积效应对残留误差的影响规律的基础上，对含有一定误差的光学表面进行仿真加工计算，研究去除函数相对尺寸、额外去除量对误差收敛比的影响。

不失一般性，构造一维正弦形式的初始面形误差：

$$z(x) = \sin\left(\frac{2\pi}{\lambda_0}x + \frac{\pi}{2}\right) + 1 + z_e \tag{3.23}$$

式中，λ_0 为初始面形误差的空间波长；

z_e 为额外去除量(其与初始面形误差均值的比称为相对额外去除量)；

$x = [-250, 250]$。

选择直径为 d_0 的去除函数，利用脉冲迭代法得到驻留时间和残留误差，定义误差收敛比 C 为残留误差 RMS 值(以 rms 表示)与初始面形误差 RMS 值(以 rms_0 表示)的比，C 越小表示误差收敛速度越快。图 3.26 给出了 $\lambda_0 = 100$、$d_0 = 40$、$z_e = 0$ 时初始面形误差与残留误差对比，此时误差收敛比为 $C = \text{rms}/\text{rms}_0 = 0.0177$，定义去除函数相对直径为去除函数直径与初始误差波长的比值，从而得到了去除函数相对直径、相对额外去除量与误差收敛比的关系。

分别改变去除函数直径和额外去除量(仿真条件见表 3.7)，得到的去除函

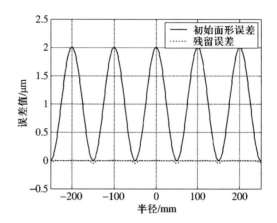

图 3.26　去除函数直径为 40mm 时初始面形误差与残留误差对比

数相对直径、相对额外去除量与误差收敛比的关系分别如图 3.27、图 3.28 所示。

表 3.7　去除函数相对直径、额外去除量与误差收敛比关系的仿真条件

转速比	-3	偏心率	0.8
初始误差波长/mm	100	计算步距/mm	1
去除函数直径/mm	20、30、40、50、60、70、80、90、100、110、120		
相对直径	0.2、0.3、0.4、0.5、0.6、0.7、0.8、0.9、1、1.1、1.2		
额外去除量/μm	0、0.1、0.2、0.3、0.4、0.5、0.6、0.7、0.8、0.9、1		
相对额外去除量	0、0.1、0.2、0.3、0.4、0.5、0.6、0.7、0.8、0.9、1		

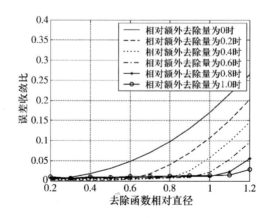

图 3.27　去除函数相对直径与误差收敛比的关系

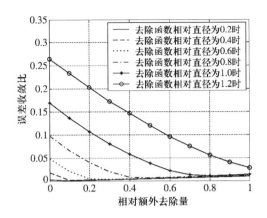

图 3.28　相对额外去除量与误差收敛比的关系

从图 3.27 和图 3.28 中可以得出如下结论：

（1）相对额外去除量一定时，减小去除函数相对直径有利于获得较小的误差收敛比，这也证明了前面提到的去除函数直径对修形能力的影响规律，当相对额外去除量较大时，误差收敛比随去除函数相对直径的变化不明显。

（2）去除函数相对直径一定时，增大相对额外去除量有利于获得较小的误差收敛比，去除函数相对直径较小时，误差收敛比随相对额外去除量的增加先减小，后缓慢增大。

在面形误差修正过程中，增加额外去除量和减小去除函数直径会使加工时间大大增加，从而使收敛效率与理论计算差别增大，因此，通常我们选择满足收敛比要求的较小额外去除量和较大去除函数直径。

7. 面形误差修正实例

为了验证工艺参数选择方法的正确性，我们在 $\phi200\text{mm}$ 球面镜（曲率半径为 640mm）上进行了面形误差修正实验（为避免边缘误差带来影响，实验中仅加工 $\phi164\text{mm}$ 中心区域）。实验中选择的工艺参数见表 3.8。

表 3.8　面形误差修正加工主要工艺参数

转速比	−3	偏心率	0.8
去除函数直径	45mm	进给步距	2mm
抛光盘尺寸	25mm	额外去除量	0.15μm

实验中所选去除函数的理论与实验模型参见图 3.5，图 3.29 为 CCOS 抛光

加工前后面形误差检测结果,图3.30为仿真加工结果(加工时间44.2min)。仿真加工后的残留误差为8.4nm RMS,误差收敛比为0.36,在一个加工周期内,ϕ200mm球面镜加工区域内的面形误差从23.1nm RMS收敛到10.1nm RMS,误差收敛比为0.44。从加工结果看出,实际误差收敛比与仿真结果比较接近,但仍有所差别,其原因主要是CCOS加工中产生了小尺度制造误差。该球面镜面形精度已经达到较高水平(PV $\lambda/6$,RMS $\lambda/63$),证明了工艺方法的正确性。

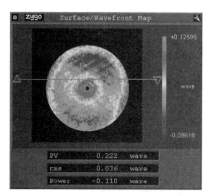 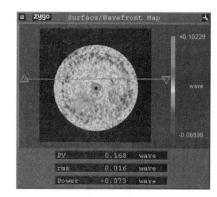

(a) CCOS 抛光加工前　　　　　　　(b) CCOS 抛光加工后

图3.29　CCOS 抛光加工前后面形误差检测结果

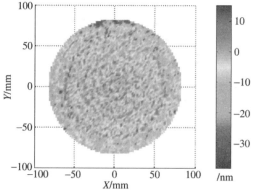

图3.30　仿真加工后的残留误差(PV 53.4nm,RMS 8.4nm)

3.5　边缘效应分析与去除函数建模

在 CCOS 技术中,边缘效应和中、高频误差是两个亟待解决的技术难点。本节从去除函数模型的修正入手,对边缘效应进行了一些初步的研究。

计算机控制小工具研抛建立的数学模型是当小工具研抛模移动、覆盖和通过加工区域时控制研磨或抛光时间。而在工件边缘区域,由于研抛模无法整体覆盖在加工工件上,所以原有的数学模型不适合边缘区域的加工实际。在保持抛光压力恒定的情况下,通过控制研抛模在工件表面的驻留时间来控制材料的去除量,所以当研抛模移动到工件边缘而不露边时,由于边缘区域的相对加工时间小于中间区域,则去除量减少,工件发生"翘边";反之,当研抛模部分露出工件边缘较多时,由于相对压力增大,使边缘区域去除量增加,工件发生"塌边"[3,4]。这两种现象都使工件边缘去除量难以控制,严重阻碍面形误差收敛,称为边缘效应。研抛模露边时的压力分布情况如图 3.31 所示。

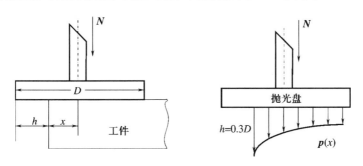

图 3.31　研抛模露边时的压力分布

研抛模在露边的情况下持续向工件边缘移动,每通过一个新的位置,研抛模的压力分布情况都要发生变化,也就是说研抛模在每一个位置都有一条相应的去除特性曲线。所以,工件表面的材料去除量是所有这些不同去除函数和驻留时间函数在路径上的卷积。

因此确定研抛模在露边情况下的压力分布是解决边缘效应的重要途径。

3.5.1　研抛盘露边时的压力分布

下面求解研抛盘露边时的压力分布:

如图 3.32 所示,工件盘半径为 R,圆心为 o_1,研抛盘半径为 r,圆心为 o,两盘

中心距为 d。取坐标系 xoy 为参考系,则两盘的方程为

$$\begin{cases} x^2 + y^2 = r^2 \\ x^2 + (y + d)^2 = R^2 \end{cases} \quad (3.24)$$

工件盘和研抛盘均视为刚体,若两表面准确接触,为了便于分析计算,假设在上下两面的接触范围内,压强分布具有线性关系(在一定误差范围内,在离边缘的距离不是很小的情况下是成立的):

$$p = p_0 + ky \quad (3.25)$$

式中,p 为研抛盘上点 (x,y) 的瞬时压强;

p_0 为研抛盘中心点的瞬时压强;

k 为瞬时压强线性分布的斜率。

如果假设研抛盘在压力 N 下作用于工件盘,在竖直方向根据力平衡以及在两盘接触面

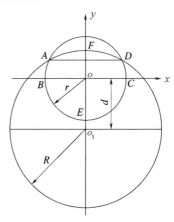

图 3.32　露边时研抛盘与工件盘的接触情况

积内根据 x 轴上下侧力矩平衡,就可以建立如下平衡方程:

$$\int_S p\mathrm{d}S = N \quad (3.26)$$

$$\int_{\mathrm{up}} yp\mathrm{d}S = \int_{\mathrm{down}} yp\mathrm{d}S \quad (3.27)$$

对式(3.24)求解,可以得出上下两盘的交点坐标:

$$\begin{cases} A_y = D_y = \dfrac{R^2 - r^2 - d^2}{2d} \\ A_x = -\sqrt{r^2 - A_y^2} \\ D_x = \sqrt{r^2 - D_y^2} \end{cases} \quad (3.28)$$

参照图 3.32,将式(3.26)、式(3.27)转化为

$$\int_{ADE} p\mathrm{d}S + \int_{ADF} p\mathrm{d}S = N \quad (3.29)$$

$$\int_{BCDA} yp\mathrm{d}S + \int_{ADF} yp\mathrm{d}S = \int_{BCE} - yp\mathrm{d}S \quad (3.30)$$

由于工件盘上 y 坐标相同的区域压强相同,因此有

$$\begin{cases} \displaystyle\int_{ADE} p\mathrm{d}S = \int_{-r}^{A_y} (p_0 + ky) \cdot 2\sqrt{r^2 - y^2}\mathrm{d}y \\ \displaystyle\int_{ADF} p\mathrm{d}S = \int_{A_y}^{R-d} (p_0 + ky) \cdot 2\sqrt{R^2 - (y + d)^2}\mathrm{d}y \end{cases} \quad (3.31)$$

$$\begin{cases} \displaystyle\iint_{BCDA} ypdS = \int_0^{A_y} (p_0 y + ky^2) \cdot 2\sqrt{r^2 - y^2}\,dy \\[3mm] \displaystyle\iint_{ADF} ypdS = \int_{A_y}^{R-d} (p_0 y + ky^2) \cdot 2\sqrt{R^2 - (y+d)^2}\,dy \\[3mm] \displaystyle\iint_{BCE} (-y)pdS = \int_{-r}^{0} (-p_0 y - ky^2) \cdot 2\sqrt{r^2 - y^2}\,dy \end{cases} \tag{3.32}$$

由不定积分的性质,可以得到下面三个关系式:

$$\begin{cases} \displaystyle\int \sqrt{r^2 - y^2}\,dy = \frac{1}{2}r^2 t + \frac{1}{4}r^2 \sin 2t + C_1 \left(t = \arcsin \frac{y}{r} \right) \\[3mm] \displaystyle\int y\sqrt{r^2 - y^2}\,dy = -\frac{1}{3}(r^2 - y^2)^{\frac{3}{2}} + C_2 \\[3mm] \displaystyle\int y^2 \sqrt{r^2 - y^2}\,dy = \frac{1}{8}r^4 t - \frac{1}{32}r^4 \sin 4t + C_3 \left(t = \arcsin \frac{y}{r} \right) \end{cases} \tag{3.33}$$

将式(3.31)~式(3.33)代入式(3.29)、式(3.30),有

$$\begin{cases} \alpha p_0 + \beta k = N \\ \sigma p_0 + \tau k = 0 \end{cases} \tag{3.34}$$

式中,$\alpha = \left(t_r + \dfrac{\sin 2t_r}{2} + \dfrac{\pi}{2} \right) \cdot r^2 + \left(\dfrac{\pi}{2} - t_R - \dfrac{\sin 2t_R}{2} \right) \cdot R^2$

$$\beta = \left(t_R + \frac{\sin 2t_R}{2} - \frac{\pi}{2} \right) dR^2 - \frac{2}{3}(r^2 - A_y^2)^{\frac{3}{2}} + \frac{2}{3}\left[R^2 - (A_y + d)^2 \right]^{\frac{3}{2}}$$

$$\sigma = \frac{2}{3}\left[R^2 - (A_y + d)^2 \right]^{\frac{3}{2}} - \frac{2}{3}(r^2 - A_y^2)^{\frac{3}{2}} + \left(t_R + \frac{\sin 2t_R}{2} - \frac{\pi}{2} \right) dR^2$$

$$\tau = \left(\frac{\pi}{8} + \frac{t_r}{4} - \frac{\sin 4t_r}{16} \right) r^4 + \left(\frac{\pi}{8} - \frac{t_R}{4} + \frac{\sin 4t_R}{16} \right) R^4 + \left(\frac{3\pi}{2} - 3t_R - \frac{3\sin 2t_R}{2} \right)$$

$$d^2 R^2 - \frac{4d}{3}\left[R^2 - (A_y + d)^2 \right]^{\frac{3}{2}}$$

其中 $t_r = \arcsin \left(\dfrac{A_y}{r} \right)$,$t_R = \arcsin \left(\dfrac{A_y + d}{R} \right)$

式(3.34)的解为

$$\begin{cases} p_0 = \dfrac{\tau}{\alpha\tau - \beta\sigma} N \\[3mm] k = -\dfrac{\sigma}{\alpha\tau - \beta\sigma} N \end{cases} \tag{3.35}$$

将式(3.35)代入式(3.25)就有

$$p = \frac{\tau N}{\alpha\tau - \beta\sigma} - \frac{\sigma N}{\alpha\tau - \beta\sigma} y \tag{3.36}$$

根据式(3.36)就可以计算出研抛盘在露边情况下的压力分布情况。

例如,在一次实验中,$R = 50$mm、$r = 7.5$mm、$N = 19.60$N,令露边偏心率 $e_b = d/r$,那么就有 $d = r \times e_b$,在露边的情况下有 $R - r < d < R$,所以就有 $(R-r)/r < e_b < R/r$。

经过计算,在本例中 $5.67 < e_b < 6.67$,分别取露边偏心率 $e_b = 5.67$、$e_b = 5.90$、$e_b = 6.20$ 以及 $e_b = 6.50$ 做出压强分布曲线如图 3.33 所示。

从图 3.33 中可以看出:研抛盘上 y 坐标相同的点对应的压强相等,并且随着 y 的增大,压强呈线性增加;沿 x 轴方向压强处处相等;如果将研抛盘看成由环带组成,在同一个环带上,y 坐标的不同导致压强不相等,这必然导致了去除函数关于 x 轴的非对称性。

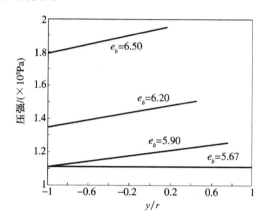

图 3.33　接触区域内压强分布曲线

在露边偏心率 $e = 5.67$ 时,压强分布特性线的斜率为零,说明压强均匀分布;随着露边偏心率的增大,压强分布特性线的斜率和截距也随着增大。

研抛盘同一个环带上由于压强的非对称性分布,导致了在露边的情况下,去除函数的非旋转对称性。很容易知道压强分布是关于 Y 轴对称的,那么去除函数的形状也是关于 Y 轴对称的。

3.5.2　边缘效应下的去除函数建模

要使边缘效应得到控制,最终要确定新情况下的去除函数。在解算出抛光盘露边时的压力分布以后,可以知道抛光模在任何位置时其上各点的压力分布情况,就可以准确地计算出各点的材料去除率。

1. 理论建模

双转子行星运动机构在露边下的运动关系如图 3.34 所示,其中工件的圆心为 o,半径为 R;o_1 为公转中心;o_2 为自转中心即研抛盘的中心;r_1 为公转半径,即偏心距;r_2 为研抛盘的半径;研抛盘的公转和自转角速度分别为 $\boldsymbol{\omega}_1$ 和 $\boldsymbol{\omega}_2$。研抛盘的作用范围即去除函数覆盖区域的半径,为 $r_1 + r_2$。

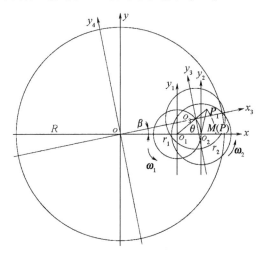

图 3.34　露边下的行星运动关系图

从图 3.34 分析露边情况下的压力关系。设工件上一点 M 在时间 $t = 0$ 时刻与研抛盘上的 P 点重合,经过时间 t,P 点运动到 P_1 点,此时研抛盘的中心从 o_2 运动到 o_3。设 $\angle P_1 o_1 o_2 = \theta$,$\angle o_3 o o_1 = \beta$,工件中心与公转中心的距离为:$o o_1 = D$;工件中心到 P 点的距离为:$oP = R_1 = D + r$,r 为 P 点到公转中心的距离。

在 $\triangle o_3 o o_1$ 中,根据正弦定理,得

$$\beta = \arctan\left(\frac{r_1 \sin\theta}{D + r_1 \cos\theta}\right) \qquad (3.37)$$

β 即为坐标系 xoy 到坐标系 $x_3 o y_4$ 的方向角。

点 P 在坐标系 xoy 的坐标为 $(R_1, 0)$,根据坐标转换,可以求出点 P 在坐标系 $x_3 o y_4$ 的坐标:

$$P' = \begin{bmatrix} \cos\beta & -\sin\beta \\ \sin\beta & \cos\beta \end{bmatrix}^{-1} \begin{bmatrix} R_1 \\ 0 \end{bmatrix} \qquad (3.38)$$

将点 P 在坐标系 $x_3 o y_4$ 的坐标转化到坐标系 $x_3 o_3 y_3$ 中,首先需求出 $o o_3$ 的距离,根据正弦定理,有

$$oo_3 = \frac{r_1}{\sin \beta}\sin \theta \tag{3.39}$$

点 P 在坐标系 $x_3 o_3 y_3$ 中的坐标为

$$\begin{cases} P''_x = P'_x - oo_3 \\ P''_y = P'_y \end{cases} \tag{3.40}$$

将式(3.39)、式(3.40)代入到式(3.36),得

$$P(r) = \frac{\tau N}{\alpha \tau - \beta \sigma} - \frac{\sigma N}{\alpha \tau - \beta \sigma} \cdot P''_x \tag{3.41}$$

由图 3.34,得到研抛盘露边时,θ 的极限值为

$$\theta_0 = \pi - \arccos\left(\frac{D^2 + r_1^2 - (R - r_2)^2}{2Dr_1}\right) \tag{3.42}$$

当 $\theta < \theta_0$ 时,$P(r) = \dfrac{\tau N}{\alpha \tau - \beta \sigma} - \dfrac{\sigma N}{\alpha \tau - \beta \sigma}P''_x$。

当 $\theta \geqslant \theta_0$ 时,$P(r) = \dfrac{N}{\pi r_2^2}$。

我们已经得到了工件上任一点的去除量和运动速度的关系:

$$V^2(r) = (\omega_1^2 + \omega_2^2)r^2 + r_1^2 \omega_2^2 + 2r^2 \omega_1 \omega_2 - 2rr_1(\omega_2^2 + \omega_1 \omega_2)\cos\theta \tag{3.43}$$

由式(3.43)和 $\mathrm{d}t = \mathrm{d}\theta/\omega_1$,得去除函数为

$$R(r) = K\int_{-\theta_1}^{\theta_1} pv(r) \cdot \mathrm{d}\theta \tag{3.44}$$

其中 θ_1 的取值如下:

当 $r_1 \leqslant r_2$ 且 $r \leqslant r_2 - r_1$ 时,$\theta_1 = \pi$;

当 $r_1 > r_2$ 且 $r < r_1 - r_2$ 时,$\theta_1 = 0$;

其他情况时,$\theta_1 = \arccos\left(\dfrac{r_1^2 + r^2 - r_2^2}{2r_1 r}\right)$。

综合考虑式(3.41)和式(3.42)中 θ 的取值范围,分以下几种情况讨论:

当 $\theta_0 \leqslant \theta_1$ 时,去除函数为

$$R(r) = K\left[2\int_{-\theta_1}^{-\theta_0} pv(r)\mathrm{d}\theta + \int_{-\theta_0}^{\theta_0} p(r)v(r)\mathrm{d}\theta\right] \tag{3.45}$$

当 $\theta_0 > \theta_1$ 时,去除函数为

$$R(r) = K\left[2\int_{-\theta_0}^{-\theta_1} Pv(r)\mathrm{d}\theta + \int_{-\theta_1}^{\theta_1} p(r)v(r)\mathrm{d}\theta\right] \tag{3.46}$$

2. 仿真结果和实验验证

根据以上推导出的计算公式,可以求出去除区域上任一点的去除量,因此理

论上可以求出整个去除区域的去除量。但事实上，$R(r)$ 是一超越函数，所以不能求出其解析解，只能求数值解。利用复化梯形求积公式进行数值计算，将计算结果绘图，其中图 3.35 为去除函数的三维形貌图，图 3.36、图 3.37 分别为沿 x、y 方向的去除函数二维图。仿真时所用到的参数如下：自转速度 $-70\mathrm{r/min}$，公转速度 $103\mathrm{r/min}$，抛光盘半径 $13.5\mathrm{mm}$，偏心率 0.8，工件半径 $50\mathrm{mm}$，露边 $5\mathrm{mm}$，压强为 $8.192\mathrm{N/cm^2}$。

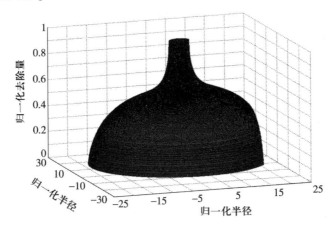

图 3.35　露边下的去除函数 3D 仿真图

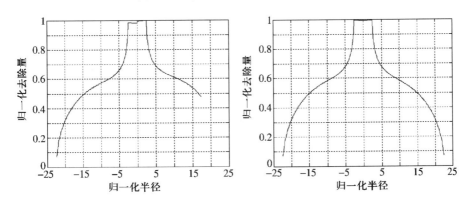

图 3.36　沿 x 方向的仿真去除函数特性曲线　图 3.37　沿 y 方向的仿真去除函数特性曲线

从仿真结果可以看出：

去除函数关于 y 轴不对称，即沿 x 方向不对称；去除函数关于 x 轴对称，即沿 y 方向对称。这一特点与在边缘效应下的压强分布的特点相吻合，即抛光盘上 x 坐标相同的点对应的压强相等。如果将抛光盘看成由环带组成，在同一环带上,由于 x 坐标的不同导致压强不相等,这必然导致了去除函数关于 y 轴的非对称性。在工件边缘,由于抛光盘处于露边情况,压强增大,导致边缘去除量增大。同时,很容易知道压强分布是关于 x 轴对称的,那么去除函数的形状也是关于 x 轴对称的。

为了验证仿真算法的正确性,我们使用与仿真相同的参数进行了实验。抛光液为氧化铈,浓度(固液比)为 $1:8$,用双转子机构抛光,时间为 15min。检测设备为装有分辨力为 $0.01\ \mu m$ 电感测微仪的气浮测量平台。

对实验结果进行归一化处理,给出沿 x 方向和 y 方向的去除函数特性曲线。

将采集到的数据处理后和仿真结果进行比较,我们发现,无论是在 x 方向还是在 y 方向上,实验曲线和仿真曲线都具有很好的相似性,说明了基于压力分布的仿真算法的正确性。

观察 y 方向的实验曲线,其具有很好的对称性,但是比理论仿真曲线在中心区域更加尖锐,如图 3.38 所示。

观察 x 方向的实验曲线(图 3.39),其不对称性更加明显,而且在边缘处,去除量急剧增大,在边缘处形成了一个棱带。这主要是由于在工件边缘,抛光盘引起的压力分布非线性现象显著(参见图 3.31)。越靠近露边的边缘,这种非线性越明显,因此在边缘处压力会急剧增大,造成去除量的增大,如图 3.39 所示。之所以与仿真结果有所不同,是因为仿真时作了压力分布线性的假设。

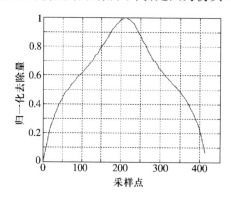

图 3.38　沿 y 方向归一化实验曲线　　图 3.39　沿 x 方向归一化实验曲线

在实际加工中,我们应选择合适的研抛盘及抛光参数,使其更加接近 Preston 假设条件。

可以从加工的角度出发,提出在露边情况下的合适的去除函数特性,对其进行补偿,使之适合加工的需要。同时,可以结合轨迹规划、驻留时间算法指导在

露边情况下的实际加工。技术人员为有效地控制"边缘效应",作了大量的工作,总结出如下一些经验[5]:

（1）研抛盘漏边最多不超过研抛盘直径的1/3;

（2）尽量提高研抛盘在工作边缘的运行速度,减少研抛盘单次抛光时间,实行快速多次的去除方法;

（3）采用不同形状的研抛盘。试验证明,在采用相同运动参数的前提下(如平转动),方形研抛盘具有较好的边缘抛光效果,圆形的研抛盘抛光效果次之,而菱形研抛盘的抛光效果最差;

（4）尽量通过算法设计补偿压力和覆盖时间变化引起的去除函数变化。

更为实用的方法就是用适当的材料为被加工的零件镶一个边框来减小边缘效应的影响。

3.6　光学表面小尺度制造误差的产生原因与修正方法

一般来说,计算机控制小工具研抛后会在光学表面留下微小的波纹,即小尺度制造误差。光学表面的小尺度制造误差在 CCOS 加工中会降低面形误差收敛效率,在光学零件使用中会降低成像光学系统的分辨率,其产生的散射会造成能量损失,降低系统的性能。本节在分析小尺度误差产生原因的基础上,提出两种有效修正小尺度制造误差的方法——全口径均匀抛光修正法和确定区域修正法。

3.6.1　小尺度制造误差的产生原因与评价方法

1. 光学表面小尺度制造误差的产生原因

计算机控制小工具研抛技术的突出优点是研抛盘能够有效地跟踪非球面表面形状的变化,从而去除低频面形误差。然而,小工具研抛后会在光学表面留下微小的波纹(小尺度制造误差)[4,17]。产生这种小尺度制造误差的主要原因有以下四点:

（1）CCOS 的卷积效应[17,20],在数控加工中,研抛工具是以一定的进给步距沿一定的轨迹作进给运动的,由于研抛盘具有一定尺寸,对运动轨迹之外的区域有材料去除作用,轨迹上相邻点的卷积作用造成波浪形残留误差的产生;

（2）初始面形误差频率成分的影响,或者说去除函数对初始面形各尺度误差的修正能力不足;

（3）实际加工中由于研抛盘转速和驻留时间的不匹配，不能保证去除函数在全部驻留点都具有理论上的回转对称形状；

（4）研抛过程中不易控制的其他因素，如研抛盘的磨损、温度的变化、研抛液浓度的变化等。

对于小尺度制造误差产生的前两个原因，在面形误差修正过程中应选择能够降低"卷积效应"影响和对面形误差有较强修正作用的去除函数参数。而对于后两个原因，加工过程中去除函数回转对称性的变化、研抛盘的磨损、温度，研抛液浓度等参数的变化不可避免，因此只能寻找在小尺度制造误差出现后消除它的有效方法。

2. 光学表面小尺度制造误差的评价方法[1,4,50,52 - 54]

传统光学系统广泛采用波前峰谷值、均方根值或 Zernike 多项式来评价光学表面质量，波前峰谷值、均方根值均不包含误差的频率分布信息，而 Zernike 多项式是定义在单位圆内的正交多项式集，不适于分析非圆孔径，主要分析低频像差，中频和高频误差只以高阶残差的形式表征。因此，这些传统的评价指标缺乏定量化的频谱描述功能，难以提供丰富的波前误差信息（特别是中频误差信息）用以评价光学零件表面误差是否达到要求。为解决这一问题，人们提出了光学表面误差的波前功率谱密度（Power Spectral Density，PSD）评价方法。

波前 PSD 是一种描述波前信息的新方法，其本质是 Fourier 频谱分析，可以定量地给出光学零件波前误差的空间频率分布。由于一维 PSD 可以很容易地扩展到二维，我们仅限于一维情形。根据功率谱密度的基本定义，波前 PSD 定义为波前各频率分量 Fourier 频谱振幅的平方，其一维的定义形式为

$$\text{PSD}(\omega_i) = \frac{[E(\omega_i)]^2}{\Delta\omega} \tag{3.47}$$

式中，ω_i 为空间频率；

$\Delta\omega$ 为频率间隔；

$E(\omega_i)$ 为波前误差函数 $\text{err}(x)$ 关于频率 ω_i 的 Fourier 振幅。

$$E(\omega) = \int_0^L \text{err}(x)\,e^{-i\omega x}\,\mathrm{d}x \tag{3.48}$$

式中，L 为采样长度（等于采样点数 N 与采样间隔 Δx 的乘积）。

J. M. Elson 等的研究表明[52]：PSD 曲线下任意频段的"面积"等于该频段内误差的均方根值的平方。由此，考察频段内误差的均方根值可以由下式求取：

$$\text{RMS} = \sqrt{(\Delta\omega) \times \sum_{i=1}^{N} \text{PSD}(\omega_i)} \tag{3.49}$$

至此,已经建立起评价光学表面误差的新方法。应用式(3.47)~式(3.49),可以计算出我们关心的频段内波前误差的含量。目前光学界还没有对低、中、高频误差划分的统一方法,例如 QED 公司提到的对一米量级口径光学元件的频段划分方法是低、中、高频误差的空间周期分别为 $>D/5$、$D/5 \sim D/30$、$< D/30$(D 为光学零件口径),而 NIF 中光学零件的频段划分方法是低频、中频 1、中频 2、高频误差的空间周期分别为 $>33\text{mm}$、$33 \sim 2.5\text{mm}$、$2.5 \sim 0.12\text{mm}$、$< 0.12\text{mm}$。我们所关心的小尺度制造误差的空间周期定为全口径内小于 5 个周期的误差。

3.6.2 小尺度制造误差的全口径均匀抛光修正法

1. 全口径均匀抛光修正法的基本思想

对于光学表面存在的小尺度制造误差,一般的修正方法是用尺寸较大、硬度较大的抛光盘对整个光学表面进行均匀抛光。其原理是硬度较大的抛光盘在光学表面运动,实际上对光学表面误差起到低通滤波的作用,从而有效修正小尺度制造误差。全口径均匀抛光修正法的基本思想是:首先对面形误差数据进行 PSD 测试分析,然后选择能够消除不合格频段误差的工艺参数,最后对整个光学表面进行均匀抛光加工(符合基于最大熵原理的研抛加工设计准则),直到小尺度制造误差满足要求。图 3.40 是小尺度制造误差全口径均匀抛光修正法的流程图。

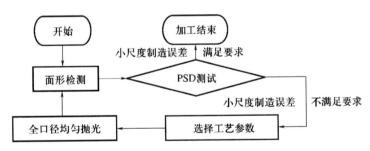

图 3.40 小尺度制造误差的全口径均匀抛光修正法流程

2. 工艺参数对小尺度制造误差的修正能力分析

全口径均匀抛光修正法的关键步骤是选择工艺参数,这里的工艺参数主要包括抛光盘的硬度、尺寸和运动方式。其中,抛光盘的尺寸及运动方式对小尺度制造误差的修正作用影响很大,本节仅讨论抛光盘的尺寸及其运动方式对小尺度制造误差的修正能力。

均匀抛光常用的抛光盘运动方式是抛光盘自旋转的同时以一定的速度在光学表面移动,如图3.41所示。其中,o为自转中心,即抛光盘的中心;r_0为抛光盘的半径;抛光盘的自转角速度为ω;抛光盘的平移速度为v_0。设z方向为抛光盘与工件接触面的垂直方向,将抛光盘通过区域的去除函数转换成y方向上的一维函数,称为转移函数。下面建立转移函数的数学表达式。

考察点P为研抛区域内的任意一点,抛光盘上与P点重合的点的相对运动速度v等于其自转线速度与平移速度之和,即

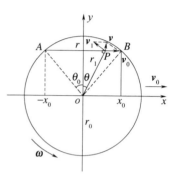

$$v = v_1 + v_0 \quad (3.50)$$

v的标量可表示为

$$v^2 = v_1^2 + v_0^2 - 2v_1v_0\cos\theta \quad (3.51)$$

又由$v_1 = r_1\omega, r_1 = \sqrt{r^2 + x^2}$,得

$$v^2 = (r^2 + x^2)\omega^2 + v_0^2 - 2r\omega v_0 \quad (3.52)$$

设抛光盘平移速度与抛光盘边缘自转线速度的比值为$f = v_0/\omega r_0$,称为速度比。上式整理后得P点的相对运动速率:

图3.41　抛光盘的运动分析

$$v = \omega\left[r^2 + x^2 + r_0^2 f^2 - 2rr_0 f\right]^{1/2} \quad (3.53)$$

在压力恒定且分布均匀、抛光过程中工艺参数不变的条件下,由Preston方程和$\mathrm{d}t = \mathrm{d}x/v_0$,得到$r$处的材料去除量为

$$R(r) = \frac{Kp\omega}{2r_0}\int_{-x_0}^{x_0}\left[r^2 + x^2 + r_0^2 f^2 - 2rr_0 f\right]^{1/2}\mathrm{d}x \quad r\in\left[-r_0, r_0\right] \quad (3.54)$$

其中$x_0 = \sqrt{r_0^2 - r^2}$。

由P点的任意性知,式(3.54)即为自转抛光盘的转移函数。

对式(3.54)进行傅里叶变换,可以得到$R(r)$的频谱:

$$R_F(\omega) = \int_{-r_0}^{r_0}R(r)\mathrm{e}^{-\mathrm{i}\omega r}\mathrm{d}r \quad (3.55)$$

当参数选取为抛光盘半径$r_0 = 25\mathrm{mm}$、速度比$f = 0.02$时,归一化的转移函数及其幅值频谱图分别如图3.42(a)、(b)所示。我们选取谱线下降到中心峰值的5%处对应的空间频率为阻带截止频率,用ω_z表示(图3.42中$\omega_z = 0.0171\mathrm{mm}^{-1}$)。记$\lambda_z = 1/\omega_z$,其物理含义为阻带截止频率对应的空间波长,简称截止波长(图3.42中ω_z对应的$\lambda_z = 58.4795\mathrm{mm}$),将转移函数看作是一个低通滤波器,它能够对垂直于加工轨迹方向的空间波长小于λ_z的误差进行有效减小或消除。

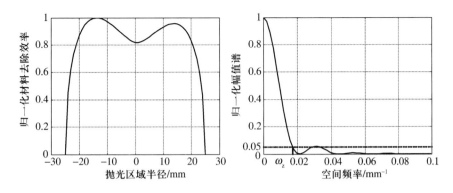

（a）归一化转移函数　　　　（b）归一化幅值频谱图

图 3.42　$r_0 = 25\text{mm}$、$f = 0.02$ 时归一化转移函数及其幅值频谱图

转移函数阻带截止频率（或截止波长）只与抛光盘半径 r_0 和速度比 f 有关。可采用单因素试验法，分别建立速度比 f、抛光盘半径 r_0 与转移函数截止波长 λ_z 的关系，并对不同工艺参数对小尺度制造误差的修正能力和加工应用情况进行讨论。

3. 速度比对小尺度制造误差修正能力的影响

速度比与转移函数截止波长 λ_z 的关系可以通过计算机仿真得到。当抛光盘半径为 $r_0 = 25\text{mm}$ 时，得到的不同速度比条件下的转移函数形状如图 3.43 所示，速度比 f 对截止波长 λ_z 的影响规律如图 3.44 所示。

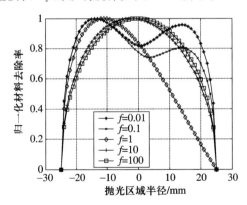

图 3.43　不同速度比条件下的转移函数形状（$r_0 = 25\text{mm}$）

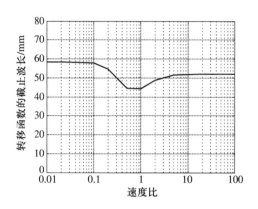

图 3.44　速度比对转移函数截止波长的影响($r_0 = 25\text{mm}$)

从图 3.43 和 3.44 中可以看出,抛光盘尺寸一定,当速度比 $f \leqslant 0.1$ 时,抛光盘的平移速度相对较小,转动速度占主导,获得的转移函数截止波长较大,即此时能够修正的小尺度制造误差波长范围较大;当速度比 $f = 0.7$ 时,转移函数形状的对称性很差,可以看出此时转移函数的截止波长最小,即此时能够修正的小尺度制造误差波长范围最小;当速度比 $f > 0.7$ 时,转移函数的截止波长随速度比的增大而增大,但增大到一定程度(抛光盘的转动速度可忽略,平移速度占主导)时去除函数形状非常相近,截止波长也不再继续增加,而是趋于一局部极大值,此时的极大值比 $f \leqslant 0.1$ 时的截止波长小。

综合上述分析,抛光盘尺寸一定时,仅从截止波长角度考虑,速度比范围应选择为 $f \leqslant 0.1$。考虑到 $f < 0.01$ 时抛光盘的平移速度太慢,会带来总加工时间延长等问题,因此我们得到在实际加工中优化的速度比范围为 $0.01 \leqslant f \leqslant 0.1$,此时转移函数的截止波长较大,即具有较强的修正小尺度制造误差的能力。

4. 抛光盘尺寸对小尺度制造误差修正能力的影响

抛光盘尺寸与转移函数截止波长 λ_z 的关系可以通过计算机仿真得到。选取优化范围内的速度比为 $f = 0.05$ 时,得到的不同抛光盘直径对转移函数截止波长 λ_z 的影响规律如图 3.45 所示。

从图 3.45 中可以看出,速度比一定时,转移函数的截止波长随抛光盘尺寸的增大而增大,即去除函数尺寸越大,其修正小尺度制造误差的范围越大。

从图 3.45 中,还得到了速度比 $f = 0.05$ 时截止波长与抛光盘直径的定量关系。对图中的各点数据,采用最小二乘法拟合,得

$$\lambda_z = 1.14d_0 + 1.12 \tag{3.56}$$

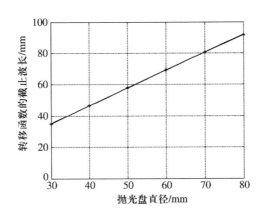

图 3.45　抛光盘尺寸对转移函数截止波长的影响($f = 0.05$)

由数据求出 λ_z 与 d_0 的线性相关系数：

$$r_{\lambda_z d_0} = 0.9999$$

这表明 λ_z 与 d_0 呈线性关系。这样一旦选定 d_0,就可以得到 λ_z,反过来,要有效修正波长为 λ_z 的小尺度制造误差,我们可以选择对应的抛光盘直径 d_0。

增加抛光盘尺寸固然会修正较长波长的小尺度制造误差,但是抛光盘尺寸的增加会使抛光盘与光学非球面的不吻合程度增加,使面形精度遭到破坏,因此在对光学表面小尺度制造误差进行修正加工时,应慎重地选择抛光盘尺寸。

5. 抛光盘尺寸上限的选择

在加工非球面时,若使用大尺寸、大硬度抛光盘,可以先将抛光盘制作成与光学表面某一接触区域完全吻合,当抛光盘运动到与自身不吻合的区域时,若抛光盘自身的变形跟不上光学表面曲率变化,就会对面形精度产生破坏,破坏的程度与抛光盘的硬度、抛光盘与光学表面的不吻合程度相关。抛光盘硬度的影响可以通过实验的方法确定,本节仅讨论抛光盘尺寸与非球面各点不吻合度变化量的关系。

抛光盘与非球面元件的位置关系如图 3.46 所示,设回转非球面的母线方程为 $y = f(x)$;根据高等数学知识,抛光盘所在位置点 $M(x, y)$ 处的曲率为

$$K_M = \frac{|y''_{x^2}|}{(1 + y'^2_x)^{\frac{3}{2}}} \tag{3.57}$$

点 $M(x, y)$ 处的曲率半径为

$$R_M = \frac{1}{K_M} = \frac{(1 + y'^2_x)^{\frac{3}{2}}}{|y''_{x^2}|} \tag{3.58}$$

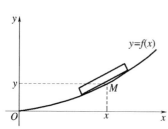

图 3.46　抛光盘与工件表面的位置关系

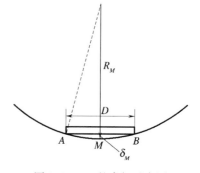

图 3.47　δ_M 的求解示意图

为求抛光盘与非球面不吻合度的变化量,可以假设抛光盘表面为平面,由于抛光盘相对于光学元件口径仍属小工具,其在点 $M(x,y)$ 处与非球曲面的最大不吻合度 δ_M(最大间隙)可以近似按照球冠高度计算,简化示意图如图 3.47 所示。

$$\delta_M \approx R_M - \sqrt{R_M{}^2 - \left(\frac{d_0}{2}\right)^2} \tag{3.59}$$

式中,d_0 为抛光盘直径。

按照式(3.59)可以计算出抛光盘在曲面不同位置处的不吻合度:

$$\delta(x) = R(x) - \sqrt{R^2(x) - \left(\frac{d_0}{2}\right)^2} \tag{3.60}$$

不吻合度的最大变化量为

$$\Delta\delta = \delta_{\max} - \delta_{\min} \tag{3.61}$$

下面以空间光学系统常用的抛物面光学元件为例,介绍抛光盘与光学元件表面不吻合度最大变化量的求解过程。设抛物面母线方程为

$$y = f(x) = \frac{x^2}{2p} \tag{3.62}$$

其中,p 为顶点曲率半径。

又由 $y'_x = \dfrac{x}{p}$,$y''_x = \dfrac{1}{p}$,得到曲率半径与 x 坐标的关系:

$$R(x) = \frac{(1 + y'_x{}^2)^{\frac{3}{2}}}{|y''_x|} = \frac{\left(1 + \dfrac{x^2}{p^2}\right)^{\frac{3}{2}}}{\dfrac{1}{p}} = \frac{1}{p^2}(p^2 + x^2)^{\frac{3}{2}} \tag{3.63}$$

进一步可求得抛光盘与光学元件表面不吻合度:

$$\delta(x) \approx R(x) - \sqrt{R^2(x) - \left(\frac{d_0}{2}\right)^2} =$$

$$\frac{1}{p^2}(p^2 + x^2)^{\frac{3}{2}} - \sqrt{\frac{(x^2 + p^2)^3}{p^4} - \frac{d_0^2}{4}} \tag{3.64}$$

当抛物面口径为 200mm（即 $x = 0 \sim 100$mm）、参数 $p = 1400$mm、抛光盘直径 $d_0 = 50$mm 时，R 与 x、δ 与 x 的关系如图 3.48 所示。

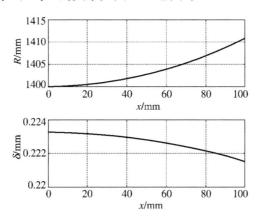

图 3.48 R 与 x、δ 与 x 的关系曲线

由于 δ 随 x 单调递减，抛光盘与光学元件表面不吻合度 δ 的最大变化量为

$$\Delta\delta = \delta_{max} - \delta_{min} = \delta(x_{max}) - \delta(x_{min}) = \delta(100) - \delta(0) = 1.70\mu m$$

我们以单位距离内不吻合度 δ 的最大变化量来衡量不吻合度变化的快慢程度，以下式表示：

$$\Delta\delta_u = \max|\delta'_x(x)| = |\delta(100) - \delta(99)| = 3.36 \times 10^{-2}\mu m$$

改变抛光盘直径 d_0，可以得到相应的 $\Delta\delta$ 和 $\Delta\delta_u$，由此可以建立 $\Delta\delta$、$\Delta\delta_u$ 与 d_0 的关系，如图 3.49 所示。

从图 3.49 中可以看出，抛光盘直径越大，抛光盘与工件表面不吻合度的最大变化量 $\Delta\delta$ 和单位距离内不吻合度的最大变化量 $\Delta\delta_u$ 也越大，为了使抛光盘尺寸和硬度的增加不致带来对面形精度的破坏，可以选择 $\Delta\delta_u > 0.04\mu m$，之后将在均匀抛光过程中对面形精度有较大影响，此时对应上述条件下的抛光盘尺寸为 54.6mm，这就是均匀抛光加工抛光盘的上限尺寸。

6. 全口径均匀抛光修正法的应用案例

为了检验全口径均匀抛光修正法的有效性，我们对一块 $\phi200$mm $f/3.5$ K9 玻璃抛物面镜进行了全口径均匀抛光加工。所采用的工艺参数见表 3.9。图

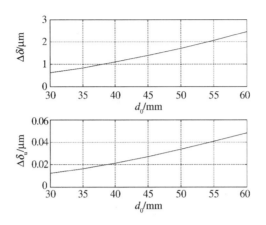

图 3.49　$\Delta\delta$ 与 d_0、$\Delta\delta_u$ 与 d_0 的关系曲线

3.50 为全口径均匀抛光前后面形误差检测结果(由于该镜非球面度很小,干涉检测时采用了球面检测光路),图 3.51 为全口径均匀抛光前后 PSD 测试结果对比。

表 3.9　全口径均匀抛光的主要工艺参数表

工艺条件	参数值	工艺条件	参数值
抛光盘直径	50 mm	抛光盘转速	80 r/min
抛光盘材料	沥青	平移线速度	628 mm/min
抛光液	H-3 氧化铈	速度比	0.05

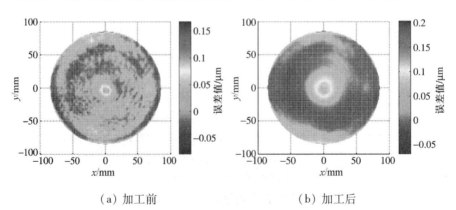

（a）加工前　　　　　　　　　　　（b）加工后

图 3.50　ϕ200mm 抛物面镜全口径均匀抛光前后面形误差检测结果

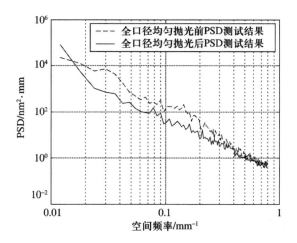

图 3.51　φ200mm 抛物面镜全口径均匀抛光前后 PSD 测试结果对比

按照式(3.56),速度比为 0.05 时 50mm 直径的抛光盘可以有效修正空间波长小于 $\lambda_z = 1.14 \times 50 + 1.12 \approx 58\text{mm}$ 的误差。从全口径均匀抛光前后的面形误差结果可以得到,均匀抛光之后,全口径面形误差 PV 值稍有变差,由 0.26μm 变为 0.28μm,而从 PSD 测试结果可以看出,空间波长在 2~58mm 的误差含量均有明显降低,经计算,2~58mm 的误差含量从 15.0nm 下降到 7.7nm RMS。实验结果表明,全口径均匀抛光修正法是可行的,其参数选择方法是正确的。

为了检验不同尺寸抛光盘对小尺度制造误差的修正能力,我们又在 φ200mm 球面镜和 φ500mm 抛物面镜上在优化的速度比范围内做了全口径均匀抛光加工实验。图 3.52、图 3.53 分别示出了 φ200mm 球面镜用 φ30mm 和 φ40mm 抛光盘均匀抛光前后的面形检测结果及 PSD 曲线变化情况。图 3.54、图 3.55 分别示出了 φ500mm 抛物面镜用 φ50mm 和 φ100mm 抛光盘均匀抛光前后的面形检测结果及 PSD 曲线变化情况。

根据 PSD 曲线变化情况,将抛光盘尺寸与能够修正误差中的最长波长的关系绘制于图 3.56 中,可以看出,实际得到的抛光盘尺寸与能够修正误差的最长波长的关系与分析结果吻合得较好,在实际修正小尺度制造误差时,可以根据此关系选择抛光盘尺寸。

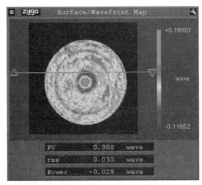

(a) 均匀抛光前

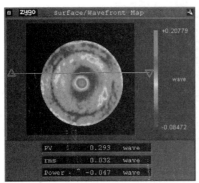

(b) ϕ30mm抛光盘均匀抛光后

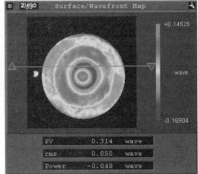

(c) ϕ40mm抛光盘均匀抛光后

图 3.52　ϕ200mm 球面镜均匀抛光前后的面形检测结果

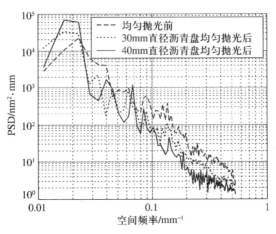

图 3.53　ϕ200mm 球面镜 PSD 曲线变化情况

　光学非球面镜可控柔体制造技术

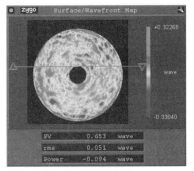

(a)均匀抛光前

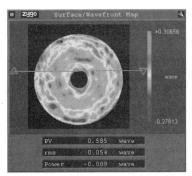

(b) φ50mm抛光盘均匀抛光后

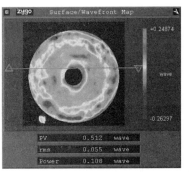

(c) φ100mm抛光盘均匀抛光后

图 3.54   φ500mm 抛物面镜均匀抛光前后的面形检测结果

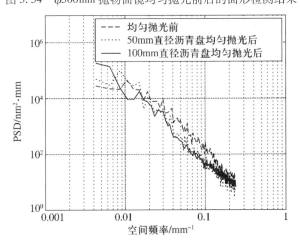

图 3.55   φ500mm 抛物面镜 PSD 曲线变化情况

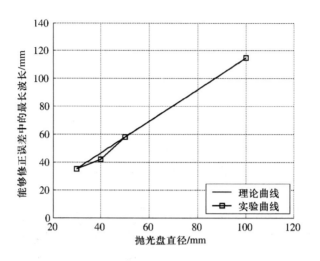

图 3.56　抛光盘尺寸与能够修正误差中的最长波长的关系

3.6.3　小尺度制造误差的确定区域修正法

1. 确定区域修正法的基本思想

在小工具加工过程中,一般来说,中频误差会遍及整个工件表面,但是,中频误差在不同区域的含量是有所不同的,在小工具停留时间长的区域(加工前局部高点),中频误差含量会比较大,在小工具停留时间短或不停留的区域,中频误差含量相对较小。由此,在计算机控制小工具抛光过程中,光学表面上各频段误差在不同区域的含量不同的情况是经常存在的。当小尺度制造误差主要存在于大口径光学元件表面的某一局部区域时,采用全口径均匀抛光修正法加工效率较低。

对于光学元件表面的小尺度制造误差,一般采用波前功率谱密度(PSD)对光学表面进行评价,但 PSD 仅仅是一种评价指标,不能给出特定频段误差在光学元件表面存在的具体位置,因而不能对特定频段误差的确定性消除加工进行指导。确定区域修正法正是以此为背景提出来的。其基本思想是:首先对面形误差数据进行 PSD 测试分析,找到不合格的频率点,然后利用小波变换找到不合格频段误差对应的区域,最后基于最大熵原理选择抛光盘尺寸、运动方式等工艺参数进行修正加工,直到小尺度制造误差满足要求。图 3.57 是确定区域修正法的流程图。

应用确定区域修正法修正小尺度制造误差时,应以保证整体面形误差不明

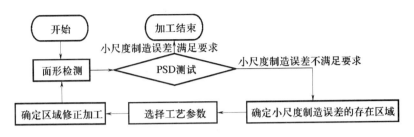

图 3.57　小尺度制造误差的确定区域修正法流程

显变差为前提,若修正完局部小尺度制造误差后,面形误差明显变差,一般还要对整个面形进行必要的修正。确定区域修正法中的关键步骤有两个:①利用小波变换确定中频误差的存在区域;②工艺参数的选择。本书重点阐述确定区域修正法工艺参数的选择方法,对特定频段误差存在区域的确定方法可以参考文献[33]。

2. 确定区域小尺度制造误差的修正实验

为验证确定区域修正法控制中频误差的有效性,我们在 ϕ100mm K9 玻璃平面镜上做了相关实验。图 3.58 为确定区域修正加工前后的误差分布图,图 3.59 为确定区域修正加工前后的 PSD 测试曲线对比,根据加工前 PSD 曲线选定一个中心频率是 0.28mm^{-1} 的不合格频段(图 3.59 中箭头标出处),图 3.60 为利用小波方法计算出的该频段误差在不同区域的权重,由此确定出该频段误差主要存在的区域是直径为 55mm 的中心区域。确定区域修正加工主要参数是:抛光盘材料为聚氨酯,直径为 60mm,偏心率为 0.1,公转速度为 30r/min,转速比为 -1。

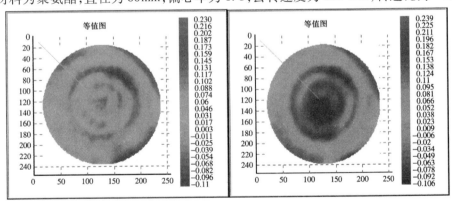

（a）加工前　　　　　　　　　　　　　　（b）加工后

图 3.58　确定区域修正加工前后的误差分布图

经过确定区域抛光加工1.5min后的误差分布和PSD曲线分别见图3.58(b)和图3.59,加工后面形精度稍有下降(加工前后峰谷值分别为0.34λ和0.345λ,RMS值分别为0.069λ和0.081λ),同时0.28mm^{-1}频率误差的含量大大降低(PSD值从14.8nm^2·mm下降到3.7nm^2·mm),从而说明确定区域修正法可以用于控制光学表面的中频误差,且其效率较高。

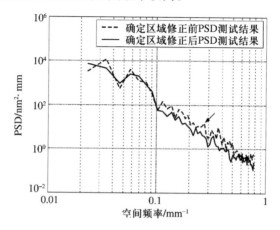

图3.59　确定区域修正加工前后的PSD测试曲线对比

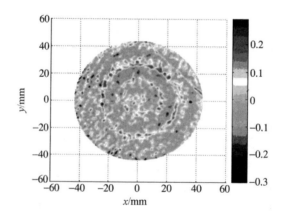

图3.60　修正前0.28mm^{-1}频段误差在不同区域权重

3.7　大中型非球面研抛加工控制策略及实验

首先提出大中型非球面的考虑全口径、全波段面形误差控制和整体加工效率的研抛加工控制策略,然后重点介绍了我们利用 AOCMT 机床加工 $\phi500\mathrm{mm}$ 抛物面镜的研磨抛光过程与检测结果。

3.7.1　制造工艺路线和研抛加工控制策略

1. 大中型非球面的制造工艺路线

大中型非球面的制造过程分为毛坯铣磨成形、计算机控制研磨和计算机控制抛光三个步骤。图 3.61 为大中型非球面优化的制造工艺流程。在铣磨成形中,为了提高整体加工效率,应尽可能提高铣磨精度,同时控制铣磨损伤深度;在计算机控制研磨中,首先去除铣磨损伤层,然后修正占较大比重的环带误差(若局部误差大,还应修正局部误差),在该阶段后期应重点控制亚表面损伤深度,提高表面质量;在计算机控制抛光中,首先去除研磨损伤层,然后修正低频局部误差和小尺度制造误差,最后均匀抛光,提高表面质量。

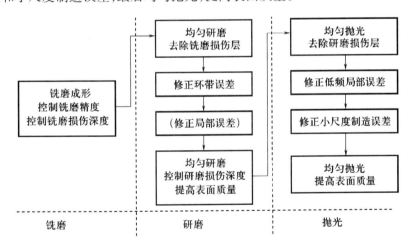

图 3.61　大中型非球面优化的制造工艺流程

总体控制策略如下:

1) 全口径面形误差控制策略

在全口径面形误差控制中,主要是解决边缘效应[4]问题。在 CCOS 加工过程中,边缘效应是由研抛工具运动到工件边缘时相对压力和覆盖时间发生了变化造成的。在 CCOS 加工过程中,一般保持工作压力恒定,而通过控制研抛盘在工件表面上的驻留时间来实现确定量加工。当研抛盘运动到工件边缘不露边时,由于边缘区域的加工时间少于中间区域,材料去除量减少,工件发生"翘边";反之,当研抛盘运动到工件边缘露边时,由于接触面积减少,工作压力不变,使相对压强增大,材料去除率增加,工件发生"塌边"。这两种现象都会使边缘材料的去除难以定量控制,对加工效率和面形误差的一致性产生极为不利的影响,称为边缘效应。

控制边缘效应的有效措施主要有两个:①对边缘去除函数精确建模,利用该模型指导实际的光学加工;②在加工时边缘预留一定的去除量,用更小的"研抛头"修正工件边缘误差。

2）全波段面形误差控制策略

全波段面形误差控制主要包括低频误差的快速收敛和中、高频误差(小尺度制造误差)的抑制与修正。

在低频误差的修正过程中,应选择具有较强修形能力的去除函数,以获得较快的面形误差收敛速度,同时选择能够抑制小尺度制造误差产生的工艺参数;对于已产生的小尺度制造误差,采用全口径均匀抛光修正法或确定区域修正法进行修正。

3）高效率加工控制策略

在研抛过程中,加工效率受材料去除效率、表面质量与亚表面损伤深度控制程度、面形误差收敛效率等因素综合影响。高效率加工控制策略是:在研抛初始阶段表面质量差、亚表面损伤层深度大、面形误差大时,选择材料去除效率高并且去除函数稳定性好的工艺参数,以使面形误差快速收敛;在研抛后期阶段,选择能够使表面质量提高、亚表面损伤深度降低的工艺参数。

2. 研磨阶段的控制策略

光学零件在铣磨成形后通常具有面形精度低、表面质量差、亚表面损伤深度大的特点。根据这些特点,为获得较高的整体加工效率,我们提出了不同研磨阶段的技术要求和参数选择结果,见表 3.10。

3. 抛光阶段的控制策略

抛光阶段应在提高表面质量的基础上对全波段面形误差进行快速有效控制。在抛光初始阶段,选择材料去除效率较高的工艺参数,快速去除研磨阶段的亚表面损伤层,提高表面质量,以进入干涉测量。在抛光中期阶段,利用面形误差收敛过程的优化控制方法,使面形误差快速收敛,利用全口径均匀抛光或确定区域法修正加工中产生的小尺度制造误差,必要时两个过程可交替进行,直至面形精度达到要求。在抛光后期阶段提高表面质量。表3.11列出了不同抛光阶段的技术要求、参数选择依据和参数选择结果。

表3.10 研磨阶段的控制策略

研磨阶段	技术要求	参数选择依据	参数选择结果
初期	去除铣磨刀痕和亚表面损伤层	工艺参数对材料去除效率的影响	1. 大尺寸、高硬度研磨盘; 2. 较大粒度磨料; 3. 高速度、高压强
中期	1. 修正回转对称误差; 2. 修正低频局部误差	1. 去除函数模型; 2. 边缘效应下的材料去除模型	1. 小尺寸研磨盘; 2. 其他参数根据误差大小确定
后期	1. 减小亚表面损伤深度; 2. 提高表面质量	1. 工艺参数对亚表面损伤深度的影响; 2. 工艺参数对表面粗糙度的影响	1. 低硬度研磨盘; 2. 较小粒度磨料; 3. 高速度、低压强

表3.11 抛光阶段的控制策略

抛光阶段	技术要求	参数选择依据	参数选择结果
初期	1. 提高表面质量; 2. 去除研磨阶段亚表面损伤层	工艺参数对材料去除效率的影响规律	1. 高硬度抛光盘; 2. 高速度、高压强
中期	1. 修正低频误差; 2. 修正小尺度制造误差	1. 工艺参数对去除函数稳定性的影响规律; 2. 去除函数的修形能力; 3. 卷积效应对残留误差的影响规律; 4. 工艺参数对误差收敛比的影响规律; 5. 边缘效应下的材料去除模型; 6. 小尺度制造误差的全口径均匀抛光修正法和确定区域修正法	1. 去除效率稳定的抛光盘; 2. 控制边缘效应——小尺寸抛光盘; 3. 修正小尺度制造误差——大尺寸、高硬度抛光盘; 4. 其他参数根据误差大小确定
后期	提高表面质量	工艺参数对表面粗糙度的影响规律	低硬度、流动性好的沥青抛光盘

3.7.2 ϕ500mm 抛物面镜加工实验[41]

我们在 AOCMT 机床上对 ϕ500mm $f/3$ K9 玻璃抛物面镜进行了研抛加工实验。参考空间相机主反射镜的要求,我们对抛物面镜小工具 CCOS 加工阶段提出的精度要求是:面形精度优于 $\lambda/25$ RMS,$\lambda=632.8$nm;表面粗糙度优于 2nm RMS;顶点曲率半径偏差小于 1.5mm(5‰)。小工具 CCOS 加工结束后,将利用磁流变抛光对其进行精度二次提升。

1. ϕ500mm 抛物面镜的研磨

ϕ500mm 抛物面镜的研磨是从铣磨成形后开始的。由于研磨阶段光学零件面形误差和表面粗糙度都较大,所以不能进行干涉测量。目前通常的测量方法有两种:①利用价格昂贵的红外干涉仪进行测量;②利用接触式位移传感器测得离散数据,然后经过数据处理获得定量的误差分布。我们专门开发的测量仪如图 3.62 所示,它采用空气静压导轨,用接触式点对点测量方法对非球面镜母线进行测量,传感器是量程为 25mm、分辨力为 5nm 的光栅传感器。抛物面镜的研磨加工方式为环带加工。图 3.63 是 ϕ500mm 抛物面镜铣磨后和依次用 ϕ160mm、ϕ100mm、ϕ50mm 研磨盘研磨后的面形检测结果。

图 3.62   研磨阶段的接触式检测实验装置

表 3.12 为三个研磨加工周期参数与结果,最后精度为:面形误差 PV 值 1.4920μm,顶点曲率半径 3001.2mm,偏差控制在 0.4‰,表面粗糙度 Rz 0.6μm,亚表面损伤深度约 2μm。

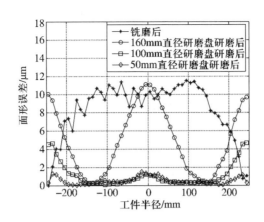

图 3.63 φ500mm 抛物面研磨阶段历次面形检测结果

表 3.12　三个研磨加工周期参数与结果

工序	工具	精度指标	时间/h	加工目标
研磨 1	φ160mm 铸铁研磨盘、W20 金刚砂磨料	面形误差 PV 值 11.0930μm	12	去除表面刀痕和亚表面损伤层,均匀研磨
研磨 2	φ100mm 铸铁研磨盘、W20 金刚砂磨料	面形误差 PV 值 4.7840μm	4.5	对回转对称误差进行修正
研磨 3	φ50mm 硬铝研磨盘、W20 和 W7 金刚砂磨料	面形误差 PV 值 1.4920μm;粗糙度 Rz 0.6μm;顶点曲率半径 3001.2mm,(偏差 0.4‰);亚表面损伤深度约 2μm	24.7	W20 磨料全口径面形误差控制,W7 磨料精密研磨

可以看出,研磨阶段取得了较高的面形误差收敛效率,同时控制了亚表面损伤深度、顶点曲率半径误差和边缘效应。

2. φ500mm 抛物面镜的抛光

φ500mm 抛物面镜的抛光分三个阶段进行:首先是均匀抛光去除研磨阶段损伤层,同时提高表面质量以进入干涉测量;然后是修正低频面形误差和控制小尺度制造误差;最后是均匀抛光,进一步提高表面质量。

φ500mm 抛物面镜抛光阶段的面形检测采用无像差点法,检测装置如图

3.64 所示。图 3.65 和图 3.66 显示了抛物面镜抛光阶段面形误差的收敛情况。图 3.67 为 $\phi500mm$ 抛物面镜最终的 PSD 曲线测试结果。

图 3.64　$\phi500mm$ 抛物面镜的干涉检测实验装置

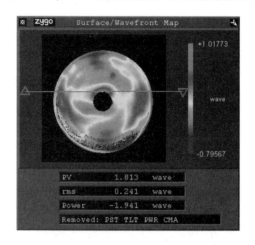

图 3.65　研磨、均匀抛光后的面形检测结果

　　研磨结束后,经过 96h 的粗抛光加工,$\phi500mm$ 抛物面镜的面形误差干涉检测结果如图 3.65 所示,修正抛光 85.5h 后的结果如图 3.66 所示。此时 95% 口径内的面形误差已从 0.241λ RMS 下降到 0.017λ RMS。最后用时 2h,利用均匀抛光进一步提高表面质量,PSD 测试结果如图 3.67 所示,其中尺度在 100~2mm(5~250 个周期)范围内的制造误差含量为 5.9nm RMS。此时表面粗糙度约为 1nm RMS。该抛物面镜的加工过程和最终结果表明,采用的加工控制策略是行之有效的,它保证了加工结果符合设计要求,同时大大提高了 CCOS 加工精度与效率。根据研究需要,该抛物面镜可转入磁流变抛光加工。

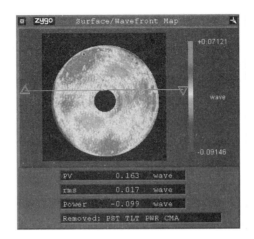

图 3.66　误差修正抛光后的面形检测结果

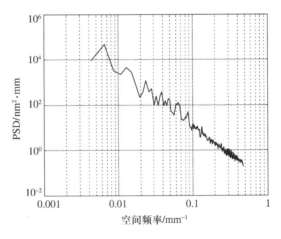

图 3.67　ϕ500mm 抛物面镜的 PSD 测试结果

参 考 文 献

[1] 张学军. 数控非球面加工过程的优化研究[D]. 中国科学院长春光学精密机械与物理研究所, 1997.

[2] 郑为民. 高陡度光学非球面自动成形的研究[D]. 杭州:浙江大学光仪学院, 1998.

[3] 王贵林. SiC 光学材料超精密研抛关键技术研究[D]. 长沙:国防科技大学机电工程与自动化学院, 2002.

[4] 杨力. 先进光学制造技术[M]. 北京:科学出版社, 2001.

[5] Aspden R, McDonough R, Nitchie F R. Computer assisted optical surfacing[J]. Applied Optics, 1972, 11

(12):2739 – 2747.

[6] Jones R J. Optimization of computer controlled polishing[J]. Applied Optics,1977,16(1):218 – 224.

[7] Jones R A. Computer controlled polisher demonstration[J]. Applied Optics,1980,19(12):2072 – 2076.

[8] Jones R A. Computer controlled grinding of optical surfaces[J]. Applied Optics,1982,21(5):1134 – 1138.

[9] Jones R A. Fabrication using the computer controlled polisher[J]. Applied Optics,1978,17(12):1889 – 1891.

[10] Jones R A. Grinding and polishing with tools under computer control[C]. Proc. SPIE,1979,171:102 – 107.

[11] Jones R A. Segmented mirror polishing experiment[J]. Applied Optics:1982,21(3):561 – 564.

[12] Aronno R. Aspheres research for the stars and grow in down-to-earth applications[J]. Photonics Spectra, 1995,4.

[13] Bajuk D. Kestner R. Fabrication and testing of EUVL Optics[C]. Proceedings on Soft X-ray Optics, 1997:325 – 335.

[14] Robichaud J. Recent silicon carbide optical performance results at SSG/Tinsley[R]. Talk for NASA Technology Days,2002.

[15] Gallagher B. JWST mirror manufacturing status[R]. Talk for NASA Technology Days,2006.

[16] 杨世杰. 非球面的计算机辅助带区修改[J]. 紫金山天文台刊,1988,8(3):192 – 198.

[17] 冯之敬. 数控非球面抛光机床及其控制系统[R]. 北京理工大学博士后科研工作报告,1990.

[18] Li Q S,Cheng Y. Computer controlled fabrication of free-form glass lens[C]. Proc. SPIE,1999,3782:203 – 212.

[19] 王权陡. 数控抛光技术中抛光盘的去除函数[J]. 光学技术,2000,26(1):32 – 34.

[20] Zhang X J, Zhang Z Y, Zheng L G, et al. Manufacturing and testing SiC aspherical mirrors in space telescopes[C]. Proc. SPIE,2005,6024:12 – 16.

[21] Kevin R F,Reinhold G,Tung G,et al. Non-destructive,real time direct measurement of subsurface damage [C]. Proc. SPIE,2005,5799:105 – 110.

[22] Campbell J H, Hawley-Fedder R, Stolz C J, et al. NIF optical materials and fabrication technologies:an overview[C]. Proc. SPIE,2004,5341:84 – 101.

[23] Shen J, Liu S H, Yi K,et al. Subsurface damage in optical substrates[J]. Optik,2005,116:288 – 294.

[24] Wagner R E,Shannon R R. Fabrication of aspheric using a mathematical model for material removal[J]. Applied Optics,1974,13(7):1683 – 1689.

[25] Golini D,Czajkowski W. Microgrinding makes ultrasmooth optics fast[J]. Laser Focus World,1992,7.

[26] Funkenbusch P. Role of topography in deterministic microgrinding[J]. Convergence. 1996,8.

[27] Edwards D F, Hed P. Optical glass fabrication technology 1:Fine grinding mechanism using bound diamond abrasives[J]. Applied Optics,1987,26(21):4670 – 4676.

[28] Hed P, Edwards D F. Optical glass fabrication technology 2:Relationship between subsurface damage depth and surface roughness during grinding of optical glass with diamond tool[J]. Applied Optics,1987, 26(21):4677 – 4680.

[29] Jones R A. Automated optical surfacing[C]. Proc. SPIE,1990,1293:704 – 710.

[30] Jones R A. Computer controlled optical surfacing with orbital tool motion[J]. Optical Engineering,1986, 25(6):59 – 62.

[31] Golini D,Rupp W J,Zimmerman J. Microgrinding:new technique for rapid fabrication of large mirrors [C]. Proc. SPIE,1989,1113:204 – 210.

[32] 杨世杰. 计算机在天文镜面加工中的应用[J]. 紫金山天文台台刊,1987,6(4):385 – 388.

[33] Donald W S,Steven J H. An automated aspheric polishing machine[C]. Proc. SPIE,1986,645:66 – 74.

[34] Carnal C L,Egert C M. Advanced matrix-based algorithm for ion beam milling of optical component[C].

Proc. SPIE,1992,1752:54 – 62.

[35] 李全胜,成晔,蔡复之,等. 计算机控制光学表面成形驻留时间算法研究. 光学技术[J],1999,3(5):56 – 59.

[36] Shanbhag P M, Feinberg M R, Sandri G. Ion-beam machining of millimeter scale optics[J]. Applied Optics,2000,39(4):599 – 611.

[37] Lee H C, Yang M Y. Dwell time algorithm for computer-controlled polishing of small axis-symmetrical aspherical lens mold[J]. Opt. Eng. ,2001,40(9):1936 – 1943.

[38] 万勇建,袁家虎,杨力. 一种新型数控抛光加工模型——模糊控制模型[J]. 光电工程,2002,29(6):5 – 8.

[39] 王贵林,戴一帆,郑子文. 光学表面的分形结构和表征算法[J]. 计量学报,2004,25(4):97 – 99.

[40] Yang Z,Dai Y F,Wang G L. Use of wavelet in specifying optics[J]. Chinese Optics Letters,2007,5(1):44 – 46.

[41] 杨智. 确定性光学加工频带误差的评价与分析方法研究[D]. 长沙:国防科技大学机电工程与自动化学院,2008.

[42] Cordero-Davila A,Gonzalez-Garcia J,Pedrayes-Lopez M,et al. Edge effects with the preston equation for a circular tool and workpiece[J]. Applied Optics,2004,43(6):1250 – 1254.

[43] Luna-Aguilar E,Cordero-Davila A, Gonzalez-Garcia J, et al. Edge effects with Preston equation[C]. Proc. SPIE,2003,4840:598 – 603.

[44] Zhang X J,Yu J C, Sun X F. Theoretical method for edge figuring in computer controlled polishing of optical surface[C]. Proc. SPIE,1994,1994:239 – 246.

[45] Shorey A,Jones A,Dumas P,et al. Improved edge performance in magnetorheological finishing (MRF)[R]. Talk for NASA Technology Days,2004.

[46] 尚文锦. 计算机控制确定性研抛的建模与仿真[D]. 长沙:国防科技大学机电工程与自动化学院,2005.

[47] 周旭升. 超精密研抛理论与工艺技术研究[D]. 长沙:国防科技大学机电工程与自动化学院,2002.

[48] 王权陡. 计算机控制离轴非球面制造技术研究[D]. 长春:中国科学院长春光机所, 2001.

[49] 杨建东,田春林,等. 高速研磨技术[M]. 北京:国防工业出版社,2003.

[50] Aikens D M. Origin and evolution of the optics specifications for the National Ignition Facility[C]. Proc. SPIE,1995,2536:2 – 12.

[51] 张云. 光学非球面数控磁流变抛光技术的研究[D]. 北京:清华大学机械学院,2003.

[52] Elson J M,Bennett J M. Calculation of the power spectral density from surface profile data[J]. Applied Optics,1995,34(1):201 – 208.

[53] Lawson J K, et al. Specification of optical components using the power spectral density function[C]. Proc. SPIE,1995,2536:38 – 50.

[54] 周旭升,戴一帆,李圣怡,等. 非球面加工机床的设计[J]. 制造技术与机床,2004(5):55 – 57.

第 **4** 章

离子束抛光技术

4.1 离子束抛光技术概述

4.1.1 离子束加工技术应用

离子束加工技术是电子束加工、离子束加工和光子束加工的高能束流加工技术之一。离子束加工技术主要应用于离子束刻蚀、离子束沉积/诱导沉积、离子束注入、离子束曝光和离子束材料改性等方面。

离子束刻蚀加工技术广泛应用于物理实验和微电子、微机电系统、光学制造等领域。例如,在基于确定性加工的现代光学制造领域中,为了获得纳米/亚纳米光学表面面形精度和无亚表面或近零亚表面损伤的光学表面,离子束加工技术利用离子溅射效应的原理,通过能量可控的高能离子束轰击工件的表面,将工件表面材料以原子级的加工去除量予以去除。离子束刻蚀加工技术产生离子根据其作用机理,可以分为:离子溅射效应刻蚀、反应离子刻蚀和等离子刻蚀三大类。

离子溅射刻蚀的基本原理是利用载能离子轰击工件表面的溅射效应,将工件表面的原子溅射出来,如图 4.1 所示。为了避免入射离子与工件材料发生化学反应,离子溅射刻蚀通常采用惰性元素离子,如氩(Ar)、氪(Kr)、氙(Xe)等。基于该原理的离子束加工技术又可分为常规或宽束离子束刻蚀加工技术(IBE)和聚焦离子束刻蚀加工技术(FIBE)。

宽束离子束刻蚀加工是由定向的离子流或离子束对工件表面的面状轰击来达到实现工件表面材料去除加工,轰击面的直径根据离子源的引出离子束的束径大小可以从几毫米到几十厘米,在需要形成图形结构的场合,要采用掩模以获得所需的加工图形。光学镜面离子束抛光技术主要采用宽束离子束进行面形修正加工。

聚焦离子束刻蚀加工是由点状离子源引出的聚焦状态的离子探针对加工表面进行点状轰击以达到加工目的。其轰击点的直径在纳米级或微米级。在需要形成图形结构的场合,必须由计算控制束扫描器和束闸来实现。

反应离子刻蚀加工技术是将一束反应气体的离子束引向工件表面,与工件表面材料发生反应后形成一种既易挥发又易依靠离子动能脱离的物质,达到刻蚀目的,如图4.2所示。反应离子刻蚀过程既有物理溅射作用又有化学腐蚀作用。

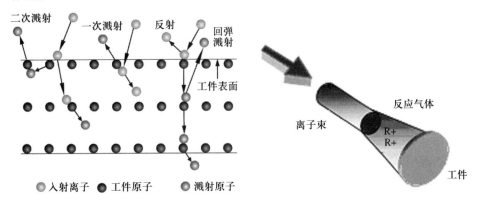

图4.1　离子束溅射刻蚀基本原理　　　　图4.2　反应离子束刻蚀加工

等离子体刻蚀是在工作区形成等离子体,通过离子溅射、化学反应和辅助能量离子(或电子)与模式转换等方式,精确可控地去除工件表面上一定深度的薄膜材料,如图4.3所示。该加工方法的优点是腐蚀速率高、均匀性和选择性好。

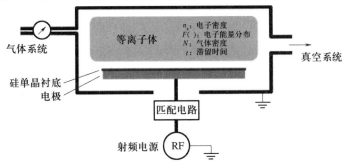

图4.3　等离子体刻蚀加工

目前在光学制造领域的应用是等离子辅助化学刻蚀（PACE），其基本加工原理如图4.4所示。

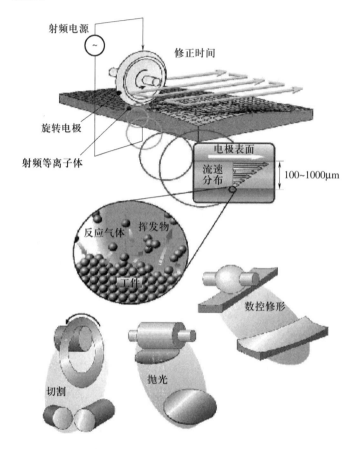

图4.4　等离子辅助化学刻蚀（PACE）切割、抛光和修形

在现代光学制造领域，上述三种加工方法均有应用。等离子辅助化学刻蚀（PACE），其加工效率可达30mm³/min。反应离子束刻蚀（RIBE），加工效率可达0.3mm³/min。离子束刻蚀（IIBE），加工效率最低，一般约为0.01mm³/min，但加工的精度最高，反应离子束刻蚀加工的精度其次。

在精密光学零件加工方面，这些加工方法主要应用于：图形转移（Pattern Transfer）、薄膜局部厚度修正（Local Thickness Correction of Thin Films）、表面光滑（Surface Smoothing）、非球面化（Aspherisation）、抛光误差修正（Correction of Polishing Errors）等。图4.5所示是这几种方法在光学加工中的应用实例。图

4.5(a)为采用 PACE 方法在 90min 内,利用 Ar 和 SF$_6$ 实现大面积球面通过离子辅助化学刻蚀形成非球面。图 4.5(b)为采用 RIBF 方法进行的图形转移。图 4.5(c)采用离子束抛光进行的光学表面误差修正[1]。

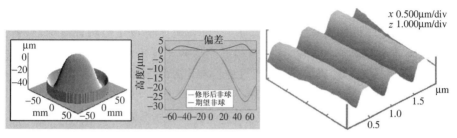

(a) PACE方法球面光学表面的非球面化   (b) RIBF方法进行的图形转移

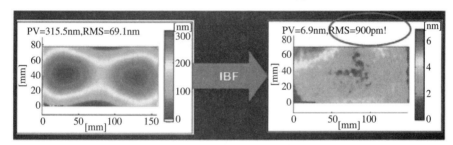

(c) 离子束抛光进行的光学表面误差修正

图 4.5   几种方法在光学加工中的应用实例

4.1.2   离子束抛光的基本原理与特点

离子束抛光(IBF)的原理是利用离子源发射的离子束轰击光学镜面时发生的物理溅射效应,达到去除光学元件表面材料的目的。如图 4.6 所示,加工过程

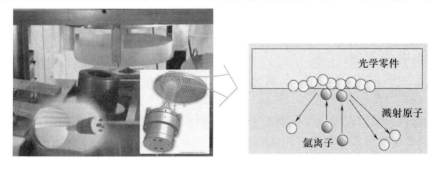

图 4.6   离子束抛光原理

使用聚焦型 Kaufman 离子源或 RF 射频离子源发射出的离子束轰击光学镜面，当工件表面原子获得足够的能量可以摆脱表面束缚能时，就脱离工件表面。形成光学表面材料去除。

离子束抛光所使用的离子能量从几百电子伏到一两千电子伏。Kaufman 离子源的结构和原理如图 4.7 所示[2,3]。工作时，离子源放电室阴极放电，发射的电子电离通入的氩气，从而在放电室内产生等离子体。离子通过扩散与漂移到达屏栅，与屏栅之间形成离子鞘，经过由屏栅和加速栅组成的离子光学系统抽取、加速、聚焦，形成用于光学零件加工的聚焦离子束。经过聚焦之后的离子束束流密度一般呈高斯分布，所以离子束加工中的去除函数一般也呈高斯分布。

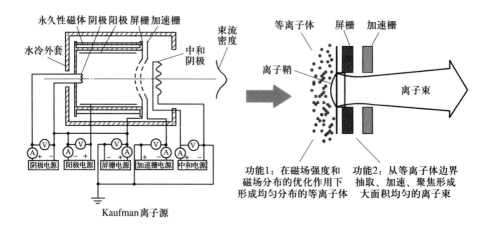

图 4.7　Kaufman 离子源结构及原理图

离子轰击工件表面时的物理溅射过程是一个复杂的物理过程(图 4.1)，根据原子的溅射机理的不同，溅射现象又分为一次溅射、二次溅射和回弹溅射，溅射的同时也发生离子的注入和置换。一个入射离子可引起多种溅射现象，产生多个溅射原子，平均一个入射离子所引起的溅射原子数用物理量溅射产额 Y 来定量地描述[4]，即

$$Y = \frac{\text{溅射出来的材料原子数}}{\text{入射离子数}}$$

溅射产额的大小直接影响加工中的材料去除速率。溅射产额与多种因素有关，最主要的因素有靶材料的结构、成分及表面形貌，同时还与入射离子的能量、电荷态和种类有关。根据我们的大量仿真结果，对于能量在 $500 \sim 2000\text{eV}$ 的氩离子，垂直入射时溅射产额一般在 $0.5 \sim 2$[5]。

光学镜面离子束抛光具有以下特点：

（1）原子量级的精度：离子束抛光基于物理溅射效应，工件表面材料在原子量级上去除，抛光可以达到原子量级的加工精度；

（2）去除函数稳定：由于离子束充当了传统抛光中的"抛光盘"，去除函数在加工过程中非常稳定，不存在"抛光盘磨损"问题，对加工距离、工件表面起伏、环境振动等都不敏感；

（3）无边缘效应：加工镜面边缘时，去除函数不发生改变，去除函数与工件形状无关，适于抛光异型零件；

（4）非接触式加工：加工过程是非接触式加工，加工中工件不承受正压力，适宜加工轻量化镜，加工不引入表面机械损伤；

（5）去除函数形状好：去除函数一般是高斯型分布的，回转对称，中心去除速率大，逐渐减小，边缘平缓过渡到零，这是确定性抛光工艺中最理想的去除函数[6]。

由于离子束抛光避免了传统抛光中抛光液的作用，因此不引入抛光水解杂质层，能够提高光学元件的抗激光损伤阈值[7]，而且由于离子束抛光在真空腔中进行，可以将抛光和镀膜在同一真空中进行。独特的材料去除原理决定了离子束抛光光学镜面，特别是抛光薄型、轻型、异型的高精度光学非球面时，比其他技术具有更大的优势。

离子束抛光也有一些不利的因素，主要有：离子束抛光设备所包含的离子源子系统和真空子系统使得整个系统变得复杂、成本昂贵；加工必须在高真空下进行，加工准备时间较长；离子束轰击工件表面，引起工件表面温度升高，对热膨胀系数较大的光学材料必须采取一定措施才能运用离子束抛光加工，热膨胀系数较低的光学材料（如 Zerodur、ULE、石英玻璃）则可以直接加工；离子束是对工件表面材料进行原子量级的去除，去除速率低，一般去除函数的峰值去除速率只有一分钟几十至几百个纳米，离子束抛光只能作为精加工使用，离子束抛光前工件面形要达到一定的精度。

4.1.3　离子束抛光技术的发展

离子束抛光技术的发展，最早可追溯在 1965 年，美国人 Meinel 第一次报道了应用离子束进行光学玻璃抛光的实验。但是当时的离子源离子能量太高，对加工目标产生严重的表面损伤[8]。直到 70 年代末期，Kaufman 博士设计的Kaufman 离子源能够提供离子能量范围为 300～1500eV 的宽束离子束，才为离子束进行光学镜面加工提供了可能性。1978 年，Gale 报道了利用离子束进行了光学零件抛光的尝试[9]。

应用离子束进行光学零件抛光的深入研究和应用始于 20 世纪 80 年代末。新墨西哥大学的 Wilson 等 1987 年使用 2.54cm 的 Kaufman 离子源进行了光学元件的抛光实验[10,11]，他们试验过的材料包括熔石英玻璃、Zerodur 和铜，他们把一块初始面形精度为 0.41λ RMS 的 30cm 熔石英光学平面通过 5.5h 的一次加工迭代提高到面形精度为 0.042λ RMS。这一工作明确验证了利用离子束抛光光学零件的可行性。

20 世纪 80 年代末，美国罗切斯特大学实验室开始为 Kodak 公司研制并建成了世界上第一台加工大型光学零件的离子束抛光系统(Ion Figuring System, IFS)，如图 4.8 所示[12]。该设备采用五轴数控系统控制离子源运动，可加工尺寸为 $2.5\text{m} \times 2.5\text{m} \times 0.6\text{m}$ 的光学零件。Kodak 公司利用该设备成功进行了 10m Keck 天文望远镜主镜的最后抛光。两台 Keck 望远镜主镜每台使用的拼接镜为 36 块，外加 12 块备用，共 84 块，每块为 1.8m 的六边形结构，材料是 Zerodur。早期加工了 19 块[13-15]，花了 2.5 年时间，由于积累了不少经验，后来加工的 65 块只花了 15 个月[16]。65 块镜子中，有 14 块加工后进行了测量，平均的初始面形精度为 0.347 μm RMS，加工后的面形精度平均值为 0.062 μm RMS。单次加工周期的面形收敛比平均为 5.6，每块镜子平均加工时间为 55h。其中获得的最大面形收敛比为 17.5(收敛比定义为加工前与加工后面形误差的比值)。

Kodak 公司应用 IBF 对 Keck 主镜的成功加工展示了 IBF 技术的高效加工能力，开创了光学镜面抛光技术新时代。1992 年，美国 Oak Ridge 国家实验室也开展了离子束抛光研究，研究的设备可以加工 60cm 的工件[16]。1995 年，美国国家航空宇航局(NASA)的 Marshall 空间飞行中心研制了适用于 10cm 直径以下的小元件抛光的精密离子束加工系统(PIMS)[17]。欧洲发达国家、日本也紧随其后展开了离子束抛光方面的研究，法国在 1996 年、比利时 CSL 实验室[18]在 1997 年、德国 NTGL 公司在 1999 年分别研制了自己的离子束抛光设备，目前已研制了多种型号的设备。日本的 Canon、美国的 Nikon 和德国的 Carl Zeiss 等一些大型光学制造商也投入了巨大的资金与精力来发展离子束抛光技术。典型的离子束抛光设备如图 4.9 所示。

离子束抛光技术已被认为是目前加工精度最高、抛光效果最好的光学镜面抛光技术。Wyko 公司用于 600mm 口径干涉仪的高精度参考平面镜就是 Kodak 公司采用 IBF 技术加工的，在 600mm 口径内面形误差 PV 值小于 $\lambda/15$。在下一代光刻机设备的研制方案中，世界各国的研究者都把 IBF 技术作为加工 EUVL 光学元件的首选技术方案[19-20]。

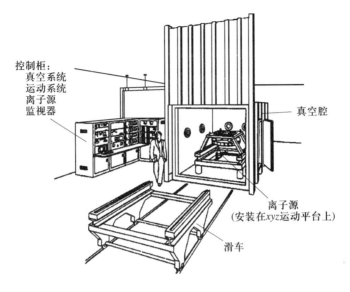

图 4.8　Kodak 公司的离子束抛光系统(IFS)(1989 年)

（a）德国 NTGL 公司研制的
离子束抛光设备（1999 年）

（b）日本 Canon 公司研制的
离子束抛光设备（2004 年）

图 4.9　离子束抛光设备

　　为了对 EUVL 设备中的小口径光学零件进行有效修形,势必提高 IBF 工艺的修形能力,德国 NTGL 公司通过在离子束出口处设置遮挡板来减小离子束直径以提高修形能力,如图 4.10 所示,可用 φ8mm、φ2mm、φ1mm 和 φ0.5mm 的遮挡板光栏来改变离子束的等效束径（FWHM）。他们应用 0.5mm 的离子束将直径 12.5mm 的光学元件的精度由初始的 3.2nm RMS 提高到了 0.9nm RMS[21]，显示了 IBF 工艺修形能力的巨大潜力。

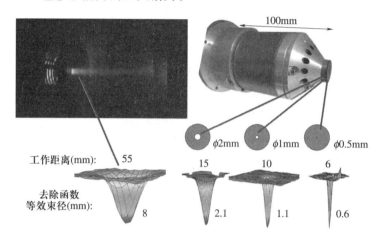

图 4.10　德国 NTGL 公司离子束遮挡板光栏及其小束径去除函数

为了验证 IBF 技术加工 EUVL 设备中光学元件的可行性，Canon 公司 2006 年在自己研制的 IBF 设备上进行了修形试验，将元件精度由加工前的 0.36nm RMS 提高到了 0.13nm RMS[22]，显示了 IBF 技术原子量级水平的超高精度加工能力(图 4.11)。

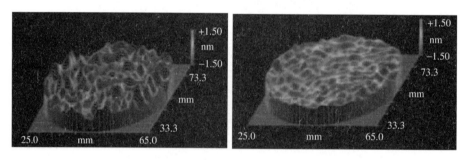

（a）加工前(0.36nm RMS,2.51nm PV)　　　（b）加工后(0.13nm RMS,0.97nm PV)

图 4.11　Canon 公司利用 IBF 技术进行 EUVL 镜面修形的试验结果

国内在这方面的系统研究开始于 2004 年前后，国防科技大学精密工程实验室系统地开展了相关研究工作，研制出国内首台光学镜面离子束抛光工程样机，在此基础上进行了大量的工艺研究，取得可喜的研究试验结果并投入工程应用。先后研制的光学镜面离子束抛光机床 KDIBF - 500 - 6 和 KDIBF - 700 - 5 如图 4.12 所示。

图 4.12 国防科技大学研制的 KDIBF – 500 – 6 和 KDIBF – 700 – 5 离子束抛光机床

4.2 离子束抛光的基本理论

4.2.1 离子溅射过程描述[23 – 24]

　　光学镜面离子束抛光的基本原理是基于离子溅射效应实现光学表面材料的去除。离子溅射的动量转移机制是由溅射过程中入射离子和工件原子之间碰撞引起的,因此可将离子溅射过程的碰撞简化成入射"动"离子和"静止"的工件原子两体之间的弹性碰撞。

　　如图 4.13 所示,设入射离子能量为 ε,质量为 M_1,工件原子的质量为 M_2。两碰撞体在离子入射垂线上的距离为 b ,根据弹性碰撞过程的动量和能量守恒,可以求解出碰撞过程传递给工件原子的能量为

$$T = \frac{4M_1M_2\varepsilon}{(M_1 + M_2)^2}\sin^2\frac{\theta_c}{2} \tag{4.1}$$

式中,θ_c 为质心坐标系中两体运动轨迹之间的夹角。

　　设碰撞过程中两体之间的相互作用势函数为 $V(r)$,则可求解出 θ_c 为

$$\theta_c = \pi - 2b\int_{r_{\min}}^{\infty} \frac{\mathrm{d}r}{r^2\sqrt{1 - \dfrac{V(r)}{E_c} - \left(\dfrac{b}{r}\right)^2}} \tag{4.2}$$

式中,$r_{\min}$ 为碰撞两体最接近距离;

　　E_c 为两体质心动能,$E_c = \dfrac{M_2\varepsilon}{M_1 + M_2}$。

给出两体碰撞过程中势能函数 $V(r)$ 的具体表达方式和碰撞参数 b，便可以求解出质心坐标系中的散射角，从而求解出能量传递量。

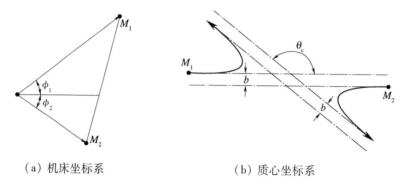

（a）机床坐标系   （b）质心坐标系

图 4.13　两体碰撞示意图

如图 4.13 所示，入射离子的绝对运动轨迹在实验室坐标系中确定，机床坐标系中入射离子的偏转角与 θ_c 的关系为

$$\tan\phi_1 = \frac{\dfrac{M_2}{M_1}\sin\theta_c}{1 + \dfrac{M_2}{M_1}\cos\theta_c} \tag{4.3}$$

溅射过程由大量并发的碰撞构成，可以从统计角度描述。微分散射截面描述单个入射离子散射到空间位置的分布概率。对于弹性碰撞，当入射离子能量较低时，使用屏蔽 Coulomb 类势函数来表征两体之间的相互作用，采用 Thomas-Fermi 势函数的幂级数近似形式：

$$V(r) \propto r^{-1/m} \tag{4.4}$$

基于此形式的势函数，Lindhard 给出微分散射截面的近似形式：

$$\mathrm{d}\sigma(E,T) \approx C_m E^{-m} T^{-1-m} \mathrm{d}T \tag{4.5}$$

其中

$$C_m = \frac{\pi}{2}\lambda_m a_1^2 \left(\frac{M_1}{M_2}\right)^m \left(\frac{2Z_1 Z_2 e^2}{a_1}\right)^{2m} \tag{4.6}$$

式中，m 为与入射离子能量相关的常数，当入射离子能量为 $500 \sim 1000\mathrm{eV}$ 时，$m \approx 0.25$；

λ_m 为 m 的无量纲函数；

Z_1、Z_2 为入射离子和工件原子的质子数；

a_1 为 Lindhard 给出的屏蔽半径。

入射到工件内的离子能量损失由两部分组成：①核阻止本领 $S_n(\varepsilon)$，即碰撞中传递给工件原子核的能量；②电子阻止本领 $S_e(\varepsilon)$，即激发、电离工件原子核外电子的能量。工件对入射粒子的阻止本领度量入射离子在工件中运动单位距离所损失的能量的统计平均值，定义为

$$\frac{\mathrm{d}\varepsilon}{\mathrm{d}x} = -NS(\varepsilon) = -N(S_n(\varepsilon) + S_e(\varepsilon)) \tag{4.7}$$

式中，N 为工件材料原子密度。

核阻止本领定义为入射离子在工件内运动过程中经弹性碰撞所损失能量的统计平均值：

$$S_n(\varepsilon) = \int_0^\infty T\mathrm{d}\sigma(\varepsilon, T) \tag{4.8}$$

将式(4.5)代入式(4.8)可以求解出低能离子入射时核阻止本领为

$$S_n(\varepsilon) = \frac{1}{1-m}C_m\gamma^{1-m}\varepsilon^{1-2m} \tag{4.9}$$

低能离子溅射中核阻止本领是主要因素，将式(4.9)代入式(4.7)，忽略电子阻止本领后积分可求解出入射离子在工件中的侵入深度为

$$R(\varepsilon) \approx \int_0^\varepsilon S_n(\varepsilon) T\mathrm{d}\varepsilon = \frac{1-m}{2m}\gamma^{m-1}\frac{\varepsilon^{2m}}{NC_m} \tag{4.10}$$

式中，γ 为与入射离子、工件原子质量相关的常量。

有关离子溅射材料去除模型的数学描述主要是基于 Sigmund 溅射理论。

Sigmund 溅射理论一个重要结论就是入射离子在工件中的能量散射呈现高斯分布。如图 4.14 所示，入射离子通过碰撞产生的能量散射发生在工件表面下层，其能量散射中心距表面为 a，沿着离子入射方向的能量散射宽度为 σ，垂直于入射方向的能量散射宽度为 μ。设工件表面上一点 B 处入射的离子能量散射中心为 P，在此点处建立能量散射坐标系，坐标系的 z 轴与离子入射的反方向重合，在此离子能量散射坐标系中 o 点的坐标为 (x, y, z)。则由 B 点入射的离子在 o 点

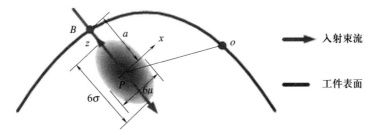

图 4.14　入射离子能量散射示意图

处沉积的能量为

$$E = \frac{\varepsilon}{(2\pi)^{3/2}\sigma\mu^2}\exp\left(-\frac{z^2}{2\sigma^2} - \frac{x^2+y^2}{2\mu^2}\right) \tag{4.11}$$

入射离子能量平均散射深度 a 与入射离子在工件中侵入深度 $R(\varepsilon)$ 相当，一般认为两者相等。

忽略表面微观形貌对溅射的阴影效应和溅射物质的再沉积效应，工件上某点 o 处的法向去除率与离子束在此点沉积的能量成正比。从而，根据式（4.11）可以求解出离子溅射在 o 处的法向去除率为

$$v_o = p\int_R \Phi E \mathrm{d}q \tag{4.12}$$

式中，R 为工件表面上与本点相关的离子入射区域；

$\mathrm{d}q$ 为工件表面面积微元。

需要注意的是，式(4.12)的积分区域为离子束作用面，离子束作用面上的每一点对计算点都有能量沉积作用。Φ 为根据计算点处的斜率修正后的入射离子通量，p 为与表面绑定能和散射截面相关的常数：

$$p = \frac{3}{4\pi^2}\frac{1}{NU_b C_m} \tag{4.13}$$

式中，U_b 为工件表面绑定能。

4.2.2　离子束抛光材料去除率[25]

基于 Sigmund 溅射理论，我们采用理论分析与仿真建立理论模型，分析离子束抛光的材料去除率、材料间的相对去除率与离子能量和入射角度等工艺参数的关系等主要影响抛光工艺的主要参数。理论仿真主要基于 TRIM 软件，实验验证是在我们自行研制的 KDIBF – 500 – 6 上进行。

1. 理论建模与分析

通过对光学零件确定性抛光的工艺及加工理论分析表明：离子束抛光的材料去除率及其稳定性是影响抛光工艺和抛光精度的主要因素。分析离子束抛光的基本原理，我们发现离子束溅射的法向去除率、溅射产额和体积去除率三个指标参数综合影响抛光的材料去除率。为此我们主要研究建立表征材料去除率的三个指标：法向去除率、溅射产额以及体积去除率与工艺参数之间的关系模型。

1）材料法向去除率

如图 4.15 所示，假设在 xz 平面的束流密度为 J 的均匀离子束倾斜 θ 角入射轰击原子密度为 N 的平面工件，被入射区域内任意点 B 相对于 o 点的坐标为

(x,y),则点 o 在入射点 B 处的能量散射坐标系中的坐标为

$$o_P = \begin{bmatrix} -x\cos\theta & -y & -x\sin\theta + a \end{bmatrix} \qquad (4.14)$$

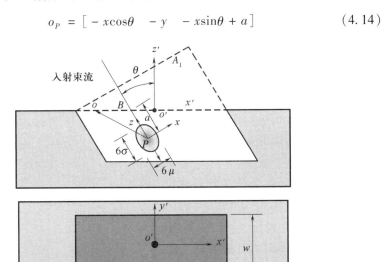

图 4.15 法向去除率和溅射产额理论计算示意图

由入射倾角引入的束流修正函数为

$$\Phi = J\cos\theta \qquad (4.15)$$

将式(4.14)和式(4.15)代入式(4.12),考虑到积分区域为平面,可求解出
o 点处的材料法向去除率为

$$v_o = \frac{\varepsilon p J\cos\theta}{(2\pi)^{3/2}\sigma\mu^2}\int_{-\infty}^{+\infty}\int_{-\infty}^{+\infty}\exp\left(-\frac{(a-x\sin\theta)^2}{2\sigma^2}-\frac{(x\cos\theta)^2+y^2}{2\mu^2}\right)\mathrm{d}x\mathrm{d}y = JF\cos\theta$$

$$(4.16)$$

且

$$\begin{cases} F = \dfrac{p\varepsilon a_\sigma a_\mu}{a\ \sqrt{2\pi}\sqrt{f}}\exp\left(-\dfrac{a_\sigma^2 a_\mu^2\cos^2\theta}{2f}\right) \\[2mm] a_\sigma = \dfrac{a}{\sigma} \\[2mm] a_\mu = \dfrac{a}{\mu} \\[2mm] f = a_\sigma^2\sin^2\theta + a_\mu^2\cos^2\theta \end{cases} \qquad (4.17)$$

式中，a_σ、a_μ 为材料溅射参数；

$F\cos\theta$ 为单位束流倾斜 θ 角入射平面工件的法向去除速率。

2）材料溅射产额

材料溅射产额描述束流作用下材料的去除效率，定义为单个入射离子溅射出的工件材料原子数的统计平均值，根据定义有

$$Y = \frac{n_o}{n_i} \tag{4.18}$$

式中，n_o 为被溅射出的工件原子数；

n_i 为入射离子数。

如图 4.15 所示，束流 J 倾斜 θ 角入射平面，经时间 t 被溅射出的工件材料原子数为

$$n_o = v_o t l w N \tag{4.19}$$

在同一时间间隔内入射的离子数为

$$n_i = JtA_\perp = Jtlw\cos\theta \tag{4.20}$$

从而根据定义式（4.18），离子溅射产额为

$$Y(\theta) = \frac{v_o N}{J\cos\theta} = NF \tag{4.21}$$

式（4.21）所表示的 $Y(\theta)$ 大于零，并且 $\frac{\partial Y(\theta)}{\partial \theta} > 0$ ，说明基于 Sigmund 理论推导出的离子溅射产额随入射倾斜角的增大而增大。但当离子入射角度接近于 90°，由于离子的反弹等效应，离子溅射产额应接近于零，因此需要对式（4.21）作大角度修正。

Sigmund 理论对于小角度入射情形比较准确，修正因子的值应该接近于 1；当入射角度比较大时，特别在接近于 90°时，修正因子的值应该迅速趋近于零。在理论模型（4.21）中引入随入射角度变化呈指数衰减的 Yamamura 修正因子：

$$g(\theta) = \exp(-b(\arccos\theta - 1)) \tag{4.22}$$

修正后的溅射产额公式：

$$Y(\varepsilon,\theta) = \frac{v_o N g(\theta)}{J\cos\theta} \tag{4.23}$$

令式（4.23）中 $\theta = 0$，得到垂直入射时溅射产额与入射离子能量的关系：

$$Y(\varepsilon,0) = \frac{Np\varepsilon a_\sigma}{a\sqrt{2\pi}}\exp\left(-\frac{a_\sigma^2}{2}\right) \propto \varepsilon^{1-2m} \tag{4.24}$$

式(4.23)表明,同一入射角度下溅射产额与法向去除率成正比,因此可以通过测量法向去除率来测定溅射产额;考虑到 a_σ 和 a_μ 几乎不随能量变化的特性,不同能量下溅射产额随入射角度变化趋势基本一致。将式(4.10)代入式(4.24),同时考虑光学镜面离子束加工所用能量约为 $500 \sim 1000\mathrm{eV}$,此时 $m \approx 0.25$,可知垂直入射时溅射产额约与入射离子能量的平方根成正比。根据溅射产额的定义,其与束流密度应该没有关系,式(4.23)也反映了这一点。

3)材料体积去除率

如图4.16所示,束流密度为高斯型的离子束流倾斜 θ 角入射,离子束流在工件参考系 $o' - x'y'z'$ 中的分布为

$$J(x',y') = \frac{J_0}{2\pi\eta^2}\exp\left(-\frac{(x'\cos\theta)^2 + y'^2}{2\eta^2}\right) \qquad (4.25)$$

式中,η 为束流分布方差,一般属于毫米以上尺度。

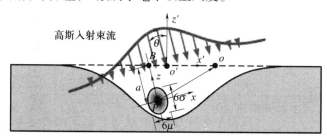

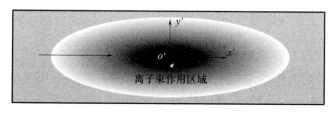

图4.16 高斯束作用下体积去除速率理论计算示意图

以式(4.25)表征的束流入射原子密度为 N 的平面工件,去除函数模型可知,离子束入射区域任意点 (x,y) 的材料法向去除率为

$$v = J(x,y)F\cos\theta \qquad (4.26)$$

式(4.26)表明,高斯束作用下的工件材料法向去除率为束流与单位束流作用下的法向去除率的乘积,分布与束流分布一致,与工件材料不相关。

体积去除率 V 定义为离子束作用下单位时间内工件材料的体积去除量,可以此指标衡量束流对工艺的影响。根据式(4.26)计算出为

$$V = \iint v\mathrm{d}x\mathrm{d}y = \frac{FJ_0}{\cos\theta} = \frac{YJ_0}{N} \tag{4.27}$$

对于大倾斜角的情形,也必须利用式(4.22)进行修正。式(4.27)表明,体积去除率与单位束流密度下的法向去除率 F、束流密度 J_0 以及溅射产额 Y 呈正比关系。

以上分析表明,表征材料去除率的法向去除率 v、体积去除率 V 以及溅射产额 Y 之间存在相互转化的关系,研究分析工艺参数对加工去除率的影响,仅需根据工艺特点,验证其中一个指标即可。

4) 材料相对去除率

不同材料间的相对去除率为相应指标之商,由式(4.16)、式(4.23)和式(4.27)可知三指标一致,统称为相对去除率。

2. 理论仿真分析

利用 TRIM 仿真分析以 Ar^+ 离子入射石英玻璃(SiO_2)时的溅射产额与离子能量和入射角度的关系。分析讨论中忽略择优溅射效应,认为 SiO_2 为一整体。参考相关文献,仿真中材料参数见表4.1。

表4.1 TRIM 软件仿真参数设置表

原子密度 $N/(\mathrm{g/cm^3})$	2.32
绑定能 E_b/eV	2.0
移位能 E_d/eV	0
表面绑定能 U_b/eV	4.7

以式(4.23)为模型,对仿真结果进行辨识分析,拟合分析结果如图4.17所示。图4.17表明,在所研究的区域内,离子加工溅射产额随离子能量的增大而缓慢增大;随入射角度的增大而增大的效用比较明显,约在 70° ~ 80° 达到最大值,然后迅速减小,直至降为零。

在用式(4.23)对溅射产额进行拟合分析的同时,得到了离子溅射能量散布参数 a_σ、a_μ 和衰减因子 b 的相对变化率与能量的关系,如图4.18所示。在所研究的能量范围内,a_σ 几乎与入射离子的能量无关,而 a_μ 则随能量的增大而略微增大。这表明,随入射离子能量的增强,能量散射区域变得越来越扁长,更多的能量散布在离子入射方向,而能量散布轴向宽度越来越窄。从而随着离子能量的增大,溅射产额的增大幅值将会越来越小。对于同一种材料,可以认为离子溅射参数几乎不随能量变化。拟合分析得溅射参数 $a_\sigma \approx 1.89$、$a_\mu \approx 2.01$ 和 $b \approx 0.06$。

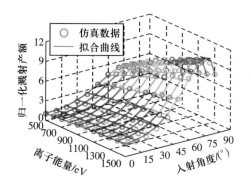

图4.17 溅射产额与角度、能量的关系

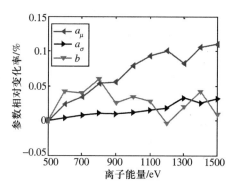

图4.18 能量散射参数与离子能量的关系

如图 4.19 所示,利用仿真数据的优化拟合表明,垂直入射时溅射产额与能量平方根近似呈线性关系。由此可见,离子束加工材料去除效率随着入射离子的能量缓慢增大,1000eV 时的离子束加工材料去除率为 500eV 时的 1.54 倍,1500eV 时的离子束加工材料去除率为 500eV 时的 1.84 倍。

溅射产额与入射角度的关系如图 4.20 所示。图中取 500eV 的入射离子为例加以说明。当入射角度小于 40°时,溅射产额随角度缓慢增大,在 0°~20°时,没有明显变化,当角度在 40°~70°时,随角度迅速增大,60°时约为 0°时的 4.5倍。这一对比分析表明,离子束加工用大倾斜角入射时,可以大幅提高加工效率,但入射角度为 0°时,去除率相对于入射角度扰动具有很强的稳定性。

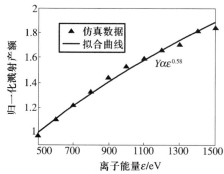

图 4.19 垂直入射溅射产额与能量的关系

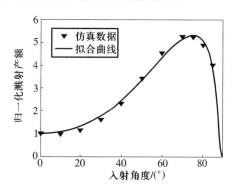

图 4.20 500eV 时溅射产额与入射角度关系

3. 实验研究

我们以微晶(Zerodur)、K4 玻璃和石英(SiO_2)等材料为样件,通过实验分析材料去除效率与屏栅电压、电流以及入射角度等参数的关系,并分析不同材料间的相对去除率与工艺参数的关系。

离子束抛光用离子源为聚焦 Kaufman 型。直接测量出射束能、束流的大小和分布需要专业的仪器,但是可以通过对离子源屏栅电压和电流的测量来反映出射离子的能量和出射束流大小,为此设计了小样件和大样件两类实验。

(1) 小样件实验:考察去除率与入射角度、相对去除率与屏栅电压、入射角度的关系,如图 4.21 所示。以掩膜覆盖小样件加工面的 1/2,通过测量法向去除深度 h,分析去除效率以及相对去除率。法向去除深度 h 用 Zygo GPX300 轮廓仪测量。

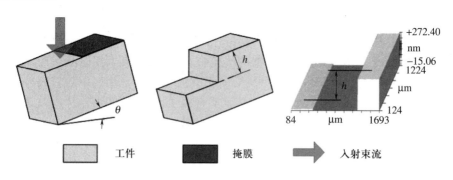

图 4.21　小样件实验原理示意图

(2) 大样件实验:考察去除效率与屏栅电流、电压的关系。出射的类高斯束流在固定时间内单点轰击大样件,再利用 Zygo GPX300 干涉仪测量材料去除的分布,以计算出其体积去除率,并考察其与工艺参数的关系。

1) 实验结果与分析 1——材料去除率

(1) 材料去除率与束流的关系。以 K4 玻璃大样件为实验样本。图 4.22 给出屏栅电压为 1100eV 时相对体积去除率与屏栅电流之间的关系,指数函数拟合参数为 1.04,这表明体积去除率与束流之间为线性关系,与理论分析结果式 (4.27) 一致。这也表明在给定的屏栅电压下,屏栅电流值与出射束流值呈线性关系。有关与束能的关系,可参见文献[4],文献[4]表明离子束垂直入射工件,在离子束加工的所用能量范围内,工件的法向去除率约与入射离子能量平方根成正比,与理论模型式 (4.24) 一致。

以 K4 大样件为样本,通过实验分析屏栅电压与体积去除率的关系。图 4.23 给出屏栅电流为 20mA 时,体积去除率与屏栅电压的关系曲线,指数函数拟合指数为 0.25,与式 (4.24) 的平方根关系存在差异。造成此种差异的原因在于屏栅电压不能精确表征离子能量;屏栅电压不同时,即使屏栅电流一致,实际束流也可能不同。

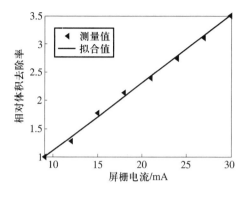

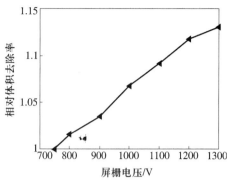

图4.22　体积去除率与屏栅电流关系曲线　　　图4.23　体积去除率与屏栅电压的关系

（2）材料去除率与角度的关系。以微晶、石英和K4玻璃的小尺度样件为样本，通过测量法向去除深度分析法向去除率、溅射产额等去除率指标与入射角度的关系。

图4.24给出了法向去除率相对于垂直入射时的归一化曲线。微晶玻璃在三种能量下的曲线几乎重合，入射能量对法向去除率与入射角度之间的关系的影响可忽略，与式（4.12）的理论分析一致。实验表明，入射角度对微晶玻璃和K4玻璃的影响要大于石英玻璃。在同一束流的作用下，倾斜约50°入射时去除率最大；在垂直入射时，角度偏差对去除率影响最小。

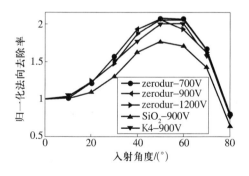

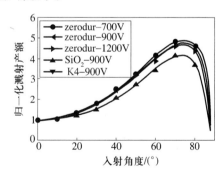

图4.24　归一化法向去除率与入射角度关系　　　图4.25　归一化溅射产额与入射角度关系

根据式（4.23），将各角度下的法向去除率除以入射倾角的余弦，并相对于垂直入射时的情形进行归一化，再利用式（4.23）进行拟合分析，得如图4.25所示的溅射产额随入射角度变化的归一化曲线。其中石英玻璃溅射参数拟合值为

$a_{\sigma} \approx 1.79$、$a_{\mu} \approx 1.90$ 和 $b \approx 0.07$，与仿真分析结果基本一致。

入射角度造成入射束流法向分量变化，故与法向去除率不同，入射角度大约为 75° 时溅射产额最大，表明此时单个入射离子溅射出的工件原子数最多。

2）实验结果与分析 2——材料相对去除率

离子束抛光中，首先必须在与待加工工件的同种、同批次的材料样件上做出去除函数，然后依据待加工件的面形误差和此去除函数，计算加工所需的驻留时间。但在实际工艺中可能无法提供满足要求的样件，式（4.26）表明，去除函数的形状与束流密度的分布一致，与材料不相关，仅去除率存在差异。式（4.27）和图 4.22 都表明去除率与束流呈线性，故不同材料间的相对去除率与束流没有关系。以下仅分析不同材料之间的相对去除率与束能、入射角度的关系。

以微晶、石英和 K4 玻璃的小尺寸样件为样本，离子束垂直入射进行实验，通过测量法向去除深度，分析相对去除率与束能的关系。

三种材料间的相对去除率随能量增大而有所减小。式（4.24）指出材料 m 值不同造成相对去除率随屏栅电压的变化效应，图 4.26 表明，对于上述三种材料有 $m_{\text{zerodur}} > m_{\text{K4}} > m_{\text{SiO}_2}$。相对去除率的能量效应较小，在工艺中可忽略。

分析材料相对去除率与入射角度关系的实验方法与束能效应的一致。式（4.23）指出，由去除率随入射角度不同的变化趋势，引入了相对去除率与角度的关系。图 4.27 表明，在不同的能量下，同一对材料间的相对去除率的变化趋势基本一致，与式（4.23）的理论分析一致；但相对去除率的角度效应较为明显，要实现高精度、高确定性的修形加工，需要根据不同工艺参数测定出相对去除率。

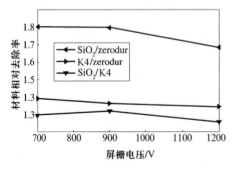

图 4.26　材料相对去除率与屏栅电压关系

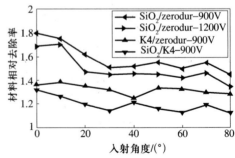

图 4.27　材料相对去除率与入射角度关系

4.3　离子束抛光去除函数建模分析

4.3.1　离子束抛光去除函数理论建模[24-26]

前面我们讨论溅射产额与入射角度关系时引入 Yamamura 修正因子,以使由 Sigmund 溅射理论推导出的溅射产额与仿真以及实验数据一致,这里参考这一修正方式,将其直接引入式(4.12)中,则修正后的法向去除率为

$$v_o = p\int_\Phi E\exp(-b(\arccos\beta - 1))\,\mathrm{d}q \tag{4.28}$$

如图 4.28 所示,设工件参考坐标系为 $o'-x'y'z'$,这里不对工件参考系作特别的限制,仅要求离子束入射方向在 $o'x'z'$ 平面内,在工件坐标系中离子束入射方向与 z' 的夹角为 θ(正负符合右手规则)。工件表面上任意点 o 处的工件局部参考系 $o-xyz$ 的各轴与工件参考系的一致。在点 o 邻域内任一点 $B(x,y,z)$ 处的入射离子能量散射中心 P 处建立能量散射坐标系 $P-XYZ$,其 Z 轴与离子入射反方向一致,Y 轴与工件参考坐标系的 y 轴方向平行,X 轴由右手法则确定。

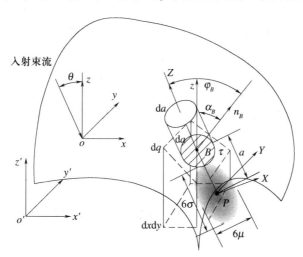

图 4.28　法向去除率一般形式求解示意图

根据坐标系的定义,B 点处的能量散射坐标系的 X、Y 和 Z 轴在工件参考坐标系 $o-xyz$ 中表达为

$$X = [\cos\theta \quad 0 \quad -\sin\theta], Y = [0 \quad 1 \quad 0], Z = [\sin\theta \quad 0 \quad \cos\theta]$$

$$\tag{4.29}$$

B 点处的能量散射中心 P 在工件坐标系中的表达为

$$P = \begin{bmatrix} x - a\sin\theta & y & z - a\cos\theta \end{bmatrix} \qquad (4.30)$$

根据式(4.29)和式(4.30)求解出能量散射坐标系 $P-XYZ$ 与工件参考坐标系 $o-xyz$ 之间的变换关系矩阵后求逆,以得到计算点 o 在能量散射中心坐标系 $P-XYZ$ 中的坐标为

$$o_{P-XYZ} = \begin{bmatrix} -x\cos\theta + z\sin\theta & -y & -x\sin\theta - z\cos\theta + a \end{bmatrix} \qquad (4.31)$$

设工件表面在坐标系 $o-xyz$ 中可以用连续函数 $h(x,y)$ 来表示,曲面在任意点处的最小曲率半径远大于能量平均散射深度 a,且在 o 点邻域内可以展开成

$$h(x,y) = \frac{\partial h}{\partial x}x + \frac{\partial h}{\partial y}y + \frac{1}{2}\frac{\partial^2 h}{\partial x^2}x^2 + \frac{\partial^2 h}{\partial x \partial y}xy + \frac{1}{2}\frac{\partial^2 h}{\partial y^2}y^2 \qquad (4.32)$$

如图4.28所示,n_B 为点 B 处的外法向,φ_B 为 n_B 与 Z 轴之间的夹角,由倾斜角度引入的束流密度局部修正函数为

$$\Phi = J\cos\varphi_B = \frac{J(x,y,z)\left(\cos\theta - \dfrac{\partial h}{\partial x}\bigg|_B \sin\theta\right)}{\sqrt{1 + \left(\dfrac{\partial h}{\partial x}\bigg|_B\right)^2 + \left(\dfrac{\partial h}{\partial y}\bigg|_B\right)^2}} \qquad (4.33)$$

如图4.28所示,α_B 为 n_B 与 z 轴之间的夹角,根据微积分理论,待加工镜面 B 点处曲面面积微元 $\mathrm{d}q$ 在坐标系 $o-xyz$ 中的具体表达为

$$\mathrm{d}q = \frac{\mathrm{d}x\mathrm{d}y}{\cos\alpha_B} = \mathrm{d}x\mathrm{d}y\sqrt{1 + \left(\frac{\partial h}{\partial x}\bigg|_B\right)^2 + \left(\frac{\partial h}{\partial y}\bigg|_B\right)^2} \qquad (4.34)$$

将式(4.31)、式(4.33)和式(4.34)代入式(4.28)可求解出 o 点处的法向去除率在工件参考系中求解式为

$$v_o = p\int \Phi E \exp(-b(\arccos\varphi_B - 1))\mathrm{d}q$$

$$= \frac{p\varepsilon}{(2\pi)^{3/2}\sigma\mu^2}\int J\left(\cos\theta - \frac{\partial h}{\partial x}\bigg|_B \sin\theta\right)\exp(-b(\arccos\varphi_B - 1)) \times$$

$$\exp\left(-\frac{(-x\sin\theta - z\cos\theta + a)^2}{2\sigma^2} - \frac{(-x\cos\theta + z\sin\theta)^2 + (-y)^2}{2\mu^2}\right)\mathrm{d}x\mathrm{d}y$$

$$\qquad (4.35)$$

在小入射倾角的前提下,式(4.35)关于 h 的一阶近似为

$$v_o = \frac{p\varepsilon}{(2\pi)^{3/2}\sigma\mu^2}\int\int\left\{J\left(\cos\theta - \frac{\partial h}{\partial x}\bigg|_B \sin\theta\right)\exp\left(-\left(\frac{\sin^2\theta}{2\sigma^2} + \frac{\cos^2\theta}{2\mu^2}\right)x^2\right)\exp\left(\frac{a\sin\theta}{\sigma^2}x\right) \times\right.$$

$$\exp\left(-\frac{y^2}{2\mu^2}\right)\left(1 + \left(\frac{x\sin2\theta}{2\mu^2} + \frac{a\cos\theta}{\sigma^2} - \frac{x\sin2\theta}{2\sigma^2}\right)h(x,y)\right)\mathrm{d}x\mathrm{d}y \qquad (4.36)$$

下面,将利用式(4.32)和式(4.36)分析建立去除函数模型,并讨论去除函数的性质。

离子束加工材料去除函数就是工件在离子束作用下材料去除率的空间分布函数。与镜面误差的评价方法一致,材料去除率的评价也是沿着工件法向的,故可直接用式(4.36)进行建模。

待加工工件面形形状各异,工件在加工点处的曲率半径存在差异,考虑到在CCOS加工工艺中,去除函数的宽度会小于工件直径的 $1/10$,再转化成与工件各点的曲率半径之比后则小得多,故忽略束流作用范围内曲率半径变化的影响,将工件在加工点处近似用球面表示,以体现工件局部结构对材料去除的影响。离子束加工入射束流一般具有类高斯分布的性质,高斯函数具有简洁的形式,故在本节的分析中,将入射束流分布近似成高斯分布形式。

实际工艺面形不是几何意义的理想平面或者球面,总是存在面形误差和表面粗糙度等面形扰动,本节也将分析这类因素对去除函数的影响。讨论以凸球面为例,对于凹球面,将曲率半径 R 置换成 $-R$ 即可。

如图4.29所示,工件参考坐标系 $o'-x'y'z'$ 置于球面的顶点处,理想球面可近似表达为

$$h = -\frac{1}{2R}(x^2 + y^2) \tag{4.37}$$

入射高斯束的回转对称轴过球面顶点,且在 $o'x'z'$ 面内,其与 z' 轴的夹角为 θ。在 $o'-x'y'z'$ 中束流密度分布为

$$J(x', y') = \frac{J_0}{2\pi\eta^2}\exp\left(-\frac{(x'\cos\theta)^2 + y'^2}{2\eta^2}\right) \tag{4.38}$$

束流密度分布宽度参数 η 一般为毫米级。

将式(4.37)和式(4.38)代入式(4.36)积分可得去除函数为

$$\begin{aligned}
v_{gs}(x', y') &= g_0 + g_x\,\partial_x h\,|_o + g_y\,\partial_y h\,|_o + g_{2x}\,\partial_x^2 h\,|_o + g_{2y}\,\partial_y^2 h\,|_o \\
&\approx g_0(1 - e_{gs}^R)
\end{aligned} \tag{4.39}$$

其中

$$g_0 \approx J(x', y')F\cos\theta \qquad e_{gs}^R \approx \frac{(a_\sigma^4 - a_\sigma^2)x'\theta}{Ra_\mu^2}$$

$$F = \frac{\varepsilon p a_\mu a_\sigma}{a\sqrt{2\pi f}}\exp\left(-\frac{a_\sigma^2 a_\mu^2 \cos^2\theta}{2f}\right) \qquad f = a_\sigma^2\sin^2\theta + a_\mu^2\cos^2\theta \tag{4.40}$$

g_0 与表面曲率半径无关,为高斯束作用下平面的去除函数,考虑到工件曲率半径 R、去除函数宽度参数 η 远大于亚微米范畴的溅射参数 a、μ、σ,如式

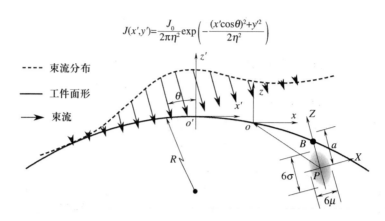

$$J(x', y') = \frac{J_0}{2\pi\eta^2} \exp\left(-\frac{(x'\cos\theta)^2 + y'^2}{2\eta^2}\right)$$

- - - - 束流分布
——— 工件面形
→ 束流

图 4.29　高斯束作用下的球面去除函数求解示意图

(4.40)，其可近似成束流密度分布函数 $J(x', y')$ 与单位均匀束流作用平面时的去除率 $F\cos\theta$ 之积；g_x, g_y, g_{2x}, g_{2y} 为入射角度 θ 的函数，具体表达过于复杂，这里不给出，仅分析其在 $\theta = 0$ 邻域内相对于 g_0 的近似形式 e_{gs}^R。

式 (4.40) 表明，曲率半径对去除函数的影响与曲率成正比，与入射角度成正比，与讨论点至中心的距离成正比。令 x' 为去除函数半宽 3η，则 e_{gs}^R 表征去除函数宽度与曲率半径之比 $D = 6\eta/R$ 对去除函数的影响：

$$e_{gs}^R \approx \frac{(a_\sigma^4 - a_\sigma^2)D\theta}{2a_\mu^2} \tag{4.41}$$

将式 (4.39) 进一步在 $\theta = 0$ 的邻域内展开：

$$v_{gp} \approx g_0 \bigg|_{\theta=0} (1 + e_J^\theta + e_F^\theta - e_{gs}^R) \tag{4.42}$$

其中

$$e_F^\theta = \frac{a_\sigma^4 - a_\sigma^2}{2a_\mu^2}\theta^2 \qquad e_J^\theta = \frac{x'^2}{2\eta^2}\theta^2 \tag{4.43}$$

e_F^θ 为单位均匀束流垂直入射平面时入射角度扰动引入的去除率相对误差；e_J^θ 为高斯束流垂直入射时入射角度偏差引入的去除率的相对偏差。两者皆与入射角度的平方成正比。e_J^θ 与讨论点至中心的距离平方成正比，与 e_{gs}^R 的讨论类似，以下分析中令 x' 为去除函数半宽 3η。

图 4.30 给出三项相对误差与材料溅射参数、工艺参数之间的关系，结合实际，在讨论中假设入射倾角偏差最大为 $1°$。图 4.30 表明，三项相对误差综合对去除函数的影响不大于 2%，而且是在去除函数的边缘，其对去除函数整体影响不大，可以忽略。故去除函数的形状由束流形状决定，大小由束流大小以及单位

均匀束作用平面时去除率决定。

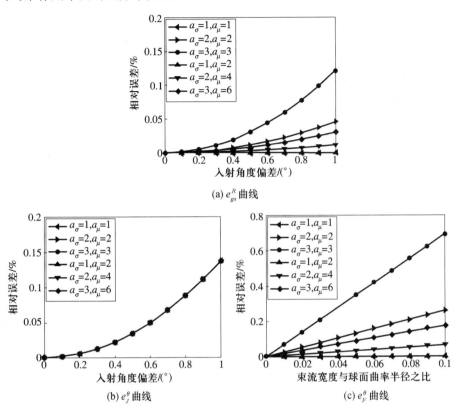

图 4.30　高斯束球面去除函数近似相对偏差

　　以上分析假设工件面形为理想的曲面,但实际面形总存在面形误差,同时工件各处的表面粗糙度也存在差异。进一步分析表明,在低能离子溅射范围内,表面粗糙度尺度的面形扰动幅值即使达到 10nm,其对去除率的相对影响亦小于 1%,这表明,面形误差以及表面粗糙度对离子束加工时的去除函数是没有影响的,只要被加工材料的溅射参数能够保持处处一致,则待加工镜面各处的去除函数一致。去除函数具有对面形扰动的鲁棒性。

4.3.2　离子束抛光去除函数模型特性分析

　　在实际加工过程中,加工的工艺参数与理论模型总存在一定的偏差。为此我们从理论分析和实验验证两方面进行了分析。主要分析了去除函数与工艺参数、工艺参数的小扰动、待加工镜面的面形之间的关系。

1. 离子束抛光去除函数模型特性理论分析

1）去除函数相似性

式(4.39)表明,去除函数可近似成束流密度分布函数 $J(x',y')$ 与单位均匀束流作用平面时去除率 $F\cos\theta$ 之积,去除函数的形状主要由束流形状决定,考虑到 e_{gs}^R、e_F^θ 和 e_J^θ 都很小,其对去除函数形状和大小的影响皆可以忽略。因此去除函数的形状与束流密度分布形状一致,同一束流加工不同材料时的去除函数形状相同;对于球面加工,当其曲率半径远大于去除函数宽度时,可近似认为其去除函数与加工平面时的去除函数形状相同。

2）与入射角度偏差的关系

离子束垂直入射加工时,角度偏差主要通过系数 e_{gs}^R、e_J^θ、e_F^θ 对去除函数产生影响,图4.30表明上述系数在角度小范围内的变化对去除率的综合影响小于2%,可以忽略不计,由此可以得出如下结论:垂直入射时去除函数具有对入射角度的小扰动的鲁棒性。

3）与入射束流的关系

式(4.40)表明,去除函数的形状与束流分布一致,去除率正比于束流强度。去除函数相对于束流密度应该具备如下两条性质:

（1）去除函数的体积去除率与积分束流密度应呈线性关系,随着束流的增大而线性增大;

（2）束流强度小扰动时,若束流密度的分布保持不变,则去除函数的形状保持不变,去除函数的去除率保持束流强度同量级的线性变化。

4）与入射束能的关系

分析式(4.40),去除函数的形状与入射离子能量不相关（在假定束流分布与束能没有关系的前提下）,考虑到能量平均散射深度与能量的关系,可知,去除率与能量的关系为

$$v = k\varepsilon^{1-2m} \tag{4.44}$$

对于低能溅射,m 的取值为 $[0.2, 0.3]$,故去除率约与能量的平方根呈正比关系。在束能存在小扰动 δ_ε 时,去除函数的去除率的相对变化为

$$e^\varepsilon = \frac{(1-2m)\delta_\varepsilon}{\varepsilon} \approx \frac{\delta_\varepsilon}{2\varepsilon} \tag{4.45}$$

约为束能扰动的 $1/2$,故束能小扰动时,其情形与束流小扰动相类似,去除函数能够保持对其扰动的鲁棒性。

2. 离子束抛光去除函数模型特性实验分析[25]

实验分析在自行研制的 KDIFS – 500 – 6 上进行[16,17]。为了保证实验的一

致性,同类实验在离子源一次开启内完成。实验测量设备采用 Zygo 公司的 GPI XP 1000 型波面干涉仪,试验的样件材料为微晶玻璃。

图 4.31 所示为实验测试的去除函数模型,实验以去除函数的峰值去除率 H_{max}、体积去除率 $\iint R(x,y)\mathrm{d}x\mathrm{d}y$ 以及环半峰全宽(CFWHM)为指标来衡量去除函数形状和大小。环半峰全宽(CFWHM)曲线定义为去除函数在过其峰值点任意纵截面 $P(\theta)$ 内的截线与半峰横截面交点 A、B 间的距离与截面角度 θ 的关系曲线。CFWHM 曲线能够综合评价去除函数的大小和对称性等特征,若去除函数回转对称,曲线退化为直线。实验测试模型的重复精度优于 5%。

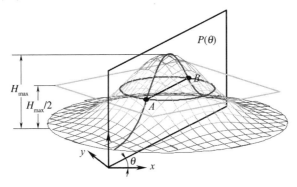

图 4.31   CFWHM 定义示意图

有关去除函数模型的形状和不同材料加工模型的一致性问题,我们分别在石英、微晶和 K4 平面玻璃上进行实验,图 4.32(a)给出对应的 CFWHM 曲线,波动为 3.5%,与综合精度相当,故可判定去除函数形状与材料不相关,与理论分

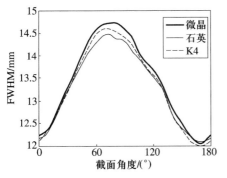

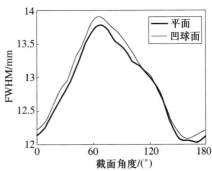

(a)微晶、石英和 K4 平面玻璃的 CFWHM 曲线　　(b)微晶平面和凹球面的 CFWHM 曲线

图 4.32   去除函数相似性

析吻合。

再考察去除函数与曲率半径是否相关。分别在微晶平面玻璃和曲率半径为640mm的凹球面玻璃上进行实验,图4.32(b)给出两者的CFWHM曲线,波动为3%,也与综合精度相当,判定去除函数形状与曲率半径不相关,与理论结论一致。实验特性分析包括以下几个方面。

1)入射角度鲁棒性

离子束加工优选束流垂直入射工件,实验分析入射角度为−2°、−1°、0°和1°时的变化情况。去除函数的宽度变化幅度小于3%,重合一致性也较好。峰值去除率和体积去除率皆小于3%,与去除函数的重复性数据相当,表明入射角度小扰动对去除函数的影响可以忽略不计,与理论结论一致。去除函数入射角度扰动鲁棒性见图4.33。

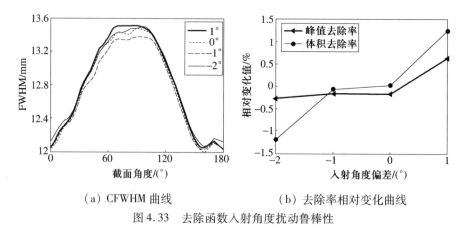

(a) CFWHM 曲线   (b) 去除率相对变化曲线

图4.33 去除函数入射角度扰动鲁棒性

2)时间线性性与长时稳定性

在同一工件上轰击四个去除点,各点的轰击时间分别为30s、60s、90s和120s。图4.34(a)为去除量分布的CFWHM曲线,变化范围为3%,表明去除量分布形状不随轰击时间的长短变化而变化。图4.34(b)分别给出去除峰值和去除体积随轰击时间的变化曲线,其相对于时间的变化指数拟合值分别为0.9777和0.9914,这表明去除量与轰击时间呈线性关系,与理论分析一致,满足CCOS的基本要求。

图4.35为去除函数在2h内的稳定性数据。离子源热稳定40min后开始长时稳定性实验,采集初始时刻、40min、80min和120min共四个时刻的去除函数。图4.35(b)显示,去除函数的峰值去除率和体积去除率变化了10%和3%,这一影响略大于去除函数的重复性。开始时刻的去除函数宽度与其余时刻的宽度具

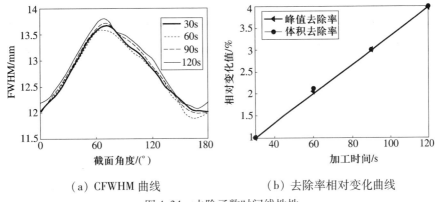

(a) CFWHM 曲线　　　　　　　(b) 去除率相对变化曲线

图 4.34　去除函数时间线性性

有较明显的变化,这表明对离子源进行 40min 的热稳定还不够,稳定时间应该大于 1h,则稳定性可以明显提高。此实验结果表明去除函数具有较长时的稳定性。

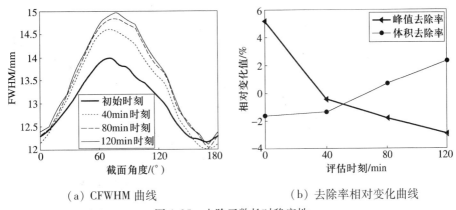

(a) CFWHM 曲线　　　　　　　(b) 去除率相对变化曲线

图 4.35　去除函数长时稳定性

3) 束流线性性与入射束流扰动鲁棒性

屏栅工作电流分别选取为 19mA、20mA、21mA 和 22mA。图 4.36(a)显示,CFWHM 曲线在 6% 范围内变化,这表明屏栅电流对去除函数的宽度有较为明显的影响。图 4.36(b)所示的峰值去除率和体积去除率曲线基本具有较为明显的线性变化趋势,相对变化率约为 20%,这表明在离子束加工过程中应该对屏栅电流进行较为严格的控制,电流的变化幅度应该控制在 5% 以内,否则会对去除函数带来明显的影响。

4) 束能扰动鲁棒性

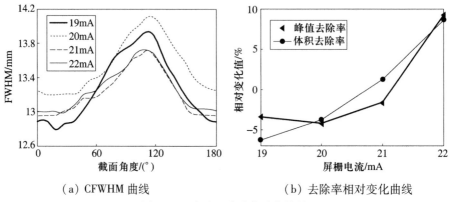

（a）CFWHM 曲线 （b）去除率相对变化曲线

图4.36 去除函束流扰动鲁棒性

屏栅电压分别选取为 1090V、1095V、1100V 和 1105V。图 4.37（a）显示 CFWHM 曲线的变化幅值小于3%,图4.37(b)显示峰值去除率和体积去除率变化都小于4%,与去除函数的短时重复性相当,这表明束能的小扰动对去除函数的影响可以忽略,与理论分析结果一致,去除函数具有对束能扰动的鲁棒性。

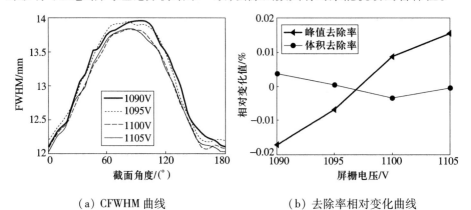

（a）CFWHM 曲线 （b）去除率相对变化曲线

图4.37 去除函数束能扰动鲁棒性

5）与靶距的关系

正常工作时的标称靶距记为0,选取靶距为 -4mm、-2mm、0mm 和 2mm 四点（负值为增大靶距）进行分析。图 4.38（a）所示的去除函数宽度曲线变化较为明显,相对变化率为4%。去除函数宽度变化稍大可能是由于离子源的工作靶距基本上在聚焦离子源的焦点附近。图4.38（b）表征的峰值去除率和体积去除率的变化小于5%,与去除函数重复性相当。以上实验表明,靶距扰动若控制在毫米级范围内,则其对去除函数的影响可以忽略。

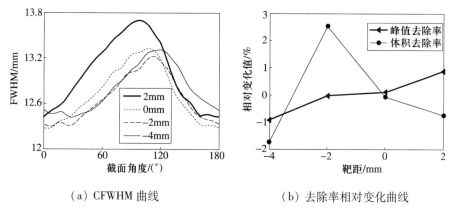

（a）CFWHM 曲线　　　　　　　（b）去除率相对变化曲线

图 4.38　靶距扰动鲁棒性

在正常工作位置远离镜面移 40mm 和向镜面移 10mm 的范围调节靶距,图 4.39(a)显示,去除函数的宽度有明显的变化,随靶距减小后略微增大;图 4.39(b)显示,体积去除率的变化较小,但略显凌乱。由于使用的是聚焦型离子源,在焦点处去除函数宽度最小;当离子源电参数一致时,可以通过调节靶距调节去除函数的大小,且基本保持去除率不变。

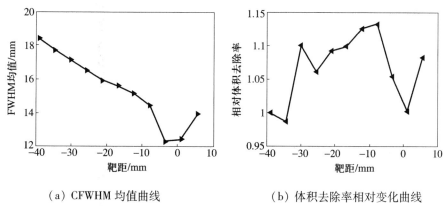

（a）CFWHM 均值曲线　　　　　　（b）体积去除率相对变化曲线

图 4.39　靶距大范围调节对去除函数宽度的影响

4.3.3　离子束抛光去除函数实验建模[25]

在前面建立离子束抛光去除函数的理论模型的基础上,我们采用实验获取了实际加工中的去除函数。通过对比分析,两者之间具有很好的一致性,表明离子束抛光具有很好的确定性,为后续开展纳米精度的离子束抛光工艺研究奠定了基础。

离子束抛光采用聚焦 Kaufmann 离子源，前面分析表明其去除函数模型呈高斯分布，为此我们采用如图 4.40 所示的典型高斯型模型进行去除函数拟合。

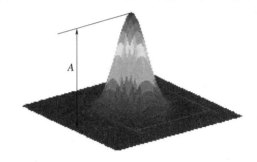

图 4.40　典型的高斯型去除函数

高斯型的去除函数 $p(x,y)$ 通常表示为

$$p(x,y) = Ae^{-\frac{x^2+y^2}{2\sigma^2}} \tag{4.46}$$

式中，A 为峰值去除率；

　　　σ 为高斯函数分布参数；

　　　d 为束径，$d=6\sigma$。

由于去除函数具有回转对称性，可使用去除函数的母线方程 $p(x)$ 来表示去除函数

$$p(x) = Ae^{-\frac{x^2}{2\sigma^2}} \tag{4.47}$$

实验根据离子束的特征，采用两种方法获得去除函数模型。

1. 斑点实验法

斑点实验法是指在光学镜面上实验一个或多个的去除函数斑点。根据斑点处的材料去除量 $r(x,y)$ 和实验时间 t 可以计算出去除函数，如图 4.41 所示。

斑点实验法的优点是实验过程简单、去除函数斑点直观。但是斑点实验法的结果为实验时间内的平均去除函数，不能提供实验时间内去除函数的变化情况。为了考察去除函数随时间的变化情况，并延长实验时间，我们提出了去除函数获取的线扫描实验法。

2. 线扫描实验法

线扫描实验法即沿一条直线以一定速率扫描进行去除函数实验，实验结果为在光学镜面上刻蚀的一条沟，实验中的材料去除量示意图如图 4.42(b)所示。

利用线扫描实验法可以估计出每一个 y 坐标截面下的参数 A、σ 和 B，从而

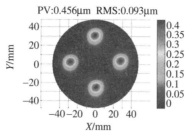

PV:0.456μm RMS:0.093μm

(a) 四点实验结果

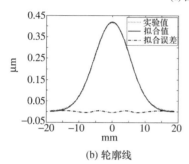

(b) 轮廓线

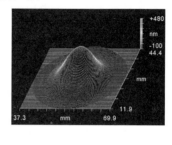

(c) 单点形貌

图 4.41　斑点实验法获取去除函数

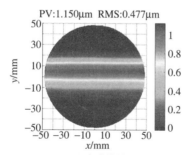

PV:1.150μm RMS:0.477μm

(a) 实验结果

(b) 三维示意

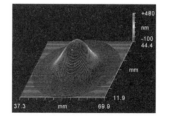

(c) 单点形貌

图 4.42　线扫描实验法获取去除函数

可以考察去除函数随时间的变化情况,同时考察去除函数的稳定性。

4.4　离子束加工系统设计与分析[25,26]

4.4.1　系统构建

我们根据不同的加工目的分别设计和研发了 KDIBF – 500 – 6 和 KDIBF – 700 – 5 离子束加工系统。本节以 KDIBF – 500 – 6 离子束加工系统为例,介绍其设计思想和实验。

离子束加工基于线性时不变空间不变的 CCOS 原理,要求去除函数在整个加工过程中保持不变,从而要求加工过程中离子束相对于任意加工点都具有一致的位姿。空间物体之间具有六个相对自由度,分别为三转动自由度和三平动自由度。离子束本身的回转对称特性可以减少一个转动自由度,由此离子源相对于工件应具备五个自由度。如果基于非线性去除函数建模与补偿 CCOS 理论,离子束加工系统可以省去三转动自由度而只要三平动自由度。

KDIBF – 500 – 6 离子束加工系统的设计思想是建立完备科学实验环境,如完备多轴运动子系统实验环境,多种离子源实验环境和各种路径加工实验环境。因此,它采用六轴运动子系统,如图 4.43(a)所示。其 x、y 轴的运动行程都为 320mm,能够加工最大工件直径为 500mm 的相对口径不大于 1 的凹面镜。图 4.43(b)所示的运动拓扑结构表明,加工运动系统由离子源运动子系统和工件运动子系统构成。其中离子源运动子系统由 x、y、z 轴构成的三维线性运动平台以及 A、B 转动轴构成的二维转台组成,具有五维运动能力;工件运动子系统由 C

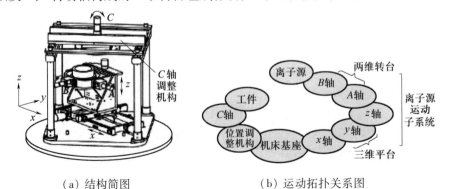

(a) 结构简图　　　　　　　　　　　　(b) 运动拓扑关系图

图 4.43　KDIBF – 500 – 6 结构简图和运动拓扑关系图

轴和位置调整机构构成。机床各平动轴设计定位精度为 $1\,\mu m$,以提高系统修正高频误差的能力。系统具有四个或五个联动自由度,可以根据需要进行设定。

KDIBF – 500 – 6 多轴运动系统对于不同口径的镜面具有不同的加工扫描能力。对于小尺度镜面,将 C 轴回转中心调整到 xy 平台中心,可以对镜面实施全口径线性扫描或者极坐标扫描方式进行加工,图 4.44 给出此种加工方式的示意图。

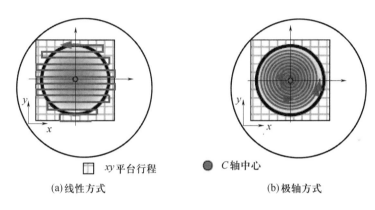

(a)线性方式   (b)极轴方式

图 4.44   小镜加工扫描方式示意图

对于大口径的镜面,由于其尺寸超出了 xy 平台的运动范围,不可能实现全口径线性扫描,此时借助工位调整机构,将 C 轴回转中心调整到 xy 平台边缘处,使 xy 平台的运动行程能够覆盖镜面的 1/4 区域,在此状态下可以对镜面实施极坐标扫描加工或者实施分步线性扫描加工,图 4.45 给出了此加工状态的扫描示意图。

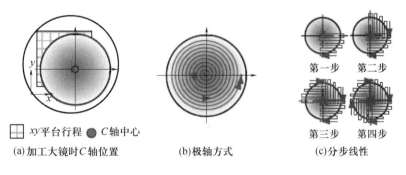

(a)加工大镜时 C 轴位置   (b)极轴方式   (c)分步线性

图 4.45   大镜加工扫描方式示意图

4.4.2　系统分析

1. 系统的运动学模型

基于 CCOS 加工原理,要求离子源运动系统调整工件和离子源的位姿,使得对于任意加工点,离子源相对于工件在此点处的局部结构位姿一致。为此,基于 DH 方法,我们分别给出工件和离子源相对于系统参考系的变换矩阵,建立 KDIBF-500-6 系统的运动学模型。

如图 4.43(a)所示,系统参考系 x、y、z 向与系统的 x、y、z 运动轴向一致,原点位于 A、B 轴轴线的交点处。不考虑一切安装误差,系统处于初始位姿时,离子源运动系统的 x、y、z、A、B 各轴的体坐标系皆与系统参考系重合。离子源的轴线与系统参考系的 z 轴平行,离子源参考系原点处于系统参考系原点沿 z 向向上平移 d 处,姿态与系统参考系一致。

不考虑一切安装偏差,处于初始位姿时工件参考系原点位于待修工件面形顶点处,姿态与系统参考系的一致,工件参考系原点与 A、B 轴轴线的交点的连线,与系统参考系 z 向平行,两者之间的距离为 d,为加工靶距。C 轴调整机构体坐标系、C 轴体坐标系与工件参考系重合。

以下分析中,认为机床系统的精度对加工的影响可以忽略,重点分析加工过程中各向对刀误差和安装误差对加工的影响。

1)离子源运动子系统模型

如图 4.43(b)所示,离子源通过 B、A、z、y、x 轴与机床相联,其中转动轴 B、A 的运动坐标分别为 β、α、z、y、x 线性运动的坐标分别为 z、y、x。由于机床本身和对刀的缘故,加工过程中各轴存在误差,设各轴的误差分别为 δ_β、δ_α、δ_z、δ_y 和 δ_x。基于 DH 法,构建各轴的运动变换矩阵:$\boldsymbol{R}_a$、$\boldsymbol{R}_b$、$\boldsymbol{T}_z$、$\boldsymbol{T}_y$ 和 $\boldsymbol{T}_x$,各轴的误差变换矩阵:$\boldsymbol{D}_a$、$\boldsymbol{D}_b$、$\boldsymbol{D}_z$、$\boldsymbol{D}_y$ 和 $\boldsymbol{D}_x$,具体构建方法参见文献[25,26]。

离子源在制造和安装的过程中,由于存在基准偏差,这种偏差在安装后保持为定值,不随加工位姿不同而不同。如图 4.46 所示,设离子源变换矩阵 $\boldsymbol{T}_i$ 和误差矩阵 $\boldsymbol{D}_i$ 为

$$\boldsymbol{T}_i = \begin{bmatrix} 1 & 0 & 0 & 0 \\ 0 & 1 & 0 & 0 \\ 0 & 0 & 1 & d \\ 0 & 0 & 0 & 1 \end{bmatrix} \qquad \boldsymbol{D}_i = \begin{bmatrix} 1 & 0 & i_y & d_x \\ 0 & 1 & -i_x & d_y \\ -i_y & i_x & 1 & 0 \\ 0 & 0 & 0 & 1 \end{bmatrix} \tag{4.48}$$

根据各运动轴之间的连接方式,当不考虑各项运动误差和安装偏差时,离子

源加工点处的坐标系相对于机床参考系之间的合成变换矩阵为

$$T_{im} = T_x T_y T_z R_a R_b T_i \qquad (4.49)$$

考虑了各项运动误差和安装偏差后,其间的合成转换矩阵为

$$T'_{im} = T_x D_x T_y D_y T_z D_z R_a D_a R_b D_b T_i D_i \qquad (4.50)$$

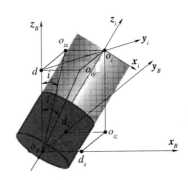

图 4.46　离子源安装偏差示意图

2)工件运动子系统模型

工件通过卡具、C 轴和 C 轴调整结构与机床相连。C 轴调整机构初始位姿相对于机床基座参考系的变换矩阵为 T_{cm},等于 T_i。C 轴的运动参数为 γ,C 轴相对于 C 轴基座的变换矩阵为 R_c。工件体坐标系与 C 轴的体坐标系重合。

统一考虑工件安装姿态误差和 C 轴运动误差,由此误差引入的偏差转换矩阵为

$$D_{wc} = \begin{bmatrix} 1 & -\delta_\gamma & w_y & 0 \\ \delta_\gamma & 1 & -w_x & 0 \\ -w_y & w_x & 1 & 0 \\ 0 & 0 & 0 & 1 \end{bmatrix} \qquad (4.51)$$

根据图 4.43(b)所示的运动拓扑关系,不考虑各项误差时,工件相对于机床参考系的转换矩阵为

$$T_{wm} = T_{cm} R_c \qquad (4.52)$$

引入 C 轴运动误差和安装偏差后的变换矩阵为

$$T'_{wm} = T_{cm} D_{wc} R_c \qquad (4.53)$$

2. 后置算法和误差分析

基于 KDIBF‑500‑6 机床的 DH 模型,以直线扫描方法为例给出在不考虑误差情形下的位姿解算方法,并基于 DH 法分析各项定位和安装误差对加工的影响,建立此影响的误差模型。

设工件坐标系中工件上的加工点的坐标为 $P_w = \begin{bmatrix} x_w & y_w & z_w & 1 \end{bmatrix}^T$,加工点处指向工件内部的单位法向为 $n_w = \begin{bmatrix} n_x & n_y & n_z & 0 \end{bmatrix}^T$。离子源参考系中离子源上加工点的坐标为 $P_i = \begin{bmatrix} 0 & 0 & 0 & 1 \end{bmatrix}^T$,其轴向方向为 $n_i = \begin{bmatrix} 0 & 0 & 1 & 0 \end{bmatrix}^T$。

假定工件参数如表 4.2 所列,则工件边缘处的最大倾斜为 15°,因此有 $n_x^2 +$

$n_z{}^2 \approx 1$。在图 4.47 中的误差分布图形是相对于工件体坐标系给出,其 x、y 向与机床参考系的 x、y 轴向等同。

表 4.2　工件参数和工艺参数表

口径 D/mm	500
相对口径 A	1:1
面形类型	凹球面
靶距 d/mm	250

在以下的计算仿真以及分析中,各项误差的取值如表 4.3 所示。

表 4.3　安装和对刀误差

工件安装(运动)误差	角度因素/rad	$w_x = 0.005$;$w_y = 0.005$;$w_z = 0.005$
运动(包括对刀)误差	角度因素/rad	$\delta_\alpha = 0.005$;$\delta_\beta = 0.005$
	线性因素/mm	$\delta_x = 0.5$;$\delta_y = 0.5$;$\delta_z = 0.5$
离子源安装偏差	角度因素/rad	$i_x = 0.05$;$i_y = 0.05$
	线性因素/mm	$d_x = 8$;$d_y = 10$

1)后置算法

进行线性扫描加工时,离子源的五维运动系统实施加工运动。C 轴锁定,即 $\gamma = 0$。

离子束加工过程中要求离子束保持一定距离垂直入射工件。这可以分解成两点基本要求:①位置要求:离子束上加工点与工件上的加工点重合;②姿态要求:离子束回转轴与工件在加工点处的法向重合。

根据 KDIBF - 500 - 6 系统的 DH 模型,不考虑各项定位和装卡误差时,线性扫描方式的位置方程为

$$T_{im} P_i = T_{wm} P_w \tag{4.54}$$

姿态方程为

$$T_{im} n_i = T_{wm} n_w \tag{4.55}$$

联合式(4.54)和式(4.55),并令 $\gamma = 0$,可以求解出线性扫描时后置算法为

$$\begin{cases} \alpha = -\arctan(n_y/n_z) \\ \beta = \arcsin n_x \\ x = x_w - d\sin\beta \\ y = y_w + d\sin\alpha\cos\beta \\ z = z_w + d - d\cos\alpha\cos\beta \end{cases} \quad (4.56)$$

2）误差模型

由于存在定位和安装误差,利用式(4.56)的算法进行解算时,离子源上加工点和工件上的加工点以及两点处的法向不重合,存在误差。根据离子束加工方法的特点,可将离子源上加工点与工件上加工点的误差分成三类,如图4.47所示。第一类为两点间的误差矢量在工件上加工点处切平面内的投影 δ_τ,这一误差为通常意义上的CCOS加工过程的定位误差,其对加工精度的影响比较显著。第二类为在加工点处法向上的投影 δ_n,为离子束加工时的靶距误差。第三类为离子源名义轴线与工件加工点处法线之间的加工误差 δ_i,为离子束入射角度误差。下面主要讨论第一类误差,建立基于DH一阶误差模型,分析其构成。

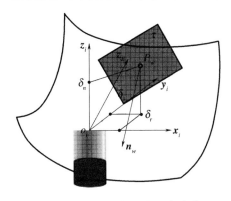

图4.47　离子源加工中三类定位误差示意图

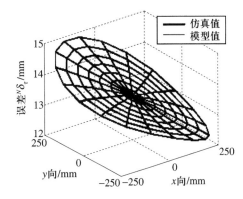

图4.48　未补偿时切平面仿真误差值与模型值

由于在解算过程中没有在工件上加工点处建立坐标系,下面给出的误差都是相对于离子源参考系。虽然两坐标系之间存在的偏差会引入误差,但可以证明这种误差为高阶的,可以忽略不计。

考虑运动误差、对刀误差以及离子源安装偏差后,工件上加工点在离子源坐标系的坐标为

$$P_w^i = (T'_{im})^{-1} T'_{wm} P_w{}^n N \quad (4.57)$$

对式(4.57)进行一阶近似,并考虑到 $n_x^2 + n_z^2 \approx 1$,得到切平面内定位误

差 $^N\delta_\tau$ 两分量模型为

$$
\begin{aligned}
^N\delta_\tau[1] &= {}^NP_w^i[1] = (n_xn_zn_y - n_xn_y\delta_\gamma)x_w - (n_xn_zw_x + \delta_\gamma)y_w - d\delta_\beta + \\
&\quad (n_xn_yw_x + w_y)z_w - d_x - \delta_x + n_xn_y\delta_y + n_xn_z\delta_z \\
^N\delta_\tau[2] &= {}^NP_w^i[2] = (n_yw_y + n_z\delta_\gamma)x_w - n_yw_xy_w - n_zw_xz_w + \\
&\quad d\delta_\alpha - d_y - n_z\delta_y + n_y\delta_z
\end{aligned}
\tag{4.58}
$$

图 4.48 给出加工表 4.2 参数面形在表 4.3 所列各误差作用下切平面内误差的仿真值和模型值图形,两者几乎重合,这表明线性模型具有相当高的精度。

如式(4.58),切平面内误差由三部分构成:①线性对刀误差;②对刀、装卡角度误差在相关误差臂作用下的 Abbe 误差;③离子源安装偏差。其中,前两者具有随机特性,不便进行补偿。第三类虽相对于其他因素来讲较大但具有确定性,可进行补偿,以消除其对加工的影响。同时还必须注意到,角度误差引入的Abbe 误差在镜面的边缘处较大,应该通过精密对刀等措施控制其大小。

3. 纠补偏差后置算法和误差分析

本节根据离子源安装偏差的确定性,通过引入相应的纠补措施,消除掉其对切平面定位误差的影响,建立纠补后三类误差的模型。针对切平面内的误差模型对对刀和装卡提出要求。最后给出补偿时极坐标加工方式的后置算法。

1) 直线扫描方式后置算法

由于离子源确定性的安装偏差对定位影响很大,可以先通过工艺实验的方法确定出离子源安装线性偏差 d_x、d_y,然后再在位置方程式(4.54)中引入如下纠补矩阵:

$$
T'_i = \begin{bmatrix} 1 & 0 & 0 & d_x \\ 0 & 1 & 0 & d_y \\ 0 & 0 & 1 & 0 \\ 0 & 0 & 0 & 1 \end{bmatrix}
\tag{4.59}
$$

从而位置方程式(4.54)修正成

$$
T_{im}T_iP_i = T_{wm}P_w
\tag{4.60}
$$

联合式(4.55)和式(4.60),并令 $\gamma = 0$,得到纠偏后的后置算法:

$$
\begin{cases}
\alpha = -\arctan(n_y/n_z) \\
\beta = \arcsin n_x \\
x = x_w - d\sin\beta - d_x\cos\beta \\
y = y_w + d\sin\alpha\cos\beta - d_x\sin\alpha\sin\beta - d_y\cos\alpha \\
z = z_w + d - d\cos\alpha\cos\beta + d_x\cos\alpha\sin\beta - d_y\sin\alpha
\end{cases}
\tag{4.61}
$$

2) 直线扫描方式误差模型

将后置算法结果代入式(4.57)，求解出工件上加工点在离子源坐标系中的坐标，得到纠偏补偿后切平面内误差$^c\delta_\tau$在两个方向上的误差分量分别为

$$
\begin{cases}
^c\delta_\tau[1] = {^cP_w^i}[1] = (z_w n_x n_y - y_w n_x n_z)w_x + (z_w + x_w n_x n_z)w_y - \\
\qquad\quad (y_w + x_w n_w n_y)\delta_\gamma - \delta_x + n_x n_y \delta_y + n_x n_z \delta_z - d\delta_\beta \\
^c\delta_\tau[2] = {^cP_w^i}[2] = -(y_w n_y + z_w n_z)w_x + \\
\qquad\quad x_w n_y w_y + x_w n_z \delta_\gamma - n_z \delta_y + n_y \delta_z + d\delta_\alpha
\end{cases} \tag{4.62}
$$

图 4.49 给出加工表 4.2 参数面形在表 4.3 所列各误差作用下切平面内误差的仿真值和模型值图形，纠补掉离子源安装偏差后，切平面内定位误差显著降低。与式(4.58)比较，引入纠补矩阵后，完全消除了离子源安装偏差对加工的影响，但 Abbe 误差和线性对刀误差却未能得到改善。

利用式(4.62)模型，可以对各轴的对刀以及运动精度提出限制要求。设切平面内对刀精度需要达到δ，由于两分量在切平面内具有同等的地位，故而根据式(4.62)，各对刀误差应该满足：

$$
\begin{cases}
(|z_w n_x n_y| + |y_w n_x n_z|)^2 w_x^2 + (|z_w| + |x_w n_x n_z|)^2 w_y^2 + d^2\delta_\beta^2 \times \\
\quad (|y_w| + |x_w n_x n_y|)^2 \delta_\gamma^2 + \delta_x^2 + (n_x n_y)^2 \delta_y^2 + (n_x n_z)^2 \delta_z^2 < \delta^2/2 \\
(|y_w n_y| + |z_w n_z|)^2 w_x^2 + (x_w n_y)^2 w_y^2 + (x_w n_z)^2 \delta_\gamma^2 + \\
\quad n_z^2\delta_y^2 + n_y^2\delta_z^2 + d^2\delta_\alpha^2 < \delta^2/2
\end{cases} \tag{4.63}
$$

与求解切平面内误差$^c\delta_\tau$方法相同，靶距误差$^c\delta_n$求解为

$$
^c\delta_n = {^cP_w^i}[3] = (n_z y_w - n_y z_w)w_x + (z_w n_z - x_w n_z)w_y + \\
(n_y x_w - n_x y_w)\delta_\gamma - n_x \delta_x - n_y \delta_y - n_z \delta_z \tag{4.64}
$$

图 4.50 给出加工表 4.2 参数面形在表 4.3 所列各误差作用下靶距误差的仿真值和模型值图形。式(4.64)表明，Abbe 误差对靶距误差影响比较显著。

根据式(4.63)和式(4.64)，进一步分析有

$$
^c\delta_n^2 < \delta^2 + n_z^2\delta_z^2 - d^2(\delta_\alpha^2 + \delta_\beta^2) \tag{4.65}
$$

考虑到靶距，A、B 轴对刀精度和 z 向对刀精度之间的相对大小关系，一般有$^c\delta_n < \delta$。在加工工艺中要求切平面对刀精度 δ 在毫米级，实验表明，靶距在此范围内的变化对去除函数的影响可以忽略不计。

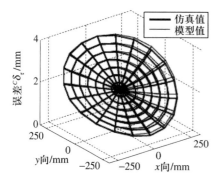
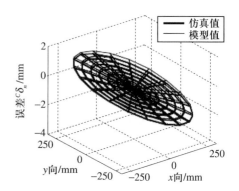

图 4.49　补偿时切平面误差
仿真值与模型值

图 4.50　补偿时靶距误差
仿真值与模型值

以上分析了补偿后的切平面误差和靶距误差。下面分析补偿后角度误差。由运动误差、对刀误差以及离子源安装偏差引入的入射角度误差为工件法线与离子源理想回转轴之间的夹角。

补偿后工件上加工点处法线在离子源坐标系内的表达为

$$^{C}n_{w}^{i} = (\boldsymbol{T}'_{im})^{-1}\boldsymbol{T}_{wm}\boldsymbol{n}_{w} \tag{4.66}$$

各分量的一阶近似为

$$\begin{cases} ^{C}n_{w}^{i}[1] = -i_{y} - \delta_{\beta} + n_{z}w_{y} - n_{y}\delta_{\gamma} \\ ^{C}n_{w}^{i}[2] = i_{x} + \delta_{\alpha} - w_{x} + n_{x}n_{y}w_{y} + n_{x}n_{z}\delta_{\gamma} \\ ^{C}n_{w}^{i}[3] = 1 \end{cases} \tag{4.67}$$

离子源理想回转对称轴在离子源坐标系中的坐标为

$$\boldsymbol{v} = \begin{bmatrix} -i_{y} & i_{x} & 1 \end{bmatrix} \tag{4.68}$$

从而入射角度偏差 δ_i 为

$$|\sin\delta_{i}| = \|^{C}n_{w}^{i} \times \boldsymbol{v}\|_{2} \tag{4.69}$$

其一阶模型为

$$|\delta_{i}| = \sqrt{(\delta_{\alpha} - w_{x} + n_{x}n_{y}w_{y} + n_{x}n_{z}\delta_{\gamma})^{2} + (n_{z}w_{y} - \delta_{\beta} - n_{y}\delta_{\gamma})^{2}} \tag{4.70}$$

图 4.51 给出加工表 4.2 参数面形在表 4.3 所列各误差作用下入射角度偏差的仿真值和模型值图形。两者几乎重合。

对式(4.70)进行进一步的分析有

$$|\delta_{i}| \leqslant |\delta_{\alpha}| + |\delta_{\beta}| + |\delta_{\gamma}| + |w_{x}| + |w_{y}| \tag{4.71}$$

实际加工工艺中,此五项角度误差之和会小于 1°。理论分析表明,入射角度在此范围内的变化对去除函数的影响小于 1%,可以忽略不计。

以上误差分析表明,通过引入误差纠补矩阵 $\boldsymbol{T}'_i$ 后,消除离子源安装偏差对加工时切平面定位的影响,利用切平面定位误差模型对对刀和工件装卡提出限制条件后,由各项误差产生靶距误差和入射角度误差也得到控制,其对加工的影响可以忽略不计。

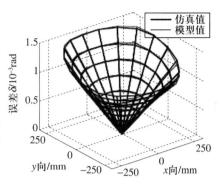

图 4.51　补偿时入射角度偏差
仿真值与模型值

3)极坐标扫描方式后置算法

使用极坐标扫描方式进行离子束加工时,使用设备的 x、B、z 和 C 轴,锁定 y 轴和 A 轴,但由于要补偿离子源安装误差,需开放 y 轴,从而仅 $\alpha = 0$。

联合式(4.55)和式(4.60),并令 $\alpha = 0$,可以求解经过误差纠补后的极坐标扫描方式后置算法为

$$
\begin{aligned}
\beta &= \arccos n_z \\
\gamma &= -\arctan(n_y/n_x) \\
x &= x_w\cos\gamma - y_w\sin\gamma - d\sin\beta - d_x\cos\beta \\
y &= x_w\sin\gamma + y_w\cos\gamma - d_y \\
z &= z_w + d - d\cos\beta + d_x\sin\beta
\end{aligned}
\tag{4.72}
$$

4.5　离子束抛光面形误差收敛与精度预测[25]

基于 CCOS 确定性抛光,由于小工具局部修形的特点,容易在镜面上产生中、高频成分误差,因此如何分析与控制抛光对中、高频误差的修正能力是当前确定性抛光工艺所迫切需要解决的一个关键问题。传统 CCOS 抛光对修形能力的认识和分析,仅局限于一种定性分析,即去除函数的斑点越小,修形能力越强。

由于去除函数具有一定的宽度,因此,加工中实际去除的材料量总是期望去除的材料量,修形过程的材料去除量示意图如图 2.2 所示。一个好的修形过程,或者说修形能力强的修形过程,它实际去除的材料量应该接近期望去除的材料量,例如,脉冲函数的修形能力是最强的,它实际去除的材料量等于期望去除的

材料量。根据这一思想,我们提出以材料去除有效率对修形工艺的修形能力进行量化评价的方法:

$$材料去除有效率(\eta) = \frac{期望去除的材料量}{实际去除的材料量} \tag{4.73}$$

根据定义可知,材料去除有效率 $0 < \eta \leqslant 1$,η 越接近 1,则修正能力越强,反之,η 越接近 0,则修正能力越弱。根据材料去除有效率的定义,如果误差面形的幅值为 A_e,那么消除该误差面形时所需要去除的材料量的幅值为 A_e / η。

根据材料去除有效率的定义,图 2.2 所示修形过程的材料去除有效率为

$$\eta = \frac{\delta}{\eta + \gamma} \tag{4.74}$$

通过理论计算和实验仿真分析,建立了离子束抛光的材料去除有效率与去除函数大小(d)与工件误差空间波长(λ)的定量化表达关系:

$$\eta = e^{-\frac{\pi^2}{18}\left(\frac{d}{\lambda}\right)^2} \tag{4.75}$$

表 4.4 和图 4.52 为实验仿真与理论计算的比较结果。分析表明,两者具有很好的一致性。

表 4.4　材料去除有效率的仿真计算值和理论计算值的比较

λ/mm	120	90	60	40	30	24	20	15
d/λ($d = 30$mm)	0.25	0.33	0.5	0.75	1	1.25	1.5	2
η(理论值)	0.97	0.94	0.87	0.73	0.58	0.42	0.29	0.11
η(仿真值)	0.97	0.94	0.88	0.74	0.58	0.43	0.30	0.11

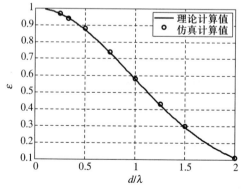

图 4.52　材料去除有效率的仿真计算值和理论计算值

基于上述分析可知,材料去除有效率 $\eta(d,\lambda)$ 是变量 d/λ 的负指数函数,随着 d/λ 的增大,材料去除有效率迅速下降。当 $d/\lambda = 1$ 时,材料去除有效率下降到 58% ;当 $d/\lambda = 2$ 时,则迅速下降到 11% 。可见,随着空间误差频率 f 的增加(即 λ 减小),材料去除有效率急剧减小。大量的修形实验表明,当材料去除有效率小于 0.1 时,加工过程将不再具有有效的修形能力,因此材料去除有效率为 0.1 时对应的频率称为修形截止频率 f_c,$\eta(f_c) = 0.1$。对于高斯型去除函数,由于 $\eta_{d/\lambda=2} \approx 0.1$,所以修形截止频率所对应的空间波长约等于 $d/2$。

对于离子束抛光,误差空间波长 λ 小于 $d/2$ 的空间频率将不再具备有效的修形能力。我们首次找到了离子束径尺寸对各频率成分误差修形能力的定量化关系,从理论上对基于 IBF 抛光工艺过程的修形能力给出了合理的量化评价指标,为离子束抛光的面形误差收敛和中、高频误差控制研究奠定了基础。

传统 CCOS 加工结果的预测预报方法是基于虚拟加工的仿真方法。该方法首先计算驻留时间,然后进行虚拟加工,计算出虚拟加工的残差分布。该方法的优点是预测结果直观可靠,缺点是预测预报过程计算复杂且与驻留时间算法相关,同时需要首先计算出驻留时间,且缺乏对加工过程各频率成分变化的预测预报。我们提出了一种基于频谱的加工误差收敛和精度预测预报方法。CCOS 抛光的数学模型可表示为二维卷积方程:

$$r(x,y) = \iint \tau(x',y') p(x-x',y-y') \mathrm{d}x'\mathrm{d}y'$$
$$= p(x,y) \otimes \tau(x,y) \tag{4.76}$$

式中,$r(x,y)$ 为材料去除量函数;

$\tau(x,y)$ 为驻留时间函数;

运算符 $\otimes$ 表示卷积运算。

从数学角度分析,其修形加工过程和二维滤波过程在数学模型上具有一致性(如图 4.53 所示),即修形加工过程在数学上的处理可以看作是滤波过程,修形加工的驻留时间可视为滤波过程的输入信号,修形加工的去除函数可视为滤波器的脉冲响应函数,修形加工的材料去除量可视为滤波过程的输出。由此可知,由于将材料去除量视为滤波输出,所以材料去除量中的高频成分将很少,或者说材料去除量中只包含有能通过滤波器的低频成分,所以加工过程只能去除原面形误差中的低频成分,因此加工过程可以等效为一低通滤波器,滤除掉误差面形中的低频成分,而将高频成分留下。据此原理,可以根据加工前的面形误差预测预报离子束抛光后的误差收敛情况和加工的精度,同时由于我们采用的是基于信号处理理论进行抛光精度的预测预报,因此可以同时预测加工前后各频率成分的收敛变化情况,即 PSD 谱的变化情况。图 4.54 所示为某工艺条件下的预测结果和实际加工结果图。

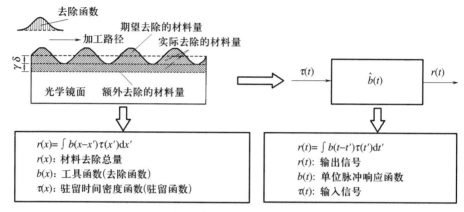

$$r(x)= \int b(x-x')\tau(x')\mathrm{d}x'$$

$r(x)$:材料去除总量

$b(x)$:工具函数(去除函数)

$\tau(x)$:驻留时间密度函数(驻留函数)

$$r(t)= \int b(t-t')\tau(t')\mathrm{d}t'$$

$r(t)$:输出信号

$b(t)$:单位脉冲响应函数

$\tau(t)$:输入信号

图 4.53 离子束抛光加工过程的滤波器描述

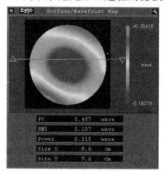

(a) 初始面形

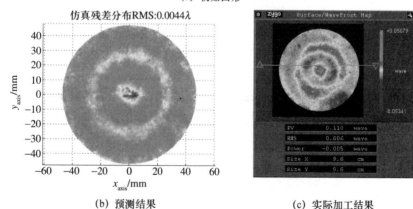

(b) 预测结果

(c) 实际加工结果

图 4.54 离子束抛光预测预报

该方法的优点在于可以不用计算驻留时间就对离子束抛光工艺的加工结果进行预测预报,不仅使预测方法更为简单、更具可操作性,同时使预测结果更加直观可靠。

4.6 离子束抛光的小尺度误差演变

4.6.1 表面粗糙度演变

离子束溅射去除机理决定了材料去除的相关长度为微纳米尺度。上一节我们将 CCOS 成型原理与信号系统的类比分析表明,离子束加工对高频误差的修除效果不明显,能够高效去除的误差频率上限与去除函数的宽度相关。当研究的误差波长小于毫米但大于微米量级(为一般光学系统中的表面粗糙度部分,EUVL 系统的中频误差部分)时,由于误差尺度远小于束流宽度,所以,可以认为是均匀束作用下的表面粗糙度的变化,且各点的材料去除是相互独立的。

表面粗糙度的研究一般通过轮廓仪或者原子力显微镜测量并分析表面误差分布来实现。区别于全口径的面形误差,不可能保证表面粗糙度的测量点每次都能重合,故通过测量多点且在各点测量多次后求均值和标准差以表征工件的表面粗糙度[27,28,30],另外,可以用 PSD 曲线表征表面粗糙度的频率分布[29,30]。

Kodak 分析了抛光阶段不同工艺参数对离子束加工后表面粗糙度影响。对于经过充分抛光的熔石英、微晶和 ULE 等材料,表面粗糙度随着离子束加工去除深度的增大而增大;对于没有充分抛光的微晶材料,表面粗糙度随去除厚度的变化趋势要强于经过充分抛光的材料。Kodak[16]和 CSL[32]对经过充分抛光后的 CVD SiC 材料的研究结果都表明:表面粗糙度度随去除深度的增加而变大。但 NTGL 将一块初始表面粗糙度为 3Å 的 CVD SiC 利用离子束去除 800nm 后,表面粗糙度没有发生明显变化[31]。

CaF$_2$ 材料的软脆性使得抛光加工后存在严重的划痕和裂纹等形式的亚表面损伤,用离子束加工后,随着入射深度的增加,首先会出现明显的划痕,且逐渐变大,当去除到某一程度时,划痕深度和宽度达到最大,而后随着加工的深入,逐步变小,体现在表面粗糙度上也是先变大而后变小,但最终仍然是增大的[33]。

Sydney 研究了不同材质抛光盘和抛光时间对表面粗糙度的影响。仅经聚氨酯粗抛光的样件用离子束去除 3μm 后表面粗糙度变大,经聚氨酯细抛30h后和经沥青盘抛光30h 后的样件表面粗糙度都减小。原子力显微镜观察表明:离子束加工清除了抛光残留的覆盖在表面的杂质,暴露出的加工残留划痕致使表面粗糙度增大,而经过沥青盘细抛光后的工件由于不存在划痕,故表面粗糙度有所变好[34]。

NTGL[33] 和佳能团队[35] 研究了表面粗糙度变化与入射离子能量的关系。他们研究认为:入射离子能量高,表面粗糙度变化大,离子能量低,表面粗糙度变化较小,从而在加工中优先采用低能重离子。

佳能和东京大学研究团队研究了 Si 材料经离子束加工后表面粗糙度的变化,研究表明:经过离子束加工后的镜面中频误差特性几乎没有改变,能够保持镜面原始的 MSFR[36,37]。

意大利的 OAB 研究中心[38,39] 研究离子束加工 x - ray 芯模时发现,离子束加工暴露出材料的亚表面损伤,致使表面粗糙度发生略微的变化。

ZnS 等多晶类材料,由于各晶向的材料去除存在显著差异,经离子束加工后表面粗糙度被严重破坏;同样,对于 Si/SiC 两相材料,由于 Si 和 SiC 材料去除率存在差异,离子束加工后表面粗糙度也被破坏。对于这两类材料,不能够用离子束技术进行加工[16]。

离子束加工技术是修形而不是抛光技术,离子束加工后表面粗糙度的变化与抛光工序、材料等多种因素存在关系,Kodak 研究认为可能是如下三种原因导致加工后表面质量变差:

(1)前道研抛工序产生的残留应力层仍然存在,没有被完全去除;

(2)抛光加工材料厚度去除不够,致使某些实验认为随着离子束去除深度的增大,表面粗糙度变差,而有的实验认为没有变化;

(3)材料本身原因,如多晶材料,各个晶向的去除效率不一致,导致表面质量很差。

总之,没有经过充分抛光的镜面,表面粗糙度变差,可能是由于残留的亚表面损伤层;而经过充分抛光的镜面,表面粗糙度略微变差或者没有明显变化。加工后的表面粗糙度的变化与抛光磨粒粒度、抛光压力、抛光时间的长短和抛光膜的种类都密切相关,同时也与离子入射角度、能量以及材料去除厚度相关。

4.6.2　微观形貌演变

在离子束的轰击作用下,不同材料表面的微观表征差异较大,有的能够生成规则的纳米尺度图案,例如表面波纹、锯齿形状和点阵,使得表面变粗糙,而有的材料表面却能够得到有效的平滑,最终获得光滑光学表面,这主要是由离子诱导的粗糙和平滑效应相互作用引起的,而不同的材料表面在不同的加工条件下,导致了表面形貌演变过程中占据主导作用的机理不同,从而使得表面微观形貌往不同的方向发展,这种离子诱导的微观形貌具有重要的应用价值。

一方面,离子束溅射能够提供高可控、高性价比的纳米微结构的制造。其纳米结构的生成基于刻蚀过程中的溅射粗糙和平滑机理,通过对加工条件的精确控制,能够有效地对离子诱导的作用机理进行调控,从而实现类似波纹、点状、齿形等多种结构的纳米加工,而且这些纳米结构的尺寸和方向很大程度上是可控的,其加工范围涉及从晶体、非晶体到金属的众多材料,因此离子束加工是一种可控的纳米结构制造技术。

另一方面,离子束加工还是一种纳米精度制造技术,能够生成超光滑的光学表面。现代光学制造领域的最新挑战就是光刻物镜的制造,其对核心部件的表面精度提出了极为苛刻的要求,从全口径到纳米尺度的全频段误差都需要控制在亚纳米范围,那么超光滑表面的生成是光刻物镜制造的一项重要指标。Carl Zeiss 公司通过大量研究提出,目前离子束抛光技术是最接近光刻物镜要求的最终加工手段,充分体现了离子束抛光技术的加工能力。

20 世纪 80 年代,Bradley 和 Harper 基于 Sigmund 溅射理论建立了描述离子轰击材料表面演变的 BH 线性理论,描述了微观结构幅值、周期和朝向的生成和演变过程,成功地解释了离子轰击初级阶段微观结构的生成机理。BH 线性理论将波纹形貌的形成归因于离子溅射粗糙和热致表面扩散效应,离子轰击任一曲面 $h(r,t) = h(x,y,t)$ 的演变模型为

$$\frac{\partial h(r,t)}{\partial t} = C_2 \nabla^2 h(r,t) - C_4 \nabla^2 (\nabla^2 h(r,t)) \tag{4.77}$$

其中,假定了离子的入射方向沿 x 轴;$C_2 = \dfrac{Fa}{n} Y_0(\theta) \Gamma_{x,y}(\theta)$;$F$ 为入射离子的束流,a 为平均能量沉积深度,$Y_0(\theta)$ 为倾斜入射角的溅射产额,Γ_x、Γ_y 为有效的表面张力系数;第一项主要反映了表面曲率引起的局部溅射;第二项为热致表面扩散项。

由于任意曲面在 $t=0$ 时刻的形貌 $h(r,t=0)$ 都可以分解为多个周期性成分的叠加,为了研究形貌 $h(r,t)$ 随加工时间的变化,我们需要考察各子成分 $h(q,t)$ 的演变,那么有

$$\frac{\partial h(q,t)}{\partial t} = h(q,t) C_2 q^2 - h(q,t) C_4 q^4 \tag{4.78}$$

其中,$q = f/2\pi$,f 为空间频率。

通过求解上式可以知道,时间 t 后的幅值为

$$|h(q,t)| = |h(q,0)| \exp(-R(q)t) \tag{4.79}$$

其中，$R(q) = -C_2q^2 + C_4q^4$，由此可见，当多项式 $R(q)$ 为负值时，其幅值将会呈指数增大，表面趋向于粗糙。

由式(4.79)可以知道，当溅射粗糙作用占主导作用，多项式 $R(q)$ 达到最大值时，其 q 对应的频率成分幅值的增长速率最快，那么随着离子诱导时间的增长，其表面会生成有特性频率 λ^* 的周期性微观结构，其中：

$$\lambda^* = \frac{2\pi}{q^*} = 2\pi\sqrt{2C_2/|C_4|} \tag{4.80}$$

式中$|C_2| = \min(|C_{2x}|,|C_{2y}|)$，说明在加工过程中，离子束对表面微观形貌的演变具有选择性，并且还能决定微观波纹结构的朝向。微观波纹结构的朝向主要取决于轰击离子的入射角 θ，如图 4.55 所示，存在某一特定的角度 θ_c，当入射角 $\theta \leq \theta_c$ 时，光学表面生成的波纹形貌的朝向垂直于轰击离子的入射方向，反之平行于轰击离子的入射方向。

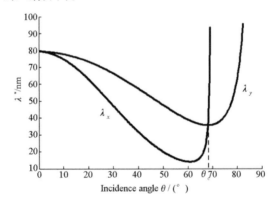

图 4.55　入射角对表面波纹形貌朝向的选择

文献[40]研究了低能离子束轰击 SiO_2 的微观形貌演变过程，实验结果表明，当 Ar^+ 以 $\theta = 52°$ 入射时，工件表面会沿垂直于离子束入射的方向产生规则的波纹结构，而当 $\theta = 72°$ 时，方向与束流方向平行，波长随入射能量的增大而增大，同时表面粗糙度值也增大。相似的实验结果也出现在了 $Si^{[41]}$、金属[42,43]等材料表面，并且临界角 θ_c 对于不同的材料表面是不尽相同的。

上述的 BH 理论模型和实验结果表明：

(1)离子溅射去除能力与工件微观形貌的曲率相关，且微坑的去除速率大于凸包的去除速率，从而工件表面曲率的变化会使得表面形貌向着粗糙的方向发展。

(2)工件表面热的存在，导致表面原子扩散，从而使得工件表面形貌发生变化,产生热致表面扩散效应。热致表面流动会使工件表面变得平滑,与工件表面形貌的平均曲率相关,且温度越高,平滑效应越明显。

BH 理论能够较好地解释表面波纹的形成,并给出了波纹的参数与束流参数、入射参数以及工件材料参数的关系,与实验结果吻合得很好。如它解释了波纹方向与离子入射方向和角度的关系,波纹的波长与入射离子参数和靶材参数之间的关系,等等。但这一理论也存在缺陷:

(1)BH 理论指出波纹的幅值随时间呈现指数增大,但实验数据表明,在波纹形成的开始阶段,其幅值随时间呈现指数增大,但随着轰击时间的逐步增长,幅值逐渐停止增大,出现了饱和现象;

(2)BH 理论不能够解释表面粗糙效应,同样也不能够解释波纹的方向与离子入射方向无关的现象;

(3)BH 理论不能够解释低温波纹的形成、波纹结构的波长与靶材基体温度不相关和与入射离子能量呈线性关系的现象。

E. Chason 等[44]首次证明了波纹幅值的饱和现象,实验使用 750eV 的 Ar^+ 离子轰击 Si(100)表面,通过测量波纹幅值随时间的变化发现:在离子束轰击的初始阶段,波纹幅值会呈指数增大,而当持续轰击一定时间后,波纹幅值将不再变化。随着对离子束诱导表面形貌演变的深入研究,学者们发现离子束的平滑作用并不局限于热致表面扩散效应,其中还包括与曲率相关的弹性碰撞平滑,与表面形貌 4 阶偏导相关的离子诱导的扩散和离子增强表面流动效应[45]。Makeev 等沿着 BH 线性理论推导的思路,考虑到离子溅射与表面形貌更为高阶的偏导的相关关系,结合统计学的方法推导出了描述表面演变的非线性方程[46]:

$$\frac{\partial h(r,t)}{\partial t} = C_2 \nabla^2 h(r,t) - C_4 \nabla^2 (\nabla^2 h(r,t)) + \lambda/2 (\nabla h(r,t))^2 + \eta(r,t)$$

$$(4.81)$$

其中,参数 λ 取决于离子束的加工条件,与局部的束流密度有关;$\eta(r,t)$ 为零均值的"溅射噪声"。非线性理论指出,在长时间的离子束轰击作用下,线性和非线性项将会共同主导表面形貌的演变过程,而当溅射粗糙和平滑作用相平衡时,表面形貌就会达到饱和状态。然而大量的实验表明,表面微观结构的饱和状态不只是波纹形状,还会受离子束参数和工件材料的影响,转变成锯齿状[47]和点阵[48]。如图 4.56 所示,在高束能和高温条件下,除了表面波纹形状外,石英玻璃表面同样会呈现点阵和锯齿状微观结构。所以,离子束溅射能够提供高可控、高性价比的纳米微结构的制造技术。

然而,离子诱导光学表面纳米尺度微观结构的出现会导致表面质量的降低,

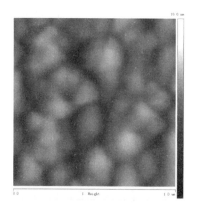

（a）表面点阵结构　　　　　　　　　　（b）表面类齿形结构

图 4.56　石英表面呈现的微观结构

这对于某些高性能光学系统而言是不利的,例如 EUV 光刻物镜和 X - Ray 光学元件,因此很多学者对离子平滑机理做了大量的研究工作。F. Frost 等[49]对低能离子束平滑石英和 Si 表面进行了相关的研究,实验结果表明:石英表面在 600eV 的 Ar[+]离子的法向轰击作用下,去除 300nm 厚度的材料后,表面粗糙度值由初始的 0.43nm 减小到了 0.11nm,很大程度上改善了表面质量;但是对于 Si 表面而言,当离子能量低于 700eV 法向入射材料时,表面容易出现点阵,不过当离子入射角增大(35°~60°)时,溅射 60min 后获得了超光滑表面。

国防科技大学在超光滑表面生成方面也做了有关的研究工作,对离子束抛光高陡度光学镜面过程中的超光滑机理和表面质量一致性方面进行了分析。研究结果表明,大入射角是产生表面波纹形状的主要诱导因素,其增强了局部区域的溅射粗糙效应,使得表面往粗糙的方向发展(如图 4.57 所示),实验中在入射角 40°区域产生了明显的波纹形状,其表面粗糙度的 Rq 值从初始的 0.420nm 增大到了 0.986nm;而在小角度入射加工条件下,弹性碰撞和表面扩散的平滑效应

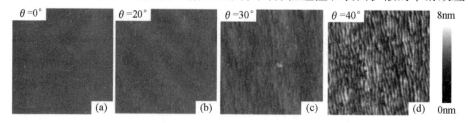

图 4.57　三轴系统精抛光后的表面微观形貌演变结果

占据了主导作用,抑制了表面微观形貌的生成,获得了优于 0.2nm 的超光滑表面(如图 4.58 所示);而在中间入射角区域产生了类似波纹形貌,始终沿光轴入射的补偿加工方法,由于入射角的差异性使得其各区域形貌的演变不尽相同,导致了表面质量的不均匀。因此,在高陡度镜面的加工过程中,与三轴工艺相比,五轴工艺在生成超光滑表面和保持全局微观形貌一致性方面具有明显的优势。

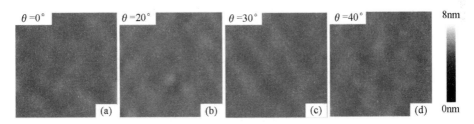

图 4.58　五轴系统粗抛光后的表面微观形貌演变结果

由此可见,离子束能够直接平滑石英和 Si 材料表面,可以获得超光滑的光学表面。但是,对于微晶玻璃和 SiC 材料而言,由于材料组成和结构对溅射效应的影响,平滑效应很难在离子束加工过程中占据主导地位,因此,不可能仅仅凭借调节离子束的参数来获得超光滑表面。

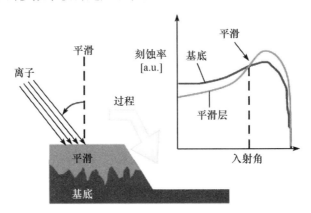

图 4.59　IBP 原理图

对此,德国 NTGL 公司提出一种利用牺牲层的方法[29,50]。如图 4.59 所示,利用离子溅射产额随角度变化的效应,在镜面表面上涂上某种牺牲层,在某一入射角度,牺牲层材料和镜面材料的溅射产额相等,以此角度入射工件,可降低镜面表面的粗糙度。此种方法能够有效降低 $0.04\mu m^{-1} \sim 0.002 nm^{-1}$ 的表面粗糙度,对硅、晶体硅以及玻璃、陶瓷等材料都有效。应用此种方法,将熔石英的表面粗糙度由 0.53nm 降低到 0.25nm，CaF_2 的表面粗糙度从 3.04nm 降低到 0.98nm。

国防科技大学在牺牲层抛光技术方面也做了有关的研究，利用匀胶的方法在石英表面均匀地涂上一层光刻胶，然后使用低能离子束去除光刻胶牺牲层，如图 4.60 所示。在实验过程中发现，由于缩胶作用，光刻胶表面先会出现明显的微结构，但是这种微结构会随着刻蚀时间的增长而慢慢消失，当完全去除牺牲层后，石英表面达到了超光滑。

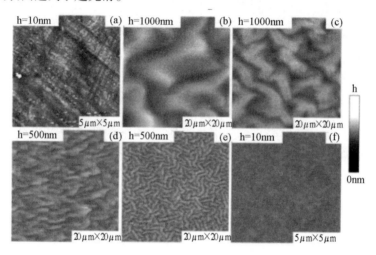

(a)熔石英表面初始形貌；从(b)到(e)为涂抹牺牲层后在离子束诱导下的表面形貌演变，其微结构的尺度不断减小，且到(e)时其分布较为规则，但未朝向某一固定方向；(f)完全去除牺牲层后获得了超光滑表面

图 4.60　牺牲层辅助抛光石英表面结果

同时，国防科技大学在 EUV 光刻物镜加工的基础研究过程中，对微晶这种材料的超光滑表面生成进行了研究，提出了活性粒子辅助离子束抛光的技术，如图 4.61 所示。微晶材料同时具有玻璃和陶瓷的特性，其主要由晶体态和非晶体态的 SiO_2 混合而成，并且掺有微量的金属和相关的氧化物，在离子束的轰击作用下，由于局部刻蚀速率存在很大的差异，其表面往往会变得粗糙（如图 4.62(a)所示）。而该技术结合材料添加与去除相结合的方法，使用 Si 离子辅助增强溅射过程中的平滑效应，抑制了表面微观结构的生成，获得了超光滑表面（如图 4.62(b)所示）。

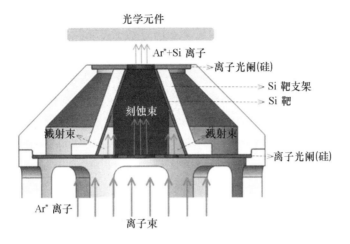

图 4.61　活性粒子辅助离子束抛光原理图

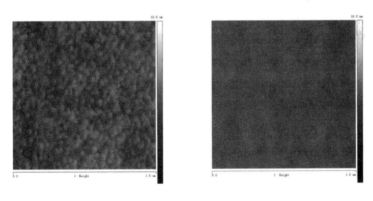

（a）离子束直接抛光　　　　　　（b）Si 辅助抛光

图 4.62　活性粒子辅助离子束抛光微晶镜面结果

4.7　离子束抛光实验

4.7.1　平面修形实验

平面修形实验由于在驻留时间计算、路径规划等方面都不存在非线性因素，工艺过程中不存在近似处理方法。本节分别对微晶玻璃和 CVD SiC 平面样本进行抛光实验。微晶平面样件有多块，因此可以通过去除函数实验，准确获取工艺所用去除函数,工艺过程的确定性比较高。而 CVD SiC 样件由于只有一块,抛光时去除函数难以准确获取,需要利用实验和仿真结果对去除函数进行精确校准,以提高修形效率。

1. 微晶玻璃平面

离子束抛光过程基于 CCOS 原理,离子束修形过程的一般流程如图 4.63 所示。

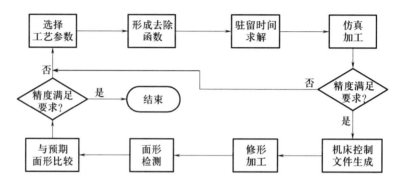

图 4.63　离子束修形工艺基本流程

待修工件为 $\phi100mm$ 的微晶玻璃平面,由于加工中存在 2mm 左右的装卡边缘,仅仅考虑加工 $\phi96mm$ 区域内的部分。加工中所用的去除函数在同种材料的平面样件上获得,去除函数的宽度约为 36mm(这里指去除函数 6σ 宽度,以下同)。

对于平面样件,第 2 章给出的两种路径规划方法一致,等同于在 xy 平面内对工件进行正交网格划分。经过路径规划,并进行边缘延拓后,将成形过程离散成矩阵卷积的形式,然后利用 Bayesian 迭代算法求解驻留时间。驻留时间采用近似速度计算方法。二次离子束加工的过程结果如图 4.64 所示。

如图 4.64(a)所示,镜面的初始误差 RMS 值为 0.107λ,第一次加工收敛到 0.012λ,面形误差图如图 4.64(b)所示,耗时 30.8min;第二次精修加工后全口径收敛到 0.006λ,结果如图 4.64(c)所示。两次加工的结果汇总见表 4.5。两次总计的收敛率达到 17,其中第一次加工收敛率达到 11.3,这充分说明了工艺方法的正确性和可行性。同时实验结果也表明,在离子束修形工艺中,只要去除函数和误差面形获取准确,且加工中各类工艺参数都能够保持较高的稳定性,则修形过程就具有高的确定性,可以获得高的加工收敛率。对比图 4.64(b)和图 4.64(c)可见,对边缘进行适当的延拓和相关处理后没有产生明显的边缘效应。图 4.64(d)为加工前后面形误差的 PSD 曲线。

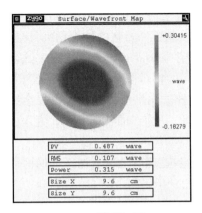

(a) 工件初始面形

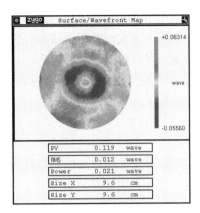

(b) 第一次加工后面形

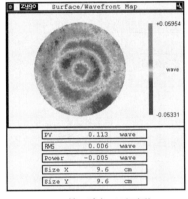

(c) 第二次加工后面形

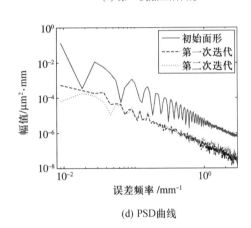

(d) PSD曲线

图 4.64　微晶平面修形结果

表 4.5　$\phi 100$mm 微晶平面修形加工结果

参数	RMS(λ)	$R_q \pm \sigma_{R_q}$/nm	RMS 收敛率	加工时间/min
初始	0.107	2.639 ± 0.149	—	—
第一次加工	0.009	2.619 ± 0.129	11.3	30.8
第二次加工	0.006	2.694 ± 0.165	1.5	5.7

2. CVD SiC 平面反射镜

离子束加工 CVD SiC 的材料去除效率与加工普通的光学玻璃时的没有明显的差别。当所加工的 CVD SiC 镜面仅有一件,没有完全相同材料样件以直接获得工艺所用去除函数的情况下,也可用先验知识来估计其去除函数和用补偿校正方法加工。我们的研究表明,去除函数的形状与工件材料的种类无关,仅仅是去除率与材料相关。从而可以在微晶等普通光学材料平面样件上获取去除函数的形状,然后通过估计 SiC 材料与样件材料之间的相对去除率,以获得工艺所用去除函数。去除率的估计存在一定的差异,这种去除率估计误差不仅仅会影响加工效率,对加工所得面形结构也有影响。为此,我们在通常的 CCOS 流程中引入了补偿校正环节。

离子束加工过程高的确定性使得在工艺参数正确的情况下加工出的面形误差分布与仿真的几乎一致,据此,可以根据误差辨识,以加工后的数据和仿真加工结果为输入,对相对去除率进行辨识补偿,以减弱或消除此类影响。引入"辨识—补偿"环节后离子束修形一般工艺流程如图 4.65 所示。

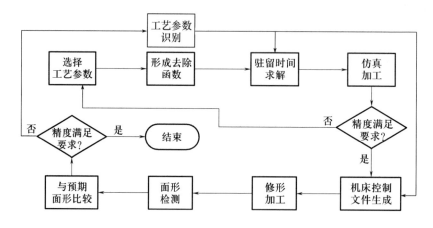

图 4.65　引入补偿环节后修形工艺流程

待修形 CVD SiC 样件的直径为 100mm,由于初始抛光造成边缘塌陷,影响整个面形的收敛,故仅对其 90% 的区域进行加工。去除函数形状信息在微晶样本上获取,工艺参数与微晶平面修形时的一致,已有的工艺数据表明,SiC 的去除率低于微晶的,这里假设去除率为微晶的 75% 。二次离子束加工的过程结果如图 4.66 所示。

图 4.66(a)为工件初始面形误差图。如图 4.66(b)所示,第一次加工后面形由原先的凸变为凹,分析可知,这是由工艺中的去除效率估计偏小造成的。利用辨识算法对相对去除率信息进行辨识,辨识结果表明 $\gamma \approx 1$,说明此 SiC 样件的去除率与所用的微晶样本相当。辨识中需要注意,离子束修形的加工效率约为 70% 。

辨识出相对去除效率后,对去除函数进行修正,以进行第二次迭代加工。如

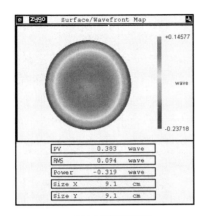

(a) 工件初始面形

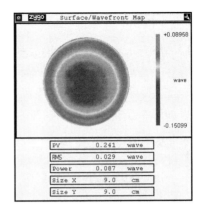

(b) 第一次加工后面形

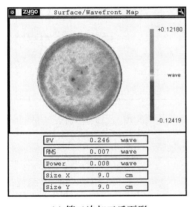

(c) 第二次加工后面形

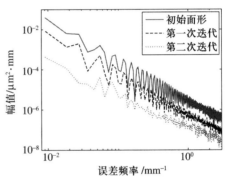

(d) PSD曲线

图 4.66　CVD SiC 平面修形结果

图 4.66(c)，第二次加工后面形误差由 0.029λ 收敛到 0.007λ，加工收敛率为 4.14，高于第一次迭代的 3.24，并且加工后的面形没有明显的凸凹性，这表明去除率辨识具有较高的准确性。两次加工的结果汇总见表 4.6。图 4.66(d) 为加工前后面形误差的 PSD 曲线。

表 4.6　CVD SiC 平面修形加工结果

参数	RMS(λ)	$R_q \pm \sigma_{R_q}$/nm	RMS 收敛率	加工时间/min
初始	0.094	0.584 ± 0.056	—	—
第一次加工	0.029	0.654 ± 0.089	3.24	18.4
第二次加工	0.007	0.703 ± 0.101	4.14	7.6

4.7.2 曲面修形实验

1. $\phi 200\text{mm}$ 微晶玻璃球面光学镜面

待修工件与前面的微晶玻璃平面镜一致,考虑到装卡问题,去除函数的获取方法和工艺参数与之一致,去除函数的宽度约为36mm。二次离子束加工的过程结果如图4.67所示。

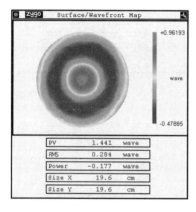

(a) 工件初始面形

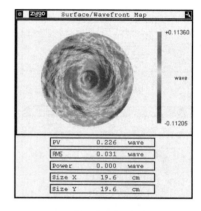

(b) 第一次加工后面形

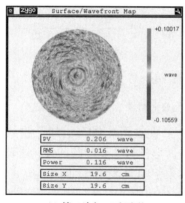

(c) 第二次加工后面形

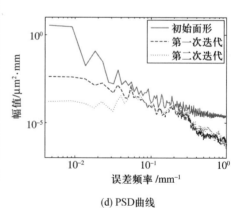

(d) PSD曲线

图4.67 微晶球面修形结果

镜面的初始误差RMS值为0.284λ,如图4.67(a)所示。第一次加工中由于x、y向都出现约1mm的对刀误差,造成一边呈现凸包,另一边呈现凹坑的奇对称结构,但经过177min加工后仍然收敛到0.031λ,如图4.67(b)所示,其加工收敛率达到9.16,与微晶平面加工的情形接近,这充分说明了加工策略的正确,也从另外一个方面证明了在一定范围内球面去除函数与平面去除函数一致。第二次精修加工后全口径收敛到0.016λ,耗时37min,结果如图4.67(c)所示。两次加工总收敛率达到17.75,耗时214min。表4.7给出实验的汇总数据。对比图4.67(b)和4.67(c),球面边缘进行适当的延拓处理后也没有产生明显的边缘效应。

表4.7 $\phi200$mm微晶球面修形加工结果

参数	RMS(λ)	$R_q \pm \sigma_{R_q}$/nm	RMS收敛率	加工时间/min
初始	0.284	2.449 ± 0.169	——	——
第一次加工	0.031	2.680 ± 0.127	9.16	177
第二次加工	0.016	2.885 ± 0.207	1.94	37

图4.67(d)给出加工前后面形误差的PSD曲线,比较各条曲线:同一样件在多次修形过程中误差基本上都能够得到修除抑制;对于此面形,中间频段收敛不是很明显,可能由定位误差引起。

2. 抛物面

待修面形为$\phi200$mm、相对口径为1:1.6的微晶抛物面,顶点曲率半径为640mm,镜面方程为$z = -(x^2 + y^2)/1280$,边缘倾角小于10°。区别于球面,抛物面各点处的曲率半径不一致,故需要首先确定出抛物面的最接近球面,然后以此球面为基础采用第2章的路径规划。工艺所用去除函数在同种材料的平面样件上获取,去除函数宽度约为36mm。

由于采用双反射法测量,中间约有$\phi52$mm的区域不可测。区别于平面和球面,需要在镜面的外边缘和内部没有测量的部分进行延拓,以形成矩阵数据。这里对外部和内部数据的延拓都采用高斯延拓方法。

图4.68给出此抛物面的加工结果。经过一次迭代加工,抛物面误差由初始的0.023λ(图4.68(a))收敛到0.010λ(图4.68(b)),加工收敛率为2.3,加工耗时34min。同时图4.68(b)也表明,经过边缘延拓后也没有产生明显的边缘效应。

国防科技大学利用离子束抛光技术已经加工出了面形精度优于(PVr)5nm的理想平面。加工设备为KDIBF-700-5V,样件为100mm口径的熔石玻璃。加工前面形精度为33nm(PVr值)(图4.69(a)),加工后面形精度达到(PVr)

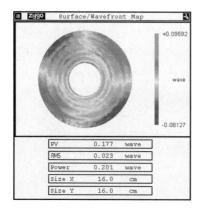
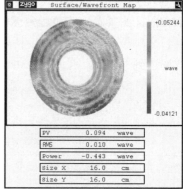

（a）工件初始面形　　　　　　　　　　（b）加工后面形

图 4.68　微晶抛物面修形结果

4.7nm（图 4.69（b））。

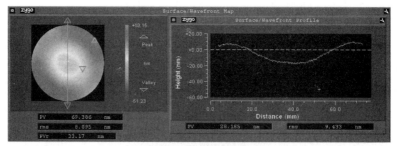

(a) 加工前面形精度33nm

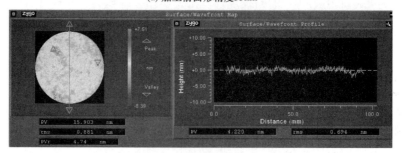

(b) 加工后面形精度4.7nm

图 4.69　高精度样件加工结果

参 考 文 献

[1] Ion beam technology for manufacturing high performance optics[R]. NTGL report, 2006.

[2] Kaufman H R, Reader P D, Isaacson G C. Ion sources for ion machining applications[J]. AIAA Journal, 1977, 15(6): 843 – 847.

[3] Kaufman H R. Technology of ion beam sources used in sputtering[J]. J. Vac. Sci. Technol., 1978, 15(2): 272 – 276.

[4] 刘金生. 离子束技术及应用[M]. 北京: 国防工业出版社, 1995.

[5] 王登峰. 光学镜面离子束抛光系统工艺参数研究[D]. 长沙: 国防科技大学机电工程与自动化学院, 2007.

[6] 辛企明, 孙雨南, 谢敬辉. 近代光学制造技术[M]. 北京: 国防工业出版社, 1997.

[7] Shen J, Liu S H, Yi K. Subsurface damage in optical substrates[J]. Optik, 2005, 116: 288 – 294.

[8] Meinel A B, Bushkin S, Loomis D A. Controlled figuring of optical surfaces by energetic ionic beams[J]. Appl. Opts., 1965, 4: 1674.

[9] Gale A J. Ion machining of optical components[C]. Optical Society of America Annual Meeting Conference Proceedings. 1978.

[10] Wilson S R, Mcneil J R. Neutral ion beam figuring of large optical surface[J]. SPIE, 1987, 818: 320 – 324.

[11] Wilson S R, Reicher D W, Mcneil J R. Surface figuring using neutral ion beams[J]. SPIE, 1989, 966: 74 – 81.

[12] Allen L N, Keim R E. An ion figuring system for large optic fabrication[J]. SPIE, 1989, 1168: 33 – 50.

[13] Allen L N, Romig H W. Demonstration of an ion figuring process[J]. SPIE, 1990, 1333: 22 – 33.

[14] Allen L N, Robert E K, Timothy S L. Surface error correction of a Keck 10m telescope primary mirror segment by ion figuring[J]. SPIE, 1991, 1531: 195 – 204.

[15] Allen L N, Hannon J J, Wambach R W. Final surface error correction of an off-axis aspheric petal by ion figuring[J]. SPIE, 1991, 1543: 190 – 200.

[16] Allen L N. Progress in ion figuring large optics[J]. SPIE, 1994, 2428: 237 – 247

[17] Carnal C L, Egert C M, Hylton K W. Advanced matrix-based algorithm for ion beam milling of optical components[J]. SPIE, 1992, 1752: 54 – 62.

[18] The ion beam figuring facility at CSL[EB/OL]. www. promoptica. be.

[19] Nakajima K, Nakajima T, Owari Y. Low thermal expansion substrate material for EUVL components application[C]. Proceedings of the SPIE-The International Society for Optical Engineering, 2005, 5751(1): 165 – 176.

[20] Miura T, Murakami K, Suzuki K, et al. Nikon EUVL development progress summary[J]. SPIE, 2006: 9 – 20.

[21] Haensel T, Seidel P, Nickel A, et al.. Deterministic ion beam figuring of surface errors in the sub-

millimeter spatial wavelength range[C]. 6th EUSPEN intl. conf. 2006. Baden, Vienna, Austria.

[22] Canon technology highlights[EB/OL]. www. canon. com.

[23] Behrisch R. Sputtering by particle bombardment I:physics and applications[M]. Springer-Verlag,1981.

[24] 田民波,崔福斋. 离子溅射[J]. 物理,1987(3).

[25] 焦长君. 光学镜面离子束加工材料去除机理与基本工艺研究[D]. 长沙:国防科技大学机电工程与自动化学院,2008.

[26] 周林. 光学镜面离子束修形理论与工艺研究[D]. 长沙:国防科技大学机电工程与自动化学院,2008.

[27] Flamm D, Schindler A, Berger M. Ion beam milling of optically polished CaF2 surfaces in optical manufacturing and testing V. 2003[J]. Bellinghan SPIE 81 – 88.

[28] Tock J P, et al. Figuring sequences on a super-smooth sample using ion beam technique[C]. Part of the Europto Conference on Optical Fabrication and Testing. 1999, Berlin Germany:SPIE.

[29] Schindler A, et al. Ion beam and plasma jet etching for optical component fabrication[C]. Lithographic and Micromachining Techniques for Optical component Fabrication. 2001:SPIE 217 – 227.

[30] Savvides N. Surface microroughness of ion-beam etched optical surfaces[J]. Journal of Applied Physics, 2005, 97:053417.

[31] Calvel B, Castel D,Standarovski E. Telescope and mirrors de-velopment for the monolithic silicon carbide instrument of the osiris narrow angle camera[J]. SPIE.

[32] Gailly P, et al. Roughness evolution of some X-UV materials induced by low energy(< 1jeV) ion beam milling[J]. Nuclear Instruments and Methods in Physics Reseach B, 2004, 216:206 – 212.

[33] Flamm D, Schindler A, Berger M. Ion beam milling of optically polished CaF2 surfaces[J]. Optical Manufacturing and Testing V. 2003. Bellinghan SPIE 81 – 88.

[34] Savvides N. Surface microroughness of ion-beam etched optical surfaces[J]. Journal of Applied Physics, 2005, 97:053417.

[35] Taniguchi J, et al. Surface roughness of optical substrate finished by ion beam figuring[R]. Canon Tokyo.

[36] Ando M, et al. Basic examinations of shape correction machining of minute areaby ion beam figuring[C]. 4th EUVL Symposium, Nov. 2005:EUVA Canon.

[37] Shigeyuki U. Canon's development status of EUVL technologies[C]. 4th EUVL Symposium. Nov. 2005: EUVA Canon.

[38] Ghigo M, et al. Ion beam figuring of nickel mandrels for x-ray replication optics[J]. Adcanced in X-Ray Optics, 2001:SPIE 28 – 36.

[39] Ghigo M, et al. Ion beam polishing of electroless Nickel masters for x-ray replication optics[J]. 1997: SPIE 342 – 348.

[40] Keller A, et al. The morphology of amorphous SiO_2 surfaces during low energy[J]. J. Phys. : Condens. Matter 21 (2009) 495305 (7pp).

[41] Macko S, et al. Is keV ion-induced pattern formation on Si(001) caused by metal mpurities? [C]. Nanotechnology 21 (2010) 085301 (9pp).

[42] Mishra P, Ghose D. The rotation of ripple pattern and the shape of the collision cascade in ion sputtered

thin metal films[J]. Journal of Applied Physics 104 (2008), 094305.

[43] Colino J M, Arranz M A. Control of surface ripple amplitude in ion beam sputtered polycrystalline cobalt films[J]. Applied Surface Science 257 (2011) 4432 – 4438.

[44] Chason E, Erlebacher J, Aziz M J, et al. Dynamics of pattern formation during low energy ion bombardment of Si(001)[J]. Nucl. Instr. and Meth. B 178 (2001) 55.

[45] Schlatmann R, Shindler J D, Verhoeven J. Evolution of surface morphology during growth and ion erosion of thin films[J]. Physical Review B, 54(15), 10880 – 10889, (1996).

[46] Makeev M A, et al. Morphology of ion-sputtered surfaces, nuclear instruments and methods[J]. Physics Research B 197 (2002) 185 – 227.

[47] Sarkar S, et al. Impact of repetitive and random surface morphologies on the ripple formation on ion bombarded SiGe-surfaces[J]. New Journal of Physics 10 (2008), 083012.

[48] Ziberi B. Self-organized dot patterns on Si surfaces during noble gas ion beam erosion[J]. Surface Science 600 (2006) 3757 – 3761.

[49] Frost F. Large area smoothing of optical surfaces by low-energy ion beams[J]. Thin Solid Films 459 (2004) 100 – 105.

[50] Frost F. Ion beam assisted smoothing of optical surfaces[J]. Appl. Phys. A 78, 651 – 654 (2004).

第 5 章

磁流变抛光技术

5.1 磁流变抛光技术概述

5.1.1 磁流体的应用

磁性流体(MR Fluid)是一种具有发展前途和工程应用价值的新兴材料(智能材料)。它是将微纳米尺寸的磁极化颗粒分散溶于绝缘载液中形成的特定非胶性悬浮液体,因而其流变特性随外加磁场变化而变化。未加磁场时,磁性流体的流变特性与普通牛顿流体相似,若加一中等强度的磁场作用时,其表观黏度系数增加两个数量级以上,当磁性流体受到一强磁场作用时,就会变成类似"固体"的状态,流动性消失。一旦去掉磁场后,又变成可以流动的液体。这种可逆转变可以在毫秒量级内完成。在该过程中,磁流变液的黏度保持连续,无级变化,整个转化过程极快,且可控,能耗极小,可实现实时主动控制[1]。

磁性流体的应用研究已经取得了飞速的发展。其应用基础是依据本身具有的流变特性可被磁场控制、定位、定向、移动与变形。它的主要应用有以下几个方面。

1. 密封

磁性流体密封是一种非接触性密封新技术。它可以封气、封水、封油、封尘、封烟雾等。这种新技术广泛地应用于多个领域。例如,计算机磁盘存储器的密封,机械轴承密封,电机与真空、油、气体密封等。例如,文献[2]介绍白俄罗斯使用静态剪切应力 $\tau = 5\text{kPa}$ 的磁流变液,在 $H = 150\text{kA/m}$ 的磁场强度下,作高性能密封,磁场线圈电流 $I = 2.5\text{A}$ 时,磁流变液密封圈可承受的最大加压压力 $p = 180\text{kPa}$。该密封装置应用在布里曼单晶生长设备的密封中,工作腔中保持

10^{-5}Torr(1Torr = 133.3224Pa)真空三年而没有明显的泄漏。

2. 减振

减振装置是磁流变液的典型应用之一。磁流变液能够产生大的阻尼力,通过调节磁场强度,可实现阻尼的连续调节,从而改变减振系统的阻尼和刚度,达到主动减振的目的。例如,图5.1所示为LORD公司设计的磁流变液减振器[3]。该减振器总长为(17.9 ± 2.9)cm,缸体直径4.1cm,用磁流变液共70mL。安装在活塞头部的线圈在施加0～3V的直流电压(0～1A的直流电流)时,活塞头部的节流孔周围产生磁场,使流过该节流孔的磁流变液逐步变黏直至固化,从而控制磁流变液的流通,改变阻尼的大小。该装置最大功率小于10W,但产生的阻力可以超过3000N,而且在较大温度范围内都比较稳定,－40℃～150℃变化小于10%,响应时间为8ms。磁流变液减振器可用在车辆运输过程中路面振动的全主动控制、卫星高精度相机的振动控制、机械对接过程中的减振等。

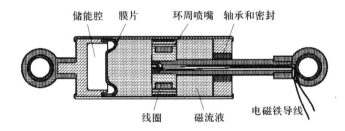

图5.1 LORD公司研制的磁流变液减振器

3. 控制执行元件

磁流变液可以做成敏捷的控制执行元件,在可控机械部件间传递力或力矩。应用于汽车、航空航天、机械制造、矿山等工业中的磁流变液离合器、制动器都是典型的例子[4]。图5.2所示为LORD公司研制的磁流变液制动器。这种新型制动器,放弃了传统的制动传动系统,具有控制简单、无机械冲击、机械磨损小和噪声低的特点。磁流变液还可以做成磁流变可控阀门[5],利用磁流变液在磁场作用下液态—固态可逆变化的特性,控制液压回路的开合。磁流变可控阀门反应比较敏捷,可控性非常好,可在大力矩、大行程的结构中使用。在制造业中,利用磁流变液相变迅速、屈服强度大的特点,可以制成磁流变液柔性夹具,在加工不规则形状的工件和小型部件,保证装夹精度,并减少加工准备时间。

图5.2 LORD公司研制的磁流变液制动器

4. 敏感器件

在外磁场中,磁性流体中的磁性微粒沿着磁场方向形成颗粒链,从而形成各向异性的液体介质。当声波、光波和微波在各向异性介质中传播时,会产生一系列的各向异性效应。根据各向异性效应,人们可以用磁性流体材料开发出新型器件,如光开关、磁场敏感器、磁控超声波器等。磁性流体材料应用的另一个新方向是磁性流体与纳米量级的非磁性颗粒组成复合体,这种复合体显示出负磁矩,从而为应用提供了新颖的构想。由于磁流变体在磁场下光学性能如对光的散射性、透光性等也会发生较大的变化,还可以将磁流变体应用到光学领域中[6]。

5. 矿物分离

当外磁场增加时,磁性流体的密度随之增大,当达到两种金属物质密度的平均值时,一种金属下沉,另一种浮起,可以达到分离回收的目的。此外,现代的采金工艺过程最终要靠有毒的水银来完成,而磁性流体对生态无害,它可以用普通的水制备,因而有明显优势,国外目前已经研制出从废品中回收铜、铅、铝等金属的水基磁性流体。

6. 其他应用

在工业上可用于磁性染色、磁液陀螺、磁性燃料、涡轮叶片的检验等;在国防上可用于仿生消声器、磁性显示器、液体声波接收器、水中吸音体、可变分级复联装置、喷水推进器等;在化学反应中磁性流体可作为载体携带催化剂;在人体科学中可用于进行肿瘤细胞、T淋巴细胞和骨髓内部的靶细胞的分离等。

总之,磁性流体在航天工程、机械工程、汽车工程、精密加工工程、控制工程等领域都有很好的应用。可以预测,在未来的几十年里,这种优良的智能材料将引起工业技术上的巨大变革,磁流变液与磁流变器件将具有很大的市场前景。

5.1.2　磁场效应辅助抛光技术的发展状况

20世纪70年代,日本的学者就利用磁性流体进行高精度的表面研磨。他们把碳化硅磨粒加入到磁性流体中,在外加磁场的作用下,使磁性流体中的磨粒浮到表面,加工工件在磁性流体中运动,从而进行研磨加工。去除效率可达到$0.02 \sim 0.05 \mu m/min$。此后,很多人将磁场用于光学加工中,并提出了各种各样的方法,统称为磁场效应辅助抛光(MFAP)加工方法。

1. 磁性液体抛光(MFP) [7-8]

1984年,Y. Tain和K. Kawata利用磁场辅助抛光对聚丙烯平片进行加工。他们将一些N、S极相间的长条形永久磁铁紧密相连,排成一列,形成非均匀磁场(磁通密度大约0.1T),将盛有非磁性抛光粉(碳化硅,直径4μm,体积分数为40%)和磁性液体(直径为10~15nm的四氧化三铁磁性微粒均匀地混合在二十烷基萘基液中)的均匀混合液的圆形容器放置在这个磁场中。磁场梯度使抛光粉浮起来与浸在磁性液体中的工件相接触来进行加工。在加工过程中,工件与容器同时旋转来实现对材料的去除,其材料去除率为2μm/min。经过1h的抛光,工件表面粗糙度降低为原来的1/10。

MFP技术是将普通抛光粉混合在磁性流体内,工件与旋转的非磁板均浸没于磁性抛光液中。根据磁流体动力学原理,在磁场作用下,抛光液中的铁磁性颗粒被吸引向强磁区运动,同时产生浮力,将非磁材料(如抛光粉、浮板)推向低磁区,与工件接触。这样,在磁流体的作用下,工件被浮板和抛光粉抛光。工件所受抛光粉的磨削力可以精确控制,因而可以获得无损的亚纳米级光滑表面。

2. 磁力研抛法[9]

T. Shinmura发展了磁力研抛法(MAF)技术,如图5.3所示,采用由铁磁性材料和氧化铝合成的磁性抛光粉。在磁场作用下,磁性抛光粉在磁极间形成抛光粉刷,当工件与抛光粉刷有相对运动时候,它们之间互相摩擦,实现对工件材料的去除。通过控制磁场强度可以改变抛光粉刷施加在工件上的作用力。这种方法可以用于加工各种形状的表面,包括平面、曲面、内孔和外圆等。

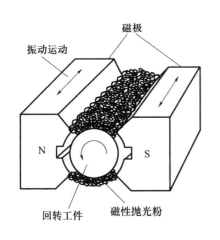

图5.3 磁力研抛法抛光外圆工件示意图

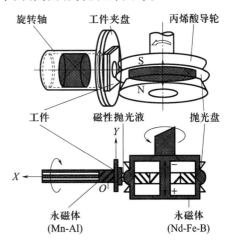

图5.4 磁场辅助类磨削加工技术示意图

3. 磁场辅助类磨削加工抛光技术

Y. Yamada提出磁场辅助类磨削加工(MFAP)技术,如图5.4所示[10]。该技术让磁流变抛光液通过抛光盘循环进入加工区域,在该区域内,两块永久磁铁产生的磁场作用于磁流变抛光液上,使磁流变抛光液变硬,从而形成类似于磨头的磁流变抛光液硬块,对工件材料进行去除。他们用这种方法对硅片进行了抛光加工。通过实验,他们对工件材料去除深度以及工件表面粗糙度和各种参数的关系进行了阐述。

5.1.3 确定性磁流变抛光技术发展状况

1. 磁流变抛光(MRF)定义

20 世纪 70 年代初,苏联传热传质研究所的 W. I. Kordonski 将磁流变液应用于机械加工中,到 20 世纪 90 年代初,W. I. Kordonski 与美国罗彻斯特大学光学加工中心(Center for Optics Manu-facturing,COM)的 Jacobs 等合作,提出并验证了确定性磁流变抛光技术用于非球面加工的概念[8,11-13]。

磁流变抛光技术至今尚未有统一的定义,我们把它定义为:利用磁流变抛光液在磁场中的流变性对工件进行确定性局部修形、抛光的技术。

该定义概括了 MRF 不可或缺的属性,即磁场流变性、确定性和局部修形。磁流变抛光技术与场效应辅助光学零件加工技术的不同之处也就是在于"确定性和局部修形",具体如下:

(1) MRF 起源于非球面加工的需求,以较小的抛光区来进行高精度修形抛光,也是一种小工具 CCOS 加工技术,MFAP 起源于平面、柱面或球面超光滑加工的需求,用以获得高的表面粗糙度指标,因此并不追求小的抛光区,以适应工件不同的表面形状。

与小研抛盘 CCOS 不同的是,MRF 除了三维空间和一维时间驻留控制之外,还可以方便地通过对磁场的控制来改变半固态研抛膜的柔度,因此我们称它为可控柔体加工技术。

(2) MRF 技术对磁流变抛光液的流变性和循环控制系统要求高,以保证在研抛区的磁流变抛光液不断循环更新,并保证研抛性能的长期稳定性;而 MFAP 是工件整个面加工,只要求磁场效应均匀即可。

最初的 MRF 实验装置如图 5.5 所示,它与日本提出的场效应辅助加工技术相似,磁流变抛光液在平卧的圆形槽中,在严格意义上说,由于该装置中磁流变抛光液循环更

图 5.5 最初的磁流变实验装置

新量有限,没有控制成分和温度等措施,还算不上真正意义上的"磁流变抛光装置"。

2. 磁流变抛光原理

磁流变液由抛光盘循环带入工件与抛光盘之间形成的微小间距的抛光区中,在该区域里,磁流变液在高梯度磁场的作用下,发生流变效应而变硬、黏度增大,其中的磁性颗粒沿着磁场强度的方向排列成链,就形成具有一定形状的凸起缎带,而其中的抛光粉颗粒不具有磁性,因此会被挤压而浮向磁场强度弱的上方,这样上表面浮着一层抛光颗粒的凸起缎带就构成了一个"柔性抛光模",当"柔性抛光模"在运动盘的带动下流经工件与运动盘形成的小间隙时,会对工件表面产生很大的剪切力,对工件表面材料实现去除。图5.6(a)为零磁场时,磁性颗粒和抛光颗粒混合的状态。图5.6(b)为非零磁场时,磁性颗粒链化变硬和抛光颗粒挤压上浮的状态,图中零件下方的阴影表示剪切应力分布的情况。

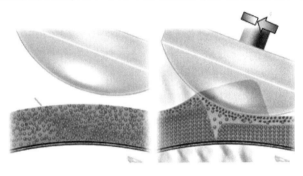

(a)零磁场　　　　　　　　(b)非零磁场

图5.6　磁性颗粒链化反应(引自 QED 公司网站)

"柔性抛光模"的形状和硬度可以由磁场实时控制,当其他因素都固定不变时,我们既能通过磁场来控制抛光区的大小和形状,又能确保在一定磁场强度下抛光区的稳定性。当加工非球面零件时,首先对被加工表面的误差进行测量,计算出工件各局部区域的加工时的驻留时间,就可以用空间、时间的四维数控技术来达到定量修整工件表面的目的。这一优点是传统的刚性抛光盘所无法比拟的。

磁流变抛光液的成分和温度等参数是由循环控制系统来保证,其循环控制系统如图5.7所示。确定性磁流变抛光提供了一种可以准确控制去除量的确定性抛光方法,它具有以下优点:

(1)能够获得质量很高的光学表面。磁流变抛光可实现微米级甚至纳米级的材料去除加工,因此能够获得较好的光学零件表面粗糙度。由于抛光是由"柔性抛光模"进行的,工件表面层正压力很小,主要靠剪切力进行材料的去除,因此工件表面或亚表面损伤和残余应力非常小。抛光模是柔性的,相对于刚性的砂轮而言,振动和机床精度的影响也小得多,易得到很高的光学表面质量。

（2）能对复杂面形进行确定性光学加工。通过控制磁场,可以控制"柔性抛光模"的区域很小（一般可为 5～10mm 缎带宽度）。计算机对其运动轨迹及加工驻留时间进行控制,可方便实现对各种面形的光学零件加工。例如,实现光学非球面和自由曲面等复杂的面形的光学零件加工。

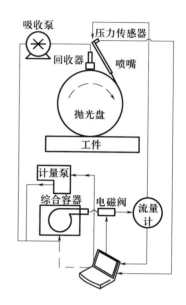

图 5.7　磁流变液循环控制系统原理图

（3）易于实现计算机控制且加工效率高。通过施加外磁场,在抛光区域内磁流变抛光液可在几十毫秒的时间里发生硬度和黏度的变化,形成一个暂时的"柔性抛光模"。当磁流变抛光液离开抛光区域,也仅在几十毫秒的时间内,磁流变抛光液的硬度和黏度就恢复到起始的流体状态。所以磁流变抛光过程中易于实现计算机控制。可以通过改变工件和抛光模的相对速度,或改变磁流变抛光液的抛光磨粒和通过控制磁场来改变黏度等措施得到很宽的工件材料去除效率范围（每分钟数十微米到亚微米）。因此,该技术既可得到高精度,也可得到高效率,是高精度修形抛光效率最高的加工技术之一。

（4）易于实现加工过程长期稳定性。磁流变抛光过程中,全部的磁流变液与抛光磨粒不断地进行循环更新,可保持新磨粒参与抛光;在抛光区域外可自动添加基载液以保持磁流变液的成分不变等,使加工可稳定地进行数天乃至于数周;抛光过程中磁流变抛光液循环进入加工区,产生的热量通过磁流变抛光液带走。这样就相当于传统加工中有"不磨损和改变的抛光模",可保证材料去除效率模型长期稳定不变,这对单道工序加工时间长的大型光学零件加工十分有利。

3. 磁流变抛光技术发展的历史[8,12-15]

由于磁流变抛光技术具有以上无可比拟的优点,因此,从被提出到现在,取得了巨大的发展。美国罗彻斯特大学光学加工中心（COM）从 1993 年开始建立

MRF 实验系统到 1998 年推出商业应用的 Q22 型磁流变抛光机，一共只花了 6 年时间，如图 5.8 所示。

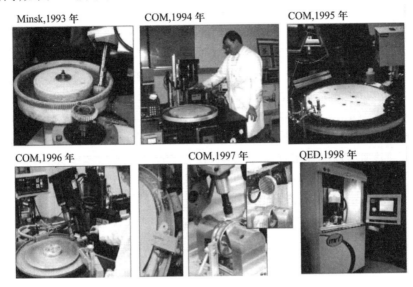

图 5.8　磁流变抛光技术的发展过程

1993 年~1994 年，COM 对磁流变抛光液进行了研究，得出磁流变抛光液剪切应力随磁场强度的变化而变化的规律。对磁流变抛光液在抛光过程中的特性作了微观解释，并且初步建立了磁流变抛光实验装置，对一些玻璃元件进行了初步抛光的实验。

1995 年~1996 年，COM 的研究者对以前的抛光实验装置进行了改进，并且利用改进的 MRF 装置对直径小于 50mm 的光学玻璃元件进行了加工。使材料为熔石英的球面元件表面粗糙度降到 0.8nm RMS，面形误差为 $0.09\mu m$ PV，材料为 SK7 的球面光学元件面形误差为 $0.07\mu m$ PV，材料为 BK7 的非球面元件表面粗糙度降到 1nm RMS，面形误差为 $0.86\mu m$ PV。

1996 年，W. I. Kordonski 等利用流体动力学润滑理论对磁流变抛光进行了理论分析。他们认为 MRF 中的磁流变抛光液的运动形式类似于轴承润滑中的润滑脂的运动形式，可利用 Bingham 模型对其建模，对 MRF 中的磁流变抛光液的剪切应力进行了简单的理论推导，对磁流变抛光的机械机理进行了分析。并且在这个基础上，进一步改进了磁流变抛光装置，制造出垂直正置轮式磁流变抛光装置，所谓正置是指抛光轮在下，工件在上的工作模式。该装置可以加工小型球面，非球面甚至自由曲面光学零件。并且，建立了完整的磁流变抛光循环、搅拌、散热系统,使确定性磁流变抛光更稳定,易于控制。

1997 年,他们针对不同的工艺参数、工件材料做了大量的抛光实验,利用数据库建模技术,建立不同材料的去除模型数据库,从而实现数控。利用垂直轮式磁流变抛光装置在 5~10min 时间内使加工表面 PV 误差值由 $\lambda/4$ 达到 $\lambda/20$,粗糙度由初始的 30nm RMS 达到小于 1nm RMS。同时他们又对磁流变抛光液成分进行了化学分析,利用氧化铝和金刚石微粉作为抛光颗粒成功地实现了对一些红外材料进行抛光[12]。

1998 年,QED 公司和 COM 将快速文本编辑程序(QED)技术引入磁流变抛光装置中,共同开发了一种高效、高精度的商业化的 Q22 型计算机控制磁流变抛光机。该机床能够加工直径为 10~200mm 的多种材料光学零件。

到 2003 年,QED 公司改变传统磁流变抛光机床的模式,将抛光轮倒置,工件置于抛光轮下方,以方便大型光学零件的加工。他们先后推出了 Q22 - 400X 和 Q22 - 750 系列磁流变抛光机床,该型机床能够满足大口径、高陡度光学零件加工的需要,其最大加工直径达到 750mm,如图 5.9 所示。到现在为止,Q22 - 950 型机床已经推出,加工工件尺寸近 1m。QED 公司成为世界上唯一一家生产商品化磁流变抛光机床的厂商。

(a) Q22 - 750 系列磁流变抛光机床　　(b) 倒置式 ϕ370mm 和 ϕ50mm 抛光盘

图 5.9　Q22 - 750 系列磁流变抛光机床和其倒置式抛光轮

近年来,COM 研究人员继续对磁流变抛光的机械和化学原理进行了研究,确定了一系列不同的抛光粉对不同材料的去除关系。Irina 对单晶蓝宝石的磁流变抛光的材料去除各项异性进行了研究[14]。A. B. Shorey[15] 对磁流变抛光的宏观与微观机理进行了研究:设计制作了特殊的磁流变仪并对磁流变抛光液进行了测试,得出了不同磁场方向下的屈服应力与磁场的关系;他利用压力传感器对抛光区内的工件表面压力进行了测量,将压力测量结果与理论推导所得的工件表面所受剪切应力进行了比较分析,认为磁流变抛光中工件材料的去除是磁流变抛光液对其剪切的结果;他还利用微纳压入(Nanoindentation)技术对磁流变抛光液中的微观粒子的微纳硬度(Nanohardness)进行了测试,分析了磁流变抛光液中羰基铁粉粒子对工件材料去除的影响,初步揭示了磁流变抛光的微观机理。

我国研究者近年来也开始了对磁流变抛光技术的研究。中科院长春光机所张峰[16-19]对磁流变抛光所需的磁场和磁流变液进行了研究,设计了与分析式铁谱仪磁路类似的永久磁铁磁路,同时他们还和复旦大学合作进行了油基磁流变液的研制,并对磁流变抛光理论(抛光区域的形成等)也进行了初步探讨。此外,哈尔滨工业大学张飞虎[6,20]和清华大学冯之敬[21,22]也进行了磁流变抛光技术的研究,取得了一定的成果。

国防科学技术大学精密工程研究室从 2002 年开始先后研制了三种类型的系列磁流变抛光机床,研发了具有自主知识产权的磁流变液和磁流变液测仪,开发大、中、小型非球镜的加工工艺和技术,全面和系统地研究了磁流变抛光理论和技术[23-40]。

5.2 磁流变抛光材料去除机理与数学模型

5.2.1 磁流变抛光的材料去除机理

磁流变抛光液由磁敏微粒、非磁性抛光磨粒、表面活性剂和基载液组成。磁敏微粒与表面活性剂作用后均匀分散于基载液中,抛光磨粒经过搅拌也均匀分散于基载液中。由于抛光磨粒密度小于磁敏微粒的密度,表面活性剂与抛光磨粒又不产生作用,因此,经过较长一段时间的静置,抛光磨粒将浮于基载液表面。

在外加磁场的作用下,磁流变抛光液中的磁敏微粒被磁化而产生偶极矩,为达到能量最小,磁敏微粒连接成链。如果磁场进一步增大,则链状结构进一步聚集,形成柱状或复杂的团簇状结构。

在磁流变抛光区,由电磁铁产生高梯度的强磁场,磁流变抛光液会形成微结构的链状、柱状或团簇状的缎带凸起。根据铁磁流体力学理论,高梯度磁场会对放入磁流变液中的非磁性抛光颗粒产生磁性浮力 F_z 为[15]

$$\frac{F_z}{V} = (\rho_f - \rho_s)g - \frac{M \nabla H}{4\pi} \tag{5.1}$$

式中,F_z 为磁浮力;

V 为悬浮非磁性粒子体积；

ρ_f 为磁流变液密度；

ρ_s 为悬浮非磁性粒子密度；

g 为重力加速度；

M 为磁流变液的磁化强度；

∇H 为磁场强度的梯度。

非磁性抛光磨粒会从磁流变抛光液中析出,浮于凸起的磁流变抛光液缎带表面,就形成了一个"柔性抛光盘",如图 5.10 所示。

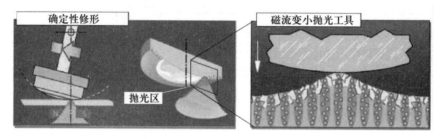

图 5.10　磁流变抛光液在磁场下形成"柔性抛光盘"

根据抛光机理的传统解释,磁流变抛光中对材料的去除主要是机械切削作用和化学作用。下面作详细分析。

如图 5.11 所示,在传统抛光过程中,抛光模(沥青模或聚氨酯模)对磨粒的把持能力较差,两体塑性去除和三体塑性去除同时存在,能够形成有效材料去除的磨粒比例很小;磁流变抛光过程中,链状羰基铁粉形成的柔性抛光模对磨粒的把持能力较强,材料去除以两体塑性去除为主,形成有效材料去除的磨粒比例较高。

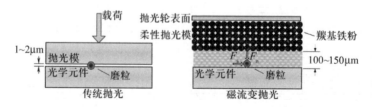

图 5.11　传统抛光和磁流变抛光中磨粒与光学元件表面的相互作用

Bulsara[41]利用统计方法对古典抛光方法中抛光磨粒的受力进行了计算,他认为单颗抛光颗粒在抛光时对工件表面的正压力为 $0.007 \sim 0.65N$。在磁流变抛光中,抛光颗粒所受的垂直于工件表面方向的力有重力 G、磁浮力 F_z、液体动

压力 F_w 和工件表面对抛光颗粒的反作用力 F'_n，由于重力 G 远小于其他三个力，忽略不计，则有

$$F'_n = F_z + F_w \tag{5.2}$$

假设抛光颗粒是 $1\mu m$ 的 CeO_2 磨粒，根据磁流变抛光实际条件和式（5.1），可以求得磁浮力为 $F_z \approx 10^{-9}N$。在抛光区内由于磁流变液流过楔形区，将会有流体动压力存在，文献[15]测量该压力最大可达 $200kPa$。假设抛光颗粒与工件表面接触面为 $0.5\mu m$ 的圆，可以计算出液体动压力 $F_w \approx 10^{-9}N$，则可以得到磁流变抛光中抛光颗粒对工件表面的正压力 $F_n = F'_n \approx 10^{-7}N$，该值远远小于 Bulsara 推导出来的古典抛光法中单颗抛光颗粒在抛光时对工件表面的正压力值。这说明磁流变抛光中机械切削作用机理不能利用正压力模型解释磁流变抛光中材料的去除，磁流变抛光的材料去除机理主要是两体塑性剪切去除，因此，能高效率加工出高表面质量的光学零件表面。

图 5.12 是文献[15]中给出磁流变抛光的工件表面的 AFM 照片，其中抛光时工件固定不动，图中箭头所指为磁流变抛光液流动方向。可以看出，工件表面有抛光粉流动的划痕，而且方向与磁流变抛光液流动方向一致，我们的实验中也常见这种划痕，都验证了抛光颗粒对工件表面产生了剪切去除的假设。图 5.13 是利用我们自研的磁流变抛光机床加工的熔石英材料表面质量测试图，其表面粗糙度为 Ra 0.407nm，正是由于磁流变加工的材料剪切去除原理，才保证其加工光学零件的表面质量。

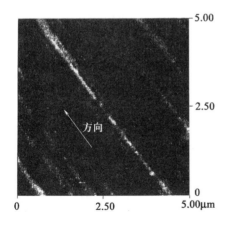

图 5.12　被磁流变抛光工件表面的 AFM 图

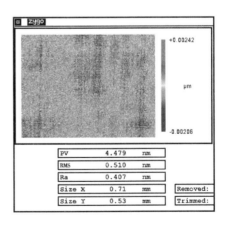

图 5.13　磁流变抛光熔石英材料表面质量

5.2.2　单颗磨粒所受载荷与压入深度理论计算

根据磁流变抛光两体塑性剪切去除的材料去除机理和磨粒的微观形貌,对磨粒的接触状态、受力状态以及磨粒的形状、刃圆半径进行一系列基本假设。并根据假设条件和磨粒的受力状态,计算单颗磨粒所受载荷与压入深度,进而计算磨粒的平均有效压入面积。最后根据单颗磨粒的分布,建立其材料去除模型。

如图 5.11 所示,对磨粒与柔性抛光模、工件表面的接触状态以及磨粒的受力状态进行假设。由于柔性抛光模与工件表面之间存在约 100 ~150μm 的间隙,因此假设柔性抛光模与工件表面之间无直接接触,磨粒分别与柔性抛光模和工件表面发生直接接触;由于磨粒的尖端刃圆半径较小,会在接触区产生很高的局部应力,因此假设磨粒与工件表面之间、磨粒与柔性抛光模之间的接触均为塑性接触,并且忽略磨粒自身的变形(假设磨粒为理想刚体)。忽略磨粒所受的重力和磁浮力,假设磨粒所受载荷为流体动压力 F_p、剪切力 F_s 和来自工件表面的阻力 F_r。

针对微米级粒径的抛光磨粒呈现不规则的多面体结构,国防科技大学康念辉采用了"双刃圆半径"模型研究单颗磨粒切削[42]。

如图 5.14 所示为单颗磨粒对工件的抛光过程示意图。根据假设与分析,磨粒对工件的抛光过程可以视为刚性压头对一个半空间的滑动印压过程[43]。图 5.14 中,x_1 表示磨粒与柔性抛光模接触时的平均刃圆直径(等效直径),x_2 表示磨粒与工件接触时的刃圆直径。由于 x_2 只在磨粒与工件接触的数十纳米范围内有效,其对磨粒高度、表面积和体积的影响均可以忽略,根据磨粒的受力状态以及维氏硬度的定义:

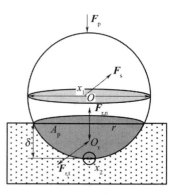

图 5.14　磨粒对工件的
抛光过程示意图

$$F_{r,n} = \frac{1}{2}H\pi x_2\delta = F_p \tag{5.3}$$

$$F_{r,t} = \gamma H A_p \tag{5.4}$$

$$A_p(\delta) = \frac{x_1^2}{4}\arcsin\frac{2\sqrt{\delta(x_1-\delta)}}{x_1} - \sqrt{\delta(x_1-\delta)}\left(\frac{x_1}{2}-\delta\right) \tag{5.5}$$

式中,x_1 为磨粒的等效直径;

x_2 为磨粒与工件接触时的刃圆直径;

H 为工件在磁流变液环境下的维氏硬度;

δ 为磨粒压入工件的深度;

A_p 为压入面积,定义为磨粒压入工件的半球冠在切线方向的投影面积;

F_p 为单颗磨粒所承受的流体动压力;

$F_{r,t}$ 为单颗磨粒所受的切向阻力;

$F_{r,n}$ 为单颗磨粒所受的法向阻力;

γ 为材料的阻力系数,一般 $0 < \gamma < 2$。

金刚石磨粒的等效直径一般为尖端刃圆直径的 $2 \sim 5$ 倍,即 $0.2x_1 \leqslant x_2 \leqslant 0.5x_1$ [44]。

根据式(5.3) ~ 式(5.5),可以得到有效压入面积 A_{pe} 的计算公式如下:

$$A_{pe} = \begin{cases} A_p \left(\dfrac{px_1^2}{2Hx_{2min}} \right), F_s \geqslant F_{r,t}^{max} \\ \dfrac{\pi \tau x_1^2}{4\gamma H}, F_{r,t}^{min} \leqslant F_s < F_{r,t}^{max} \\ 0, F_s < F_{r,t}^{min} \end{cases} \tag{5.6}$$

上述计算过程中,取定磨粒的粒度为平均粒度 x_1,而实际上磨粒的粒径 x 具有一定的分布范围,假设磨粒粒径介于 x_{min} 和 x_{max} 之间,在区间 $[x_{min}, x_{max}]$ 上的概率密度分布函数为 $q(x)$。对于抛光区域内的某一确定位置,考虑到磨粒粒度分布的连续性,可以根据式(5.6),计算出该位置的磨粒平均有效压入面积

$$\bar{A}_{pe} = \int_{x_{min}}^{x_{max}} q(x) A_{pe}(x) dx \tag{5.7}$$

式中 $q(x)$ 可以根据粒度分析仪的测量数据拟合得到。

假设磨粒在工件表面形成稳定连续的材料去除,即有效压入面积 A_{pe} 内的材料被全部去除。对于工件表面的任意面积微元 ΔS,假设该位置处的流体动压力为 p,流体剪切应力为 τ,磨粒与工件表面的相对运动速度为 $v_{相对}$,磨粒平均有效压入面积为 $\bar{A}_{pe}$,磨粒总数 $N = \varphi \Delta S$,其中,φ 为单位面积内的磨粒个数,则材料体积去除效率 VRR 和峰值去除效率 PRR 分别为

$$\begin{aligned} \text{VRR} &= N\bar{A}_{pe}v_{相对} = \Delta Sk\tau v_{相对} \\ \text{PRR} &= \varphi\bar{A}_{pe}v_{相对} = k\tau v_{相对} \end{aligned} \tag{5.8}$$

其中,$k = \dfrac{\pi\varphi}{4\gamma H} \int_{x_{min}}^{x_{max}} q(x) x^2 dx$。定义 k 为材料去除常数,则一般情况下 k 与材料硬度、材料阻力系数、单位面积内的磨粒密度和磨粒粒度分布有关,而与具体的工艺参数(转速、磁场、流量和压深)无关。对于确定的磁流变抛光过程(固定被抛

光材料和磁流变液），材料去除常数 k 一般保持恒定。

由式（5.7）、式（5.8）可得以下结论：

（1）磁流变抛光过程中，剪切力是材料去除的主导因素，压力是材料去除的辅助因素，两者相辅相成，共同完成材料的去除。

（2）理想情况下，磁流变抛光的材料去除效率与剪切应力 τ、相对速度 v 成正比，传统的 preson 方程 $H = kpv$ 也应相应地修正为 $H = k\tau v_{相对}$。

（3）增加单位面积内的磨粒密度，将提高材料去除效率。因此，在一定的范围内增加抛光粉浓度，有助于提高材料去除效率，但是浓度超过一定范围后，磨粒已经饱和，甚至开始出现团聚现象，单位面积内的磨粒密度不再提高，材料去除效率也趋于稳定。

（4）在一定范围内，增加磨粒的粒度，将提高材料去除效率。

5.2.3 磁流变抛光区域流体动力学分析与计算

根据上述分析与推导过程，在已知磨粒粒径分布、材料基本机械特性的前提下，如果能够解算出磁流变抛光区域的流体压力和剪切应力场分布，则根据式（5.7）可以计算磁流变抛光区域内任意位置处的磨粒运动状态和磨粒有效压入面积，从而建立去除函数多参数模型。

1. Bingham 介质润滑理论

在流体动力润滑理论中，Bingham 介质被认为是一种非牛顿流体。Bingham 介质与牛顿流体的区别是：前者在剪切时有一屈服应力值；相同之处是：剪切力与剪切率之间都表现出线性关系。Bingham 介质的性质可以用 Bingham 方程式来表示：

$$\begin{cases} \tau = \mathrm{sgn}(\dot{\gamma})\tau_0 + \eta\dot{\gamma}, & |\tau| > \tau_0 \\ \dot{\gamma} = 0, & |\tau| < \tau_0 \end{cases} \tag{5.9}$$

式中，η 为磁流变液塑性黏性系数；

τ_0 为磁流变液的剪切屈服应力，该参数与磁流变液的特性有关；

$\dot{\gamma}$ 为剪切率。

可以看出，如果 Bingham 介质要发生流动，则 $|\tau| > |\tau_0|$ 必成立。若 $|\tau| < |\tau_0|$，则 $\dot{\gamma} = 0$，此时 Bingham 介质形成停滞的"核心"。对于牛顿流体，τ_0 的值等于零。

如图 5.15 所示，对磁流变抛光区域进行如下假设：磁流变液的运动为层流，不考虑磁流变液的 y 方向流动；磁流变液具有不可压缩性，并且不考虑自由边界问题;磁流变液层内的压应力相同,剪切应力与速度梯度成比例。图 5.15 中,磁流变液在 x、y、z 方向的速度分别为 u、v、w,抛光轮与工件表面之间的间隙为 $h(x, z)$,工件表面的线速度为 $U_1 = 0$,抛光轮表面的线速度为 U_2,则根据上述假设 $v = 0$。

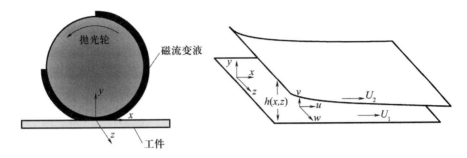

图 5.15　抛光区域流体动力学分析、计算模型

根据式(5.9)引入表观黏度的概念,即

$$\eta(\dot{\gamma}) = \mu + \frac{\tau_0}{\dot{\gamma}} \tag{5.10}$$

式中,$\eta(\dot{\gamma})$ 为磁流变液的表观黏度。

根据表观黏度的定义,则有

$$\tau_{yx} = \eta(\dot{\gamma}) \frac{\partial u}{\partial y}, \quad \tau_{yz} = \eta(\dot{\gamma}) \frac{\partial w}{\partial y} \tag{5.11}$$

对于无惯性、不可压缩流体,其连续方程和动量方程为

$$\frac{\partial q_x}{\partial x} + \frac{\partial q_z}{\partial z} = 0$$

$$\frac{\partial P}{\partial x} = \frac{\partial \tau_{yx}}{\partial y}, \quad \frac{\partial P}{\partial z} = \frac{\partial \tau_{yz}}{\partial y} \tag{5.12}$$

式中,q_x、q_z 为磁流变液在 x 和 z 方向的单位流量,由下式进行计算:

$$q_x = \int_0^h u \mathrm{d}y, q_z = \int_0^h w \mathrm{d}y \tag{5.13}$$

采用 Sommerfeld 边界条件:$P\big|_{\partial\Omega} = 0$;在固态核与流动液体交界处,$\frac{\partial u}{\partial y} = \frac{\partial w}{\partial y} = 0$;$u\big|_{y=0} = 0$,$u\big|_{y=h} = U$,$w\big|_{y=0} = 0$,$w\big|_{y=h} = 0$。

为便于计算,对上述物理量进行无量纲处理:

$$\bar{x} = \frac{x}{L}, \bar{y} = \frac{y}{h}, \bar{z} = \frac{z}{B}, \bar{h} = \frac{h}{h_0},$$

$$\bar{u} = \frac{u}{U}, \bar{v} = \left(\frac{L}{h_0}\right)\frac{v}{U}, \bar{w} = \frac{w}{U}, \quad\quad (5.14)$$

$$\bar{\mu} = \frac{\mu}{\mu_i}, \bar{P} = \frac{h_0^2 P}{\mu_i R U}, \bar{\eta}(\dot{\bar{\gamma}}) = \bar{\mu} + \bar{h}\frac{\bar{\tau}_0}{\dot{\bar{\gamma}}}$$

式中,R 为抛光轮的半径;

  h 为抛光轮与工件表面的距离;

  L 为计算区域的长度;

  B 为计算区域的宽度;

  h_0 为抛光轮与工件表面的最小间隙;

  U 为抛光轮表面的线速度。

由磁流变液的 Bingham 流体特性,当剪切应力小于剪切屈服强度时,磁流变液将形成固态核心。磁流变抛光区域的固态核心可能存在以下几种形式:

(1) 抛光区域不存在固态核心。如果抛光区域内的磁场强度较小或者是零磁场状态,磁流变液的剪切屈服强度趋近于零,磁流变液接近牛顿流体,抛光区域内不存在固态核心。

(2) 固态核心游离在工件表面与抛光轮表面之间的区域(游离固态核心)。如果工件表面、抛光轮表面的剪切应力大于磁流变液的剪切屈服强度,而其间某一区域的剪切应力小于磁流变液的剪切屈服强度,则固态核心将游离在工件表面与抛光轮表面之间。游离固态核心一般出现在理论计算过程中,实际的磁流变抛光区域很少出现。

(3) 固态核心存在于工件表面(下表面固态核心)。如果工件表面的剪切应力小于磁流变液的剪切屈服强度,固态核心将出现在工件表面。此时,固态的磁流变液吸附在工件表面,并且与工件运动速度相同,磨粒无法对工件进行材料去除。下表面固态核心一般出现在磁流变抛光区域的外部,抛光区域的内部不允许出现下表面固态核心。

(4) 固态核心存在于抛光轮表面(上表面固态核心)。如果抛光轮表面的剪切应力小于磁流变液的剪切屈服强度,固态核心将出现在抛光轮表面。此时,固态的磁流变液吸附在抛光轮表面,并且与工件运动速度相同,固态核心起到了节流作用,进一步提高了抛光区域的流体动压力,有利于提高材料去除效率。磁流变抛光区域内部一般都存在一定范围的上表面固态核心。

下面分别分析游离固态核心、下表面固态核心和上表面固态核心的剪切应力分布、速度分布和雷诺方程[44-46]。

图 5.16 为游离固态核心的剪切应力分布和速度分布图。由图 5.16 和 Bingham 流体基本方程得游离固态核心的雷诺方程为

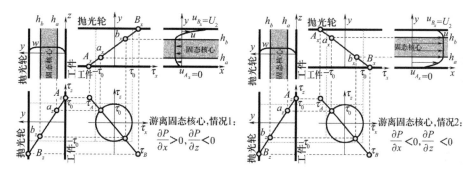

图 5.16　游离固态核心的剪切应力分布和速度分布

$$\frac{\partial}{\partial x}\left[\bar{h}^3(\bar{F}_2^a + \bar{F}_2^b)\left(\frac{\partial \bar{P}}{\partial \bar{x}}\right)\right] + \frac{1}{4\Lambda^2}\frac{\partial}{\partial z}\left[\bar{h}^3(\bar{F}_2^a + \bar{F}_2^b)\left(\frac{\partial \bar{P}}{\partial \bar{z}}\right)\right] =$$

$$-\frac{\partial}{\partial \bar{x}}\left[\bar{h}\bar{U}_c\frac{\bar{F}_1^a}{\bar{F}_0^a} + \bar{h}(1-\bar{U}_c)\frac{\bar{F}_1^b}{\bar{F}_0^b}\right] - \frac{1}{2\Lambda}\frac{\partial}{\partial z}\left[\bar{h}\,\bar{W}_c\left(\frac{\bar{F}_1^a}{\bar{F}_0^a} - \frac{\bar{F}_1^a}{\bar{F}_0^a}\right)\right] + \frac{\partial \bar{h}}{\partial \bar{x}} \tag{5.15}$$

式中,$\Lambda = \dfrac{B}{L}$;

$$\bar{F}_0^a = \int_0^{\bar{h}_a}\frac{1}{\bar{\eta}}\mathrm{d}\bar{y};$$

$$\bar{F}_1^a = \int_0^{\bar{h}_a}\frac{\bar{y}}{\bar{\eta}}\mathrm{d}\bar{y};$$

$$\bar{F}_2^a = \int_0^{\bar{h}_a}\frac{\bar{y}}{\bar{\eta}}\left(\bar{y} - \frac{\bar{F}_1^a}{\bar{F}_0^a}\right)\mathrm{d}\bar{y};$$

$$\bar{F}_0^b = \int_{\bar{h}_b}^1\frac{1}{\bar{\eta}}\mathrm{d}\bar{y};$$

$$\bar{F}_1^b = \int_{\bar{h}_b}^1\frac{\bar{y}}{\bar{\eta}}\mathrm{d}\bar{y};$$

$$\bar{F}_2^b = \int_{\bar{h}_b}^1\frac{\bar{y}}{\bar{\eta}}\left(\bar{y} - \frac{\bar{F}_1^b}{\bar{F}_0^b}\right)\mathrm{d}\bar{y};$$

$\overline{U}_c$、$\overline{W}_c$ 为固态核心在 x 和 z 方向的滑移速度。

图 5.17 为下表面固态核心的剪切应力分布和速度分布图。由图 5.17 和 Bingham 流体基本方程得下表面固态核心的雷诺方程为

$$\frac{\partial}{\partial x}\left[\overline{h}^3\overline{F}_2^b\left(\frac{\partial\overline{P}}{\partial\overline{x}}\right)\right]+\frac{1}{4\Lambda^2}\frac{\partial}{\partial z}\left[\overline{h}^3\overline{F}_2^b\left(\frac{\partial\overline{P}}{\partial\overline{z}}\right)\right]=-\frac{\partial}{\partial\overline{x}}\left[\overline{h}\,\frac{\overline{F}_1^b}{\overline{F}_0^b}\right]+\frac{\partial\overline{h}}{\partial\overline{x}} \tag{5.16}$$

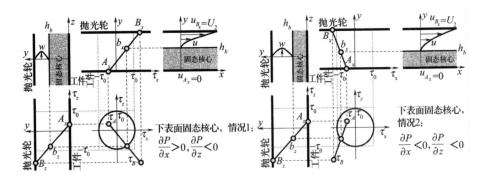

图 5.17　下表面固态核心的剪切应力分布和速度分布

图 5.18 为上表面固态核心的剪切应力分布和速度分布图。由图 5.18 和 Bingham 流体基本方程得上表面固态核心的雷诺方程为

$$\frac{\partial}{\partial x}\left[\overline{h}^3\overline{F}_2^a\left(\frac{\partial\overline{P}}{\partial\overline{x}}\right)\right]+\frac{1}{4\Lambda^2}\frac{\partial}{\partial z}\left[\overline{h}^3\overline{F}_2^a\left(\frac{\partial\overline{P}}{\partial\overline{z}}\right)\right]=-\frac{\partial}{\partial\overline{x}}\left[\overline{h}\,\frac{\overline{F}_1^b}{\overline{F}_0^b}\right]+\frac{\partial\overline{h}}{\partial\overline{x}} \tag{5.17}$$

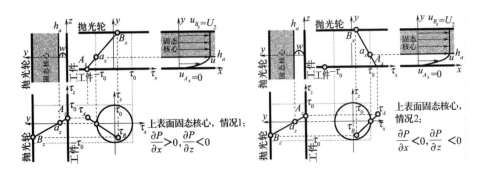

图 5.18　上表面固态核心的剪切应力分布和速度分布

式(5.15) ~ 式(5.17)可以用统一的修正二维雷诺方程描述：

$$\frac{\partial}{\partial x}\left[\overline{h}^3\overline{B}_T\left(\frac{\partial\overline{P}}{\partial\overline{x}}\right)\right]+\frac{1}{4\Lambda^2}\frac{\partial}{\partial z}\left[\overline{h}^3\overline{B}_T\left(\frac{\partial\overline{P}}{\partial\overline{z}}\right)\right]=-\frac{\partial}{\partial\overline{x}}\left[\overline{h}(1-\overline{B}_x)\right]-\frac{\overline{h}}{2\Lambda}\frac{\partial\overline{B}_z}{\partial\overline{z}} \tag{5.18}$$

式中，$\overline{B}_T = \overline{F}_2^a + \overline{F}_2^b$；

$$\overline{B}_x = \overline{U}_c \frac{\overline{F}_1^a}{\overline{F}_0^a} + (1 - \overline{U}_c) \frac{\overline{F}_1^b}{\overline{F}_0^b};$$

$$\overline{B}_z = \overline{W}_c \left(\frac{\overline{F}_1^a}{\overline{F}_0^a} - \frac{\overline{F}_1^b}{\overline{F}_0^b} \right)。$$

式(5.18)中特别是对于下表面固态核心的情况有：$\overline{B}_T = \overline{F}_2^b, \overline{B}_x = \overline{F}_1^b/\overline{F}_0^b$，$\overline{B}_z = 0$；对于上表面固态核心的情况有：$\overline{B}_T = \overline{F}_2^a, \overline{B}_x = \overline{F}_1^a/\overline{F}_0^a, \overline{B}_z = 0$。

根据图 5.19 所示的基本计算流程，可以采用数值迭代的方法求解统一的修正二维雷诺方程(式(5.18))，从而确定磁流变抛光区域的固态核心范围、压力场、剪切应力场和速度场分布，进而得到磁流变抛光材料去除理论计算值。

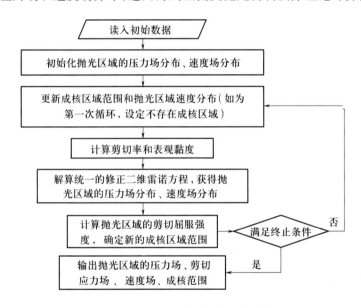

图 5.19　磁流变抛光区域流体动力学计算流程图

2. 计算实例

实际磁流变抛光加工工艺条件如下：材料 K9 玻璃，磨料 W0.5 金刚石微粉，磁流变液的剪切屈服强度为 30kPa，零磁场黏度为 0.6Pa·s，抛光轮转速 100r/min，流量 150L/min，磁场电流 5A，抛光轮与工件表面最小间隙 1.0mm。根据上述实验条件，按照图 5.19 所示的计算流程，对磁流变抛光区域的成核范围、压力场和剪切应力场进行数值计算。

图 5.20 是根据上述实验条件计算出的磁流变抛光区域压力场和剪切应力

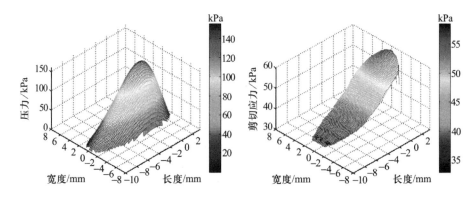

（a）压力场分布图　　　　　　　　（b）剪切力场分布图

图 5.20　磁流变抛光区域的压力场和剪切应力场分布

场分布。由图 5.20（a）可知，压力场分布是一个单峰值的凸函数，并且压力场沿抛光区域中心线上下对称，峰值压力出现在抛光轮最低点附近，峰值压力为 155.6kPa。由图 5.20（b）可知，剪切应力场沿抛光区域中心线上下对称，并且沿着磁流变液流动方向逐渐增大，峰值剪切应力为 58.5kPa。

通过测量磁流变抛光加工中的法向正压力和剪切力对以上计算结果进行间接验证，图 5.21 所示为磁流变抛光过程加工力测量实验装置。实验中采用 KISTLER 9256A1 型三分量测力仪，采样频率 10 000Hz，采样时间为 6s，去除函数与工件的接触时间为 3s，加工力的方向定义如图 5.21（a）所示。

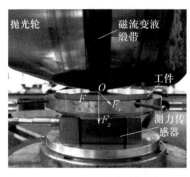

（a）测量状态图　　　　　　　（b）KISTLER 测力仪传感器

图 5.21　磁流变抛光过程加工力测量实验装置

图 5.22 为磁流变抛光过程的加工力测量结果。磁流变抛光过程中工件主要受到垂直于工件表面向下的法向力 F_z（平均值 4.32N）和平行于抛光轮线速

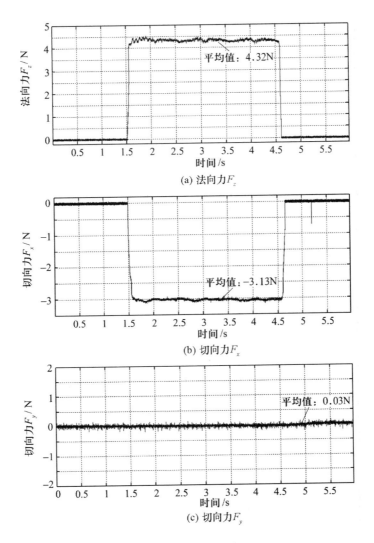

图 5.22　磁流变抛光过程的加工力测量结果

度方向的切向力 F_x（平均值 -3.13N），垂直于抛光轮线速度方向的切向力 F_y 基本为零。根据图 5.20 中磁流变抛光区域的压力场和剪切应力场分布，可以计算出工件所受的法向力理论值为 4.47N，切向力理论值为 -3.08N，这与加工力的实际测量结果较为接近，验证了抛光区域压力场和剪切应力场理论计算的准确性。根据磁流变抛光区域的压力场和剪切应力场分布，采用上节建立的去除函数计算理论模型，根据式（5.6）～式（5.8）可以预测出去除函数去除效率分布。

为便于比较和分析,分别对材料去除效率理论预测值和实验值进行归一化处理。

图 5.23 所示为归一化处理后的磁流变抛光区域材料去除效率理论预测值和实验值。磁流变抛光区域材料去除效率的理论预测值和实验值在影响范围、变化趋势和去除效率分布上基本相似,其中,归一化后的峰值去除效率最大偏差为 1.36%,体积去除效率偏差为 2.83%。图 5.23(b)中,去除函数几何形状的理论预测值为长度 13.4mm、宽度 6.2mm;图 5.23(d)中,去除函数几何形状的实验值为长度 13.6mm、宽度 6.35mm,理论预测值与实验值的长度偏差为 1.49%、宽度偏差为 2.42%。根据上述比较,去除函数理论预测值与实验值较为接近,基本验证了去除函数计算模型准确性。

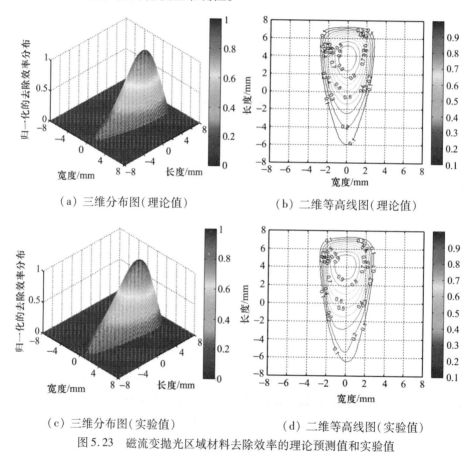

（a）三维分布图（理论值）　　　　（b）二维等高线图（理论值）

（c）三维分布图（实验值）　　　　（d）二维等高线图（实验值）

图 5.23　磁流变抛光区域材料去除效率的理论预测值和实验值

5.3 磁流变抛光机床

5.3.1 磁流变抛光机床结构的基本要求

1. 磁流变抛光机床的精度要求

磁流变抛光机床包括机床本体和磁流变抛光装置。机床本体和磁流变抛光装置的设计都要能够尽量满足各类光学零件的成形抛光要求。从超精密光学零件加工的工艺趋势看,毛坯粗加工及精磨成形的设备高精度化,能够尽可能减小前期加工周期,为超精研抛工序提供尽可能少的加工余量。这类加工机床高精度化带来的好处是提高了生产效率,但高精度机床的成本很高。例如,1980 年,英国依斯特曼柯达公司研制了 1m 光学玻璃磨床,加工了 0.8m 非球面光学零件,该非球面光学零件的非球度用最接近球镜的偏差表示为 $900\mu m$。磨削表面形状精度要求优于 $6\mu m$,通过少量研抛就可达到干涉仪测量的范围。由英国克兰菲尔德大学的精密工程研究所为依斯特曼柯达公司研制的 OAGM2500 大型超精密磨床是用于大型离轴光学零件精密磨削和在位测量的机床,机床尺寸为 $8m \times 6m \times 5m$,加工尺寸为 $2.5m \times 2.5m \times 0.6m$,重 130t,用于光学玻璃等硬脆材料的加工,其加工形状精度可达到 $2.5\mu m$。克兰菲尔德大学在 2006 年设计并研制了 Big Optix(BOX)大型超精密磨床,1m 表面的形状精度可达 $1\mu m$,亚表面损伤深度 $2\sim 5\mu m$。但是这种高精度的机床造价昂贵,约 40 万英镑[47,48]。由此可知,对于光学零件,高精度的铣、磨是达不到最终镜面要求的,高精度的研抛工序是必需的。

研抛工序的目的首先是要去除亚表面损伤和应力层,并使镜面的形状精度和表面粗糙度同时达到要求。由于光学研抛工序的工件加工精度并不主要依赖于机床本身的运动精度,也不要求其设备具有高定位精度,但需要测量和加工的反复迭代,而加工过程中的测量及精度稳定还必须占用很多时间,因此希望加工具有较高的误差收敛比,以提高效率。

磁流变抛光属于一种"柔性"加工方法,因此,磁流变抛光机床本体的设计首要并不是考虑精度优先的原则,而是考虑以下几个设计准则:功能特性准则、刚度准则、机构工艺性准则等。也就是说机床本体的功能要能够满足各种光学零件的成形抛光需要。

磁流变抛光设备的精度要求是:

(1) 磁流变抛光轮与加工面之间的间隙将影响去除函数的形状。通常加工较低陡度的光学零件时,z 轴定位误差对它的影响最大,其他轴的误差影响是高阶无穷小量,因此在磁流变抛光设备中对 z 轴的精度要求最高。

（2）光学零件表面形状误差一般都是连续光滑的,x、y 误差和 A、B 轴投影到 x、y 轴的误差取决于加工与测量的横向分辨率,因此对 z 轴以外其他轴的精度要求较低,对于大镜加工而言,0.1mm 的精度也是可以接受的。

2. 光学零件的磁流变抛光成形方法

光学加工机床的运动路径通常包括 $x-y$ 和 $\rho-\theta$ 两种,如图 5.24 所示。光学零件的种类分为回转对称型和非回转对称型,如球面、二次或高次非球面等是回转对称型。

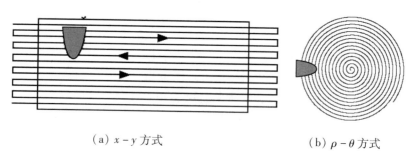

（a）$x-y$ 方式 　　　　　　　　　　 （b）$\rho-\theta$ 方式

图 5.24　光学零件磁流变抛光路径方式

在 $x-y$ 方式下,抛光模相对工件表面沿 x、y 两个直线坐标轴作数控运动;在 $\rho-\theta$ 方式下,抛光模相对工件沿径向运动,同时工件本身作旋转运动。这两种工作方式均能够保证抛光模的运动轨迹覆盖整个工件表面。相对而言,$\rho-\theta$ 方式适于加工回转对称的光学表面,特别容易进行环带修形;对于离轴非球镜、非圆形镜和一些更为复杂的自由曲面,不是轴对称的零件,选用 $x-y$ 方式具有更大的优越性。图 5.24 中磁流变抛光区是纵轴对称的倒 D 形,其横截面是高斯形,所以采用的进给方向与横截面方向一致,有利于留驻时间解算和面形误差收敛。美国 QED 公司生产的 Q22－XE 和 Q22－X 分别是为最大尺寸为 80mm 和 200mm 的圆形平面、球面和非球面光学零件研抛加工设计的,Q22－Y 是为最大尺寸为 200mm 的矩形或非圆形平面、球面和非球面光学零件研抛加工设计的,美国 QED 公司系列产品如图 5.25 所示。

磁流变抛光轮安装在平台上,可在 x 方向上运动。被加工工件放置在抛光轮上方,这种布置方式称之为“正置式”。此外,工件系统有真空吸盘、旋转主轴、绕 y 向摆动的 B 轴及 z 轴等,合成运动使“柔性抛光模”的抛光区与镜面吻合,并成为法向垂足点。一般加工非球面光学零件需 x、z 和摆动三轴联动。为了防止干涉,被加工凹球面的曲率半径和非球面的顶点半径都不得小于抛光盘的半径。Q22 – XE 和 Q22 – X 只能用 $\rho - \theta$ 模式工作,而 Q22 – Y 具有 x、z、y 轴和摆动四轴联动,可以用 $x - y$ 和 $\rho - \theta$ 两种方式加工。

QED 公司生产的 Q22 – 400X 是为最大尺寸为 400mm 的圆形平面、球面和非球面光学零件研抛设计的。它采用"下置式(Upside-Down)"抛光轮,工件在下方,抛光轮在上方,抛光点朝下的工作方式适合于大型工件加工。设机床抛光轴可作 x 和 z 向移动,工件平台除自转轴外,还可绕 y 摆动一个角度,以保证沿法向方向抛光。该机床也只能工作在 $\rho - \theta$ 模式。

QED 的 Q22 – 750P2 是为最大尺寸为 750mm × 1000mm 的矩形或非圆、球面和非球面光学零件研抛设计的,它有 $\phi370$mm 和 $\phi50$mm 两个下置式抛光轮。更大尺寸的机床 Q22 – 950F 也已经开发出来。

图 5.25　美国 QED 公司开发的
系列磁流变抛光机床

由于磁流变加工的去除量较小,一般不采用先加工出非球面的最接近球面,然后将球面加工成所需要的形状方法,而采用铣磨成形、精研进入一定误差范围,再采用抛光修形的方法。精研工序可选用小工具 CCOS 研抛或经典加工方法得到,也可用磁流变(不过要选用不同的研抛液配方)得到。磁流变抛光是一种确定性抛光技术,把"柔性抛光模"看成一个小磨头对光学零件表面进行加工。在计算机的控制下,"柔性抛光模"以特定的路径、速度在工件表面运动,通过控制每一区域内的驻留时间等工艺参数,可以精确地控制表面材料的去除量,达到修正误差、提高精度的目的。因此,推荐的工艺路线是:磁流变抛光仅完成最终的高精度面形修正。

5.3.2　磁流变抛光实验样机的机床结构

针对以上光学零件的磁流变抛光成形方法的分析,为了使磁流变抛光具有加工光学零件的通用性,磁流变抛光实验样机的机床本体应该具有 x、y、z、A、B、C

六轴中的四至五轴数控联动功能,以便使"柔性抛光模"以法向姿态精确地到达工件表面上的任意一点,并保持抛光盘与工件之间的间隙,通过控制其驻留时间,实现对多种光学零件表面面形的修正。

国防科技大学从 2000 年开始研究磁流变机床及加工工艺,先后研制了多种形式的实验机床。早期研制的 KDMRF-200-5 型光学磁流变加工实验机床结构如图 5.26(a)所示,机床采用花岗岩小龙门结构。磁流变抛光轮采用正置式,直径为 150mm,安装在 y 轴工作台上。龙门梁上 y、z 工件主轴 C 和可绕 x 轴摆动的 A 轴构成,选用的数控系统实现五轴四联动控制,以满足零件的磁流变成形抛光要求。

KDMRF-200-6 型光学磁流变加工机床结构如图 5.26(b)所示,该机床是为特殊陡深零件加工设计和研制的,如加工保形光学头罩等。该机床采用六轴六联动,工件系统为 z、B 和主轴 A 三轴控制,抛光轮系统为 x、y 和 C 三轴控制,磁流变抛光轮采用侧置式。

(a) KDMRF-200-5 型　　　　(b) KDMRF-200-6 型

图 5.26　磁流变加工实验机床

KDMRF-1000-6 是可加工 1m 直径大型光学磁流变加工实验机床,如图 5.27 所示,机床采用花岗岩材料对称式龙门结构,具有可以获得较大的加工空间,抵抗弹性变形的能力强,机床的整体刚性、稳定性及热对称性好的优点。磁流变抛光轮采用倒置式,安装在龙门梁 y 轴工作台上,两个转轴 A 和 B 使抛光轮可绕 x、y 轴实现两个方向摆动。工件轴台 C 轴安装在 x 轴平台上,选用商品化的数控系统实现六轴控制。当 x、z、A 轴和主轴 C 联动时,可实现 $\rho-\theta$ 方式的加工运动路径。采用 y、z、A、B 轴的联动和 x 轴换行移动来实现 $x-y$ 方式的加工运动路径。其中,A、B 轴分别可提供绕 x、y 轴的摆动,以保证抛光盘对工件面的法线姿态,特别是在相对口径大的深形、陡形非球镜的加工中是非常重要的。为了加工更大的零件,我们在此基础上还设计了 KDMRF – 2000 – 6 大型光学磁流变加工实验机床,加工口径为 2m。

图 5.27　KDMRF – 1000 – 6 型 磁流变加工实验机床

图 5.28　KDUPF – 700 – 7 型磁流 变加工实验机床

图 5.28 所示 KDUPF – 700 – 7 型机床是我们为更高精度光学零件加工专门设计和研制的最新磁流变加工实验机床,采用七轴联动驱动和多种抛光盘配置,从而满足各种高精度面形光学制造的需要。

本章将以 KDMRF – 1000 – 6 型机床为对象介绍磁流变机床及加工工艺等关键技术。

5.3.3　倒置式磁流变抛光装置的设计

我们以 KDMRF – 1000 – 6 倒置式的磁流变抛光装置为例,介绍其设计方法。

磁流变抛光装置应该具有以下功能要求:

(1) 合理的抛光和磁场发生装置结构设计,既能够在加工区域产生高梯度磁场,使得磁流变液形成单一稳定的缎带突起,又要有利于工件的装夹;

(2) 磁流变抛光液的循环控制容易实现。

1. 抛光轮结构与磁场发生装置设计

由于大型光学非球镜工件体积大、质量大和难以装夹,采取抛光轮竖直放置在工件正上方的工作方式是更合理的。图 5.29 为倒置式磁流变抛光装置的原理图,磁场发生装置置于抛光轮的内部空腔中,工件置于抛光轮的正下方。磁流变液从喷嘴喷出到抛光轮外表面,在流经抛光轮与工件形成的工作间隙时,由于磁场的作用,会在此处产生一个缎带突起,形成"柔性抛光模",对工件材料进行剪切去除。通过磁场发生装置产生的磁场及磁流变液的流量控制就可以方便控制"柔性抛光模"的形状、大小及硬度等特征,以便根据实际情况得到合适的材料去除模型。

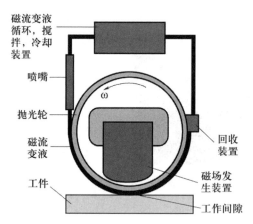

图 5.29 倒置式磁流变抛光装置原理图

磁场发生装置既要能够在工件和抛光轮之间的狭小间隙中产生一个高梯度的磁场,使磁流变液在流经该区域时增大剪切屈服应力,形成具有黏塑性的 Bingham 介质,以对工件表面产生很大剪切力,实现对工件材料的去除;同时又要保证在非加工区域的磁流变液粘附在抛光轮的外表面不被甩出,且流动性较好,有利于回收。通过磁场发生装置的合理设计,磁场发生装置在非加工区域也产生一较小的磁场,使在非加工区磁流变抛光液也能受到一较小的磁场力作用而被"压紧"在抛光轮表面,不会因为离心力和重力而被甩出。

磁场发生装置采用直流电磁铁,由于抛光轮的直径较大,可以在满足磁场强度大小的基础上将电磁铁合理设计,置于抛光轮中,减小整个装置的体积。根据磁流变液的特性以及抛光所需的剪切力的大小,所要设计的电磁铁在间隙处产生的磁场应该具有一定的强度,同时磁力线的分布形状要有利于形成缎带突起。

2. 电磁铁铁芯参数确定

在抛光区域内,电流密度 $J = 0$,所以麦克斯韦方程 $\nabla \times H = 0$,标量磁位 ϕ_m 满足 Laplace 方程,对电磁铁的标量磁位进行理论计算:[35,48]

$$\nabla^2 \phi_m = 0 \tag{5.19}$$

根据图 5.30 的坐标,有

$$\frac{\partial^2 \phi_m}{\partial x^2} + \frac{\partial^2 \phi_m}{\partial y^2} + \frac{\partial^2 \phi_m}{\partial z^2} = 0 \tag{5.20}$$

分离变量求解,假设

$$\phi_m = f(x)g(y)h(z) \tag{5.21}$$

由于气隙的长度远大于宽度,可以近似认为电磁铁两极的圆柱母线磁场分布是一致的,而且磁流变抛光所用磁场只是两个磁极间的漏磁,因此,只对磁场进行二维分析,忽略磁场的端部效应的影响,式(5.20)简化整理得

$$\frac{1}{h}\frac{\mathrm{d}^2 \phi_m}{\mathrm{d}y^2} + \frac{1}{g}\frac{\mathrm{d}^2 \phi_m}{\mathrm{d}z^2} = 0 \tag{5.22}$$

根据边界条件,可以得到标量磁位的特解:

$$\phi_m(y,z)$$
$$= \sum_{n=1}^{\infty} \frac{4NB_0 \sin\left[(2n-1)\pi M/2N\right]}{\pi^2 (2n-1)^2 \mu_0} \cdot \sin\left[(2n-1)\pi z/2N\right] \cdot \exp\left(-\frac{2n-1}{2N}\pi y\right) \tag{5.23}$$

在无源场中,某点的场强等于该点标量磁位 ϕ_m 的负梯度,即

$$\boldsymbol{H} = -\operatorname{grad}(\phi_m) \tag{5.24}$$

经过推导最后可以得到:

$$\boldsymbol{H} = H_z \boldsymbol{k} + H_y \boldsymbol{j}$$
$$= \sum_{n=1}^{\infty} -T_n \cos(P_n z) \cdot \exp(-P_n y)\boldsymbol{k} + \sum_{n=1}^{\infty} T_n \sin(P_n z) \cdot \exp(-P_n y)\boldsymbol{j} \tag{5.25}$$

式中,$P_n = \dfrac{2n-1}{2N}\pi$;

$T_n = \dfrac{2B_0 \cdot \sin[P_n M]}{2NP_n \mu_0}$;

M、N 为磁极和气隙的宽度。

根据式(5.25),求出气隙中的磁感应强度 B_0,就能求出抛光区域磁场强度的分布,而 B_0 可以根据磁路定律进行近似计算得到[25]。

根据设计目标,可以确定电磁铁铁芯的各部分尺寸。确定 z 向为水平方向,y 向为竖直方向,x 向为纵向。图 5.30 是水平磁场在抛光轮表面的三维分布图,根据磁流变液中铁粉的受力方向与磁场的关系,可知铁粉颗粒会由磁极两侧往中间聚集,从而形成所需的缎带形状。

最后,利用 KDMRF - 1000 - 6 型机床进行抛光效果实验,具体参数如下:抛

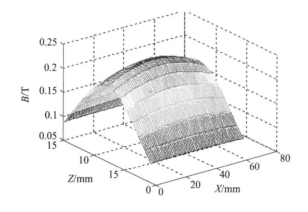

图 5.30　抛光轮表面水平三维磁场计算值

光盘半径 $R = 150\text{mm}$，抛光间隙 $h_0 = 1.5\text{mm}$，抛光盘转速 $n = 55\text{r}/\text{min}$，工件材料为 BK9 玻璃。如图 5.31 所示为抛光轮表面缎带图和抛光效果图，证明设计的抛光装置已经良好地实现了预期功能。

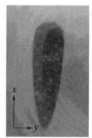

图 5.31　磁场下形成的缎带突起和抛光效果图

5.3.4　磁流变液的循环控制系统

去除函数的稳定性是光学零件进行计算机控制加工的基础，而磁流变加工的"确定性"局部修形是其特点，因此，保持去除函数在加工中的稳定是至关重要的。而磁流变抛光液参数的稳定是去除函数稳定的关键因素。但是，加工过程中磁流变液裸露于空气中，光学抛光加工时间长，特别是对于大口径光学零件的磁流变抛光，由于加工口径大，一次迭代加工时间相对会较长，在长时间的工作状态下，磁流变液伴随抛光轮旋转、电磁铁发热和加工损失等，基载液损失较大,影响磁流变抛光液参数的稳定。磁流变抛光液的成分变化,浓度增加,其直观表现为磁流变液的零磁场黏度加大,同时,流量和温度等状态也将发生一定变化,从而影响抛光模型的稳定性,从而直接导致抛光模型变化,进而影响加工精度。因此,必须建立磁流变抛光液的循环控制系统,对磁流变抛光液的成分、流量和温度等状态进行控制,为实现磁流变抛光的确定性加工提供保障。下面是我们在这方面所做的一些工作。

1. 循环控制系统

磁流变液循环控制系统主要由入射泵、流量计、回收罐、回收泵、计量泵等部件组成。图 5.32 为其控制功能框图。磁流变液循环控制系统包括流量控制和磁流变液成分控制。流量控制是通过流量计检测液体流量并反馈给计算机,计算机根据流量误差大小控制入射泵的入射参数,达到流量闭环控制的目的。磁流变液的成分变化会引起工件材料的去除函数的不稳定,导致抛光模型的不稳定,无法进行确定性抛光,直接影响加工精度。而且,随着磁流变液浓度的增加,过黏的磁流变液会划伤光学器件的表面,进而影响加工表面质量。因此,循环控制系统对磁流变液成分进行控制。由于成分的变化直观表现为零磁场黏度变化。零磁场黏度是指在不加外磁场的条件下,磁流变液的黏度,它是磁流变液性质的一个重要参数。因此,我们进行磁流变液的零磁场黏度控制来达到磁流变液成分控制的目的。

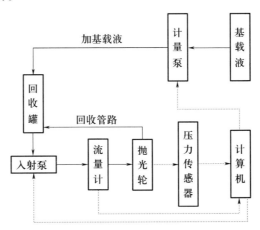

图 5.32　磁流变抛光循环控制系统控制框图

我们可以通过测量磁流变液在管路中的压力损失来对应地测量磁流变液的黏度。压力损失是由黏性流体在流动过程中克服流体内部微团或液层间摩擦阻力而做功引起的,这部分功不可逆地变为热,使流体沿流程机械能不再守恒。不同黏度的流体在相同管路中流动时会产生不同的压力差,因此可以通过测量压力差的变化来间接获得磁流变液流体黏度的变化。

我们在系统用一个压力传感器就可以检测出磁流变液流经喷嘴的沿程压力损失。当流体沿等圆管作稳定层流运动时流体流动的沿程压力差:

$$\Delta p = \frac{128\mu l}{\pi d^4}Q \tag{5.26}$$

式中,Q 为流量;

　　d 为管道直径;

　　l 为管道长度;

　　Δp 为管道的沿程的压力损失;

　　μ 为液体黏度值。

由式(5.26)可得

$$\mu = \frac{\pi d^4}{128 l Q}\Delta p \tag{5.27}$$

由式(5.27)可得,当管路中两点之间的距离、流量、管径不变时,黏度与两点间沿程的压力损失成线性关系,即通过测量喷嘴附近的沿程的压力差来检测磁流变液的黏度。

磁流变液的零磁场黏度直接和磁流变液的组成有关,磁流变液成分的变化就导致磁流变液的零磁场黏度变化。因而,对磁流变液的零磁场黏度控制就能达到磁流变液成分控制的目的。当黏度控制系统发现黏度变化,就控制计量泵加入适量基载液到循环的磁流变液中,使磁流变液的零磁场黏度不变,达到成分控制的目的。

2. 灰色预测控制算法

1) 灰色预测控制原理

考虑到黏度控制系统是一个大时延系统,若按照传统的控制方法很难做到实时、准确的控制,采用灰色预测控制方法是一种很好的选择。灰色预测控制理论,对系统行为不断采样、不断建模、不断预测、不断改变控制量。每采样一次便更新一次原始数据,并重新建立 GM(1,1)模型,从而保证了所建立的模型和所作的预测是在系统的最新输出数据的基础上进行的。我们通过对磁流变液的黏度行为数据的不断采样、不断建模,不断去预测磁流变液的未来黏度值,就可对磁流变液实行超前控制,来满足对磁流变液黏度控制的要求。

灰色预测控制是以系统的行为数据为采样信息,寻求系统发展规律,按照新陈代谢原理建立 GM(1,1)模型,用所建的模型预测系统行为的发展,即预测未来的行为数据,然后将行为的预测值与行为的给定值进行比较,以确定系统的超前控制。

灰色预测控制的原理图如图5.33所示。采样装置对被控对象的输出进行采样、整理,灰色预测模块根据采样信息对系统的输出建立灰色 GM(1,1)模型,然后根据模型预测出系统的下一步或下几步输出,控制决策再把目标值与预测值进行比较,并作出控制决策。

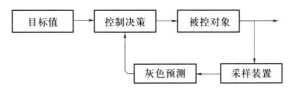

图5.33　灰色预测控制原理图

灰色预测控制算法的具体流程如图5.34所示。

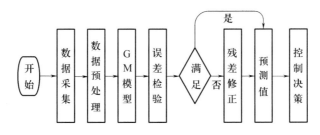

图5.34　灰色预测控制流程图

2)数据预处理模块

灰色系统理论将无规律的原始数据生成后,需要将其变为较为有规律的数列,再建模分析。数据的预处理包括数据的等间距处理、数据的光滑处理、数据提升。在磁流变液的黏度控制中的原始数据基本满足 GM(1,1)对数据的要求,不需作预处理,数据预处理在这里亦不作详细介绍,具体处理方法可参阅文献[49,50]。

3)GM(1,1)模型

假设原始数据为

$$X^{(0)} = (x^{(0)}(1), x^{(0)}(2), \cdots, x^{(0)}(n)) \qquad (5.28)$$

对原始数据进行累加,生成 $X^{(0)}$ 的 1 – AGO 序列 $X^{(1)}$ 为

$$X^{(1)} = (x^{(1)}(1), x^{(1)}(2), \cdots, x^{(1)}(n)) \qquad (5.29)$$

其中

$$x^{(1)}(k) = \sum_{i=1}^{k} x^{(0)}(i), k = 1, 2, \cdots, n$$

$X^{(1)}$ 的紧邻均值生成序列 $Z^{(1)}$ 为

$$Z^{(1)} = (z^{(1)}(1), z^{(1)}(2), \cdots, z^{(1)}(n)) \tag{5.30}$$

其中

$z^{(1)}(k) = \dfrac{1}{2}(x^{(1)}(k) + x^{(1)}(k-1)), k = 1, 2, \cdots, n,$ 若 $\hat{a} = [a, b]^{\mathrm{T}}$ 为参数

列,且

$$Y = \begin{bmatrix} x^{(0)}(2) \\ x^{(0)}(3) \\ \vdots \\ x^{(0)}(n) \end{bmatrix}, \quad B = \begin{bmatrix} -z^{(1)}(2) & 1 \\ -z^{(1)}(3) & 1 \\ \vdots & \vdots \\ -z^{(1)}(n) & 1 \end{bmatrix} \tag{5.31}$$

则 GM(1,1)模型 $x^{(0)}(k) + az^{(1)}(k) = b$ 的最小二乘估计参数列满足

$$\hat{a} = (B^{\mathrm{T}}B)^{-1} B^{\mathrm{T}} Y \tag{5.32}$$

由此得到 GM(1,1)模型的时间响应序列为

$$\hat{x}^{(1)}(k+1) = \left(x^{(0)}(1) - \frac{b}{a}\right) \mathrm{e}^{-ak} + \frac{b}{a}, k = 1, 2\cdots \tag{5.33}$$

其行为数据的估计还原值为

$$\hat{x}^{(0)}(k+1) = (1 - \mathrm{e}^{a})\left(x^{0}(1) - \frac{b}{a}\right) \mathrm{e}^{-ak}, k = 1, 2\cdots \tag{5.34}$$

根据式(5.34)进行预测得到的序列,称为预测模拟序列:

$$\hat{X}^{(0)} = (\hat{x}^{(0)}(1), \hat{x}^{(0)}(2), \cdots, \hat{x}^{(0)}(n)) \tag{5.35}$$

4)误差检验

所建的模型是否合理有效,必须经过多种检验才能判定其合理,只有通过检验的模型才能用作预测,通常按照残差合格模型进行检验。

设残差序列为

$$\varepsilon^{(0)} = [\varepsilon(1), \varepsilon(2), \cdots, \varepsilon(n)]$$
$$= [x^{(0)}(1) - \hat{x}^{(0)}(1), x^{(0)}(2) - \hat{x}^{(0)}(2), \cdots, x^{(0)}(n) - \hat{x}^{(0)}(n)] \tag{5.36}$$

相对残差序列

$$\Delta = \left(\left| \frac{\varepsilon(1)}{x^{(0)}(1)} \right|, \left| \frac{\varepsilon(2)}{x^{(0)}(2)} \right|, \cdots, \left| \frac{\varepsilon(n)}{x^{(0)}(n)} \right| \right) \tag{5.37}$$

对于 $k \leqslant n$,称 $\Delta_k = \left| \dfrac{\varepsilon(k)}{x^{(0)}(k)} \right|$ 为 k 点的模拟相对误差,称 $\overline{\Delta} = \dfrac{1}{n} \sum_{k=1}^{n} \Delta_k$ 为平

均相对误差。

给定 α，当 $\bar{\Delta} < \alpha$ 且 $\Delta_n < \alpha$ 时，称模型为残差合格模型。

5）残差修正

当残差模型不合格时，就要建立残差的 GM(1,1) 模型，得到残差预测值，然后对模型进行修正，再用修正后的模型来预测未来行为数据。

按照灰色预测算法，可以建立残差序列 $\varepsilon^{(0)}$ 的 GM(1,1) 模型，可得残差的还原序列为

$$\hat{\varepsilon}^{(0)}(k+1) = (1 - e^a)\left(\varepsilon^0(1) - \frac{b}{a}\right)e^{-ak}, \quad k = 1,2\cdots \qquad (5.38)$$

6）预测输出

经过残差修正的最终预测输出为

$$\hat{x}_e^{(0)}(k+1) = \hat{x}^{(0)}(k+1) + \hat{\varepsilon}^{(0)}(k+1) \qquad (5.39)$$

式(5.39)即可预测所需的时间段的行为数据。

5.4 磁流变抛光液及其性能测试

5.4.1 磁流变抛光液研制的发展现状

磁流变液(MR Fluid)一般由三部分构成：磁性固体颗粒、载液和稳定剂。性能良好的磁流变液在磁场的作用下能产生明显的磁流变效应，即在液态和固态之间进行快速可逆的转化，这种转化是在毫秒量级的时间内完成的，在该过程中，磁流变液的黏度基本保持连续、无级变化，整个转化过程极快，且可控，能耗极小，可实现实时自动控制。磁流变抛光液是一种磁流变液，可简称为磁流变液。

美国已将磁流变抛光液商品化，并随磁流变抛光机床一起出售。但是在磁流变抛光液实验技术领先的研究小组，如美国的 Lord 公司，出于商业保密等原因，很少给出详细的技术资料。因此关于磁流变抛光液的配制和剪切屈服应力的实验测量很少能见到相关的论文和报告[51]。

国内研究磁流变液的单位还有电子科技大学、哈尔滨建筑大学、西北工业大学、重庆大学、哈尔滨工业大学、上海交通大学、中国科学院长春光机所等。

对于磁流变液的性能（主要是剪切屈服应力）测试的研究，德国的 Paar Physica 公司通过改装磁流变黏度仪制成了世界上第一台商用的磁流变测试系统[52]。QED 公司也自行设计了一些测量装置[53]。我国中国科学技术大学设计了磁流变液的准静态实验测量系统，并对由羰基铁粉/硅油组成的磁流变液进行

测试,还研制了两套磁流变液屈服应力测试系统[54,55],重庆大学也研制了一套磁流变液流变特性装置[56]。但是,他们的研究对象都不是针对实际抛光中所应用的磁流变抛光液。

国防科技大学精密工程研究室对磁流变抛光液进行了全面系统的研究,并研制了磁流变液流变特性装置。所开发的磁流变抛光液的性能与 QED 的磁流变液流变特性相当,并成功地运用于高精度光学研抛中[23-30]。本节结合国内外及我们的研究成果,对磁流变抛光液配制及其性能测试技术进行总结。

5.4.2 磁流变液的组成成分及性能评价

1. 磁流变液的类型

磁流变液由载液(如水,矿物油,硅油等)、离散的可极化的微米级磁敏微粒、表面活性剂、抛光颗粒及具有其他功能的添加剂组成,如图 5.35 所示。根据组成和性能的不同,可将磁流变液分为四种类型[51]:

磁敏微粒　表面活性剂分子　　　　载液

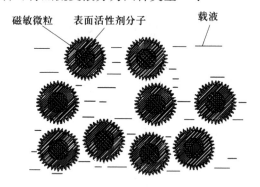

图 5.35　磁流变液组成示意图

1)类型Ⅰ:微米磁敏微粒和非磁性载液型磁流变液

这是一种经典型磁流变液,采用顺磁或软磁材料的微米尺寸颗粒和低磁导率的载液。它具有较强的磁流变效应,屈服应力可达 50～100kPa。使用最多的磁敏微粒是羰基铁粉。

2)类型Ⅱ:纳米磁敏微粒和非磁性载液型磁流变液

纳米级磁流变液是用 30nm 的铁氧体粉分散溶于非磁性载液中制成的非胶体悬浮液。它具有与铁磁流体几乎完全相同的组成,具有非常好的沉淀稳定性,但是屈服应力较类型Ⅰ的小,在中等磁场(0.2T)作用下,屈服应力只有 4kPa。

3)类型Ⅲ:非磁敏微粒和磁性载液型磁流变液

这种磁流变液是用微米级的非磁敏微粒(如 40～50μm 的聚苯乙烯或硅石

颗粒)分散溶于磁性载液(如铁磁流体)中制成的悬浮液。该种悬浮液的磁流变效应较低。

4)类型Ⅳ:磁敏微粒和磁性载液型磁流变液

这种磁流变液是用微米级的磁敏微粒分散溶于磁性载液(如铁磁流体)中制成的悬浮液。磁性载液加强了磁敏微粒间的作用力,从而增强了磁流变效应。其屈服应力可超过200kPa。

最适合于磁流变抛光液的是类型Ⅰ磁流变液。

2. 磁流变液的性能评价

根据磁流变液的应用特性,一般从以下几方面评价磁流变液的性能:稳定性、磁特性、流变性、零磁场黏度、响应时间以及温度对其的影响等。

1)稳定性

磁流变液的稳定性包括凝聚稳定性和沉降稳定性两个方面,此外,磁流变抛光液还有组成成分稳定性的要求。磁流变抛光液主要对凝聚稳定性要求严格,因为磁敏微粒粘结在一起,影响抛光磨料在其中的分布,直接影响工件的加工表面质量。而沉降稳定性方面,允许在不加工时,磁流变抛光液有少许沉降,只要其受到轻微扰动就能分散即可。这是因为在磁流变抛光过程中,磁流变抛光液是要利用搅拌装置将其搅拌均匀再用于抛光的。

(1)凝聚稳定性。磁流变液中的磁敏微粒在零磁场下可能发生凝聚,导致凝聚的因素可能是静磁力相互作用和范德华力相互作用,而阻碍磁敏微粒凝聚的因素有热运动和空间阻力。21℃下,分散于液体中的磁敏微粒,若以布朗运动来抗衡由静磁力相互作用而造成的微粒凝聚,则磁敏微粒的直径上限为30Å。我们所讨论的磁流变液,其磁敏微粒的直径为微米级,所以其微粒热运动很弱,不能阻止微粒的凝聚。因此,一般通过添加表面活性剂的办法来提高磁敏微粒的凝聚稳定性。

(2)沉降稳定性。将磁流变液放置一段时间,即使是稳定性能良好的磁流变液,往往也会发现一些磁敏微粒沉降于容器底部。沉降的原因主要是磁流变液中磁敏微粒的密度大于基载液的密度。在重力作用下,球形微粒下降速度为[57]

$$v = \frac{8a^2(\rho - \rho_0)g}{9\eta} \tag{5.40}$$

式中,a 为磁敏微粒的半径;

ρ 为磁敏微粒的密度;

ρ_0 为基载液密度;

η 为基载液黏度；

g 为重力加速度。

式(5.40)是在没有考虑微粒的相互作用等条件下得出的，比较简单。要得到磁流变液中磁敏微粒真实的下降速度，还需要对式(5.40)作许多必要的修正。但是从该式中，很容易得出微粒沉降速度的规律，即磁敏微粒的沉降速度与粒子半径的平方和粒子与基载液的密度差成正比，与基载液的黏度成反比。因此，在配制磁流变液时选用尺寸较小、密度较小的磁敏微粒，黏度大的基载液对保证磁流变液的沉降稳定性能是有好处的。

（3）组成成分稳定性。因为磁流变抛光是一种确定性抛光技术，必须保持材料去除的长期一致性，才能保证被加工光学零件的面形控制。而磁流变抛光液组成成分的不一致，将导致被加工材料去除的不确定。组成成分的不稳定主要是由组成成分的损耗和变质引起的。我们在抛光实验中发现，磁敏微粒和抛光磨料的损耗比较少，对组成成分影响不是很大，基载液的蒸发损耗影响较大。采取的措施是：密封磁流变抛光装置的容器与管路，以减少蒸发，同时可定期往磁流变抛光液中补充基载液。

组成成分的变质，主要是磁敏微粒的生锈与抛光磨料腐化，改变了磁敏微粒和抛光磨料的性质，从而使磁流变抛光液的特性也发生了改变。这些问题可以通过在磁流变抛光液中加入添加剂的办法解决。

2）磁特性

磁流变液的磁特性是指磁流变液在外磁场中被磁化的规律，即磁流变液的磁化强度随外磁场的变化而变化的规律。

磁流变液的磁化规律与铁磁质的磁化规律有很大的区别。在铁磁质的磁化过程中，从磁感应强度 B 随磁场强度 H 变化的曲线可以看到，铁磁质的磁感应强度随磁场强度线性变化区较宽，随着磁场强度的进一步增大，磁感应强度逐渐达到饱和，而且铁磁质的磁导率比真空磁导率高几个数量级。

与铁磁质不同，磁流变液的磁感应强度随磁场强度线性变化区很窄，随着磁场强度的增大，磁感应强度很快饱和，而且铁磁质的磁导率只是真空磁导率的几倍。

不同磁敏微粒浓度 Φ 的磁流变液的磁化规律如图 5.36 所示。磁流变液的超顺磁特性归因于磁流变液中磁敏微粒的软磁特性以及磁敏微粒的移动性。

除了考虑一般磁流变液对磁敏微粒的性能需求，磁流变抛光液对磁敏微粒还有一些特殊的要求：

（1）具有磁各向异性常数小、内聚力小的特点，保证在磁场中磁流变抛光液

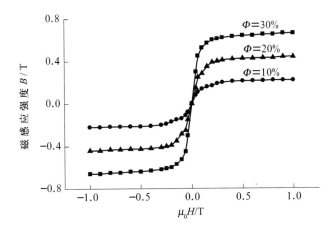

图 5.36　中国科技大学研制的 KDC - 1 磁流变液的磁化曲线

可以产生均匀而稳定的剪切应力,有利于光学零件表面材料去除的确定性。

（2）磁敏微粒和表面活性剂一起作为抛光过程中的抛光粒子的承载体,与光学零件表面有着很多微小的表面接触,因此要求磁敏微粒具有一定硬度和耐磨性,但同时硬度不能太高,以免划伤光学零件表面。

（3）由于磁敏微粒的粒度很小,达到了微米级,抛光后容易吸附在光学零件表面,对工件的光学性能造成影响。因此磁敏微粒还要有良好的可清洗性。

3）流变性

磁流变液的流变性是指磁流变液在一较强的外磁场作用下变硬,具有类似于"固体"状态的性质。流变性是可逆的,去掉外磁场,磁流变液变回为流动性良好的液体。

没有外磁场作用时,磁流变液中各颗粒的磁矩随机排列,流体的总磁矩为零,对外并不表现出磁性。在外磁场作用下,磁性颗粒的磁矩排列变得整齐,矢量和不再为零,从而表现出对磁场的敏感性。在磁化强度增加的同时,磁流变液的硬度大大增加,表现出流变特性,可以通过链化模型进行微观描述。外磁场将磁流变液中的磁性颗粒极化成磁偶极子,各个偶极子互相吸引并按序排列,为了处于能量最小状态而在流体内部形成有组织的链状结构。如果外磁场较小,磁链的数量及牢固程度都比较弱,剪断这些磁链所需要的外力并不大;但随着外磁场的不断增强,磁性颗粒结合的紧密程度加大,对外表现的硬度逐渐增加;继续提高外场强度,磁性颗粒将达到磁化饱和状态。磁流变液的硬度不仅能够随外磁场发生变化,而且这种变化是可逆的。通过控制外场的强弱,可以有效地控制磁流变液的抗剪切能力:磁场越强,磁链越稳定,抗剪切能力越强;当磁场移去之后,磁流变液又立即恢复到自由流动状态。如果剪切力低于屈服应力时,黏稠的磁流变液相当于韧性固体;当外力超过抗剪能力后,韧性体将被剪断,磁流变液表现出与 Bingham 流体相似的性质。同时,基液在磁链的束缚下流动受阻,宏观上表现为流体的屈服应力增大。

一般可以用如式(5.9)所示 Bingham 本构方程表示磁流变液特性,但是该模型不能准确全面描述磁流变液的流变性。因此,研究者提出了其他许多尽可能完善的模型来揭示磁流变液的流变特性与规律。

假设在磁场中,磁流变液中的磁敏微粒积聚成许多与磁场方向成一定角度、彼此之间无相互作用的椭球状聚合体。以其为前提条件,推导出了磁场中磁流变液剪切应力表达式:[55]

$$\tau = \eta \dot{\gamma} + \mu_0 H^2 \phi \alpha \frac{\chi_a^2}{2 + \chi_a^2} \tag{5.41}$$

式中,η 为磁流变液塑性黏性系数;

$\dot{\gamma}$ 为剪切应变率;

μ_0 为真空磁导率;

H 为外加磁场强度;

ϕ 为磁敏微粒的体积含量;

α 为材料常数;

χ_a 为磁敏微粒聚集影响系数。

式(5.41)中等号右边第二项就是式(5.9)中 τ_0,也验证了磁场中磁流变液具有 Bingham 介质的特性。式(5.41)是对浓度较低的磁流变液推导得来的,对磁流变抛光中所用的较浓磁流变抛光液不太适用。

4)零磁场黏度

流体流动时,由于流体与固体表面的附着力、流体内部分子间的作用力以及质点之间的动量交换,流体质点发生剪切变形,因此流体的黏度就是流体抵抗剪切变形的能力。

磁流变液的零磁场黏度是指不加外磁场时磁流变液的黏度 η。磁流变液在无外磁场作用时显现出牛顿流体的特性,符合牛顿定律,有

$$\tau = \eta \dot{\gamma} \tag{5.42}$$

对于牛顿流体,黏度 η 在剪切过程中为一常量。磁流变液中的磁敏微粒的组成成分、体积比浓度以及基载液和添加剂的选择都直接影响到磁流变液零磁场黏度的大小。

此外,响应时间也是磁流变液的性能指标。磁流变液装置的相容性和它产生磁场的能力是影响磁流变液响应时间的两个关键因素。一般磁流变液的响应时间是几十毫秒。

关于温度对磁流变液的影响,文献[58,59]对 20℃~140℃ 区间内的磁流变剪切屈服应力随温度变化进行了测试,发现由羰基铁配制的磁流变液具有对温度的良好稳定性,剪切屈服应力 τ 变化很小。在有磁流变液温控的条件下,温度的小范围波动的影响可以忽略不计。

5.4.3 磁流变液的组成选择原则

根据工程应用的需要,性能优良的磁流变液应该具有如下主要性能特征:

(1)稳定性好,包括凝聚稳定性和沉降稳定性。长时间存放磁流变液不抱团和不分层,或即使略有分层,也可以在轻微外扰动情况下,迅速恢复均匀分散的状态。

(2)强磁场下剪切屈服强度高,至少应达到 20~30kPa,这是衡量磁流变液性能的主要指标之一。

(3)零磁场黏度低,以便使其在磁场作用下,同等剪切屈服强度增长时,具有更宽的调节范围。

此外,磁流变液还应该具有能耗低、无毒、不挥发、无异味、杂质干扰小、温度使用范围宽以及响应速度快等特征。

下面根据以上性能来确定磁流变液的组成成分选择原则。

1. 磁敏微粒

由于磁流变液的流变效应来源于磁化后的磁敏微粒形成的磁偶极子的相互作用,因此磁敏微粒的物理性能,如直径大小、饱和磁化强度、体积含量以及外加磁场的大小,是决定磁流变液剪切屈服应力的主要因素。

利用计算磁场中两个磁敏微粒间的吸引力来获得计算磁流变液剪切屈服应力的表达式[60]为

$$\tau_0 = 9\phi\mu H^2\beta^2 f/(2\pi) \qquad (5.43)$$

其中

$$\beta = (\mu_i - \mu)/(\mu_i + 2\mu);$$

$$f = \frac{a^4}{r^4}\left[(2f_1 + 2f_2)\sin\theta\cos\theta - f_3\sin^3\theta\right]$$

式中,μ_i 为磁敏微粒的磁导率;

ϕ 为磁敏微粒的体积含量;

a 为磁敏微粒的半径;

r 为磁敏微粒球心间距;

θ 为磁敏微粒间球心连线与磁场的夹角;

f_1、f_2、f_3 为依据磁敏微粒的间距及 μ_i 所确定的值。

由式(5.43)可以看出,高剪切屈服应力的磁流变液的磁敏微粒除了应该具有高磁导率和高体积含量的特征之外,还应该具有较大的直径。

磁流变液剪切屈服应力模型为[60]

$$\tau_0 = \sqrt{6}\phi\mu_0 M_s^{0.5} H^{1.5} \tag{5.44}$$

式中,M_s 为磁敏微粒的饱和磁化强度。

由式(5.44)得出,高剪切屈服应力的磁流变液的磁敏微粒还应该具有高磁化强度。

此外,磁敏微粒还应该具有如下的特征:

(1)低磁矫顽力,即在零磁场作用下,磁敏微粒基本不存在剩磁。这是磁流变液可以恢复零磁场状态的要求。

(2)磁滞回线狭窄、内聚力小,这是磁流变液流变低能耗的要求。

(3)体积适当。

式(5.40)表明,在同等条件下,颗粒的体积越大,其沉降稳定性越差,但式(5.43)表明,磁敏微粒的体积越大,磁流变液所具有的理论剪切屈服强度越高,因此为了得到剪切强度高、沉降稳定性好的磁流变液,必须恰当选择磁敏微粒的体积。纳米级的胶体磁性液体,虽然沉降稳定性很好,但其也基本不具备剪切屈服强度。

羰基铁粉是五羰基铁($Fe(CO)_5$)热分解制取的超微粉末。具有纯度高、粒度细、磁导率高、矫顽力小(最小可达 $0.05O_e$)、磁滞损失少、饱和磁感高的特点。而且其磁化性能受温度影响较小,羰基铁粉的外形形状呈洋葱球层状独特结构,在抛光时不会对光学零件表面造成损害,其良好的磁化性能和机械性能比较符合磁流变抛光液的要求,因此我们实验配制的磁流变抛光液中采用羰基铁粉作为磁敏微粒。其主要性能如表5.1所示。

表5.1　磁流变抛光液选用的羰基铁粉的性能

指标名称	平均粒度/μm	Fe/%	相对品质因素	有效磁导率
参数	≤3.5	≥97.0	≥1.75	≥2.85

2. 基载液

基载液是磁流变液的主要成分,其性能对磁流变液具有直接的影响,一般来

说,磁流变液的基载液应具有如下的特点:

(1)良好的物理化学稳定性,高沸点、低凝固点和工作温度条件下相对较低的饱和蒸气压,这样才可以在磁流变液的使用条件下,基载液的物理化学性质不发生变化,并且能够在工作条件范围内不分解、不变质,还可以确保磁流变液具有较宽的工作温度范围。

(2)适宜的黏度。磁流变液的零磁场条件下应具有较低的黏度,要求基载液的黏度越低越好,但式(5.40)表明,黏度越低,沉降稳定性越差。

(3)在磁场的作用下,基载液要求具有低的磁能密度和低的磁能损耗,以防止磁流变液工作期间的过度发热。此外,基载液还应该具有耐腐蚀、价格低廉等特点。

(4)从光学零件加工方面考虑,还要考虑基载液对被加工材料的腐蚀性能。例如,玻璃表面的水解作用是非常明显的,水作为基载液的磁流变抛光液加工玻璃,可提高抛光效率。因为 KDP 晶体是易溶于水的物质,加工 KDP 晶体只能利用油基基载液的磁流变抛光液。此外,要考虑磁流变抛光液基载液的环保要求,要求其无毒、无异味;基载液还不能腐蚀抛光磨料,要能够使抛光磨料均匀地分布;还要求其有良好的冷却和洗涤、润滑的作用。

3. 表面活性剂

磁流变液基载液的密度一般为 $1g/cm^3$,而磁敏微粒的密度为 $7\sim8g/cm^3$,因此,由磁敏微粒的密度远远大于基载液的密度而造成的磁敏微粒的沉降一直是无法很好解决的问题之一。此外,磁敏微粒的直径一般为几个微米,比表面积很大,所以也很容易结团而发生沉降。目前,解决此类沉降最为有效的方法就是添加不同类型、一定剂量的表面活性剂。

表面活性剂是一些长链的两亲分子,其分子链长度大约为几个到几十个纳米。具有链状结构的高分子表面活性剂,一端吸附在磁敏微粒的表面上,另一端在空间自由地摆动,摆动时,其末端的轨迹在理想情况下近似一个球面。由于上述原因,表面活性剂分子尾部的摆动具有一定的动能,这将在磁敏微粒周围形成一个保持距离的势垒,使具有范德华力的势能、磁场势能、偶极子对势能的颗粒,都很难越过这个能垒而发生接触。因此,作为有效的表面活性剂,必须一方面和磁敏微粒有很强的亲和力,以便能牢固地吸附在质点表面上,另一方面,又要与基载液有良好的亲和性,以便表面活性剂的分子链能充分伸展,形成厚的吸附层,达到保护质点不能聚结的目的。因此,表面活性剂的分子链上主要有两种性能不同的基团:停靠基团——对磁敏微粒有很强的亲和力;稳定基团——对基载液有很强的亲和力。

假设磁流变液的磁敏微粒为圆球状,分析吸附于圆球表面的表面活性剂分子链的排斥势能,如图 5.37 所示。两个直径为 d_p 的球型颗粒,上面吸附有长度为 δ 的表面活性分子链,两颗粒之间的表面距离为 d_s。经过严密的推导和运算,得出当两个粒子相互接近时,其间具有的总排斥势能为[61]

$$E_r = 4\pi r_p^2 \xi C K_0 T \left[1 - \frac{d_s}{2\delta} - \frac{1 + (d_s/2)}{\delta} \ln \frac{1 + \delta}{d_s/2} \right] \qquad (5.45)$$

式中,ξ 为单位面积上吸附的长链分子数;

CK_0T 为长链分子的热运动能;

r_p 为磁敏微粒半径;

δ 为表面活性分子链的长度。

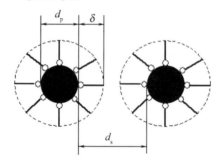

图 5.37　表面活性剂作用机理

从式(5.45)中可以看出,表面活性剂的存在对增大粒子抗集聚性有很大作用,同时由于表面活性剂的存在,固体颗粒相互集聚的可能性极大地降低,从而使固体颗粒能在范德华力作用下和 Brown 运动中不容易沉降,增强了磁流变液的稳定性。

4. 其他添加剂

为了增加磁流变抛光液组成成分的稳定性,需要加入防锈剂、防腐剂等添加剂,用于磁流变抛光液中铁粉防锈和液体防腐。

5. 抛光磨料

根据切削效率和工件表面质量综合考虑选择抛光磨料。我们选用各种颗度的 CeO_2、Al_2O_3 以及金刚石微粉作为抛光磨料。CeO_2 是目前光学冷加工中最常用的抛光剂,CeO_2 是稀土金属氧化物,属立方晶系,颗粒外形呈多边形,棱角明显,莫氏硬度 $6\sim8$,相对密度为 $7.3kg/m^3$。一般加工光学玻璃工件时选用 CeO_2、Al_2O_3 两种磨料。金刚石微粉硬度较高,常用于 SiC 材料光学零件的磁流变抛光加工。

5.4.4 磁流变抛光液配制实例

根据前面所述的原则选定磁流变抛光液各组分,我们配制出了用于光学零件加工的磁流变抛光液,其配方(体积分数)为:35%的羰基铁,55%的水,6%的氧化铈,3.5%的活性剂,0.5%的添加剂。

图5.38为加入活性剂前后的磁流变抛光液的扫描电镜图,可以清楚看见均匀分布的羰基铁粉和抛光粉。

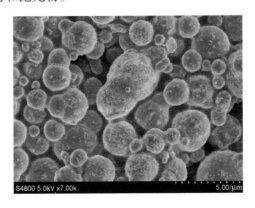

图5.38 磁流变抛光液扫描电镜图片

用自行研制的磁流变仪测得所配磁流变液在剪切率为110rad/s时剪切屈服应力随磁场强度的分布如图5.39所示,当磁场强度在600mT时,剪切屈服应力可以达到70kPa,将所配磁流变液放置一周只有少量沉淀,通过轻微搅拌即可均匀分散,证明所配制的磁流变液具有很好的流变性和稳定性。

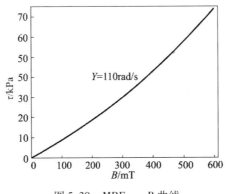

图5.39 MRF $\tau - B$ 曲线

5.4.5　磁流变抛光液的性能测试

1. 磁流变液剪切与磁场方向关系

磁流变抛光是应用在强梯度磁场中的磁流变抛光液因流变性变硬从而变成"柔性抛光模"来进行材料去除的。因此,需要对磁流变抛光液的流变性进行定量描述,以更好地评价磁流变抛光液特性。

磁流变液的测量手段一般有两种:管道流模式和平移板模式。前者将磁流变液流过两个固定的平行电极板间,通过测量压力差与流量的关系来间接确定磁流变液的参数;后者将磁流变液置于两平行放置的可相对滑动的磁极板间,通过测量剪切应力与应变关系确定磁流变液的稳态或动态响应与磁场的关系。根据磁流变抛光中磁流变抛光液的工作方式,我们选用平移板模式作为磁流变抛光液的测量方式。

磁流变液的流变性是磁敏微粒沿着磁场整齐排列所致,这使得磁流变液在磁场下的流变性是各向异性的,其屈服应力和磁场方向以及剪切变形方向有关。如图 5.40 所示,在笛卡儿坐标系中定义了磁场方向与剪切变形方向的三种基本工作方式[62]。磁流变液剪切速度场为 $u = \gamma y i$。定义工作方式 A 的磁场强度为 $H_A = Hj$,工作方式 B 的磁场强度为 $H_B = Hi$,工作方式 C 的磁场强度为 $H_C = Hk$。大多数磁流变液的应用,例如制动器、离合器,都属于工作方式 A。磁流变抛光磁场方向与剪切方向的关系接近于工作方式 C,但是又不尽相同。磁流变抛光中磁场方向与剪切方向关系如图 5.41 所示。图中箭头表示磁场方向,旋转抛光

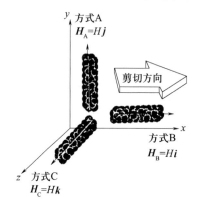

图 5.40　基本的磁场方向
与剪切方向关系图

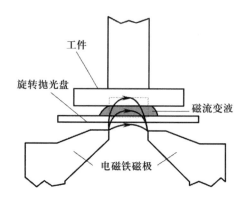

图 5.41　磁流变抛光中磁场与
剪切方向关系图

盘运动方向是垂直纸面从里到外,即磁流变抛光液的剪切变形方向为该方向。可以看到,抛光方式中磁场方向并不是确定唯一的。一般磁流变抛光磁场分布为:抛光中心竖直向上的分量趋于零,而水平方向分量趋于最大。

2. 磁流变抛光液流变性测试原理

在没有外磁场作用时,磁流变抛光液可认为是牛顿流体,当外加磁场时,磁流变液的流变性一般用式(5.9)所示的 Bingham 本构方程表示。

对磁流变抛光液的流变性进行测试,就是希望得到在具体参数情况下的本构关系式来指导磁流变抛光液的配制。

在平移板模式中,由于所加的磁场分布不均匀以及壁面效应的影响,测试得到的结果误差较大。因此,在采用平移板结构的同时,需要对剪切机构做一定的改进,如图5.42所示,将两平移板之间的盛液空间改为环槽,而剪切材料采用工业纯铁,同时通过电磁铁的合理设计,使得剪切处的磁场分布均匀,避免了壁面效应的同时也使测试的准确性有了很大提高。在此剪切机构中,假设剪切环以角速度 ω 旋转,磁流变液槽固定不动,由于环槽半径 $R \gg$ 环间距 d,则认为剪切应变率 $\dot{\gamma}$ 是极半径 r 的线性函数:

$$\dot{\gamma} = \frac{r\omega}{d} \tag{5.46}$$

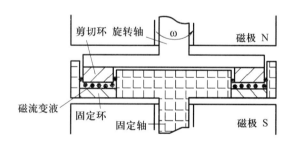

图 5.42　剪切机构组成图

保持磁流变液槽不动所需的力矩为

$$M = 2\pi \int_{R_1}^{R_2} r^2 \tau(\dot{\gamma}) \mathrm{d}r \tag{5.47}$$

式中,R_2 为环的外径;

R_1 为环的内径。

由于 $(R_2 - R_1)/R_1$ 的值比较大,所以剪切率相差较大,$\tau(\dot{\gamma})$ 并不是一个常数,由式(5.47)继续进行推导:

$$\frac{\partial M}{\partial \omega} = 2\pi \int_{R_1}^{R_2} r^2 \frac{\partial \tau(\dot{\gamma})}{\partial \Omega} dr \qquad (5.48)$$

对式(5.48)进行分部积分可以得到

$$\frac{\partial M}{\partial \omega} = \frac{2\pi}{3} r^3 \frac{\partial \tau(\dot{\gamma})}{\partial w} \Big|_{R_1}^{R_2} - \frac{2\pi}{3} \int_{R_1}^{R_2} r^3 \left(\frac{\partial \tau(\dot{\gamma})}{\partial \omega} \right)_r \Big| dr \qquad (5.49)$$

继续推导可以得到

$$R_2^3 \tau(R_2) - R_1^3 \tau(R_1) = \frac{1}{2\pi} \left(\omega \frac{\partial M}{\partial \omega} + 3M \right) \qquad (5.50)$$

由式(5.50)即可得到

$$\tau(R_2) = \frac{3M}{2\pi(R_2^3 - R_1^3)} + \frac{R_2}{R_2^4 - R_1^4} \frac{\partial M}{\partial \omega} \omega \qquad (5.51)$$

由于式中$\partial M / \partial \omega$无法直接测量,必须通过对$M$的数值计算得到,因此在边缘处的误差会较大,利用泰勒展开,可以得到

$$\frac{\partial M}{\partial \omega} = \frac{M(\omega_1) - M(\omega_0)}{\omega_1 - \omega_0} + \frac{1}{2} \frac{\partial^2 M}{\partial \omega^2} (\omega_1 - \omega_0) \qquad (5.52)$$

式(5.52)后面一项在实际计算中通常可以忽略,因此通过测量扭矩M和转速ω,由式(5.51)和式(5.52)即可获得剪切应力τ和应变率$\dot{\gamma}$的关系,从而得到磁流变抛光液的 Bingham 本构关系式。

3. 磁流变仪的设计

磁流变测试仪的设计目标是能方便可靠地对磁流变液的流变特性进行准确测量。如图 5.43 所示为设计的磁流变仪的组成结构图。电机经联轴器与旋转轴相连,驱动剪切机构中的剪切环进行旋转,而扭矩传感器通过固定轴与剪切机构的固定环相连。整个剪切机构置于两个磁极的缝隙之中。

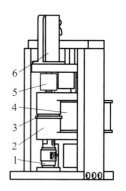

1—扭矩传感器;2—磁极;3—剪切机构;
4—线圈;5—联轴器;6—电机

图 5.43　磁流变仪组成结构图

磁场发生部分和剪切机构是此装置的关键。由于电磁场具有控制方便等特点,在这里采用直流电磁铁作为磁场发生的装置。电磁铁的线圈与直流稳压电源相连,通过调节线圈电流的大小来控制两个磁极缝隙之间的磁场大小。剪切机构采用了环槽的结构,磁流变液置于固定环和剪切环形成的环槽中,剪切环旋转对磁流变液进行剪切,而固定环通过固定轴连接到扭矩传感器对剪切力矩进行测量。剪切环和固定环都采用高磁导率的纯铁材料制作,而固定环的外壁和内环均采用

非磁性材料制作。采用这种结构的目的是在剪切处获得更为均匀的磁场。

在设计过程中采用有限元分析软件 ANSYS 对剪切处磁场进行仿真,如图 5.44所示为流变仪内部磁力线的分布。在剪切处定义一计算路径,研究剪切处磁场的分布情况,如图 5.45 所示,可以看到在间隙处的竖直磁感应强度分布均匀,大小基本一致,而其他两个方向上的磁场基本为零,这与我们的测试原理是相符合的,同时可以看到竖直磁场的不均匀度控制在 5% 之内,这就为测试提供了前提条件。

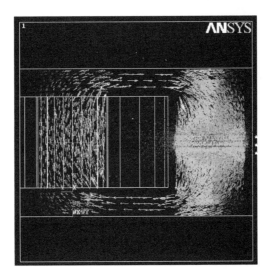

图 5.44　流变化磁场分布图

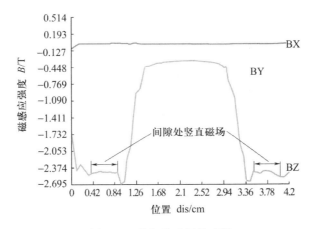

图 5.45　剪切处磁场仿真图

通过对各组成部件的计算和选择,同时利用 Lab/Windows 软件编写测试软件,从而完成了磁流变液流变性测试的整体设计,整个系统的结构和软件界面分别如图 5.46 和图 5.47 所示。

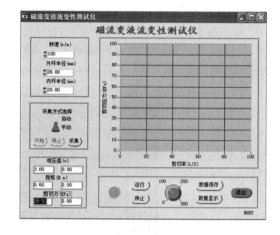

图 5.46　磁流变仪照片　　　　　　图 5.47　磁流变仪软件测试界面

4. 磁流变仪的测试结果与分析

利用 PG-5 型特斯拉计对剪切处的不同位置的磁感应强度进行测量,得到如图 5.48 所示的数据。可以看到,实际结果显示磁场的不均匀度控制在 5% 之内,与仿真的结果是相符。

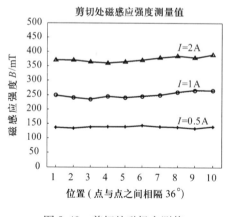

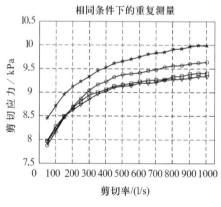

图 5.48　剪切处磁场实测值　　　　　图 5.49　相同条件下的重复测量

在相同条件下重复测量该磁流变液的性质来衡量磁流变仪的重复精度。如图 5.49 所示为在相同磁场强度、等量磁流变液和相同间隙等条件下的重复测量

曲线。而对重复性误差的量化则是根据标准偏差来进行计算。即

$$e_R = \pm \frac{a\sigma_{max}}{y_{F \cdot S}} \times 100\% \qquad (5.53)$$

式中,σ_{max} 为各校准点标准偏差之间的最大值;

a 为置信系数,通常取 2 或 3;

$y_{F \cdot S}$ 为理论满量程输出值。

如图 5.50 所示为用极差法计算出来的各校准点的标准偏差。按照式(5.53)计算,得到该测试仪的重复性误差在 ±5% 之内,基本上满足了对测试的要求。

利用研制的磁流变仪对中国科技大学的科大一号(KDC – 1)磁流变液进行测试,如图 5.51 所示为不同磁场强度条件下剪切应力与剪切率之间的关系,与图5.52所示的中科大提供的测试数据相比,两者比较接近。图 5.53 所示为同一剪切率下剪切应力与磁场强度的关系。可以看到,在磁感应强度 $B = 500\text{mT}$ 时,该磁流变液的剪切屈服应力也只有 18kPa 左右。从图中也可以得到在 300mT 时,此磁流变液的本构方程大致是

$$\tau = 9546 + 2.87\dot{\gamma} \qquad (5.54)$$

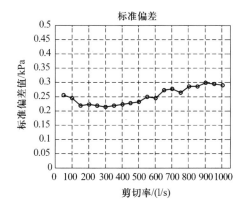

图 5.50　标准偏差计算数据

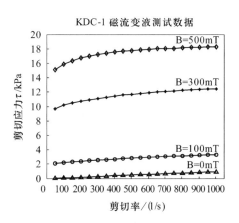

图 5.51　KDC – 1 的测试数据

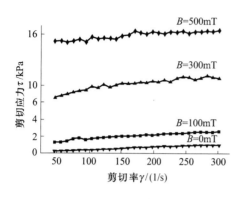

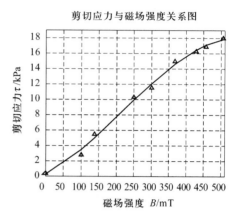

图 5.52　中科大提供的 KDC-1 测试数据

图 5.53　KDC-1 剪切应力与磁感应强度的关系

5.5　磁流变抛光工艺参数优化

根据磁流变抛光机理分析可知,磁流变抛光是几种机理共同作用的结果:抛光磨粒的机械切削和载液的化学作用;磁敏微粒的机械去除、添加剂的化学作用和流体效应等,且这些状态不是单独存在,而是相辅相成、相互影响的。

从宏观上看,影响磁流变抛光的抛光效率和表面质量的工艺参数很多,例如,电磁场强度、抛光盘的转速、抛光磨粒的浓度、工件与抛光盘间的间隙、添加剂的含量等。为了在实际加工过程中根据需求更好地控制各个工艺参数,就必须充分了解各工艺参数对抛光结果的影响规律。

我们选取对磁流变抛光影响明显的几个主要参数进行工艺实验,应用正交实验方法分析这些参数对磁流变抛光效率和表面质量的影响程度,总结出各工艺参数对去除效率及抛光表面粗糙度的影响规律。在综合考虑多项工艺指标情况下的工艺参数优化问题时,我们利用灰色理论中灰色关联分析法对实验数据进行处理,来获得多个指标下的优化参数。

灰色关联分析是贫信息系统分析的一种有效手段,它弥补了传统数理统计分析需要大量数据的缺点。灰色关联分析的基本思想是,根据序列曲线几何形状的相似程度来判断联系是否紧密,曲线越接近,相应序列之间的关联度也就越大,反之越小[50]。通过灰色关联分析,用灰色关联度来衡量多项指标的完成情况,也就是将多项工艺指标的优化问题转化成优化单项灰色关联度,从而实现多项工艺指标的优化。

5.5.1 磁流变抛光工艺参数正交实验

磁流变抛光利用磁流变液在磁场中的流变效应进行抛光,从而对抛光表面进行定量修整。抛光既要求高的表面质量,还要提高抛光效率,因此,通常以材料去除效率和表面粗糙度作为衡量磁流变抛光效果的两项重要工艺指标,即材料去除效率越高越好,表面粗糙度越低越好。因此,在灰色关联分析中将去除效率的最大值和表面粗糙度的最小值作为工艺指标的理想值。

电磁场磁场强度、抛光盘的转速、抛光磨粒的浓度、工件与抛光盘间的间隙对抛光效果的影响较大,是磁流变抛光的主要工艺参数,因此重点研究它们对抛光效果的影响规律。实验中主要考虑这四个因素,利用正交实验法各个因子的正交性,按照正交表来均衡搭配实验参数,可以以较少的实验次数分析得出磁流变抛光中各工艺参数对单项工艺指标的影响规律及其主次关系。

从实验的工作量及数据的覆盖面考虑,每个因素选择三个水平,如表 5.2 所列。因此,本实验为 4 因素 3 水平的正交实验,按照 L9(34) 正交表进行实验方案配置,方案如表 5.3 所列。

表 5.2　因素和水平分布表

因素	磁场强度/(kA/m) A	抛光粉浓度/% B	抛光盘转速(r/min) C	间隙/mm D
水平 1	140	5	40	1.0
水平 2	172	12	50	1.2
水平 3	192	20	60	1.5

表 5.3　正交实验方案与最终结果

	实　验　方　案				实　验　结　果	
序号	A	B	C	D	抛光效率/(μm/min)	表面粗糙度 Ra/nm
1	1	1	1	1	0.42	0.82
2	1	2	2	2	0.58	0.72
3	1	3	3	3	0.62	0.66
4	2	1	2	3	0.52	0.67
5	2	2	3	1	0.75	0.76
6	2	3	1	2	0.54	0.87
7	3	1	3	2	0.68	1.05
8	3	2	1	3	0.55	1.06
9	3	3	2	1	0.68	1.12

注:表中各个因素的取值参照表 5.2

实验中所用磁流变液的配方为磁敏微粒浓度 30%,抛光粉为氧化铈,工件为直径 40mm 的 BK7 玻璃工件。工艺指标的参数优化可通过正交实验的结果和极差得到,表 5.4、表 5.5 分别为抛光效率和表面粗糙度的正交分析结果。

表 5.4 抛光效率的正交分析结果

水平 \ 因子	A	B	C	D
I	1.620	1.620	1.509	1.851
II	1.809	1.881	1.840	1.800
III	1.911	1.839	2.049	1.689
I /3	0.540	0.540	0.503	0.617
II /3	0.603	0.627	0.593	0.600
III /3	0.637	0.613	0.683	0.563
极差 R	0.097	0.087	0.180	0.054

表 5.5 表面粗糙度的正交分析结果

水平 \ 因子	A	B	C	D
I	2.199	2.541	2.751	2.700
II	2.301	2.541	2.511	2.640
III	3.231	2.649	2.469	2.391
I /3	0.733	0.847	0.917	0.900
II /3	0.767	0.847	0.837	0.880
III /3	1.077	0.883	0.823	0.797
极差 R	0.344	0.036	0.094	0.103

为了直观,通常用因素—指标关系图来对结果进行表示,其具体方法是以各个因素水平为横坐标,以指标的均值为纵坐标,绘制两者的关系图,如图 5.54 和图 5.55 所示。

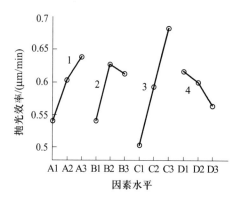

1—磁场强度的影响;2—抛光粉浓度的影响;
3—抛光转速的影响;4—间隙的影响。
图 5.54 抛光效率的因素与指标关系图

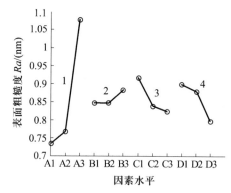

1—磁场强度的影响;2—抛光粉浓度的影响;
3—抛光转速的影响;4—间隙的影响。
图 5.55 表面粗糙度的因素与指标关系图

从上述结果可以看出,磁场强度为 192kA/m、抛光粉浓度为 12%、抛光盘转速为 60r/min、间隙为 1mm 时,去除效率最高。从极差 R 可以得到各个因素对抛光效率影响的主次关系为:抛光盘转速 > 磁场强度 > 抛光粉浓度 > 抛光盘与工件间隙。

同理可得,磁场强度为 140kA/m、抛光粉浓度为 5% 和 12%、抛光盘转速为 60r/min、间隙为 1.5mm 时,表面粗糙度最好,各个因素对抛光表面粗糙度影响的主次关系为:磁场强度 > 抛光盘与工件的间隙 > 抛光盘转速 > 抛光粉浓度。

从以上的分析可看出,对抛光效率和表面质量要求的侧重点不同,工艺参数的优化结果也不同,甚至是相互矛盾的。对一种指标较为理想地满足,必然是对另一指标的牺牲。若综合考虑抛光效率和表面质量两项工艺指标的工艺参数优化,正交法就无能为力了。

5.5.2 灰色关联分析

通过对上述实验数据进行灰色关联分析,来实现多工艺指标下的工艺参数优化。

1. 确定数据列并进行归一化处理

以表 5.2 中每项工艺指标下一组数据为待分析序列,同时将因那些量纲、数量级不同而无可比性的对象进行归一化处理,按照下式进行:

$$x_{ij} = \frac{y_{ij} - \min_j y_{ij}}{\max_j y_{ij} - \min_j y_{ij}} \tag{5.55}$$

式中,y_{ij} 为第 i 个指标下的第 j 次实验。

通过式(5.55)的处理,得到归一化数据如表 5.6 所列。

表 5.6 数据归一化结果

序号	抛光效率	粗糙度	序号	抛光效率	粗糙度
1	0.00000	0.34783	6	0.36364	0.45652
2	0.45485	0.13043	7	0.78788	0.84783
3	0.60606	0.00000	8	0.39394	0.86957
4	0.30303	0.02174	9	0.78788	1.00000
5	1.00000	0.21739			

2. 确定灰色关联分析的参考序列

根据工艺指标的要求可知,材料去除效率是越高越好,而表面粗糙度是越低越好,因此参考序列 x_0 选择最大材料去除效率和最低表面粗糙度值,其无量纲参考序列为 $x^0 = \{1, 0\}$。

3. 计算灰色关联系数

计算无量纲的数据序列与理想状态下的参考序列的相关关系：

$$\xi_{ij} = \frac{\min\limits_{i}\min\limits_{j}\left|x_i^0 - x_{ij}\right| + \zeta \max\limits_{i}\max\limits_{j}\left|x_i^0 - x_{ij}\right|}{\left|x_i^0 - x_{ij}\right| + \zeta \max\limits_{i}\max\limits_{j}\left|x_i^0 - x_{ij}\right|} \tag{5.56}$$

式中，x_i^0 为第 i 项工艺指标下的理想状态参考值；

ζ 为分辨系数，是 $\Delta_{\max} = \max\limits_{i}\max\limits_{j}\left|x_i^0 - x_{ij}\right|$ 的系数或权重，它的取值大小，在主观上体现了研究者对 $\Delta_{\max}$ 的重视程度，在客观上则反映了系统各个因子对关联度的间接影响。

分辨系数 ζ 取值的一般原则是，既要充分体现关联度的整体性，还要具有抗干扰作用，当系统因子的观测序列出现异常值时，能够抑制、削弱它对关联空间的影响。记所有差值绝对值的均值

$$\Delta_v = \frac{1}{nm}\sum_{i=1}^{m}\sum_{j=1}^{n}\left|x_i^0 - x_{ij}\right| \tag{5.57}$$

同时记 $\varepsilon_\Delta = \Delta_v/\Delta_{\max}$，则 ζ 的取值为 $\varepsilon_\Delta \leqslant \zeta \leqslant 2\varepsilon_\Delta$，且满足

$$\Delta_{\max} > 3\Delta_v \text{ 时}, \varepsilon_\Delta \leqslant \zeta \leqslant 1.5\varepsilon_\Delta$$

$$\Delta_{\max} \leqslant 3\Delta_v \text{ 时}, 1.5\varepsilon_\Delta < \zeta \leqslant 2\varepsilon_\Delta$$

按照上述方法计算得

$$\Delta_v = \frac{1}{nm}\sum_{i=1}^{m}\sum_{j=1}^{n}\left|x_i^0 - x_{ij}\right| = 0.4536$$

$$\varepsilon_\Delta = \Delta_v/\Delta_{\max} = 0.4536/1 = 0.4536$$

因为 $\Delta_{\max} \leqslant 3\Delta_v$，所以

$$0.6803 = 1.5\varepsilon_\Delta < \zeta \leqslant 2\varepsilon_\Delta = 0.9072$$

取 $\zeta = 0.75$。

4. 计算灰色关联度

根据灰色关联度计算公式：

$$\gamma_j = \frac{1}{m}\sum_{i=1}^{m}\xi_{ij} \qquad j = 1, 2, \cdots, 9 \tag{5.58}$$

式中，m 为工艺指标个数，$m = 2$。

按照上述步骤计算每次实验各个因子的灰色关联系数和灰色关联度，结果如表5.7所列。

表 5.7　灰关联系数及灰关联度表

序号	灰色关联系数 去除效率	灰色关联系数 粗糙度	灰色关联度	序号	灰色关联系数 去除效率	灰色关联系数 粗糙度	灰色关联度
1	0.4286	0.6832	0.5559	6	0.5410	0.6216	0.5813
2	0.5928	0.8519	0.7223	7	0.7795	0.4694	0.6245
3	0.6556	1.0000	0.8278	8	0.5531	0.4631	0.5081
4	0.5183	0.9718	0.7451	9	0.7795	0.4286	0.6040
5	1.0000	0.7753	0.8876				

由灰色相关理论可知,灰色关联系数反映了各个工艺指标在不同水平下与理想工艺结果的相关程度,不同水平下的工艺系数越大,说明该水平越理想。

因此,分析各项工艺指标的平均灰色关联系数(表5.8),可以得出各单项工艺指标的最优工艺参数。

表 5.8　工艺指标的平均灰色关联系数

因子＼关联系数		去除效率	表面粗糙度	因子＼关联系数		去除效率	表面粗糙度
磁场强度 /(kA/m)	140	0.5590	0.8450	抛光粉浓度 /%	5	0.5755	0.7081
	172	0.6864	0.7896		12	0.7153	0.6967
	192	0.7040	0.4537		20	0.6587	0.6834
抛光盘转速 /(r/min)	40	0.5075	0.5893	间隙 /mm	1	0.7360	0.6290
	60	0.6302	0.7508		1.2	0.6378	0.6476
	80	0.8117	0.7482		1.5	0.5757	0.8116

去除效率最高的工艺参数:磁场强度为 192kA/m、抛光粉浓度为 12%、抛光盘转速为 60r/min、间隙为 1mm。

表面粗糙度最小的工艺参数:磁场强度为 140kA/m、抛光粉浓度为 5%、抛光盘转速为 60r/min、间隙为 1.5mm。

可见,灰色关联分析结果与正交分析结果完全一致,证明了灰色关联分析的有效性。

5.5.3　多项工艺指标的参数优化

在多项工艺指标的参数优化问题上,采用灰色系统中的灰色相关性理论进行分析研究,即由正交实验方案的均衡搭配性和因子间的正交性,分析各个工艺参数在每一水平下的灰色关联度,将多项工艺指标的优化问题转化为单项的灰色关联度的最大化问题,从而得到每个因子在统筹考察多项指标时的优化水平,实现多项工艺指标的参数优化。

由实验的均衡搭配性质知道,每个因子的各个水平的不同灰色关联度的相互比较,与其他因子无关,只反映这个因子各个水平对多项工艺指标的影响程度,比较各个水平的灰色关联度,灰色关联度最高的也就是综合考察多项工艺指标时此项因子的最优水平。计算结果如表5.9所示。

表5.9　单项因子各个水平下的平均灰色关联度

水平	1	2	3
电磁场强度	0.7020	0.7380	0.5789
抛光粉浓度	0.6418	0.7060	0.6711
转盘转速	0.5484	0.6905	0.7800
间隙	0.6825	0.6427	0.6937

从表5.9可以看出,在综合考虑抛光效率和表面质量的情况下,电磁场强度的灰色关联序为

$$\gamma_{172kA/m} > \gamma_{140kA/m} > \gamma_{192kA/m}$$

抛光粉浓度对综合工艺指标影响的灰色关联序:

$$\gamma_{12\%} > \gamma_{20\%} > \gamma_{5\%}$$

抛光盘转速对综合工艺指标影响的灰色关联序:

$$\gamma_{60r/min} > \gamma_{50r/min} > \gamma_{40r/min}$$

抛光盘与工件间隙对综合工艺指标影响的灰色关联序:

$$\gamma_{1.5mm} > \gamma_{1mm} > \gamma_{1.2mm}$$

所以,综合考虑抛光效率和表面质量,各工艺参数的最优组合为:电磁场强度172kA/m,抛光分浓度12%,抛光盘转速60r/min,抛光盘与工件间隙1.5mm。

参数优化后的验证实验表明,按照上面选定的工艺参数进行抛光实验,其抛光效率为0.71μm/min,表面粗糙度为0.66nm。

对实验结果进行量纲归一化处理,抛光效率为0.8788μm/min,表面粗糙度

为 0,对抛光效率的灰色关联系数为 0.8609,对表面质量的灰色关联系数为 1,综合工艺指标的灰色关联度达到 0.9304。

5.5.4　加工过程综合优化

从去除效率和表面粗糙度实验,我们可以看出它们是两个矛盾的指标,即随着去除效率的增加,光学表面的粗糙度(RMS 值)变大。为了能在实际抛光过程中获得好的光学表面粗糙度,同时还能尽量提高抛光效率,必须对工艺参数优化,以期达到理想的效果。工艺参数优化后的实验结果表明,综合工艺指标得到了极大的提高,在保证抛光表面质量的基础上,又提高了抛光效率,得到了统筹考虑抛光效率和表面质量两项工艺指标情况下的最优工艺参数组合。

但是,光学加工的不同阶段对优化目标的要求是不一样的,并非都要求表面粗糙度和抛光效率同时达到最优,只需全过程最优或次优即可。

分析实验的数据,我们可以看出,抛光盘的转速对抛光效率和表面粗糙度的影响是同趋势的,高转速对两个指标都很有利,考虑到实验中电机的功率以及避免过高转速可能引起的抛光液甩出现象,所以在实际抛光过程中,抛光盘转速控制在 60r/min。而抛光粉的浓度只能通过重新配置磁流变液来进行调整,在加工过程中难以改变,所以我们必须首先确定抛光粉浓度的值为 12%。

然后在抛光过程的不同阶段通过调整磁场强度和工件与抛光盘的间隙使结果达到最优。通常将抛光过程分为三个阶段:

(1)粗抛阶段。这属于抛光过程的初始阶段,为了快速去除前一道工序(精磨)所留下来的凸凹层和裂纹层,需要对工件表面进行相对较大去除量的抛光,因此需要用高的磁场强度和小的间隙来提高抛光去除效率。

(2)过渡阶段。由于粗抛阶段去除量较大,工件表面在前一道工序中所留下的缺陷能很快被去除,但是,高的磁场强度和小的间隙又使得抛光粉在对工件表面进行机械刮除时留下新的更细小的划痕,因此过渡阶段的主要任务就是在粗抛阶段的基础上逐渐降低磁场强度并增大工件与抛光盘间的间隙,用软接触的方法来去除这些细小的划痕,得到较好的表面质量。

(3)精抛阶段。这一阶段利用更低的磁场强度和实验条件允许的间隙使磁流变液接近流体状态来对工件表面进行抛光,可以得到非常好的表面粗糙度。用上述的参数优化方法对 BK7 玻璃进行抛光,其综合抛光效率为 0.5μm/min,最终表面粗糙度可达到 0.66nm RMS。

5.6　磁流变抛光的光学表面修形技术及加工实例

5.6.1　磁流变抛光的光学表面修形技术

所谓磁流变抛光的光学表面修形技术,就是磁流变抛光液在磁场下形成的"柔性抛光模"在计算机控制下,按一定的路径在工件表面运动,通过控制"柔性抛光模"的驻留时间和其他工艺参数,以精确地获得所要求的材料去除量的工艺方法。

确定性加工一般可以利用 Preston 假设建立模型。因此,如果得知了某点的速度和压强后,可以计算该点的材料去除量:

$$h(x,y) = K \int_0^T p(x,y,t) U(x,y,t) \mathrm{d}t \qquad (5.59)$$

式中,T 为抛光的驻留时间。

根据实验可知,在磁流变抛光中去除量和抛光盘与工件的相对速度基本呈线性关系。A. B. Shorey[62] 经过测量抛光区内压力认为,压力与去除量在一定范围内也呈线性关系。但是,在精度很高的范围时,去除量与剪压强度、运动速率的关系会变得更为复杂,可能出现非线性关系。因此 Preston 方程仅用于定性分析。再则,MRF 材料去除的数学模型,在建模时作了很多简化,因此只能近似地描述抛光的材料去除过程。所以光学元件的磁流变抛光修形是一个"加工→测量→再加工"的反复多次迭代,逐渐收敛到理想面形的过程。

光学表面修形中材料去除函数定义为抛光模不移动时,单位时间内工件材料的平均去除量,即

$$\phi(x,y) = \frac{1}{T} \int_0^T \Delta h(x,y,t) \mathrm{d}t \qquad (5.60)$$

式中,$\phi(x,y)$ 为去除函数。

定义抛光模在工件表面任意位置 (x,y) 处的驻留时间函数为 $d(x,y)$。

由于抛光模在工件表面上移动,并且在各点驻留一定的时间 $d(x,y)$,因此,将工件表面每一个区域处所去除的材料进行叠加,就可以计算出工件表面各点的去除量,该过程可用二维卷积来表示:

$$\begin{aligned} h(x,y) &= \lim_{\substack{\alpha \to 0 \\ \beta \to 0}} \iint_{\alpha,\beta} \left[\phi(x-\alpha, y-\beta) d(\alpha,\beta) \right] \mathrm{d}\alpha \mathrm{d}\beta \\ &= \phi(x,y) * d(x,y) \end{aligned} \qquad (5.61)$$

式(5.61)是计算机模拟计算的重要理论根据。假设工件表面上各点的去除量为 $k(x,y)$,则加工后剩余误差为

$$e(x,y) = k(x,y) - \phi(x,y) * d(x,y) \tag{5.62}$$

光学表面修形的目的就是根据工件预期去除量 $k(x,y)$、去除函数 $\phi(x,y)$ 寻求驻留时间 $d(x,y)$,以使得 $e(x,y)$ 达到期望值要求。

5.6.2 磁流变抛光驻留时间求解基本算法

在光学表面修形中,工件表面的材料去除量和去除函数确定以后,作为输入控制量的驻留时间分布是决定残留误差大小的关键因素,光学元件磁流变修形基本原理也是如此,因此,其驻留时间求解基本算法是修形的关键。光学加工中常用的驻留时间求解算法有比例估算法、迭代法、矩阵法、傅里叶变换法等。下面介绍在磁流变抛光中常用的几种算法。

1. 脉冲迭代法

脉冲迭代法求解驻留时间的基本思想是将去除函数加工区域的材料去除量集中到中心点上,定义为去除脉冲(Removal Pulse,RP),去除脉冲可以表示为

$$RP = \iint\limits_{\Omega} R(\sqrt{x^2 + y^2}) \mathrm{d}x\mathrm{d}y \tag{5.63}$$

式中,$R(\sqrt{x^2 + y^2})$ 为加工区域任意点 (x,y) 处的材料去除效率;

Ω 为去除函数作用区域。

设驻留时间初始值为

$$D_0(x,y) = H(x,y)/RP \tag{5.64}$$

式中,$H(x,y)$ 为工件表面的材料去除量。

残留误差可以表示为

$$E_1(x,y) = H(x,y) - R(x,y) * D_0(x,y) \tag{5.65}$$

根据残留误差的分布情况进一步规划驻留时间,该求解方法是一个多次迭代、逐步收敛到理想面形的过程。所谓基于加工时间是指在计算过程中不能增加额外加工时间或者说不能增加额外去除量,计算步骤如下:

(1)计算出工件表面的材料去除量函数 $H(x,y)$、去除函数 $R(x,y)$、去除脉冲 RP;

(2)置面形误差 $E_k(x,y) = E_{k-1}(x,y)$($k = 0$ 时,$E_0(x,y) = H(x,y)$)、驻留时间 $D_k(x,y) = D_{k-1}(x,y) + E_k(x,y)/RP$;

(3)如果 $D_k(x,y) < 0$,令 $D_k(x,y) = 0$;

（4）计算残留误差 $E_{k+1}(x,y) = H(x,y) - R(x,y) * D_k(x,y)$；

（5）若 $E_{k+1}(x,y)$ 满足要求，运算结束；否则令 $k = k + 1$，转向步骤（2）。

在上述脉冲迭代法计算驻留时间的流程中，当出现驻留时间为负值时，直接将负值改为零，如步骤（3），这种算法叫基于加工时间的脉冲迭代法，其缺点是计算出的残留误差较大，有时难以达到收敛精度要求。

如果对初始面形误差增加一均匀的额外去除量，再利用基于加工时间的脉冲迭代法求解驻留时间，将可以防止步骤（2）中 $D_k(x,y) < 0$。这种处理方法相当于驻留时间出现负值后，所有计算点的驻留时间均增加，从而以增加额外去除量的代价获得高的收敛精度，称为基于加工精度的脉冲迭代法。

利用基于加工时间的脉冲迭代法计算得到的总驻留时间较短，但是收敛精度较低，而利用基于加工精度的脉冲迭代法计算得到的误差收敛比小，收敛精度高，但是总驻留时间较长。在实际加工中，应根据面形误差特点和加工需要选择驻留时间计算方法：在研抛初始阶段，面形误差较大且低频误差占的比例大，此时应选用基于加工时间的脉冲迭代法计算驻留时间；当面形误差中相对较高频率成分占主导时，应选用基于加工精度的脉冲迭代法计算驻留时间，可以得到较高的收敛精度。

2. 线性方程组模型法

如图 5.56 所示，磁流变修形一般有两种加工路径：线性扫描路径和极轴扫描路径。在线性扫描路径中，不同加工位置的去除函数均相同，而极轴扫描路径中，不同加工位置的去除函数之间有一定的偏转角度。对于具有回转对称特性的去除函数，极轴扫描路径中的偏转角度不影响不同加工位置的去除函数，而磁

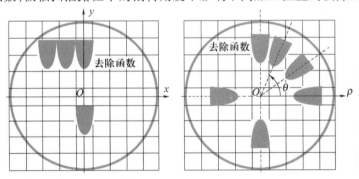

（a）线性扫描路径　　　　　　（b）极轴扫描路径

图 5.56　不同磁流变加工路径的去除函数分布状态示意图

流变修形的去除函数具有非回转对称特性,必须考虑偏转角度对去除函数的影响。各种基于离散卷积模型的驻留时间求解算法,要求不同加工位置的去除函数相同,对于回转对称的去除函数可用于解算线性扫描和极轴扫描的驻留时间,由于磁流变修形去除函数的非回转对称特性,此类算法只能用于求解线性扫描路径的驻留时间。而线性方程组模型具有广泛的适用性,可适用于随空间位置变化的去除函数,基于线性方程组模型的驻留时间算法可用于线性扫描路径和极轴扫描路径的磁流变修形驻留时间计算。由于多数 CCOS 工艺过程的去除函数都具有回转对称的特点,各种基于离散卷积模型的驻留时间算法及其改进算法已较为成熟,最为典型的脉冲迭代法由于运算量小、计算速度快、计算结果较为理想,已得到广泛应用;而各种基于线性方程组模型的驻留时间算法还尚未成熟,虽然计算精度较高,但普遍存在计算量大、计算速度慢等缺点。由于磁流变修形的去除函数具有非回转对称的特点,并且磁流变修形一般用于高精度光学镜面加工,特别在以极轴扫描路径进行光学零件加工时候,必须采用基于线性方程组模型的驻留时间求解算法。

文献[58]提出了一种计算驻留时间的线性方程组模型,根据其基本思想并结合磁流变修形去除函数的非回转对称特点,建立如下的线性方程组模型。如图5.57所示,将面形误差进行离散式网格划分,可得一系列面形误差控制点 $p_i(x_i, y_i)$,其中第 i 个面形误差控制点的坐标为 (x_i, y_i),对应的面形误差值为 h_i,按一定的规则可定义其控制面积 a_i。修形过程中去除函数的驻留位置定义为驻留点 $l_k(x_k, y_k)$,其中第 j 个驻留点处的驻留时间为 t_j。定义面形误差控制点向量 $\boldsymbol{P} = [p_1, \cdots, p_i, \cdots, p_m]^{\mathrm{T}}$、面形误差值向量 $\boldsymbol{H} = [h_1, \cdots, h_i, \cdots, h_m]^{\mathrm{T}}$、驻留点向量 $\boldsymbol{L} = [l_1, \cdots, l_k, \cdots, l_n]^{\mathrm{T}}$、驻留时间向量 $\boldsymbol{T} = [t_1, \cdots, t_j, \cdots, t_n]^{\mathrm{T}}$ 和驻留时间分布密度 $D(x_i, y_i)$。

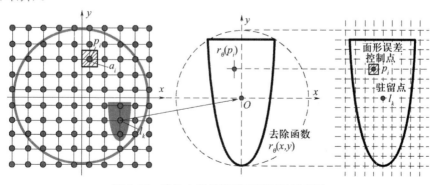

图 5.57　线性方程组模型离散网格示意图

如图 5.57 所示,定义去除向量 $\boldsymbol{F}^k = [F_1^k, \cdots, F_i^k, \cdots, F_m^k]^T$ 表示去除函数位于驻留点 l_k 时,对所有面形误差控制点的材料去除能力,则任一面形误差控制点 p_i 处的去除效率 F_i^k 为

$$F_i^k = \frac{1}{a_i} \iint\limits_{S_{in}} r_\theta(x,y) \cdot \mathrm{d}x\mathrm{d}y \qquad (5.66)$$

式中,$r_\theta(x,y)$ 为偏转角度为 θ 时的去除函数;

S_{in} 为控制面积 a_i 在去除函数内部的区域。

显然,当面形误差控制点 p_i 位于去除函数外部时,$F_i^k = 0$。定义去除矩阵 $\boldsymbol{F}_{m \times n} = [\boldsymbol{F}^1, \cdots, \boldsymbol{F}^k, \cdots, \boldsymbol{F}^n]$ 为

$$\boldsymbol{F}_{m \times n} = \begin{bmatrix} F_1^1 & F_1^2 & \cdots & F_1^j & \cdots & F_1^n \\ F_2^1 & F_2^2 & \cdots & F_2^j & \cdots & F_2^n \\ \vdots & \vdots & & \vdots & & \vdots \\ F_i^1 & F_i^2 & \cdots & F_i^j & \cdots & F_i^n \\ \vdots & \vdots & & \vdots & & \vdots \\ F_m^1 & F_m^2 & \cdots & F_m^j & \cdots & F_m^n \end{bmatrix} \qquad (5.67)$$

根据上述定义,磁流变修形过程满足 $\boldsymbol{F} \cdot \boldsymbol{T} = \boldsymbol{H}$,即

$$\begin{bmatrix} F_1^1 & F_1^2 & \cdots & F_1^j & \cdots & F_1^n \\ F_2^1 & F_2^2 & \cdots & F_2^j & \cdots & F_2^n \\ \vdots & \vdots & & \vdots & & \vdots \\ F_i^1 & F_i^2 & \cdots & F_i^j & \cdots & F_i^n \\ \vdots & \vdots & & \vdots & & \vdots \\ F_m^1 & F_m^2 & \cdots & F_m^j & \cdots & F_m^n \end{bmatrix} \cdot \begin{bmatrix} t_1 \\ t_2 \\ \vdots \\ t_j \\ \vdots \\ t_n \end{bmatrix} = \begin{bmatrix} h_1 \\ h_2 \\ \vdots \\ h_i \\ \vdots \\ h_m \end{bmatrix} \qquad (5.68)$$

式(5.68)为磁流变修形驻留时间求解问题的线性方程组描述。解上述线性方程组即可以得到驻留时间 $\boldsymbol{T}$。

5.6.3 磁流变抛光实例

我们研制的 KDMRF – 1000 – 6 型实验机床自 2006 年以来,分别对平面反射镜、球面反射镜、非球面反射镜以及轻质薄型、异形反射镜进行磁流变抛光。

1. $\phi 202\mathrm{mm}$ 的 S/SiC 平面反射镜磁流变抛光实例

子孔径拼接可以有效解决中等口径平面反射镜的面形误差检测,我们采用

自研的子孔径拼接工作站用口径 100mm 干涉仪对大于 100mm 口径的平面工件进行测量。如图 5.58 所示，将口径 202mm 的 S/SiC 平面镜反射镜 1 划分为 9 个子孔径，每个子孔径的口径为 100mm，使用 Zygo 干涉仪依次测量每个子孔径的面形误差，然后使用自研的子孔径拼接软件对测量数据进行拼接，可以得到全口径的面形误差数据。

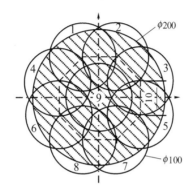

图 5.58　φ202mm 平面镜子孔径划分示意图

图 5.59 为 φ202mm 平面镜磁流变加工前、后的面形误差。口径 202mm (92%，CA) 的平面镜反射镜，经过三次磁流变工艺循环(6.5h)，面形误差由加工前的 993.6nm PV、172.4nm RMS，提高到 134.2nm PV、12.3nm RMS，总面形收敛比达到 14.0，平均单次面形收敛比为 2.41。磁流变抛光后的面形精度 PV 达到 $\lambda/5$，RMS 达到 $\lambda/50$。

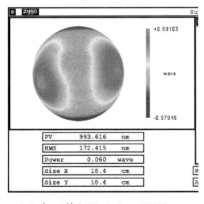
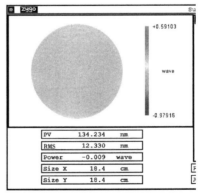

（a）加工前(172.415nm RMS)　　　　　（b）加工后(12.330nm RMS)

图 5.59　φ202mm 平面镜磁流变加工前、后的面形误差

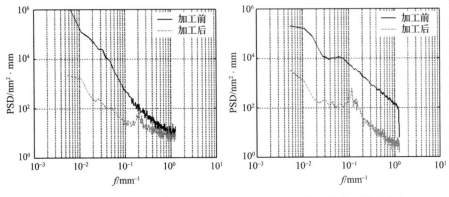

(a) 平行于抛光方向   (b) 垂直于抛光方向

图 5.60 ϕ202mm 平面镜磁流变加工前、后的 PSD 曲线

图 5.60 为该平面镜磁流变加工前、后的 PSD 曲线。从图 5.60(a)可以看出,由于该平面镜的前道工序为传统光学加工,加工前平行于抛光方向的面形误差的低频误差成分比较大。如图 5.60 所示,经磁流变抛光后,面形误差的高、中、低频均有明显改善。

图 5.61 为该平面镜磁流变加工前、后的表面粗糙度。平面镜反射镜的表面粗糙度从加工前 3.417nm RMS,2.416nm Ra,提升到 2.287nm RMS,1.832nm Ra,由于这种 S/SiC 的晶粒较大,光学加工性能较差,虽然磁流变抛光后表面粗糙度有一定的提升,但最终仍在 2nm Ra 左右,与德国 ESK 公司提供的 S/SiC(磁流变抛光后 Ra<1nm)有较大差距。图 5.62 为平面镜反射镜磁流变加工后的实

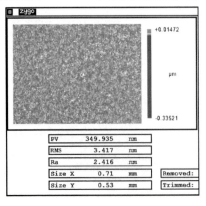 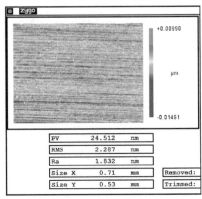

(a) 加工前(2.416nm Ra)   (b) 加工后(1.832nm Ra)

图 5.61 ϕ202mm 平面镜磁流变加工前、后的表面粗糙度

物图。

2.φ600mm 硅表面改性碳化硅平面反射镜加工

如图 5.63 所示,将口径 600mm 的平面镜反射镜 2 划分为 81 个子孔径,采用子孔径拼接测量方法可以得到全口径的面形误差数据。图 5.64 为平面镜反射镜磁流变加工前、后的面形误差。由图 5.64 可知,口径 600mm(100%,CA)的平面镜反射镜,经过两次磁流变工艺循环(8.5h),面形误差由加工前的 307.1nm PV、35.2nm RMS 提高到 184.3nm PV、17.6nm RMS,总面形收敛比达到 3.02,平均单次收敛比 1.45。磁流变抛光后的面形精度 PV 达到 $\lambda/3$,RMS 达到 $\lambda/35$。

图 5.62　φ202mm 平面镜磁流
变加工后的实物图

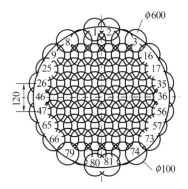

图 5.63　φ600mm 平面镜子
孔径划分示意图

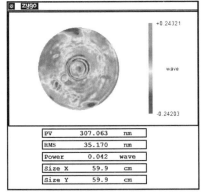

（a）加工前(35.2nm RMS)

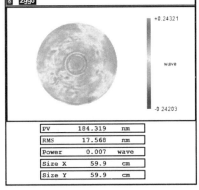

（b）加工后(17.6nm RMS)

图 5.64　φ600mm 平面镜磁流变加工前、后的面形误差

图 5.65 为 φ600mm 平面镜磁流变加工前、后的 PSD 分析曲线。磁流变抛光

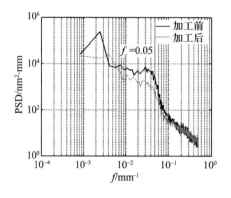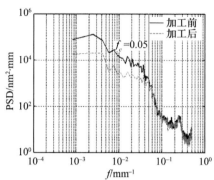

(a) 平行于抛光方向　　　　　　　(b) 垂直于抛光方向

图 5.65　平面镜反射镜 2 磁流变加工前、后的 PSD 曲线

过程中采用的去除函数直径为 20mm，其对应的空间截止频率 $f_c = 0.05 \text{mm}^{-1}$，因此，图 5.65 中以截止频率 f_c 为分界线，空间频率小于截止频率的低频误差有一定程度的下降，而空间频率大于截止频率的中、高频误差基本上没有变化，符合去除函数修形能力的基本规律。

图 5.66 为该镜磁流变加工前、后表面粗糙度。平面镜反射镜 2 的表面粗糙度从加工前 1.347nm RMS，1.063nm Ra 提升到 0.627nm RMS，0.499nm Ra，由于硅表面改性碳化硅（表面为 20～30μm 的多晶硅层）的光学加工性能优良，因此磁流变抛光后表面粗糙度有显著提升，最终为 Ra < 0.5nm，满足用户使用要求（Ra < 1nm）。值得说明的是，由于该镜外形尺寸过大，不能直接进行表面粗糙度

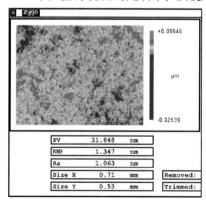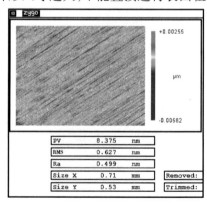

(a) 加工前(1.063nm Ra)　　　　　　(b) 加工后(0.499nm Ra)

图 5.66　平面镜反射镜磁流变加工前、后的表面粗糙度

测量,因此,图5.66为采用相同磁流变工艺参数加工的同炉小样(直径30mm)的表面粗糙度测量结果。图5.67(a)、(b)分别为该镜进行子孔径拼接测量和磁流变加工的状态图。

（a）子孔径拼接测量　　　　　　　　（b）磁流变加工

图5.67　平面镜反射镜子孔径拼接测量和磁流变加工照片

综合分析上述两块平面反射镜的磁流变抛光结果可知：

（1）当初始面形误差以低频误差为主时,磁流变抛光后的面形误差全频段均有显著改善,当初始面形误差的中高频误差("碎带"误差)较多时,磁流变抛光可以进一步改善截止频率以下的低频误差,但截止频率以上的中高频误差基本无改善,前者的平均面形收敛比和加工精度也明显高于后者。

（2）一般情况下,子孔径拼接测量的检测误差高于全口径直接测量,因此,使用子孔径拼接测量数据进行磁流变抛光的平均面形收敛比和加工精度也明显低于使用全口径测量数据。事实上在平面镜反射镜的加工过程中,大多数子孔径(直径为100mm)已经达到或接近采用全口径测量数据进行加工的精度(PV为$\lambda/10$,RMS为$\lambda/100$),但拼接后整个镜面的加工精度却明显低于单个子孔径的加工精度。

3. $\phi200mm$ 球面反射镜磁流变抛光实例

对口径200mm、相对口径1∶1.6的K9玻璃球面反射镜进行磁流变抛光。如图5.68所示,口径200mm(80%,CA)的球面反射镜,经过两次磁流变工艺循环(3.2h),面形误差由加工前的237.1nm PV、51.1nm RMS提高到46.2nm PV、5.99nm RMS,总面形收敛比达到8.53,平均单次面形收敛比为2.92。磁流变抛光后的面形精度PV达到$\lambda/13$,RMS达到$\lambda/105$。

图5.69为$\phi200mm$球面磁流变加工前、后PSD分析曲线。由图5.69可知,由于球面反射镜的前道工序为传统光学加工,面形误差以低频环形误差为主(图3.69(a)),磁流变抛光后的面形误差高、中、低频均有明显改善。

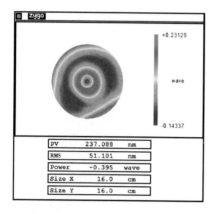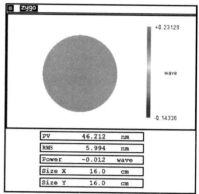

（a）加工前（51.1nm RMS）　　　　（b）加工后（5.99nm RMS）

图 5.68　φ200mm 球面镜磁流变加工前、后的面形误差

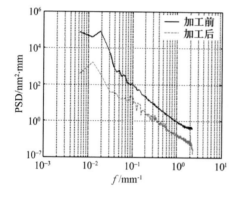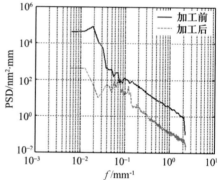

（a）平行于抛光方向　　　　　（b）垂直于抛光方向

图 5.69　φ200mm 球面磁流变加工前、后的 PSD 曲线

图 5.70 为该镜磁流变加工前、后的表面粗糙度。由图 5.70 可知,球面反射镜的表面粗糙度从加工前 1.388nm RMS,1.110nm Ra 大幅提升到 0.618nm RMS,0.491nm Ra,由于 K9 玻璃的光学加工性能优良,因此磁流变抛光后表面粗糙度有显著提升,最终为 Ra<0.5nm。

4. φ500mm 非球面反射镜磁流变抛光实例

如图 5.71 所示,口径 500mm（92%,CA）的非球面反射镜,顶点曲率半径为 3m,相对口径为 1:3,经过两次磁流变工艺循环（7.8h）,面形误差由加工前的 248.3nm PV、35.4nm RMS 提高到 116.0nm PV,12.2nm RMS,总面形收敛比达到 2.90,平均单次面形收敛比为 1.70。由图 5.71(b)可知,磁流变抛光后的面

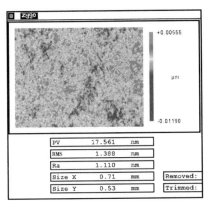
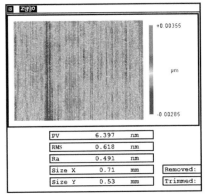

（a）加工前（1.110nm Ra）　　　　（b）加工后（0.491nm Ra）

图 5.70　ϕ200mm 球面磁流变加工前、后的表面粗糙度

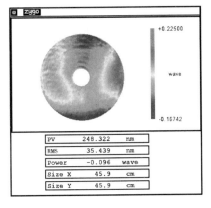
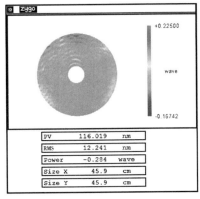

（a）加工前（35.4nm RMS）　　　　（b）加工后（12.2nm RMS）

图 5.71　ϕ500mm 非球面反射镜磁流变加工前、后的面形误差

形精度 PV 达到 $\lambda/5$，RMS 达到 $\lambda/50$。图 5.72 是非球面反射镜磁流变加工前、后的 PSD 曲线。由图 5.72 可知，磁流变抛光后的面形误差高、中、低频均有明显改善。图 5.73（a）、（b）分别为非球面反射镜的测量和磁流变加工状态图。

　　综合分析上述两块非球面反射镜的磁流变抛光结果可知：

　　（1）与平面反射镜的磁流变抛光相类似，当初始面形误差以低频误差为主时，磁流变抛光后的面形误差全频段均有显著改善，当初始面形误差的中高频误差较多时，磁流变抛光只能改善截止频率以下的低频误差。

　　（2）KDMRF－1000－6 磁流变抛光系统的非球面加工精度可达 PV $\lambda/6$，

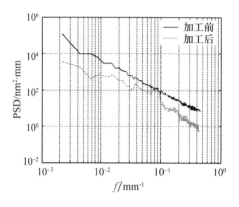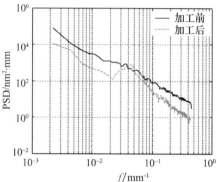

（a）平行于抛光方向　　　　　　　　（b）垂直于抛光方向

图 5.72　ϕ500mm 非球面反射镜磁流变加工前、后的 PSD 曲线

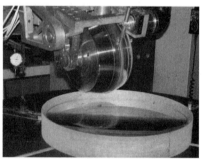

（a）测量状态　　　　　　　　　（b）磁流变加工状态

图 5.73　ϕ500mm 非球面反射镜测量和磁流变加工状态图

RMS $\lambda/60$，比平面和球面的加工精度有明显下降，这主要是由于非球面上不同位置的曲率半径不同，曲率半径的变化会引起去除函数形状和去除效率的变化，降低面形加工精度和面形收敛比。

5. 224mm×160mm **异形碳化硅平面反射镜磁流变加工实例**

图 5.74 所示为 224mm × 160mm 异形碳化硅平面反射镜（有效口径为 200mm×135mm），经过四次磁流变工艺循环（12h），面形误差由加工前的 735.0nm PV，203.6nm RMS 提高到 162.4nm PV，11.5nm RMS，总面形收敛比达到 17.7，平均单次面形收敛比为 2.05。图 5.74（b）中，磁流变抛光后的面形精度 PV 接近 $\lambda/4$，RMS 达到 $\lambda/55$，已经满足用户加工要求。图 5.75 为异形碳化硅平面反射镜磁流变加工前、后的 PSD 曲线。由图 5.75 可知，其初始面形误差

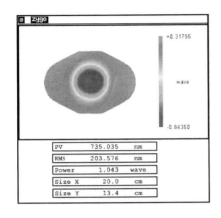
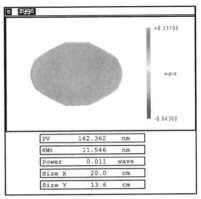

（a）加工前（203.6nm RMS）　　　　（b）加工后（11.5nm RMS）

图5.74　异形碳化硅平面反射镜磁流变加工前、后的面形误差

以低频误差为主,磁流变抛光后的面形误差高、中、低频均有明显改善。图5.76所示为异形碳化硅平面反射镜磁流变加工前、后的表面粗糙度。由图5.76可知,磁流变抛光后表面粗糙度从0.908nm RMS、0.710nm Ra提升到0.602nm RMS、0.481nm Ra,由于CVD SiC光学加工性能优良,磁流变抛光后表面粗糙度Ra<0.5nm,满足用户使用要求(Ra<1nm)。

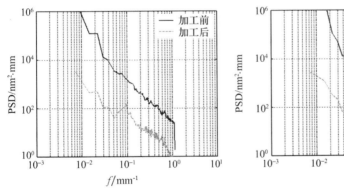
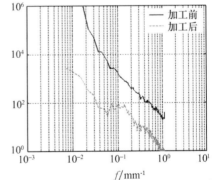

（a）平行于抛光方向　　　　（b）垂直于抛光方向

图5.75　异形碳化硅平面反射镜磁流变加工前、后的PSD曲线

6. 高精度平面和球面镜磁流变加工实例

国防科技大学利用磁流变抛光技术大大提高了光学元件的加工效率和加工精度,一次迭代即可加工出面形精度PV $\lambda/40$、RMS $\lambda/400$的平面工件和

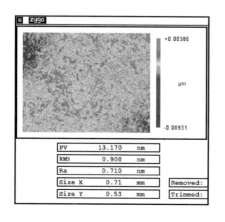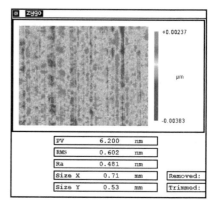

（a）加工前(0.908nm RMS,0.710nm Ra) （b）加工后(0.602nm RMS,0.481nm Ra)

图 5.76 异形碳化硅平面反射镜磁流变加工前、后的表面粗糙度

PV $\lambda/25$、RMS $\lambda/200$ 的球面工件。采用加工设备 KDUPF700 - 7 加工 100mm 口径熔石英玻璃平面工件,加工时间 4min,加工前面形精度 70.526nm PV、15.156nm RMS,加工后面形精度达到 14.551nm PV、1.426nm RMS。如图 5.77,采用同一设备加工 100mm 口径熔石英玻璃凹球面工件,加工时间 8min,加工前面形精度111.283nm PV、20.011nm RMS,加工后面形精度达到 28.214nm PV、3.211nm RMS。

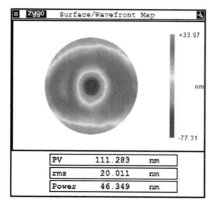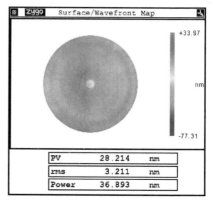

（a）加工前面形误差 （b）一次迭代加工后面形误差

图 5.77 球面镜加工结果

5.7 磁射流抛光的光学表面修形技术

5.7.1 磨料射流抛光技术概述

1. 磨料液体射流抛光技术

磨料液体射流抛光(Fluid Jet Polishing,FJP)被认为是一种柔性抛光技术,它不需要刀具,可以被应用于包括复杂曲面等任何曲面轮廓等的抛光[63]。荷兰应用物理研究所的 O. W. Faehnle 和 H. van Brug 等的实验结果说明液体射流抛光可使工件表面粗糙度达到 1.5nm,并具有修正面形精度的能力[64]。

荷兰的 TNO 物理研究所与英国 Zeeko 公司合作生产的 6 轴水射流抛光机床 FJP600 期望能抛光自由曲面的面形精度的 PV 值小于 60nm,表面粗糙度的 RMS 值达到 1nm 的表面;加拿大 LightMachinery 公司的水射流抛光机床 FJP – 1150F 可加工最大尺寸为 150mm × 150mm 的工件,面形精度可达 ±3nm,表面粗糙度的 RMS 值可达 1nm。

液体射流在复杂形状零件的抛光中具有一定的优越性,但射流在扰动作用下易于发散,稳定状况随着距离增大而迅速变差,导致可用距离较短。

普通的液体射流束自孔口以一定的速度出射后,在急剧的压力梯度、表面张力和空气动力扰动的综合作用下,射流与周围静止流体接触的界面产生波动,并发展成涡旋,从而引起紊动,产生的脉动向下游扩展,沿程将原来周围处于静止状态的空气卷吸到射流中,最终破坏射流稳定性,射流发散而失去加工作用。普通液体射流束卷吸和扩散的特性使得不同距离处的冲击区流动有不同的稳定性,从而会导致抛光区去除的不稳定性,使得其对一些深内腔型零件的确定性抛光变得困难。

高速射流中气动扰动是破坏射流稳定性的主要因素,气动扰动随着射流速度的增加而急剧增大,高速的液体射流会很快扩散并破碎成小液滴。降低射流速度可改善稳定性,但又会减小冲击的能量,降低材料去除率。低速射流的破裂主要是由表面张力引起的,增大射流液的黏性可减小空气扰动的影响,但随着黏度增大,流动阻力会随之增大,进而提高了循环传递系统和泵的功率等的要求。

确定性精密抛光需要一个稳定的、相对高速的、低黏度的射流束,这个射流束能在碰撞到工件表面之前保持汇聚和准直状态。

2. 磁射流抛光技术

磁流变液在没有磁场时呈现能自由流动的牛顿流体状态,在磁场作用下发生磁流变效应能迅速增大黏度,这种性质恰好提供了一种流体的可控的稳定性,可以弥补液体射流抛光中普通液体射流不稳定的缺陷。美国 QED 公司首先提出并研究一种由局部轴向磁场稳定磁流变液射流的方法——磁射流抛光(Magnetorheological Jet Polishing,MJP)技术[65,66]。

1)磁射流抛光的工作原理

磁射流抛光的工作原理如图 5.78 所示。混合细微抛光磨料颗粒的磁流变液在容器中经过机械搅拌均匀,之后一个相对低压的压力系统将浆体泵吸流经安装在电磁铁内部铁磁材料制作的喷嘴形成射流,经过局部轴向磁场稳定的硬化的磁流变液射流束喷射到一定距离处的工件表面进行抛光,使用过的抛光液经过回收装置过滤后重新回到容器中循环使用。

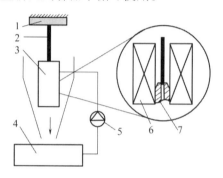

1—工件;2—磁流变液射流;3—螺线管;4—容器;5—泵;6—线圈;7—喷嘴

图 5.78　磁射流抛光原理示意图

从图 5.78 可以看出,磁流变液射流由喷嘴出射后,邻近喷嘴的一小段磁流变液射流就受到螺线管线圈产生的轴向磁场的磁化作用而发生磁流变效应,磁流变液中的羰基铁颗粒在外磁场作用下排列成链状结构,导致流动性降低,使得表观黏度迅速增大。这样,临近喷嘴出口的磁流变液射流束被磁化而产生高的有效黏度,抑制了所有危害最大的初始扰动,从而使得射流束稳定。初始扰动对射流下游结构的发展起着关键性的作用,虽然冲出螺线管后,磁场消失,使得射流束中的稳定结构开始减弱,但是由于残余的黏性影响仍然可以维持射流稳定一定时间,这样射流就以没有显著的扩散和结构破坏的准直状态运行几十厘米远的距离(与喷嘴大小有关),对于抛光大长径比内腔等复杂零件具有优势。

磁射流抛光技术是射流技术和磁流变技术的结合,利用低黏度磁流变液在外磁场作用下会发生磁流变效应,表观黏度增大来增加射流束表面的稳定性,使得混合有抛光粉的磁流变液在磁场中形成了准直的硬化射流束,喷射到放置在一定距离处的工件表面,借助于磨料颗粒的高速碰撞剪切作用达到材料去除的目的,以可控的方式实现抛光和修形。

2)磁射流抛光技术的特点及其应用

(1)磁射流抛光对于抛光距离不敏感,并且能自动适配局部表面的形状。适用于确定性精密抛光那些由于陡峭的局部倾斜度和机械干涉而难以抛光的复杂形状光学零件。

(2)尽管用数控技术实现了模具型腔的复杂曲面加工的自动化,但由于模具型腔的复杂性,大部分模具最后的研抛等光整加工仍依赖于熟练工人的手工操作,其加工效率低,工作单调耗时,加工质量的一致性也难以得到保证。磁射流抛光可以深入到模具型腔内部,全面抛光其内表面。

(3)表面上有凹槽、微透镜阵列等微结构的复杂形状微小光学零件使用一般方法无法加工。磁射流抛光技术可以通过改变喷嘴直径获得一个细小而稳定的柔性液体柱作为抛光工具,来加工这类零件,而且还能精确地控制纳米量级的材料去除,实现高精度的面形修整。

1999年,美国QED公司的Kordonski等申请了关于磁射流抛光技术的第一个美国专利[65],在2003年又申请了一个关于磁射流抛光改进装置的专利[66]。

QED公司的研究展示了磁射流抛光技术可以在不同材料和不同形状的工件表面上产生面形误差为几十纳米(PV)和表面粗糙度达到数埃(RMS)的精密光学表面。QED针对头罩、模具型腔和微小零件等复杂表面抛光作了大量工作。

QED公司使用磁射流抛光了一个熔石英玻璃材料的半球形头罩的凹表面。该头罩外直径为97mm,内直径92mm,总高41.2mm,外球半径为48mm,抛光后,使用子孔径拼接的方式测量其面形误差。从结果看,抛光前面形的PV值为408nm,而抛光后降低到了42.5nm,面形精度误差大约提高了10倍;粗糙度的RMS值也由抛光前的50.3nm降低到6.1nm,也将近提高了10倍。这个实验证明,磁射流抛光技术可以对凹形表面进行精密的面形修整。

为了进一步研究磁射流抛光技术在保形光学方面的应用,QED制造一个铝的尖拱形的头罩,在其顶部塞入一个凹球形的小玻璃体,使用这样的模拟器件来验证磁射流抛光尖拱形头罩内表面的可行性。图5.79(a)是该零件的照片,其中铝外罩的直径为58mm,垂度为39mm,凹形玻璃体的曲面半径为20mm,直径为23mm,球形玻璃体近似头罩顶部的形状。抛光后,同时修正了对称和不对称误差,抛光前凹形玻璃体的PV值约为223nm,RMS值约为50nm,而抛光后PV值约为44nm,面型误差的PV精度提高了5倍,RMS值降低到大约6nm,其精度

(a) 凹的尖拱头罩与玻璃塞体

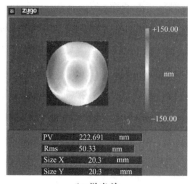

(b) 抛光前

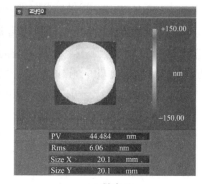

(c) 抛光后

图 5.79　磁射流抛光保形光学实验

提高超过了 8 倍。

　　QED 最新的研究已经能使用磁射流抛光厘米尺寸的光学元件。抛光的一个孔径为 2mm、曲率半径为 4.7mm 的平凹曲面，经过两次迭代，面形误差就从 258nm PV 降低到 54nm PV，RMS 值由初始的 45.3nm 降低到 5.7nm，最后表面粗糙度优于 1nm RMS。

　　美国 QED 公司的实验研究证明 MJP 是一个稳定的、确定性精密抛光工艺，具有工具可达性好、加工效率高、模型准确且稳定等特点，而且对于抛光距离不敏感，因此可以用来对高陡度的凹形光学零件和内腔等复杂形面进行确定性精密抛光，对下一代尖拱型导弹头罩的制造极为有利。2004 年，QED 公司的 Aric Shorey 申请了美国海军资助的一个磁射流抛光红外超音速导弹头罩的项目。

　　虽然 QED 一直从事 MJP 的研究，但目前还没有推出商业化的产品。关于水射流抛光技术，国内苏州大学进行了研究，取得了一系列成果，也有其他单位进行了相近的研究。从公开文献报道来看,国内尚无其他单位从事磁射流抛光技术研究。国防科技大学精密工程研究室在国家自然科学基金的支持下进行了初步的研究[32,66-68]。

5.7.2 磁射流聚束稳定性分析

普通的液体射流束自喷嘴出射进入静止的空气中后,受水与空气的交界面摩擦应力的影响,射流表面速度降低,产生波动,并发展成涡旋,从而引起紊动。速度梯度导致空气吸入到射流中的卷吸现象,使射流与周围静止气体发生掺混。

当掺混自边缘逐渐向中心发展,经过一定距离后扩展到射流中心,射流发展成为紊流。由图5.80可见,自由射流的流动特征:刚喷出喷嘴时,射流为中心部分未受掺混的影响,仍保持出口流速的等速核,从孔口至等速核末端这一段称为初始段。射流边缘为向内扩展的掺混区,沿途不断将周围原来静止的气体卷吸到射流中一起运动,射流边界逐渐向两侧扩展,射流沿程不断扩散。紊流充分发展以后的射流称为主体段。自由射流表面所具有的能量主要表现为动能,因此自由射流的能量损失为动能损失。自由表面的能量损失主要来自于射流与周围空气的摩擦和能量交换,射流能量不断降低,大约经过 5~6 倍喷嘴直径距离之后,射流的等速核消失,掺混速度加快,经过一定距离之后,射流完全破碎成小液滴,以至于无法实现材料的去除。

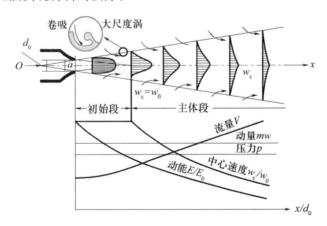

图 5.80 自由射流流动特征

磁射流抛光技术利用低黏度的磁流变液在外磁场作用下会发生磁流变效应,使之黏度增大来抑制了扰动对射流结构的破坏,使得射流能在将近 100 倍喷嘴直径大小的长度(几十厘米)的距离上保持汇聚准直。与普通射流相比,其汇聚的距离大大增长,使得它在大长径比内腔等形状的抛光中有独特优势。

1. 磁射流数值模拟

磁射流运动方程和控制方程都是非线性的偏微分方程,在绝大多数情况下,这些偏微分方程无法得到精确解。计算流体力学(Computational Fluid Dynamics,CFD)是利用数值方法通过计算机求解流体运动的微分方程,通用CFD软件只能解决纯流体力学问题,但它们一般都可以通过一定的方式支持扩展功能。

国防科技大学张学成等借助于软件对用户自定义方程的支持而对输运方程作适当的变化,来模拟磁射流问题[32]。将磁流变液作为连续流体来考虑,磁流变液不导电,也没有电场的影响。基于麦克斯韦方程和磁射流运动方程求解磁流变体与外磁场的相互作用。采用序贯耦合的方法,首先求解静态磁场的麦克斯韦方程,然后将电磁场的解耦合到磁射流运动方程描述的磁流变液的流动问题上。

初始条件为在喷嘴进口处给定均匀分布的20m/s速度的射流。关心的是射流束发散情况,因此选择射流束直径 D 相对于喷嘴直径 D_0 沿着出射距离的变化作为考虑对象。图5.81显示了20m/s速度的磁流变液射流在三种典型磁场强度下的射流形状随着出射距离变化的仿真结果关系。由于在出射过程中,会有空气掺混到射流中,因此两者之间很难清楚分开,采用含有90%以上磁流变液的单元作为射流边界。由图5.81可以看出,若要抑制射流的扩散,必须施加一个足够大的磁场强度;当磁场强度增大到一定程度后,就可以完全抑制初始不稳定扰动对射流结构的破坏。

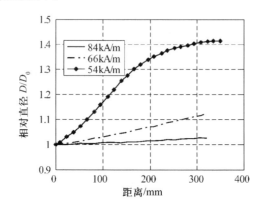

图5.81　射流形状随着距离的变化曲线

　光学非球面镜可控柔体制造技术

2. 磁射流聚束实验及讨论

实验研究了磁场对磁流变液射流结构的稳定作用,观察了磁场对磁射流的聚束效果,同时抛光实验得到的对距离不敏感的结果验证了磁场对射流的稳定作用,并应用连续媒质电动力学的知识分析了磁场对磁流变液射流束的稳定作用。

1) 实验装置

我们在磁射流抛光实验装置上进行了磁流变液射流聚束实验[32]。实验装置如图 5.82 所示。螺线管和收集容器之间放置了一个方形塑料容器防止射流喷溅,在一侧开一个窗口安装了一块玻璃来观察射流束的结构。实验中通过调节直流电源的电流来产生不同强度的磁场,使用相机对射流束进行拍照。

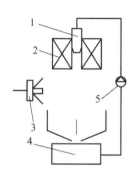

1—喷嘴;2—螺线管;3—相机;4—收集容器;5—泵

图 5.82　磁射流聚束实验装置示意图

2) 实验结果

磁场大小对射流结构的影响如图 5.83 所示。实验中保持射流的速度为 20m/s 不变,改变磁场强度。由实验结果可以看出,对于一定速度的射流,磁场强度达到一定大小之后就可以稳定射流束,射流结构随着磁场强度的增大而变得稳定、光滑。在距离喷嘴出口 100mm 的距离处,当磁场强度为 66kA/m 时,仿真计算得到射流直径变化大约为 3%,而实验结果显示变化约为 10%;磁场强度为 83kA/m 时,射流直径变化的仿真结果约为 0.8%,而实验结果约为 4.2%。这是因为计算时初始条件是理想的,且计算过程中边界条件保持不变,而实验中如电源输出电流等各种实验条件存在一定的不确定性,所以实验结果比仿真结果偏大。

根据流体动力学知识知道,流体速度越大,所受的扰动越大,越容易发散,因此,不同的速度需要不同磁场来抵抗扰动的破坏。由前面的实验可以发现,对应着一定速度,不同大小的磁场对于射流的稳定效果不一样,存在一个最佳的磁

（a）$H=0$　　（b）$H=41\text{kA/m}$　　（c）$H=54\text{kA/m}$　　（d）$H=66\text{kA/m}$　　（e）$H=83\text{kA/m}$

图 5.83　磁场对射流束的稳定作用

场,使得射流束足够光滑、汇聚,在这个值上下一定范围内,肉眼观察到磁场的变化对于射流束的结构影响不大,但若增加值大于 20%,射流束会变扁。首先,螺线管线圈缠绕、填充工艺的限制使得线圈磁场不能保证是一个对称的磁场;其次,制造和安装误差使得充当铁芯的铁磁喷嘴与螺线管存在一定的同轴度误差,从而使得射流束受力不对称。因此,超过了抵抗扩散扰动所需的能量之后,磁场的压力迫使射流束变形。根据实验观察结果,得到了如图 5.84 所示的不同速度下聚束磁场曲线,实际加工时,根据该曲线选择合适的聚束磁场。

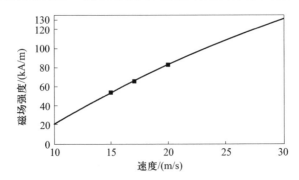

图 5.84　聚束磁场与速度对应关系

3）稳定性实验

一项工艺能被用来抛光,那么去除材料的过程必须是可重复的,而且要能保持一定时间,因此,从去除函数的重复性和抛光形状的长时间稳定性两方面来考

　光学非球面镜可控柔体制造技术

虑射流稳定性问题。

在垂直冲击条件下验证去除函数的重复性,得到结果如图 5.85 所示,垂直冲击时抛光区轮廓呈现中心高、两边低的环状结构,通过中心的截面是 W 形。每次实验测得的材料去除形状几乎一样,最深度相差 0.05 个波长,抛光区宽度约为 6mm,而宽度最大相差值为 0.2mm。这些痕迹是在一个直径 100mm 的平面上冲击得到的,由于每个小的抛光区相对于测量口径来说很小,无法将含有所有抛光区的平面作为一个对象来测量,因此,实际上平面的面形误差被引入到了每个抛光区之中,考虑到这个因素的影响,可以认为重复性较好。

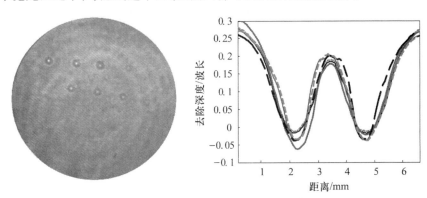

图 5.85　去除函数重复性实验

5.7.3　磁射流抛光去除机理的 CFD 分析

1. 牛顿冲击射流理论

磁射流抛光中,利用局部外加磁场稳定磁流变液射流,使得射流能长距离地保持汇聚,避免了能量的损失和发散。在冲击区射流已经不受磁场的影响,此时可以被当作牛顿流体来处理。因此首先介绍牛顿流体射流的特点,既有利于理解磁射流的射流稳定的优点,同时也为仿真抛光区的材料去除规律打下基础。

自由射流冲击到刚性壁面上就成为冲击射流,已经有很多文献研究冲击射流的流动特性。研究结果表明,冲击射流可分为三个明显的流动区域,如图 5.86 所示,即自由射

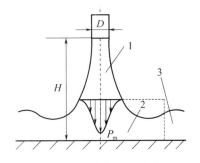

图 5.86　冲击射流流动分区
1—自由射流;2—冲击区;3—壁面射流。

流区、冲击区和壁面射流区[69,70]。在自由射流区,射流是在空气中运行,其流动特性与自由射流相同:射流外边界处由于剪切应力的作用,将周围空气卷吸到射流中,产生了非均匀径向速度的发展,射流扩张率增加。在冲击区,射流与固体壁面发生碰撞,该区内流动的轴向速度急剧下降,迅速滞止为零,而静压相应地快速上升,因此具有很高的压力梯度,射流经历显著的弯曲,迅速由轴向流动变为径向流动。射流轴线与壁面的交点(倾斜冲击时候,位于其上游某处),称为滞(止)点,该处速度为零,压力具有最大值。射流冲击区以有滞点的存在和流线的径向弯曲为特征,射流在该区末变成几乎平行于壁面的流动,沿壁面向四周流开,形成了壁面射流区。测量结果表明,冲击区大约在距离冲击中心2倍喷嘴直径大小的范围内,冲击区内边界层的厚度是近似不变的。冲击流场具有卷吸、滞止、流动方向的改变以及流线的弯曲等复杂特征。射流冲击到工件表面时,流体将沿着该表面铺展开来,射流对磨料颗粒的挤压和拖曳作用就转化为材料去除的能量。

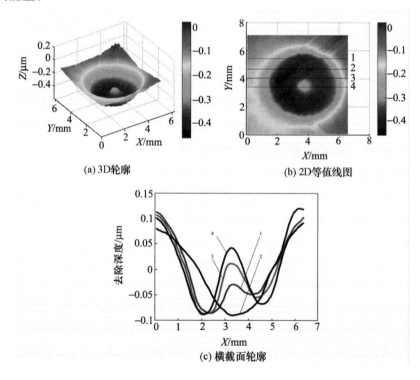

(a) 3D轮廓

(b) 2D等值线图

(c) 横截面轮廓

图5.87　90°冲击角对应的抛光区轮廓图

2. 冲击角对抛光区形状影响的实验

确定冲击角度对冲蚀磨损的影响是研究冲蚀磨损机理最有效的方法。使用磁射流抛光实验装置进行了一系列定点抛光实验。这些实验主要考察冲击角对抛光区轮廓形状的影响。具体实验条件是：调整工作压力为 0.7MPa，喷嘴是直径为 3mm 的圆柱形，喷嘴出口距离工件表面 80mm，抛光平面 K9 玻璃 5min。抛光时，工件固定不动，调节电磁铁轴线（亦即喷嘴轴线）与工件表面之间的夹角，称为冲击角，分别为 90°、60° 和 30°。

图 5.87 显示了 90°冲击角，即垂直冲击情况下得到的冲击痕迹。垂直冲击时，抛光区呈现中心高、边缘低的环状结构。由通过抛光区中心的测量曲线可以看出，其截面呈现对称的 W 形轮廓结构：在中心顶点处，材料的去除量较少，去除量沿着径向距离向两侧逐渐增加，增大到一定距离之后，去除量呈现减小的趋势；而在以中心顶点为圆心的同一径向位置处，沿圆周的去除量近似相等。图 5.87 中显示去除量的不对称是由喷嘴与平面之间没有保证垂直而引起的。

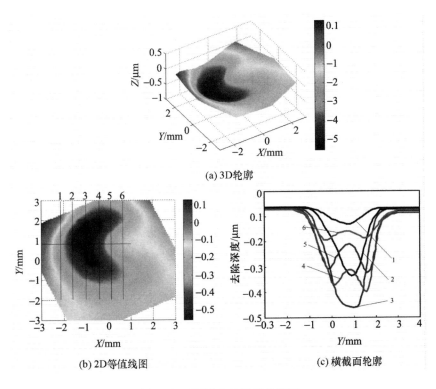

(a) 3D轮廓

(b) 2D等值线图

(c) 横截面轮廓

图 5.88　60°冲击角抛光轮廓图

倾斜冲击的抛光区轮廓如图 5.88 和图 5.89 所示。由图可以看出,抛光区轮廓沿着射流流向的轴线方向(图 5.88(b)和图 5.89(b)的横轴方向)几乎是对称的,造成不是完全对称的原因在于工件平面与过喷嘴轴线的铅垂面之间没有保证垂直,与工件表面不是十分平整也有关。横向截面轮廓形状随着冲击角的不同而略有不同。60°冲击角时候,抛光区呈现弯月状,横向截面轮廓由 V 形和 W 形两种形状组成,见图 5.88(c)。靠近喷嘴一侧,先是呈 V 形,去除深度逐渐达到最深处,然后转变成 W 形,随着射流继续流动,W 的中心高度也逐渐减小。随着冲击角的继续减小,与工件发生作用的射流越来越集中在靠近工件表面的那部分,射流的行为更加像滑过工件表面,垂直部分对材料去除的影响越来越小。因此,当冲击角为 30°时,只有在远离喷嘴的冲击区边缘部分,横向截面轮廓呈现 W 形(图 5.89(c)),而且中心的高度也很小,抛光区形状近似为倒 D 形的马蹄状结构。

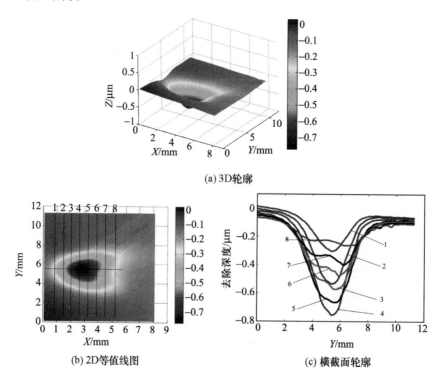

(a) 3D轮廓

(b) 2D等值线图

(c) 横截面轮廓

图 5.89　30°冲击角抛光区轮廓图

垂直冲击情况下,环状冲击区的截面呈现中间高两边低的 W 形,随着冲击角的减小,抛光区形状由垂直冲击时的圆环状结构逐渐过渡到倾斜冲击时的马蹄状结构。实验结果表明抛光区的形状依赖于冲击角度。

5.7.4　磁射流抛光修形实验

1. 平面抛光

对一个直径60mm的平面进行抛光实验。如图5.90所示,初始表面的PV值为0.886μm,RMS值为0.178μm,表面粗糙度RMS值为4.5nm;经过磁射流抛光后表面的PV值为0.109μm,RMS值为0.025μm,表面粗糙度RMS值为2.76nm。可以计算出表面面形误差大约提高了7倍,表面粗糙度降低了约60%,达到了很好的抛光效果。

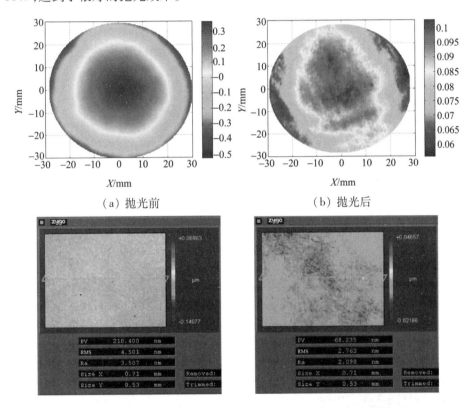

(a) 抛光前　　　　　　　　　(b) 抛光后

(c) 抛光前的表面粗糙度　　　　(d) 抛光后的表面粗糙度

图5.90　平面抛光实验

2. 球面抛光

对一个口径55mm、半径28.45mm的K9球形零件进行抛光,图5.91显示了抛光前后的面形误差:初始表面的 PV 值为 0.895λ(λ 值为 $0.632\mu m$,即 PV 值为$0.566\mu m$),RMS 值为 0.216λ($0.137\mu m$),表面粗糙度 RMS 值为 2.93nm;经过磁射流抛光后表面的 PV 值为 0.278λ($0.176\mu m$),RMS 值为 0.054λ($0.034\mu m$),表面粗糙度 RMS 值为 4.7nm,表面面形误差大约提高了 4 倍,而表面粗糙度较抛光前增大了约 1.6 倍。实验结果表明,通过选择合理的工艺参数,磁射流抛光技术能获得较高精度的面形精度和较低的表面粗糙度。由于非球面的检测受到激光干涉仪检测用非球面标准件的限制,我们采用抛光球面的方式来验证抛光非球面的可行性。在实际的非球面加工中,是根据各点对最接近比较球面的偏离量而抛光出非球面,由此可见非球面与球面抛光的加工方式一样,仅仅是各插补点坐标和转角不一样,因此,磁射流抛光可用于计算机控制抛光非球面。

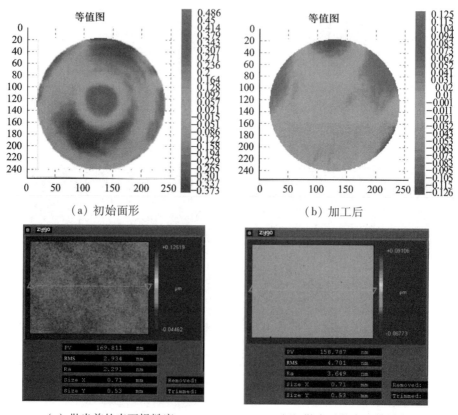

（a）初始面形　　　　　　　　　　　　　（b）加工后

（c）抛光前的表面粗糙度　　　　　　　　（d）抛光后的表面粗糙度

图 5.91　球面抛光实验

参 考 文 献

［1］ 王琪民,徐国梁,金建峰.磁流变液的流变性能及其工程应用[J].中国机械工程,2002,13(3):267 －270.

［2］ 周鲁卫,潘胜,乔皓洁.电流变液研究进展及最新动态[J].力学进展,1996,26(2):230－236.

［3］ Jolly M R,Bender J W,et al. Properties and applications of commercial magnetorheological fluids[R]. LORD 公司资料.

［4］ 王琪民,徐国梁,金建峰.磁流变液的流变性能及其工程应用[J].中国机械工程,2002,13(3):267 －270

［5］ Carlson D,Catanzarite D M. Commercial Magnetorheological Fluid Devices[R]. LORD 公司资料.

［6］ 仇中军.光学玻璃磁流变抛光技术的研究[D].哈尔滨:哈尔滨工业大学机械学院,2003.

［7］ 张峰,余景池,张学军,等.磁流变抛光技术[J].光学精密工程,1999,7(5):1－7.

［8］ Donald G. Precision optics manufacturing using magnetorheological finishing[J]. Proc. SPIE,1999,3739: 78－85.

［9］ Shinmura K,Komanduri R. Magnetic abrasive finishing of rollers[J]. Annals of CIRP,1994,43(1):181－ 184.

［10］ Yamada Y,Kurobe T. Magnetic field—assisted grinding-like polishing of brittle materials—effect of magnetic field and magnetic slurry on polishing characteristics[C]. International Symposium on Advances in Abrasive Technology Sydney,Australia,1997:71－75.

［11］ Kordonski W I,Golini D. Fundamentals of magnetorheological fluid utilization in high precision finishing[J]. Intelligent Material Systems and Structures. 2001,10(9):683－689.

［12］ Jacobs S D,Yang F Q,et al. Magnetorheological finishing of IR materials[C]. Proc. SPIE,1999,3134:258 －269.

［13］ Jacobs S D,Golini D,et al. Magnetorheological finishing:a deterministic process for optics manufacturing[C]. Proc. SPIE,1994,2576:372－382.

［14］ Arrasmith I A,Steven R,et al. Exploring anisotropy in removal rate for single crystal sapphire using MRF[C]. Proc. SPIE,2001,4451:277－285.

［15］ Shorey A B. Mechanisms of the material removal in magnetorheological finishing (MRF) of glass[D]. PH. D Dissertation of Univercity of Rochester,2000.

［16］ 张峰.几种参数对磁流变抛光的影响[J].光学技术,2000,26(3):220－221.

［17］ 张峰.磁流变抛光技术研究[D].长春:中国科学院长春光学精密机械与物理研究所,2000.

［18］ 张峰,余景池.对磁流变抛光技术中磁场的分析[J].仪器仪表学报,2001,22(1):42－44.

［19］ 张峰,张学军.磁流变抛光数学模型的建立[J].光学技术,2000,26(2):190－192

［20］ 仇中军,张飞虎.光学玻璃研抛用磁流变液的研究[J].光学技术,2002,28(6):497－501.

［21］ 张云,冯之敬.磁流变抛光工具及其去除函数[J].清华大学学报,2004,44(2):190－193.

［22］ 张云.光学非球面数控磁流变抛光技术的研究[D].北京:清华大学机械学院,2003.

［23］ 周杭君.超光滑表面磁流变加工原理与实验研究[D].长沙:国防科技大学机电工程与自动化学

院,2001.

[24] 王贵林.SiC 光学材料超精密研抛关键技术研究[D].长沙:国防科技大学机电工程与自动化学院,2002.

[25] 彭小强.确定性磁流变抛光的关键技术研究[D].长沙:国防科技大学机电工程与自动化学院,2004.

[26] 李爱民.计算机控制小工具研抛的去除特性和工艺研究[D].长沙:国防科技大学机电工程与自动化学院,2002.

[27] 胡皓.大型光学镜面磁流变抛光的关键技术研究[D].长沙:国防科技大学机电工程与自动化学院,2006.

[28] 尚文绵.计算机控制确定性研抛的建模与仿真[D].长沙:国防科技大学机电工程与自动化学院,2005.

[29] 唐宇.确定性磁流变抛光的建模、模型优化与控制[D].长沙:国防科技大学机电工程与自动化学院,2006.

[30] 尤伟伟.磁流变抛光的关键技术研究[D].长沙:国防科技大学国防科技大学机电工程与自动化学院,2004.

[31] 马彦东.KDP 晶体的磁流变抛光技术研究[D].长沙:国防科技大学机电工程与自动化学院,2007.

[32] 张学成.磁射流抛光技术研究[D].长沙:国防科技大学机电工程与自动化学院,2007.

[33] 尤伟伟,彭小强,等.磁流变抛光液的研究[J].光学精密工程,2004,12(3):330－334.

[34] 胡皓,彭小强,戴一帆.磁流变抛光液流变性测试研究[J].仪器仪表学报,2007,28(5):774－778.

[35] 胡皓,戴一帆,彭小强.倒置式磁流变抛光装置的设计与研究[J].航空精密制造技术,2006,(6):5－8.

[36] Li S Y,Wang G L,Dai Y F,et al. The determination for polishing tool's dimension in aspheric optics machining[C]. International Conference of the Precision Engineering and Nanometer Technology, Changsha,2002.

[37] 马彦东,李圣怡,彭小强,等. KDP 晶体的磁流变抛光研究[J].航空精密制造技术,2007,43(4):9－12.

[38] 唐宇,戴一帆,彭小强.磁流变抛光工艺参数优化研究[J].中国机械工程,2006,17 增刊(8):324－327.

[39] 彭小强,戴一帆,唐宇.基于灰色预测控制的磁流变抛光液循环控制系统[J].光学精密工程,2007,15(1):100－105.

[40] 宋辞,戴一帆,彭小强. Research on polishing parameters of magnetorheological finishing for high-precision optical surface[J].纳米技术与精密工程,2008,6(6):424－429.

[41] Bulsara V H,Ahn Y,et al. Mechanics of polishing. transaction of the ASME[J]. Journal of Applied Mechanics,1998,65:410－416.

[42] 康念辉.碳化硅反射镜超精密加工材料去除机理与工艺研究[D].长沙:国防科学技术大学机电工程与自动化学院,2009.

[43] 康念辉.大中型非球面磨削成形的理论与实验研究[D].长沙:国防科学技术大学机电工程与自动化学院,2004.

[44] Tichy J A. Hydrodynamic lubrication theory for the Bingham plastic flow model[J]. J. Rheol ,1991,35

(4):477 –496.

[45] Kim J H,Seireg A A. Thermohydrodynamic lubrication analysis incorporating Bingham rheological model[J].
Tribology,2000,122:137 –146.

[46] Jang J Y,Khonsari M M. Performance analysis of grease – lubricated journal bearings including thermal
effects[J]. Tribology,1997,119:859 –868.

[47] 李圣怡,戴一帆,等.精密和超精密机床设计理论与方法[M].长沙:国防科技大学出版社,2008.

[48] 李泉凤.电磁场数值计算与电磁铁设计[M].北京:清华大学出版社,2002.

[49] 邓聚龙.灰色控制系统[M].武汉:华中理工大学出版社,1993.

[50] 吕峰.灰色关联度之分辨系数的研究[J].系统工程理论与实践,1997,17(6):49 –54.

[51] 汪建晓,孟光.磁流变液研究进展[J].航空学报,2002,23(1):6 –12.

[52] 金昀,周刚毅,等.两种磁流变液测试系统的比较研究[J].实验力学,1999,14(3):288 –293.

[53] Shorery A B,Kordonsky W I,Gorodkin S R. Design and testing of a new magnetorheometer[J]. Review of
Scientific Instruments,1999,70(11):4200 –4206.

[54] 金昀,唐新鲁,等.磁流变液屈服应力的管道流测试方法研究[J].实验力学,1998,13(2):168
–173.

[55] 金昀,周刚毅,等.两种磁流变液测试系统的比较研究[J].实验力学,1999,14(3):288.

[56] 常建,杨运民,等.一种磁流变液流变特性测试装置的研究[J].仪器仪表学报,2001,22(4):354
–357.

[57] 关新春,欧进萍,李金海.磁流变液组分选择原则及其机理探讨[J].化学物理学报,2001,14(5):
591 –595.

[58] Carnal C L,Egert C M. Advanced matrix-based algorithm for ion beam milling of optical component[C].
Proc. SPIE,1992,1752:542 –562.

[59] 潘胜,吴建耀,胡林,等.磁流变的屈服应力与温度效应[J].功能材料,1997,28(2):264 –266.

[60] Kordonski W,Zhuravski G S. Static yield stress in magnetorheological fluid [C]. 7th international
Conference on Electro-Rheological fluids and Magneto-Rheological Suspensions,Honolulu,Hawall,1999:
611 –620.

[61] 胡林,张元应,汤嘉伟,等.表面活性剂对磁悬浮液体稳定性的影响[J].贵州大学学报(自然科学
版),1999,16(4):270 –274.

[62] Shorery A B. Mechanisms of material removal in magnetorheological finishing(MRF)of glass[R].
University of Rochester,2000.

[63] Liu H,Wang J,Huang C Z. Abrasive liquid jet as a flexible polishing tool[C]. Proceedings of the ICSFT,
2006.

[64] Booij S M. Fluid Jet Polishing-possibilities and limitations of a new fabrication technique [D].
Netherlands,Delft University:2003.

[65] Kordonski W,Golini D,Hogan S, et al. System for abrasive jet shaping andpolishing of surface using
magnetorheological fluid:US Patent 5971835[P],1999.

[66] Kordonski W. Apparatus and method for abrasive jet finishing of deeply concave surfaces using
magnetorheological fluid:US Patent 6561874[P],2003.

[67] 张学成,戴一帆,李圣怡,等.磁射流抛光时几种工艺参数对材料去除的影响[J].光学精密工程,

2006,14(6):1004 - 1008.

[68] 张学成,戴一帆,李圣怡,等.基于 CFD 的磁射流抛光去除机理分析[J].国防科技大学学报,2007, 29(4):110 - 115.

[69] 董志勇.射流力学[M].北京:科学出版社,2005.

[70] 徐惊雷,徐忠,肖敏,等.冲击射流的研究概述[M].力学与实践,1999,21(6):8 - 17.

第 6 章
确定性光学加工误差的评价方法

6.1　概　述

　　精密光学零件具有很高的加工精度,在航空、航天、国防等高技术项目中发挥着越来越重要的作用。例如,美国激光惯性约束聚变(Inertial Confinement Fusion,ICF)工程中的国家点火装置(National Ignition Facility,NIF),可为人类提供清洁的能源,每一套这样的装置需要 7000 多片高精度大口径光学零件。极紫外光刻是下一代光刻技术最有前途的方法之一,其光刻物镜是目前所知的精度最高的短波长光学零件。能否掌握精密光学零件的加工技术,已成为衡量一个国家制造水平高低的重要标志。在此背景下,一些学者提出了确定性光学加工方法,并在精密光学零件的制造中得到了广泛应用。

　　然而,大多数确定性光学加工方法(包括 CCOS 小磨头加工、磁流变抛光及离子束抛光等)由于使用了比工件尺寸小得多的磨头,加工表面除了低频的面形误差外,往往还含有较多的小尺度制造误差——中、高频误差[1,2],也就是通常所说的"碎带"误差。

　　中、高频误差的存在严重降低了光学系统的性能,对于强激光系统,以美国 NIF 的大口径光学零件为例[3,4],波长大于 33mm 的低频面形误差影响聚焦性能,波长在 0.12 ~ 33mm 的中频波纹度误差影响焦斑的拖尾和近场调制,波长小于 0.12mm 的高频粗糙度对散射性能有重要影响。

　　此外,高分辨率成像系统也对空间频带误差提出了严格要求,如陆地行星探测器日冕仪(Terrestrial Planet Finder Coronagraph,TPFC)次镜(长轴长 890mm)要求全口径内小于 5 个周期尺度内的扰动为 6nm RMS,5 ~ 30 个周期尺度内的扰动为 8nm RMS,而 30 个周期以上尺度内的扰动为 4nm RMS。原计划 2012 年发射的詹姆斯·韦伯太空望远镜(James Webb Space Telescope,JWST)次镜(口径为738mm)在相应尺度内的扰动分别为34nm RMS、12nm RMS和4nm[5] RMS。

图6.1为德国蔡氏公司在研究光刻物镜制造过程中给出的不同频带误差对光学系统性能的影响情况[6-8]。其中镜面的低频误差使成像系统的像出现扭曲变形,引入各种像差;中频误差使光线发生小角度散射,使所成像产生耀斑,影响像的对比度;高频误差使光线发生大角度散射,降低镜面的反射率。

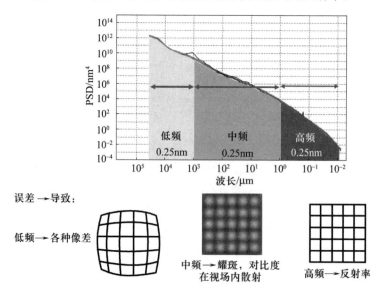

图6.1　不同频带误差对光刻物镜成像质量的影响

在目前的确定性光学加工方法中,这些频带误差难以得到有效控制,其原因在于:①缺乏与光学性能相联系的频带误差定量评价方法;②现有功率谱密度(Power Spectral Density,PSD)分析方法在研究不同确定性加工方法或者不同工艺参数对频带误差、光学性能的影响时存在许多不足。

确定性光学加工是解决精密光学零件加工难题的有效方法,深入研究并力争解决其间存在的关键问题,使确定性加工技术得以完善,对我国光学加工能力的整体提升大有裨益。本章将在介绍常用光学加工误差评价方法的基础上,结合我们在该领域所取得的科研成果,论述确定性光学加工过程中频带误差的新型评价和分析方法,这些内容能够为不同加工手段和工艺参数的合理选择提供指导,进而实现光学零件频带误差的合理控制。

6.2　常用的光学加工误差评价方法

随着现代光学系统对性能要求的不断提升,光学加工误差的评价方法得到了丰富和完善,概括起来主要有几何精度评价方法、基于功率谱密度特征曲线的评价方法、基于散射理论的评价方法、基于统计光学理论的评价方法,下面分别进行简要介绍。

6.2.1　光学加工误差的几何精度评价参数

1. 峰谷值(PV)

光学加工表面相对于理想参考波面的峰值 E_{max} 和峰谷 E_{min} 之和:

$$PV = E_{max} + E_{min} \tag{6.1}$$

峰谷值一般描述空间周期大于 2mm 的波前误差,即对 2mm 以下的信号通过低通滤波器滤掉。如果采用了低通滤波器与不采用低通滤波器时 PV 值有较大的变化,说明光学加工表面存在着明显的中、高频残差。

2. 均方根值(RMS)

光学加工表面相对于理想参考波面各点偏差 E_i 的均方根值:

$$RMS = \sqrt{\frac{1}{N} \sum_{i=1}^{N} E_i^2} \tag{6.2}$$

波前均方根值能系统全面地反映光学加工表面和理想面形之间的综合偏差情况,就是说可以描述光学加工表面的中、高频残差。在高分辨率条件下,一般要求 PV 值≤$\lambda/4$、RMS 值≤$\lambda/15$。

3. PV 值与 RMS 值之间的关系

对于高精度光学加工表面,PV 值一般是 RMS 值的 4~7 倍,图 6.2 所示为 Zygo18″干涉仪所测标准平面的干涉图,PV 值:RMS 值 = $0.085\lambda : 0.016\lambda \approx 5.3$。随着 PV 值的减小,PV 值和 RMS 值之比也会变小。

在精密光学系统中,为了提高像质和简化系统结构,光学设计一般都要使用非球面。在大口径非球面的加工中,人工修磨所占比例越高,光学加工表面残存中、高频误差的可能性越大。如果整个抛光过程采用单一的手工修磨,对于口径($>\phi 300mm$)、相对口径(>0.3)较大的非球面,最后的面形误差 PV 值和 RMS 值之比将达到 7~10,甚至更高,主要原因是局部凸起(一般出现在镜面边缘)和凹陷(整个表面都可能出现)。

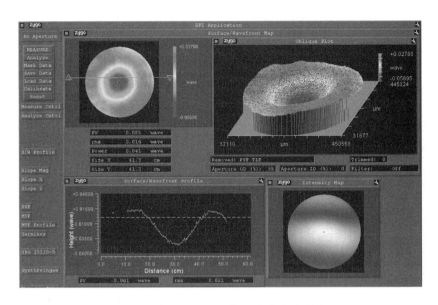

图 6.2　标准平面所测的面形误差干涉图

6.2.2　基于功率谱密度特征曲线的光学加工误差评价

因确定性加工产生的中、高频误差对强激光系统和高分辨率成像系统的光学性能具有决定性影响,人们率先在此领域对光学加工误差的评价方法展开了研究。传统上采用的 PV 值、RMS 值及泽尼克多项式(Zernike Polynomial)等指标缺乏定量化的波前频谱描述功能,不能准确完整地反映系统对光学零件的要求[9]。美国劳伦斯·利弗莫尔国家实验室在研制 NIF 的过程中,提出了以 PSD 特征曲线(PSD Character Curve)对光学加工误差进行评价的方法[10,11]。

这一方法建立在对光学加工误差进行频带划分的基础之上。目前,国际上把光学加工误差分为三类:几何形状误差、表面粗糙度和介于两者之间的波纹度,在频域上分别对应为低频带、高频带和中频带。LLNL 在研制 NIF 过程中,按照具体的空间波长 L 进一步将其分为[12]:

高频带:$L < 0.12\mathrm{mm}$,对应为 $f = 1/L > 8.33\mathrm{mm}^{-1}$;

中频带:$0.12\mathrm{mm} \leqslant L \leqslant 33\mathrm{mm}$,对应为 $0.03\mathrm{mm}^{-1} \leqslant f \leqslant 8.33\mathrm{mm}^{-1}$;

低频带:$L > 33\mathrm{mm}$,对应为 $f < 0.03\mathrm{mm}^{-1}$。

基于上述误差频带划分,LLNL 采用的 PSD 特征曲线为

$$\mathrm{PSD} = A \cdot f^{-b}, \quad 0.03\mathrm{mm}^{-1} \leqslant f \leqslant 8.33\mathrm{mm}^{-1} \tag{6.3}$$

式中，$A = 1.05$；

　　$b = 1.55$；

　　f 为频率（mm^{-1}）；

　　PSD 单位为（nm）$^2 \cdot mm$。

当以双对数曲线描述式（6.3）时，表现为一条具有负斜率的直线，这就是 LLNL 提出的 PSD 特征曲线。又因为对特定频带 PSD 曲线进行积分的结果就是 RMS 值的平方，相应地可得派生的特定频带 RMS 评价指标。

基于 PSD 特征曲线评价方法的主要思路是计算得出光学加工表面误差的 PSD 曲线，然后将其与特征曲线相比较，当加工误差的 PSD 曲线在特征曲线之下时零件合格，在特征曲线之上则不合格。国内的研究一般也以此作为判定光学零件表面误差是否合格的标准[9,13,14]。

国际标准化组织于 1997 年颁布光学国际标准 ISO 10110 时，PSD 成为了评价光学零件表面质量的新参数[15,16]，其 PSD 特征曲线为

$$PSD = A \cdot f^{-B}, \quad 1/(1000 \cdot D) < f < 1/(1000 \cdot C) \tag{6.4}$$

式中，f 为频率（μm^{-1}）；

　　A 为常数（μm^{3-B}）；

　　B 为频率幂指数，对于大多数表面 $1 < B < 3$；

　　C、D 为最小、最大空间周期（采样长度）（mm）；

　　PSD 单位为 μm^3。

如果 $B = 2$，当 $A = 10^{-8} \mu m$ 时为一般抛光，当 $A = 10^{-9} \mu m$ 时为精密抛光，当 $A = 10^{-10} \mu m$ 时为超精密抛光，据此可以对光学零件进行定性的评价。

功率谱密度特征曲线虽然能够评价光学加工误差的频带分布特征，却也存在着明显的不足：首先，PSD 是一种基于傅里叶变换的信号处理方法，是一种全局性的变化，我们无法判断不合格频率在光学表面发生的对应区域，从而难以为修形加工提供指导；其次，这一曲线不能与具体的光学性能建立联系，从而不能使光学零件加工经济、高效地满足光学性能的要求。

6.2.3　基于散射理论的光学加工误差评价

当光线入射到光学零件表面时会发生散射：高频误差主要引起大角度散射，中频误差引起小角度散射，低频误差则可用传统的像差进行表征，如图 6.3 所示[17,18]。有关表面散射理论的专著和论文非常多，Rayleigh-Rice 理论主要适用于超光滑表面，也就是均方根误差 $\sigma \ll \lambda$（λ 为入射光波长）的情况[19]。Beckmann-Kirchoff 理论适用于粗糙表面[20]，并且开发了基于此理论的"光学表

面分析软件"(Optical Surface Analysis Code,OSAC)[21,22],但因为有近轴假定,当入射角较大时,会出现理论与实验不相符的情况[23]。Harvey-Shack 散射理论(包括后续研究)则从线性系统理论出发,提出了适用任意入射角度的光学加工误差表面散射理论[18,24,25]。

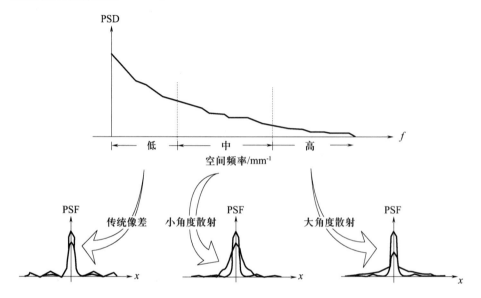

图6.3 光学表面不同频带误差对散射的影响

基于 Harvey-Shack 散射理论,可以计算加工表面的光学传递函数(Harvey 称之为散射表面传递函数,取模即得反映物、像之间对比度传递特性的光学设计指标——调制传递函数,Modulation Transfer Function,MTF)、点扩散函数(Point Spread Function,PSF,为光学传递函数的傅里叶变换)、环围能量(PSF 的积分),进而分析是否符合光学性能指标的要求。

这种评价方法也难以对确定性加工进行指导:首先,当加工表面不满足光学性能要求时,无法判断是什么频带误差占主导地位,从而不能针对性地采取合适的确定性加工方法、工艺参数去控制这一频带误差,以满足光学性能要求;其次,在光学零件的加工过程中,通常会使用不同的光学加工方法或工艺参数,这就需要分析不同工艺条件对频带误差的影响特点,并且这种影响只有直接反映到光学性能上才能得到最好的体现。

6.2.4　基于统计光学理论的光学加工误差评价

Goodman 假定像差与薄随机屏一样,附加在出瞳上,然后在假设随机相位误差服从高斯分布的情况下,得到屏的平均光学传递函数表达式[26];Barakat 也得到了相似的表达式[27]。后来的研究者一般将光学表面误差当作随机波前,从而得到表面误差对 MTF、PSF、环围能量的影响。

Noll 基于 Barakat 随机波前的理论,得出了光学加工误差对环围能量的影响关系曲线,其中环围能量又由两部分组成,即镜面能量和扩散能量[17],并将其用于指导下一步的加工:当镜面能量占主导地位时,说明中、低频误差较大,下一步选择粗加工;反之,则说明高频误差较大,选择精加工。

向阳等对 Goodman 的公式进行简化,舍弃了相关函数项,得出只依赖误差方差的光学传递函数,并依据这一公式,定量地得出光学表面误差 RMS 值对 MTF 的影响[28],见表 6.1。Youngworth 和 Stone 也提出了类似的简化公式[29]。

在上述研究中,Noll 虽然提出了下一步定性的加工思路,但没有进行实际的频带分割;向阳、Youngworth 忽略相关函数项也即忽略了频带高低的影响。因此,这些评价方法均没有建立频带误差与光学性能之间定量的联系,自然也没有建立频带误差对光学性能的影响规律。

表 6.1　光学表面误差 RMS 值对 MTF 的影响

$\Delta\sigma/nm$		f/mm^{-1}										
		0	10	20	30	40	50	60	70	80	90	100
0		1	0.91	0.80	0.66	0.54	0.44	0.36	0.30	0.27	0.24	0.22
10	切向	1	0.92	0.80	0.67	0.54	0.44	0.36	0.30	0.27	0.24	0.22
37		1	0.75	0.66	0.54	0.43	0.34	0.27	0.236	0.20	0.18	0.16
44		1	0.70	0.61	0.51	0.42	0.34	0.287	0.23	0.19	0.16	0.13
0		1	0.91	0.78	0.65	0.50	0.39	0.32	0.28	0.25	0.22	0.19
10	径向	1	0.91	0.79	0.64	0.50	0.39	0.32	0.28	0.25	0.22	0.19
37		1	0.75	0.62	0.49	0.37	0.27	0.21	0.18	0.16	0.14	0.12
44		1	0.68	0.58	0.48	0.38	0.30	0.24	0.20	0.17	0.15	0.10

本章在接下来的内容中,将围绕确定性加工频带误差的新型评价、分析方法

进行研究:当加工误差不满足光学性能要求时,发现需要重点控制的频带误差,以及消除该误差的确定性加工方法和合适的工艺参数,从而为实现光学表面频带误差的合理控制提供参考。

6.3　光学加工误差分布特征的分析方法

采用小波变换评价方法,结合功率谱密度特征曲线,能够在反映光学加工误差频谱特征、评价光学表面质量的同时,还可以表达不合格频率误差在光学表面的分布,为确定性光学加工提供指导。

6.3.1　光学表面任意方向加工误差的评价与分析

1. 评价原理和步骤

这一评价方法是在利用功率谱密度特征曲线的基础上,采用一种局域性的信号处理方法——连续小波变换,寻找光学表面任意方向上不合格频率误差的分布位置,从而为修正加工提供参考。

主要步骤如下:

(1) 利用波面干涉仪测得光学加工表面的误差数据。

(2) 求出光学加工表面误差的 PSD 曲线,分析频谱特征。

(3) 将求出的 PSD 曲线与 PSD 特征曲线进行比较,如果在特征曲线之下,则表示光学零件符合加工要求,退出程序;在特征曲线之上,则表示不合格,找出不合格的频率成分。

(4) 利用 Matlab 小波工具箱,针对(3)得出的不合格频率,进行一维连续小波变换,找到不合格频率误差的分布位置。

(5) 选择合适的工艺参数进行修正加工,消除对应频率成分的误差。

评价和分析流程如图 6.4 所示。

2. 一维功率谱密度计算

因 PSD 特征曲线体现的是一条直线,为了与其进行比较,采用一维功率谱密度(One Dimensional Power Spectral Density,1D – PSD)计算公式[10]:

$$\text{PSD}(v_i) = [A(v_i)]^2 / (\Delta v) \tag{6.5}$$

式中,$A(v_i)$ 为频率 v_i 处的离散傅里叶变换幅值;

Δv 为频率间隔。

为了提高信噪比,一般需对评价方向上多条平行截线的 PSD 值进行平均:

　光学非球面镜可控柔体制造技术

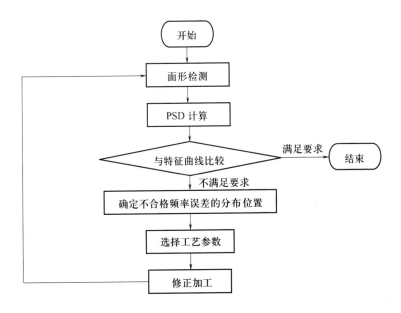

图 6.4　基于功率谱密度特征曲线的小波评价方法流程图

$$\overline{PSD} = \frac{1}{K} \sum_{i=1}^{K} PSD_i(m) \qquad (6.6)$$

式中,K 为评价方向上的平行截线条数。

在实验中发现,取样方式对最后 1D - PSD 曲线的形成有比较重要的影响,其中包括取样方向和取样间隔的大小。

1)取样方向的影响

如果光学零件表面误差具有旋转对称的形式,则可选择任意方向(也可选择径向方向)进行评价,分析结果会相同;但当表面误差不是旋转对称时,方向选择不同,最后的结果也会有差异。

图 6.5 为 $\phi100mm$ 微晶玻璃平面镜在离子束加工前后的表面误差形貌,图 6.6 为计算后得到的 X、Y 两个方向的 1D - PSD 比较曲线,分别采用 $PSD - X$、$PSD - Y$ 进行表示。

由图 6.6 可见,X 向 PSD 与 Y 向 PSD 趋势基本一致,但在较低频带处存在着一些差异,如 $PSD - X$ 在空间频率 $0.033mm^{-1}$、$0.058mm^{-1}$ 处存在比较明显的频率成分,而 $PSD - Y$ 只在 $0.058mm^{-1}$ 处存在较明显的频率成分。为尽可能突出更多的敏感频率成分,我们应尽量选取 X、Y 两个方向。

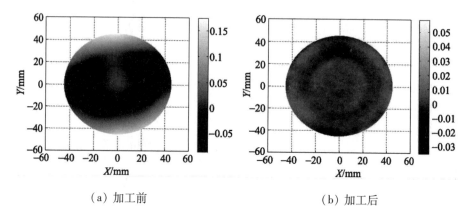

（a）加工前 　　　　　　　　　（b）加工后

图 6.5　φ100mm 微晶玻璃平面镜在离子束加工前后的表面误差

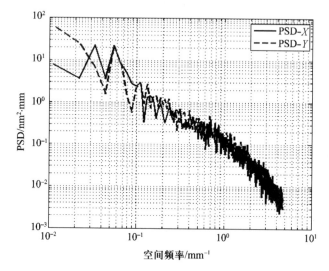

图 6.6　离子束加工后取样方向对 PSD 曲线的影响

2）取样间隔的影响

分析数据仍选用图 6.5 中的离子束加工表面，改变评价方向上平行截线之间的间隔，计算得到离子束加工前后的 PSD 曲线如图 6.7 所示（图例中标识的 10、30 为相隔的像素点，为清晰，图中去掉了栅格）。

由图 6.7 可知：

（1）对于原始数据，间隔越窄，则 PSD 曲线较高频带趋向随机性，中、低频带凸显出一些较明显的频率成分；间隔越宽，则中、低频带趋向随机性，但相应地在较高频带凸显出一定的频率成分；当 PSD 曲线凸显出随机特性时，它在总体

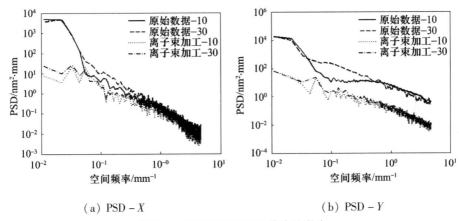

(a) PSD – X   (b) PSD – Y

图 6.7　取样间隔对 PSD 曲线的影响

分布上近似于线性。

（2）对于离子束加工后的数据，间隔基本不影响 PSD 曲线的形成。

当间隔为较小的 10 像素时，由图 6.7(a)可见，离子束加工后与原始面形相比，在低频带得到了最大程度的改善，随着频率的增高，改善程度越小；当频率 f > 0.4mm^{-1}时，两条曲线已经很难分辨开。但由图 6.7(b)可见，经过离子束加工后，整个频带范围内均有改善，改善程度最小的反而是中频带。

而当取样间隔变宽，达到 30 像素时，由图 6.7(a)可见，采样间隔的变化并不影响结论；但由图 6.7(b)可见，随着间隔的增大，不再是中频部分改善最小，反而与图 6.7(a)中 X 向 PSD 的结论相似，即低频改善程度最大，随着频率的增高，改善程度渐小。

考虑到原始数据中较低频带误差占有主导地位，因此在对原始数据进行分析时，应选用较大的间隔。

3）取样原则的设定

经过上述分析，我们得出采用 1D – PSD 曲线进行分析时的取样原则：

（1）尽量选取 X、Y 两个方向，如果以一个方向作为代表，应该选取误差频率成分较丰富的方向，以尽可能突出更多的敏感频率误差。

（2）计算原始数据的 PSD 曲线时，间隔需要适当取宽。

此外，也有对二维功率谱密度(Two Dimensional Power Spectral Density，2D – PSD)的一个方向进行积分[10]以及 PSD 坍陷(PSD Collapse)得到 1D – PSD 曲线的做法[30,31]，这里从略。

3. 一维连续小波变换

设 $\psi(t) \in L^2(R)$（$L^2(R)$ 表示平方可积的实数空间，即能量有限的信号空间），其傅里叶变换为 $\psi(\omega)$，当 $\psi(\omega)$ 满足容许条件[32]：

$$C_\omega = \int_R \frac{|\psi(\omega)|^2}{|\omega|} \mathrm{d}\omega < \infty \qquad (6.7)$$

称 $\psi(t)$ 为一个基本小波或母小波，将基本小波 $\psi(t)$ 进行伸缩和平移，可以得到一个小波序列：

$$\psi_{a,b}(t) = \frac{1}{\sqrt{|a|}} \psi\left(\frac{t-b}{a}\right) \qquad a,b \in R; a \neq 0 \qquad (6.8)$$

式中，a 为伸缩因子；

$\quad b$ 为平移因子。

则对于任意函数 $f(t) \in L^2(R)$ 的一维连续小波变换（One Dimensional Continuous Wavelet Transform，一般简称为 CWT）为

$$W_f(a,b) = <f, \psi_{a,b}> = |a|^{-1/2} \int_R f(t) \psi^*\left(\frac{t-b}{a}\right) \mathrm{d}t \qquad (6.9)$$

式中，$*$ 为取共轭。

小波变换是一种窗口大小固定但其形状可改变的时频局域化分析方法，它在低频部分具有较高的频率分辨率和较低的时间分辨率，在高频部分具有较高的时间分辨率和较低的频率分辨率。这是一项很符合实际需求的特点，因为如果希望在时域上观察得越细致，就越要压缩观察范围，并提高分析频率[32]。实现 CWT 可以选用现成的 Matlab 小波工具箱[33]。

4. 加工实例分析

下面采用小波方法对一块平面镜的误差数据进行分析。平面镜口径为 $\phi68\mathrm{mm}$，图 6.8（a）为波面干涉仪测得的面形误差数据（如无特别说明，本章误差数据的右侧幅度条单位为波长，$\lambda = 632.8\mathrm{nm}$），采样周期为 $0.98\mathrm{mm}$/像素，表面误差为 0.724λ PV、0.141λ RMS。图 6.8（b）为 PSD 曲线与特征曲线的比较，在计算 PSD 时，镜面在 Y 方向从第 68 个像素点开始，每隔 1 像素取一条平行截线，共取 10 条平行截线的 PSD 值进行平均，从而求得面形误差的 PSD 曲线。

采用的 PSD 特征曲线解析表达式见式（6.4），假设为一般抛光，特征参数 $A = 10^{-8}\mu\mathrm{m}$，$B = 2$。

由图 6.8（b）可见，$\phi68\mathrm{mm}$ 平面镜不符合 PSD 特征曲线的要求。选定较突出

的不合格频率 $f = 0.049\ \mathrm{mm}^{-1}$，采用 Matlab 的小波工具箱进行分析。小波分析信号曲线选取 Y 方向第 68 个像素点($68 \times 0.98 = 66.64\mathrm{mm}$)处的截线，该截线在图 6.8(a) 中已标明。选用 db4 基本小波，分析结果如图 6.9 所示。图中上方为选取方向的误差截线，中间为各频率的分布，下方为不合格频率 $f = 0.049\ \mathrm{mm}^{-1}$ 的分布。

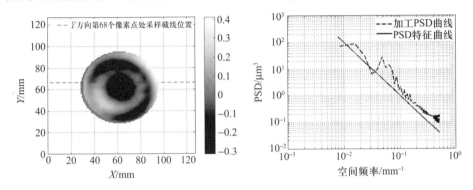

（a）面形误差数据　　　　　　　　（b）PSD 曲线与特征曲线比较

图 6.8　ϕ68mm 平面镜误差数据及 PSD 特性分析

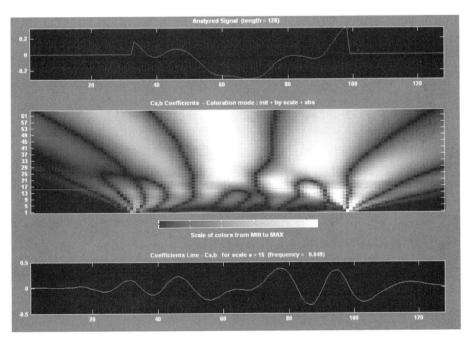

图 6.9　ϕ68mm 平面镜误差数据的 CWT 分析结果

由图 6.9 可见,不合格频率在该取样方向上的分布区域为采样点 78 ~ 80、85 ~ 87 及 96 ~ 98 处,对应位置为 76.44 ~ 78.4mm、83.3 ~ 85.26mm 和 94.08 ~ 96.04mm。对于 Y 方向的其他采样位置,同理可得分析结果。

5. 不足之处

由上述分析过程可知,在确定某不合格频率成分误差对应的分布区域时,需要选取评价方向上的多条截线,然后针对每一条截线做一维连续小波变换,求取该频率在此截线方向上的分布,再将各方向上的分布进行综合,才得到不合格频率在光学表面上的总体分布。上述分析过程比较繁杂,也脱离了光学表面为二维面形的特点。因此,下面介绍基于功率谱密度特征曲线的二维连续小波评价方法。

6.3.2　光学表面局部误差的评价与分析

1. 二维连续小波变换算法

二维连续小波变换(Two Dimensional Continuous Wavelet Transform,CWT2D)是在一维连续小波变换的基础上发展起来的,主要用于分析图像等二维信号,以凸显特征信息,它可以表示为[32]

$$WT_f(a,\theta,\bar{b}) = 1/a \cdot \iint f(\bar{x})\psi^*[a^{-1}r_\theta^{-1}(\bar{x}-\bar{b})]\mathrm{d}\bar{x} \qquad (6.10)$$

式中, $\bar{x}$ 为平面直角坐标, $\bar{x}=[x_1,x_2]^T$;

$f(\bar{x})$ 为二维信号;

$WT_f(a,\theta,\bar{b})$ 为 $f(\bar{x})$ 的二维连续小波变换(下标 f 表示要进行小波变换的二维信号);

$\bar{b}$ 为 x_1、x_2 方向的位移, $\bar{b}=[b_1,b_2]^T$;

a 为尺度因子;

r_θ 为坐标旋转因子, $r_\theta=\begin{bmatrix}\cos\theta & -\sin\theta \\ \sin\theta & \cos\theta\end{bmatrix}$;

θ 为坐标系逆时针旋转角度;

$\psi[a^{-1}r_\theta^{-1}(\bar{x}-\bar{b})]$ 为二维基本小波 $\psi(\bar{x})$ 的尺度伸缩、坐标旋转及二维位移;上标 $*$ 为取共轭。

当选取各向同性的基本小波进行分析时, $\theta=0$, r_θ 为二阶单位矩阵,可省略。

2. 加工实例分析

针对口径为 $\phi100$mm 的 K9 玻璃平面镜,利用 CCOS 小工具进行加工,波面干涉仪的测量结果如图 6.10(a)所示,原始数据 CCD 阵列的有效像素为 256 ×

256,采样周期为 0.432mm/像素,表面误差为 0.34λ PV、0.069λ RMS。

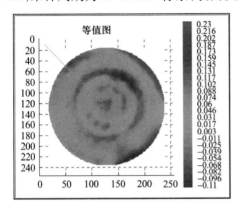 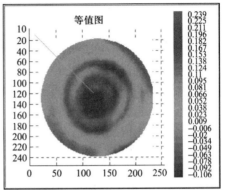

（a）加工前　　　　　　　　　　（b）加工后

图 6.10　φ100mm 平面镜加工前后的误差测量结果

图 6.11 为计算所得 PSD 曲线(虚线表示)与特征曲线的比较,仍采用 ISO 提出的 PSD 特征曲线,但假设为精密抛光,特征参数:$A = 10^{-9}\mu m, B = 2$。

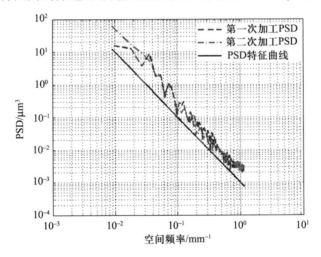

图 6.11　加工前后 PSD 曲线与 PSD 特征曲线的比较

由图 6.11 可知,表面误差 PSD 曲线位于特征曲线之上,因此这一平面镜不符合加工要求。选择图 6.11 中 $f = 0.28mm^{-1}$ 作为待考查的不合格频率,对于其他的不合格频率可作类似处理。

上面计算的是 1D – PSD,得出的不合格频率也是一维数值,实验中采用各向

同性的 Mexican2d 小波,其频域表达式为

$$\psi(f_1, f_2) = -2\pi(f_1^2 + f_2^2)\exp\left[-(f_1^2 + f_2^2)/2\right] \tag{6.11}$$

式中,(f_1, f_2) 为频域坐标。

首先找到与不合格频率误差对应的尺度,由尺度与频率之间的关系可得[33]

$$f_a = \frac{f_c}{a\Delta} \tag{6.12}$$

式中,f_c 为选用小波的中心频率(下标 c 为记号,表示中心 central);

a 为评价尺度;

Δ 为 CCD 阵列的采样周期;

f_a 为与尺度 a 对应的频率,也就是需要考察的不合格频率。

对于 Mexican2d 小波,计算得其中心频率 $f_c = 0.25\text{mm}^{-1}$。将采样周期 $\Delta = 0.432\text{mm}/$像素、不合格频率 $f_a = f = 0.28\text{mm}^{-1}$ 代入式(6.12)得 $a = 2.07$。因为 Mexican2d 小波各向同性,取旋转角度 $\theta = 0$。Mexican2d 小波在 $a = 2.07$、$\theta = 0$ 时的滤波器形状如图 6.12(a)所示(图中以归一化频率表示)。

利用 Yawtb 中的 CWT2D 进行分析,结果如图 6.12(b)所示(如无特别说明,本章 CWT2D 分析均选用 Mexican2d 小波,并省略上述尺度 a、角度 θ 的计算步骤,分析结果的右边幅度条表示权重,无单位)。

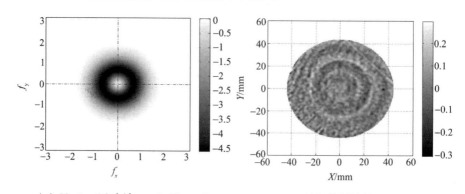

(a) Mexican2d 小波:$a = 2.07, \theta = 0$　　　　　(b) 分析结果

图 6.12　选用小波及 CWT2D 分析结果

由图 6.12(b)可得 $f = 0.28\text{mm}^{-1}$ 频率误差的分布区域,修正后的误差分布和 PSD 曲线分别见图 6.10(b)和图 6.11(点划线表示)。其中,加工后面形误差为 0.345λ PV、0.081λ RMS。可见加工后面形精度稍有下降,但在 PSD 曲线上 0.28mm^{-1} 频率误差的幅值有较大程度的降低(从 $0.05\mu\text{m}^3$ 下降到 $0.02\mu\text{m}^3$)。

由图 6.11 也可见,加工后 PSD 曲线仍在特征曲线之上,按照评价标准,本次修正加工后的平面镜仍不满足规定的性能要求。

采用上述方法,也可以分析得出其他不合格频率误差的对应分布区域,并进行修正加工。

6.3.3　工艺方法对光学加工误差的影响分析

本节首先分析光学加工表面误差的频谱特性,然后利用二维连续小波变换得出敏感频率误差(频谱图上能量较集中、突出的频率成分为敏感频率)的分布区域,进而探讨该频率误差的产生原因,重点考察离子束加工和磁流变抛光中走刀方式、去除函数束径、步距对误差频率成分的影响。

1. 走刀方式对光学加工误差的影响

在其他工艺参数不变的情况下,考察走刀方式($\rho - \theta$ 走刀方式和 $X - Y$ 走刀方式)对离子束加工和磁流变抛光的影响。

对于离子束加工,分析对象为 2 块 ϕ100mm 的微晶玻璃平面镜,经过平面研抛机加工,面形精度达到 $\lambda/2$ PV;对于磁流变抛光,分析对象为 2 块 K4 玻璃平面镜,经过平面研抛机加工,面形精度也达到 $\lambda/2$ PV。

分析步骤如下:

(1)利用干涉仪测量经过平面研抛的 4 块平面镜,得到误差数据。

(2)分别以 $\rho - \theta$ 走刀方式和 $X - Y$ 走刀方式对 4 块光学零件进行离子束、磁流变加工,得出测量结果。

(3)计算加工前后面形误差的 PSD 曲线,对加工结果进行比较分析,考察频带误差的变化趋势,找出敏感频率。

(4)利用 CWT2D 对敏感频率误差进行分析,确定分布区域,考察其与走刀方式之间的关系。

(5)比较走刀方式改变对离子束、磁流变加工的影响。

根据上述分析步骤,得出实验结果和分析结论如下:

1)离子束加工走刀方式的影响

图 6.13 是离子束加工中采用 $\rho - \theta$ 走刀方式加工 ϕ100mm 微晶玻璃平面镜的表面误差,其中加工前 0.2917λ PV、0.0282λ RMS,加工后 0.2420λ PV、0.0065λ RMS。图 6.14 是离子束加工中采用 $X - Y$ 走刀方式加工 ϕ100mm 微晶玻璃平面镜的表面误差,加工前 0.2594λ PV、0.0438λ RMS,加工后 0.0936λ PV、0.0038λ RMS。

由图 6.13 和图 6.14 可见,不论是 $\rho - \theta$ 方式还是 $X - Y$ 方式,均能使加工精

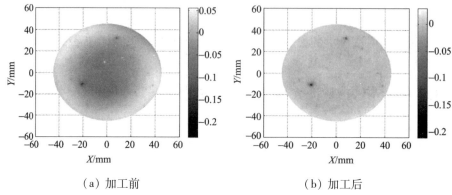

（a）加工前　　　　　　　　　　　（b）加工后

图 6.13　以 $\rho-\theta$ 走刀方式进行离子束加工前后的表面误差

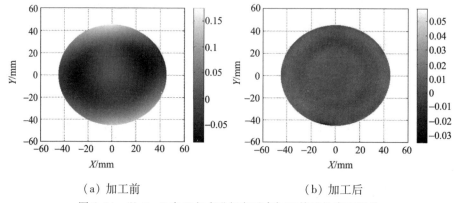

（a）加工前　　　　　　　　　　　（b）加工后

图 6.14　以 $X-Y$ 走刀方式进行离子束加工前后的表面误差

度达到相当高的水平,其中利用 $X-Y$ 方式的加工精度略高,达到 $\lambda/263$ RMS。

图 6.15 是针对图 6.13 加工结果所做的加工前后 PSD 曲线比较,图 6.16 是针对图 6.14 加工结果所做的加工前后 PSD 曲线比较,走刀方式在图例中进行标明。

由图 6.15 和图 6.16 可见:

（1）两种走刀方式下低频成分误差在幅值上均有较大程度的降低,随着频率的增高,改善程度减小,这一点两种走刀方式没有明显区别。

（2）两种走刀方式下低频区均出现了新的频率成分,但发生的位置不一致。对于 $\rho-\theta$ 走刀方式,体现在 PSD $-Y$ 的 45mm 波长处(为了直观,以空间波长进行表示,其对应的空间频率为 $1/45=0.022\,\mathrm{mm}^{-1}$,后面表示方法相同);对于 $X-Y$ 走刀方式,PSD $-X$ 与 PSD $-Y$ 均有体现的频率成分发生在 17mm(0.058mm^{-1})处,在 PSD $-X$ 上还有体现的是 30mm(0.033mm^{-1})。

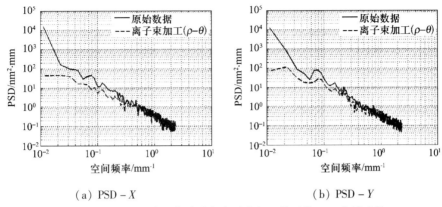

（a）PSD – X （b）PSD – Y

图 6.15 以 $\rho - \theta$ 走刀方式进行离子束加工前后的 PSD 曲线比较

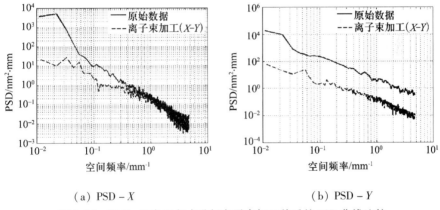

（a）PSD – X （b）PSD – Y

图 6.16 以 $X - Y$ 走刀方式进行离子束加工前后的 PSD 曲线比较

按照一般的猜想，$\rho - \theta$ 走刀方式可能产生环带误差，$X - Y$ 走刀方式可能产生横向或纵向误差。但是基于上述 PSD 曲线的分析结果，$\rho - \theta$ 走刀方式产生了非环带误差（45mm 波长误差只在一个方向上产生），$X - Y$ 走刀方式则可能产生环带误差（17mm 波长误差在两个方向上均有产生）。

选定 $X - Y$ 走刀方式下加工后的 17mm 误差为敏感频率成分，图 6.17 为采用 CWT2D 分析的 17mm 波长误差加工前后的分布区域。

由图 6.17 可见：

（1）加工后的 17mm 波长误差基本呈环带分布形式，与加工前相比，幅度上有较大程度的降低。

（2）从 17mm 波长误差加工前后分布区域的比较来看，一些高点得到去除，

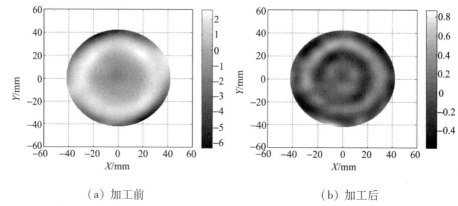

（a）加工前　　　　　　　　　　　（b）加工后

图 6.17　$X-Y$ 走刀方式下 17mm 波长误差离子束加工前后的分布区域

从而导致 17mm 波长误差凸显。

（3）$\rho-\theta$ 走刀方式并不一定产生环带误差，$X-Y$ 走刀方式也可能产生环带误差，两种走刀方式无明显区别；而之所以产生某种形状的较低频率误差，与加工前的原始误差分布有较大的关系，这一点将在下一步实验中进行探讨。

2）磁流变抛光走刀方式的影响

图 6.18 是采用磁流变抛光方法 、$\rho-\theta$ 走刀方式加工 ϕ100mm K4 玻璃平面镜的表面误差，共进行了两次修正加工，加工前 0.3325λ PV 、0.0651λ RMS，第一次修正加工后 0.1083λ PV 、0.0174λ RMS，第二次修正加工后 0.0745λ PV 、0.0113λ RMS。

图 6.19 是采用磁流变抛光方法、$X-Y$ 走刀方式加工 ϕ100mm K4 玻璃平面镜的面形误差测量结果，也进行了两次修正加工，加工前 0.5551λ PV 、0.1028λ RMS，第一次修正加工后 0.1790λ PV 、0.0227λ RMS，第二次修正加工后 0.1070λ PV 、0.0112λ RMS。

由图 6.18 、图 6.19 可见，不管采用 $\rho-\theta$ 方式还是 $X-Y$ 方式，均能使加工精度达到 λ/88 RMS，即从空间域上而言，走刀方式的改变对加工精度影响不大。

下面从频域进行分析，图 6.20 是针对图 6.18 加工结果所做的加工前后 PSD 曲线比较，图 6.21 是针对图 6.19 加工结果所做的加工前后 PSD 曲线比较（走刀方式以图例的方式在图中进行标明）。

由图 6.20 和图 6.21 可见：

（1）两种走刀方式下较低频率成分误差在幅值上均有较大程度的降低，随着频率的增高，改善程度减小，这一点两种走刀方式没有明显区别。

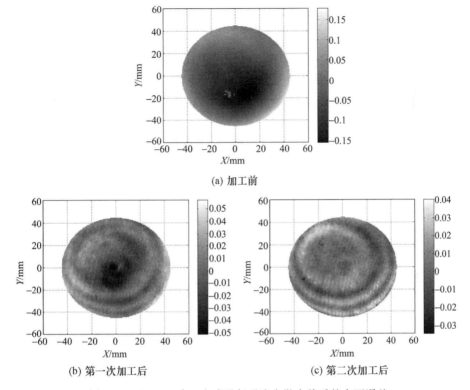

(a) 加工前

(b) 第一次加工后

(c) 第二次加工后

图 6.18　以 ρ - θ 走刀方式进行磁流变抛光前后的表面误差

（2）在 X - Y 加工方式下，第一次磁流变修形在 PSD - Y 上体现出非常明显的 1mm 频率成分误差，第二次磁流变修形在 PSD - X、PSD - Y 上均体现出明显的约大于 1mm 的频率成分误差。

根据上述 PSD 曲线的分析结果，选定 X - Y 走刀方式下加工后的 1mm 作为敏感频率成分，利用 CWT2D 分析得到加工前后 1mm 频率误差对应的分布区域如图 6.22 所示。

由图 6.22 可见，1mm 频率成分误差体现在光学表面上为间隔 1mm 的平行条纹，而 1mm 正好为 X - Y 走刀时所采用的步距。在图 6.22(c)中，条纹倾斜则是因为测量时光学镜面旋转了一个角度，这也导致在 PSD - X、PSD - Y 上均体现出约大于 1mm 的频率成分误差。

3）结论

综合以上分析，通过对走刀方式变化对磁流变抛光、离子束加工的影响进行总结，得出结论如下：走刀方式对两种加工方法无明显影响；但在 X - Y 走刀方

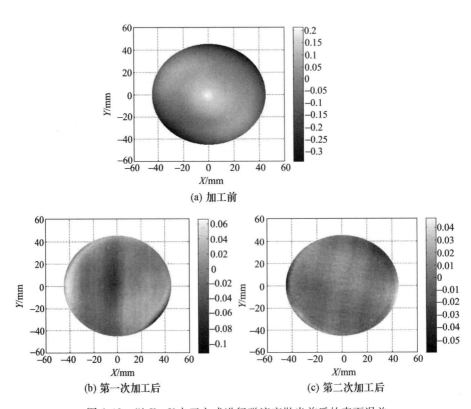

(a) 加工前

(b) 第一次加工后

(c) 第二次加工后

图 6.19　以 X – Y 走刀方式进行磁流变抛光前后的表面误差

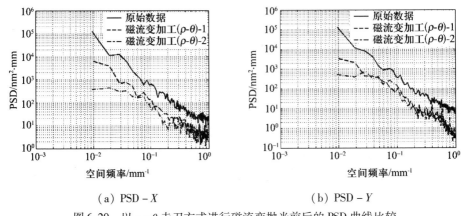

（a）PSD – X

（b）PSD – Y

图 6.20　以 ρ – θ 走刀方式进行磁流变抛光前后的 PSD 曲线比较

式下进行磁流变抛光,出现了走刀步距引起的 1mm 波长误差;在 X – Y 走刀方式

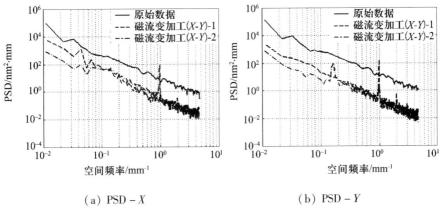

（a）PSD – X　　　　　　　　　　　（b）PSD – Y

图 6.21　以 X – Y 走刀方式进行磁流变抛光前后的 PSD 曲线比较

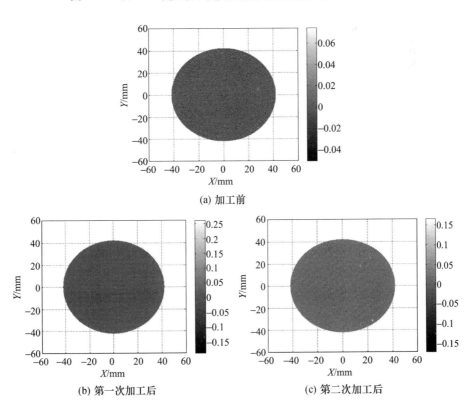

（a）加工前

（b）第一次加工后　　　　　　　　　　　（c）第二次加工后

图 6.22　X – Y 走刀方式下 1mm 误差在磁流变抛光前后的分布区域

下进行离子束加工,出现了 17mm 波长的环带误差,它与原始表面的误差分布具有较大的关系。

2. 去除函数束径、步距对离子束加工误差的影响

实验对象为 ϕ100mm 微晶玻璃平面镜,经过平面研抛机加工后,面形精度达到 $\lambda/2$ PV。

具体分析步骤如下:

(1)设定加工条件为 $X-Y$ 走刀方式、1mm 步距、32mm 束径去除函数,计算出理论残差,对理论残差与实际加工残差进行比较分析。

(2)保持其他工艺参数不变,依次改变束径 32mm→25mm→20mm→15mm→10mm→5mm,重新计算理论残差。

(3)考察束径改变的影响。

(4)保持其他工艺参数不变,依次改变步距 0.5mm→1mm→2mm→4mm,重新计算理论残差。

(5)考察步距改变的影响。

根据上述分析步骤,得出实验结果和分析结论如下:

1)离子束加工去除函数束径的影响

实际加工前后的表面误差数据如图 6.14 所示,改变离子束束径进行仿真加工,理论残差如图 6.23 所示。

去除函数束径设为 d,则有:

$d=32$mm 时,加工后面形误差 0.071λ PV、0.005λ RMS;

$d=25$mm 时,加工后面形误差 0.062λ PV、0.004λ RMS;

$d=20$mm 时,加工后面形误差 0.057λ PV、0.004λ RMS;

$d=15$mm 时,加工后面形误差 0.048λ PV、0.003λ RMS;

$d=10$mm 时,加工后面形误差 0.033λ PV、0.002λ RMS;

$d=5$mm 时,加工后面形误差 0.013λ PV、0.001λ RMS。

由图 6.23 可见,虽然加工束径发生改变,但加工后光学表面均达到了很高的精度;并且束径越小,面形误差 PV 值、RMS 值越小,由图中也可直观地看出表面误差中间区域的环带逐渐消去的过程。

下面从频域进行分析,PSD 曲线比较如图 6.24 所示。图中以 32mm、15mm、5mm 束径的仿真加工数据为例,与 32mm 束径的实际加工数据进行对比。

由图 6.24 可见:

(1)32mm 束径实际加工数据与 32mm 束径仿真加工数据相比,PSD 曲线位置基本上一致,但没有完全重合;这说明实际加工是一个复杂的过程,仿真加工

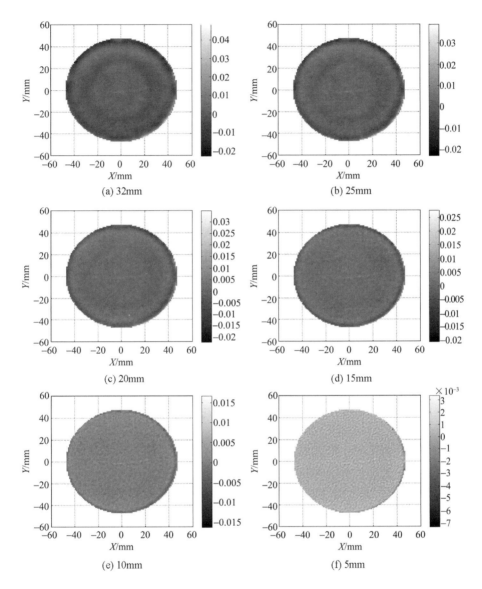

(a) 32mm

(b) 25mm

(c) 20mm

(d) 15mm

(e) 10mm

(f) 5mm

图 6.23　不同去除函数束径仿真加工的理论残差

误差的频谱分布与实际加工误差的频谱分布存在一定差异。

（2）就仿真数据而言,随着束径的减少,曲线幅值降低,这一点与 RMS 值的改变相一致;并且曲线上的高低起伏有向右平移的趋势,表明束径越小,改善能力愈强,能改善的误差频率越高。

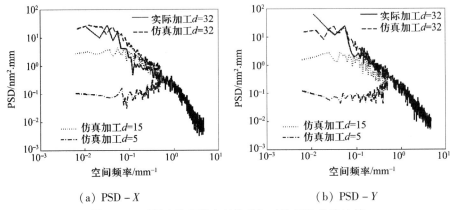

（a）PSD－X　　　　　　　　　　（b）PSD－Y

图 6.24　不同去除函数束径仿真加工的 PSD 曲线比较

（3）与图 6.16 原始数据 PSD 曲线相比，低频成分误差得到了最大程度的改善，随着频率的增高，改善程度减小。

根据上述 PSD 曲线的分析结果，分别以 32mm、15mm、5mm 束径的仿真加工误差数据为例，分析 17mm 频率成分误差的分布区域，CWT2D 的分析结果如图 6.25 所示。

由图 6.25 可知：

（1）束径为 32mm 仿真加工数据中 17mm 波长误差分布表现为较明显的环带条纹，与图 6.17（b）实际加工误差中 17mm 波长误差的分布大体一致，但幅度上有所降低，即实际加工没有达到仿真加工的效果。

（2）束径为 15mm 仿真加工数据中 17mm 波长误差的幅值下降明显，只在边缘处出现较明显的条纹，中心区域高点已基本被去除。

（3）束径为 5mm 仿真加工数据中 17mm 波长误差的幅值进一步降低，面形得到进一步平顺。

（4）与实验加工进行对照，32mm 束径的去除函数难以去除 17mm 波长误差；随着束径的减少，达到 15mm、5mm 时，这种频率成分的误差基本被消除。

2）离子束加工步距的影响

实际加工前后的表面误差数据如图 6.14 所示，改变步距进行离子束仿真加工，理论残差如图 6.26 所示。

离子束加工的步距设为 s，则有：

$s = 0.5mm$ 时，加工后面形误差 0.074λ PV、0.005λ RMS；

$s = 1mm$ 时，加工后面形误差 0.064λ PV、0.004λ RMS；

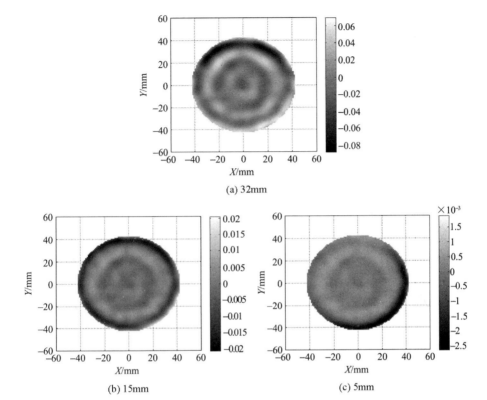

(a) 32mm

(b) 15mm

(c) 5mm

图 6.25　不同束径去除函数仿真加工后 17mm 波长误差的分布区域

$s = 2\text{mm}$ 时,加工后面形误差 0.058λ PV、0.004λ RMS;

$s = 4\text{mm}$ 时,加工后面形误差 0.045λ PV、0.006λ RMS。

由图 6.26 可见,虽然步距发生改变,但仿真加工后光学表面均达到了很高的精度;并且步距越小,PV 值越大,但 RMS 值变化不明显。

下面从频域进行分析,PSD 曲线比较如图 6.27 所示。图中以 0.5mm、1mm、4mm 步距的仿真加工数据为例,与 1mm 步距的实际加工数据进行对比。

由图 6.27 可见:

（1）不同步距的仿真加工数据与 1mm 步距实际加工数据混杂在一起,幅值变化无明显规律,这与束径改变对 PSD 曲线的影响形成鲜明对照。

（2）17mm 波长误差一直存在,这表明步距改变对 17mm 波长误差没有明显的改善作用。

（3）对于仿真加工数据的较低频带误差,1mm 步距比 0.5mm 步距有所改

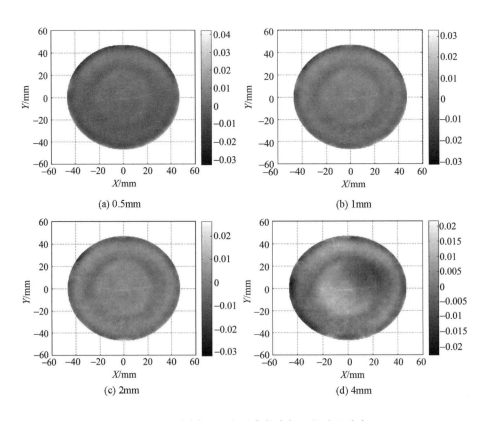

图 6.26　不同步距下离子束仿真加工的残差分布

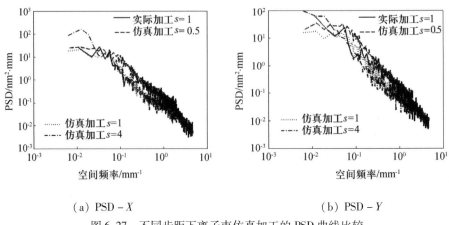

（a）PSD – X　　　　　　　　　　　（b）PSD – Y

图 6.27　不同步距下离子束仿真加工的 PSD 曲线比较

善;但 4mm 步距比 0.5mm 步距差,这一点正好与 RMS 值的大小相一致。

(4)没有出现与所选步距一致的敏感频率成分误差。

为对第(2)点作进一步说明,利用 CWT2D 分析 17mm 波长误差在 0.5mm、4mm 步距条件下仿真加工数据中的分布,如图 6.28 所示。

由图 6.28 可见,17mm 波长误差分布具有回转对称的形式;并且在 0.5mm 和 4mm 步距条件下仿真加工后的幅度、分布区域差异不大,即在不同步距下仍存在这种频率成分的误差。

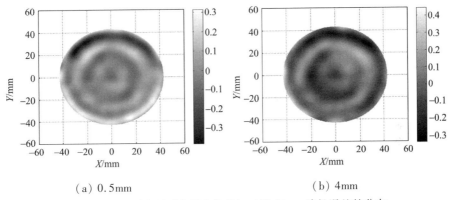

（a）0.5mm   （b）4mm

图 6.28　不同步距下离子束仿真加工后 17mm 波长误差的分布

3. 加工步距对磁流变抛光误差的影响

图 6.29 为 $X-Y$ 走刀方式下,采用 0.5mm、2mm 步距对 2 块 K9 平面镜进行磁流变抛光后的加工结果。当步距为 0.5mm 时,取中心 $\phi48$mm 的范围进行分

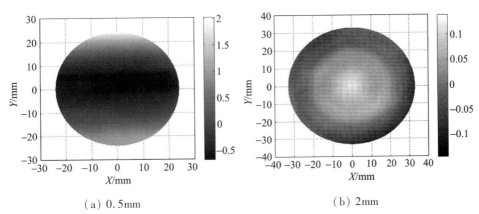

（a）0.5mm   （b）2mm

图 6.29　不同步距下磁流变抛光后的面形误差

析,加工后面形误差 2.708λ PV、0.565λ RMS;当步距为 2mm 时,取中心 φ66mm 的范围进行分析,加工后面形误差 0.283λ PV、0.050λ RMS。

从频域进行分析,仍计算两个方向的 PSD 曲线,如图 6.30 所示。

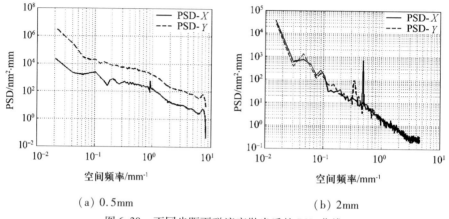

（a）0.5mm   （b）2mm

图 6.30   不同步距下磁流变抛光后的 PSD 曲线

由图 6.30 可见:

（1）对于 0.5mm 步距,只在 X 方向 1.07mm 波长（0.93mm^{-1}）处存在小尖峰,但并不显著,且与所选步距不一致。

（2）对于 2mm 步距,在 X、Y 两个方向上均存在明显的频率成分,其中 X 方向是 2mm（0.5mm^{-1}）,Y 方向是 3.11mm（0.32 mm^{-1}）,可见 X 方向误差波长与所选步距一致。

利用 CWT2D 对步距为 2mm 磁流变抛光后的 2mm 波长误差进行分析,结果如图 6.31 所示。

由图 6.31 可见,2mm 波长误差表现为间隔 2mm 的平行条纹,这是 X – Y 走刀方式下进行磁流变抛光时 2mm 步距所产生的。

综合 PSD 曲线的分析结果,发现减少步距有利于消除磁流变抛光过程中由步距带来的较高频率成分误差。

6.4   光学加工误差的散射性能评价方法

上节分析了基于功率谱密度特征曲线的连续小波变换评价方法,它存在一个明显的缺点:特征曲线没有与光学零件的性能指标联系起来,特别是对中、高频误差具有显著影响的散射性能没有明确表达出来。为了解决这一问题,本节

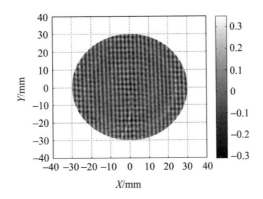

图 6.31 步距为 2mm 磁流变抛光后 2mm 波长误差的分布

基于 Harvey-Shack 散射理论,采用二维离散小波变换方法对光学加工误差进行二进频带划分,并建立不同频带误差影响散射性能的分析方法,为确定性修形加工提供指导依据。

6.4.1 光学加工误差的二进频带划分方法

光学零件表面是二维面形,比较合适的误差频带分割方法是采用二维离散小波变换。与带宽滤波器相比,小波变换具有"由粗及精"的多分辨分析特征,更适合光学表面加工误差的分析需要。

1. 分析原理

设光学表面的原始误差信号为 S,进行二维离散小波变换(包括分解和重构)[33],对于第一层有

$$S = A1 + D1 \tag{6.13}$$

式中,$A1$ 为低通滤波后重构而得到的逼近信号,即低频成分;

$D1$ 为高通滤波后重构而得到的细节信号,即高频成分。

根据式(6.13),得到了两个不同频带的信息(如无特别说明,二维离散小波变换的细节信号只取对角方向)。在此基础上,对第二层进行分析得

$$A1 = A2 + D2 \tag{6.14}$$

同理,$A2$ 为逼近信号,$D2$ 为细节信号,综合式(6.13)、式(6.14)得

$$S = A2 + D2 + D1 \tag{6.15}$$

由式(6.15)可见,原始误差信号根据频带的不同被分为三段,即进行了误差在频域的分离。当分析层数增加时,可以依次类推下去,如图6.32所示。

$$S = A3 + D3 + D2 + D1 \tag{6.16}$$

需要说明的是,实际的误差信号频带划分可能并不满足离散小波的频带二进分割特征,如 LLNL 提出的误差频带就不符合,因此式(6.16)只是针对理想情况。对于具体的误差信息,需要进行多层分解与融合,才能达到特定频带误差分割的目的;也正是这一点,使得二进频带分割与光学零件口径大小无关,从而脱离了目前光学表面低、中、高频划分范围不统一的缺陷,具有较广的适应性。

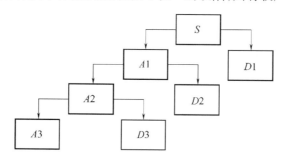

图 6.32　基于二维离散小波变换的光学加工误差频带分割

基于频带分析结果,一般能直接看出各二进频带误差在光学表面的分布情况,从而通过比较加工前后的小波分析结果,对光学加工质量进行评价。

2. 加工实例分析

实验中对一块 CCOS 加工的 $\phi450\mathrm{mm}$、中心孔为 $\phi80\mathrm{mm}$ 的球面镜采用波面干涉仪进行测量,CCD 阵列的有效像素为 220×218,采样周期为 $2.068\mathrm{mm}/$像素,对应的采样频率为 $F_s = 1/2.068 = 0.48\ \mathrm{mm}^{-1}$,面形误差幅值为 0.213λ PV、0.029λ RMS。测量结果如图 6.33(a)所示。

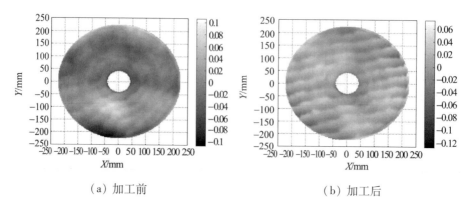

（a）加工前　　　　　　　　　　　（b）加工后

图 6.33　$\phi450\mathrm{mm}$ 球面镜加工前后的表面误差

选用 bior 3.7 小波作为基本小波,当信号采样率满足 Nyquist 要求时,能分析的信号最高频率为 $f_{max} = F_s/2 = 0.24\ \text{mm}^{-1}$。采用离散小波变换进行光学加工误差的二进频带划分，对于第一层有 $A1:0 \sim 0.12\ \text{mm}^{-1}$、$D1:0.12\ \text{mm}^{-1} \sim 0.24$ mm^{-1}，依次分到第四层：

$$S = D1 + D2 + D3 + D4 + A4 \tag{6.17}$$

式中，$D1$、$D2$、$D3$、$D4$ 分别为第一层、第二层、第三层、第四层小波分割后的细节信号；

$A4$ 为第四层小波分割后的逼近信号。

图 6.33(b) 为同一块大镜修正加工之后的检测结果，误差值为 0.200λ PV、0.018λ RMS，与加工前相比，改善程度较大。图 6.34 左侧为在 Matlab 中利用小波工具箱对原始面形误差的分析结果，右侧为修形加工后的小波分析结果，将图中左、右两侧对应频带误差的 PV 值和 RMS 值进行比较可以发现，各频带误差特别是低频带误差 $A4$ 得到了较好的改善。

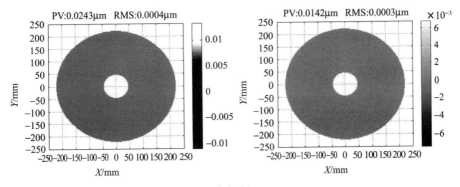

(a) $D1$

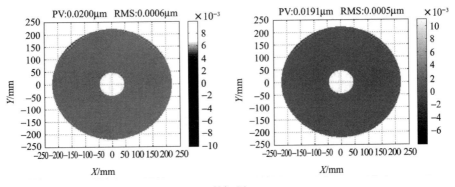

(b) $D2$

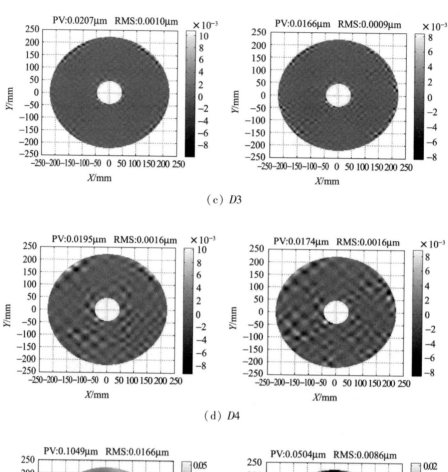

（c）D3

（d）D4

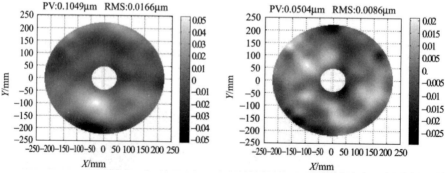

（e）A4

图6.34　ϕ450mm 球面镜加工前后对应频带误差的分析结果

由上述分析过程可知,该方法在评价光学表面加工质量时,只能比较两次加工的二维离散小波变换分析结果,没有与光学性能建立直接的联系。接下来结合 Harvey-Shack 散射理论,分析光学表面不同频带误差对散射性能的影响。

6.4.2　基于 Harvey-Shack 散射理论的误差评价方法

当光线垂直入射到反射镜表面,且反射镜表面误差服从零均值的高斯分布时,基于 Harvey-Shack 散射理论[18],光学表面的传递函数(这里取为实数,可直接采用调制传递函数 MTF 代替)为

$$H_{s}(\hat{x},\hat{y}) = \exp\left\{-(4\pi\hat{\sigma}_{s})^{2}\left[1 - \hat{C}_{s}\left(\frac{\hat{x}}{\hat{l}},\frac{\hat{y}}{\hat{l}}\right)/\hat{\sigma}_{s}^{2}\right]\right\} \tag{6.18}$$

式中,$\hat{C}_{s}\left(\dfrac{\hat{x}}{\hat{l}},\dfrac{\hat{y}}{\hat{l}}\right)$ 为光学表面的二维自相关函数;

l 为相关长度,$\hat{x} = x/\lambda$,$\hat{y} = y/\lambda$,$\hat{l} = l/\lambda$;
σ_{s}^{2} 为表面误差分布函数的方差,$\hat{\sigma}_{s} = \sigma_{s}/\lambda$;
λ 为入射光波长;
下标 s 指表面。

传递函数不但与误差方差对应的 RMS 值有关,还与相关长度有关,当 RMS 值满足要求时,并不代表光学性能就一定满足要求。

在掠入射(极大角度入射)时,有

$$H_{s}(\hat{x},\hat{y}) = \exp\left\{-(4\pi\sin\varphi\hat{\sigma}_{s})^{2}\left[1 - \hat{C}_{s}\left(\frac{\hat{x}}{\hat{l}},\frac{\hat{y}}{\hat{l}\sin\varphi}\right)/\hat{\sigma}_{s}^{2}\right]\right\} \tag{6.19}$$

式中,φ 为入射光与表面的夹角。

在大角度入射时,有

$$H_{s}(\hat{x},\hat{y}) = \exp\left\{-[2\pi(\cos\gamma_{0} + \cos\gamma)\hat{\sigma}_{s}]^{2}\left[1 - \hat{C}_{s}\left(\frac{\hat{x}}{\hat{l}},\frac{\hat{y}}{\hat{l}}\right)/\hat{\sigma}_{s}^{2}\right]\right\}$$

$$\tag{6.20}$$

式中,γ_{0} 为入射角;
γ 为散射角。

光学表面误差由低频带、中频带和高频带组成,因此有[18]

$$H_{s} = H_{L}H_{M}H_{H} \tag{6.21}$$

式中,H_{L}、H_{M}、H_{H} 分别为低、中、高频误差传递函数。

以下标 L、M、H 分别代替式(6.18)、式(6.19)、式(6.20)中的下标 s,即可

得到光线垂直入射、掠入射或大角度入射时 H_L、H_M 和 H_H 的表达式。

如果在光学系统中考察散射表面的影响,有[18]

$$H_{\text{eff}} = H_s H_{\text{core}} \qquad (6.22)$$

式中,H_s 为散射引起的传递函数;

$\quad H_{\text{core}}$ 为考虑像差、衍射的传递函数;

$\quad H_{\text{eff}}$ 为综合的系统传递函数。

基于 Harvey-Shack 散射理论,可以判断光学零件表面误差是否符合光学性能的指标要求。然而,这种评价方法难以对确定性加工进行指导,因为它从本质上而言只是一种评价手段,并不是为确定性修形加工而提出来的,其重点在于得到光学表面的总体质量,而不是考察各频带误差对应的光学性能。因此,需要将Harvey-Shack散射理论、基于二维离散小波变换的误差频带划分方法结合起来,分析光学表面不同频带加工误差的散射性能。

以图 6.32 中光学表面误差的三层分解为例,参照式(6.21)有

$$H_s = H_{D1} \cdot H_{D2} \cdot H_{D3} \cdot H_{A3} \qquad (6.23)$$

式中,H_{D1}、H_{D2}、H_{D3}、H_{A3} 分别为 D1、D2、D3、A3 频带误差所对应的光学传递函数。

求出各频带误差的传递函数之后,对其进行傅里叶变换,可得到对应的点扩散函数,再进行积分,得到环围能量,从而建立频带误差与光学性能之间的定量联系。当加工误差不满足光学性能要求时,可以发现需要重点控制的频带误差;此外,这种评价方法还能够为选择合适的加工方法、工艺参数去控制频带误差提供参考,整个过程如图 6.35 所示。

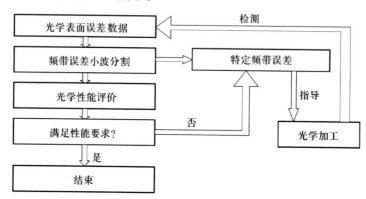

图6.35　基于散射性能分析的频带误差控制流程

6.4.3　光学加工误差对散射性能的影响分析

对 CCOS 加工的 $\phi500\text{mm}$ 球面镜采用波面干涉仪进行测量,CCD 阵列的有效像素为 512×512,采样周期为 $\Delta = 1\text{mm}/$像素,面形误差值为 0.7477λ PV、0.1125λ RMS。干涉仪测量结果如图 6.36 所示(取中心 $\phi425\text{mm}$ 区域)。

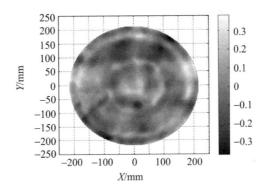

图 6.36　$\phi500\text{mm}$ 球面镜的表面误差

首先进行误差频带分割,当信号的采样率满足 Nyquist 要求时,其最高频率为 $f_{\text{max}} = 1/(2\Delta) = 0.5\text{mm}^{-1}$。采用离散小波变换进行二分频带,对第一层 $A1:0 \sim 0.25\text{ mm}^{-1}, D1:0.25 \sim 0.5\text{ mm}^{-1}$;依次类推,到第四层 $S = D1 + D2 + D3 + D4 + A4$,误差频带分布范围如表 6.2 所示(频率栏采用其倒数——波长,进行表示)。

表 6.2　$\phi500\text{mm}$ 球面镜频带误差的特征参数

频带分割	频带范围/mm	方差 $\sigma^2/\mu\text{m}^2$	相关长度 $l/\mu\text{m}$
$D1$	$2 \sim 4$	9.34×10^{-10}	1000.2
$D2$	$4 \sim 8$	1.08×10^{-8}	2000.5
$D3$	$8 \sim 16$	3.98×10^{-7}	3000.7
$D4$	$16 \sim 32$	1.52×10^{-6}	5001.2
$A4$	$32 \sim$	4.27×10^{-3}	23006.3

由表 6.2 可见,$D4$ 空间波长已达到 32mm,接近于 LLNL 提出的大镜中、低频范围分界点 33mm。选用 bior3.7 作为基本小波,二维离散小波变换的分析结果如图 6.37 左侧所示。

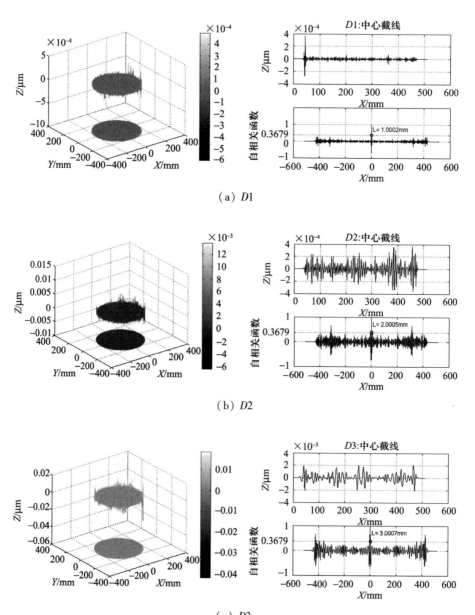

（a）D1

（b）D2

（c）D3

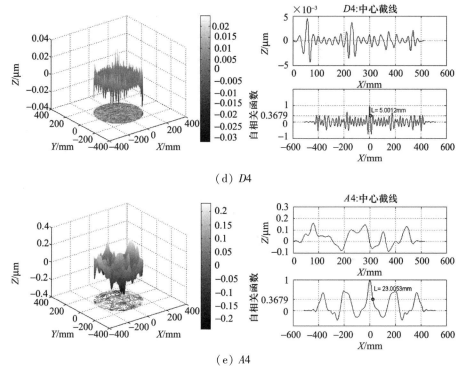

（d）D4

（e）A4

图 6.37　φ500mm 球面镜频带误差的分析结果

对每一种频带误差,取与中心横轴平行的截线作为分析均方根 σ、相关长度 l 的误差数据 $x(n)$。根据方差表达式 $\sigma^2 = \dfrac{1}{N}\sum\limits_{n=1}^{N}\left[x(n)\right]^2$（$N$ 为采样点数）,将 $x(n)$ 代入可以求得 σ^2 值。通过考察每一截线误差的归一化自相关函数,当归一化自相关函数值下降到 $1/e$ 时,得到对应的相关长度 l 值[26],在图 6.37 右侧进行标注。为了清晰,每一频带误差对应的 σ^2、l 值也列在表 6.2 中。

当波长为 632.8nm 的单色光垂直入射到光学表面,将表 6.2 中 σ^2、l 和自相关函数代入式(6.18)、式(6.23),可以得到各频带误差对应的光学传递函数和总体光学传递函数(以 MTF 进行表示),如图 6.38 所示,图中 A4、ALL 对应曲线几乎重合。对各频带误差的传递函数进行傅里叶变换,得到对应的点扩散函数 PSF,如图 6.39 所示。

由图 6.38、图 6.39 可见,随着误差波长增加,传递函数值减小,散射角度也将减小。如果只考虑表面误差对传递函数值的影响,则 A4 频带误差需要重点控

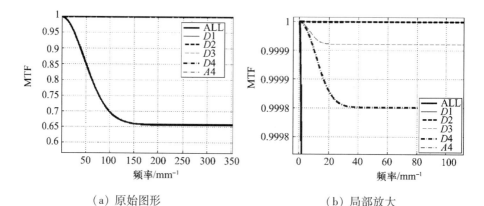

（a）原始图形　　　　　　　　　（b）局部放大

图 6.38　ϕ500mm 球面镜各频带误差对应的 MTF

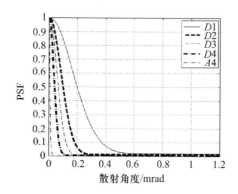

图 6.39　ϕ500mm 球面镜各频带误差对应的点扩散函数

制；而如果只考虑表面误差对散射角度的影响，则 D1 频带误差需要重点控制。因此对于 ϕ500mm 球面镜，较低频带误差对传递函数的影响占主导地位，较高频带误差对散射角度的影响占主导地位。

在上述分析结果中，最大的散射角度只有 0.6mrad，整体影响不大；而 ϕ500mm 球面镜的总体传递函数值只有 0.65，下一步应选择合适的工艺方法对低频误差进行修正，以提高传递函数值。

6.5　基于光学性能分析的频带误差评价方法

本节根据统计光学理论，分析不同频带加工误差对光学性能的影响特点；针对特定场合下的应用要求，建立二进频带误差与光学性能之间的内在联系，归纳出以光学性能分析为基础的确定性加工频带误差评价方法。

6.5.1 不同频带误差对光学性能的影响特点

光学加工误差整体上服从均值为零的高斯分布,基于统计光学理论,其平均光学传递函数为(这里针对实数部分,可以直接采用 MTF 进行代替)[26]

$$H(\nu_u, \nu_v) = \exp\left\{-\sigma_\phi^2[1 - \gamma_\phi(\lambda f\nu_u, \lambda f\nu_v)]\right\} \tag{6.24}$$

式中,γ_ϕ 为加工误差的归一化二维自相关函数;

σ_ϕ^2 为误差方差;

(ν_u, ν_v) 为频域面坐标;

λ 为入射光波长;

f 为焦距;

下标 ϕ 为相位。

当光学表面为反射形式时,相位误差需乘 2,由式(6.24)变化为

$$H_m(\nu_u, \nu_v) = \exp\left\{-(2\cdot\sigma_\phi)^2[1 - \gamma_\phi(\lambda f\nu_u, \lambda f\nu_v)]\right\} \tag{6.25}$$

式中,H_m 为反射镜的传递函数。

设 σ 为光学表面加工误差的均方根值 RMS,有

$$\sigma_\phi = (2\pi/\lambda)\sigma \tag{6.26}$$

因此有

$$H_m(\nu_u, \nu_v) = \exp\left\{-(4\pi\hat{\sigma})^2[1 - \gamma_\phi(\lambda f\nu_u, \lambda f\nu_v)]\right\} \tag{6.27}$$

式中,$\hat{\sigma} = \sigma/\lambda$。

式(6.27)正好为基于 Harvey-Shack 散射理论的光学传递函数表达式(6.18),即式(6.18)可由式(6.24)推导而得。

光学加工误差的自相关函数一般表现为高斯形式[26],$\gamma_\phi = \exp(-(\lambda f\nu/l)^2)$,其中 l 表示相关长度,由式(6.24)得

$$H(\nu_u, \nu_v) = \exp\left\{-\sigma_\phi^2[1 - \exp(-(\lambda f\nu/l)^2)]\right\} \tag{6.28}$$

可见,在固定波长 λ、焦距 f 和频率 ν 的情况下,传递函数 H 只与两个自变量:误差方差 σ_ϕ^2、相关长度 l 有关。

根据式(6.24)可以推导出

$$H(\nu_u, \nu_v) = \exp(-\sigma_\phi^2) + \exp(-\sigma_\phi^2)[\exp(\sigma_\phi^2\gamma_\phi) - 1] \tag{6.29}$$

即对于确定的误差,H 是在一个镜面分量 $\exp(-\sigma_\phi^2)$ 的基础上加上一个凸起项 $\exp(-\sigma_\phi^2)[\exp(\sigma_\phi^2\gamma_\phi) - 1]$ 构成。对 H 进行傅里叶变换,得到点扩散函数[34],因镜面分量的傅里叶变换为脉冲分量,散射角度只与凸起项有关。

低频误差一般具有较大的方差和相关长度,高频误差一般具有较小的方差和相关长度。接下来分析不同频带误差在方差值和相关长度发生变化时,对MTF、散射角度和分辨率等光学性能指标的影响。

1. 频带误差对 MTF 的影响

根据式(6.28),在固定波长 λ、焦距 f 和频率 ν 的情况下,随着 σ_ϕ 增大、l 减少,H 将减少;因 ν 较大时,γ_ϕ 数值上接近于 0,H 最终趋近于 $\exp(-\sigma_\phi^2)$ [28,29],所以占主导地位的是 σ_ϕ,即误差方差越大,H 越小。

在进行光学加工误差的小波分割时,低频误差具有较大的方差,所以低频误差对 MTF 的影响较大。在光学系统设计中,MTF 是主要的设计指标,所以低频误差是需要首先控制的误差。

2. 频带误差对散射的影响

根据式(6.28),当减去镜面分量时,有

$$H(\nu_u, \nu_v) = \exp\left\{-\sigma_\phi^2\left[1 - \exp\left(-(\lambda f\nu/l)^2\right)\right]\right\} - \exp\left(-\sigma_\phi^2\right) \quad (6.30)$$

1)相关长度的影响

由式(6.30)可见,在固定波长 λ、焦距 f、频率 ν 和方差 σ_ϕ^2 的情况下,随着相关长度 l 减少,H 将减少,其对应的点扩散函数散射角增大。由于低频误差具有较大的相关长度,高频误差具有较小的相关长度,因此较高频带误差会产生较大的散射角度。

2)误差方差的影响

在固定波长 λ、焦距 f、频率 ν 和相关长度 l 的情况下,先求出式(6.30)的极值,然后分析其变化趋势。

令 $A = 1 - \exp[-(\lambda f\nu/l)^2]$,对 σ_ϕ 求偏导得

$$\frac{\partial H}{\partial \sigma_\phi} = 2\sigma_\phi\left[\exp\left(-\sigma_\phi^2\right) - A\exp\left(-A\sigma_\phi^2\right)\right] \quad (6.31)$$

令 $\frac{\partial H}{\partial \sigma_\phi} = 0$,得 $\sigma_{极} = [\ln A/(A-1)]^{1/2}$。当 $0 < \sigma_\phi < \sigma_{极}$ 时,$\frac{\partial H}{\partial \sigma_\phi} > 0$;当 $\sigma_\phi > \sigma_{极}$ 时,$\frac{\partial H}{\partial \sigma_\phi} < 0$,因此 H 先递增后递减,且在 $\sigma_\phi = \sigma_{极} = [\ln A/(A-1)]^{1/2}$ 时取极大值:

$$H_{\max} = \exp\left[-A\ln A/(A-1)\right] - \exp\left[-\ln A/(A-1)\right] \quad (6.32)$$

由于 $A = 1 - \exp[-(\lambda f\nu/l)^2]$,可知 $0 < A < 1$,可证得 [35]

$$\sigma_{极} = [\ln A/(A-1)]^{1/2} > 1 \quad (6.33)$$

当 $0 < \sigma_\phi \leq 1$ 时,H 单调递增;而当 $\sigma_\phi = 1$ 时,由式(6.26)得 $\sigma = \frac{\lambda}{2\pi} \approx$

$\lambda/6$，在确定性光学加工中一般满足 $\sigma < \lambda/6$。根据上面的分析，随着 σ 减少，H 减少，其对应的点扩散函数散射角增大。由于较高频带误差具有较小的方差值，因此将会产生较大的散射角。

综合相关长度及误差方差的影响，均可以发现高频误差引起的散射角度较大。在设计和分析有杂散光控制要求的光学系统时，这一点非常重要[18]。但对于一般的光学系统，还需要考虑散射光引起的能量损失。Noll 得出镜面能量损失的表达形式[17]为

$$E = 1 - \exp[-(\sigma_\phi^2)]E_0 \qquad (6.34)$$

式中，E_0 为考察范围内衍射受限的环围能量；只考虑光学表面加工误差时，可设定 $E_0 = 1$。

因此，误差方差越大，能量损失越大，即低频误差具有较大的能量损失，高频误差具有较小的能量损失。对于一般的光学系统，高频误差的影响不仅要分析其产生的散射角度，还要分析对应的能量损失。综合而言，就是在一定范围内考察环围能量的大小，当能量损失比较小时，即使散射角度很大，其对散射性能的影响仍然很小。

3. 频带误差对分辨率的影响

分辨率是指能分辨开的两点之间的间隔，一般光学接受器能分辨的光强差为 1∶0.735。根据瑞利判据，分辨率等于爱里斑的半径[36]。研究误差频率成分对分辨率的影响，需要计算各频带误差对应的点扩散函数，分析相距为爱里斑半径的两点点扩散函数合成曲线极大值和极小值之间的差异，判断是否满足光强差的分辨要求。

对传递函数表达式(6.24)进行傅里叶变换，得到各频带误差对应的点扩散函数。由式(6.29)可知，镜面分量的傅里叶变换是一个脉冲，点扩散函数合成曲线的极大值(呈现为脉冲形式)与极小值之间的差异很大，因此各频带误差均满足这种意义上的分辨率要求。但分辨率的评判还需要与实际的光学系统联系起来，研究各频带误差对衍射受限爱里斑的影响。

比较而言，较高频带的误差具有较大的散射角度和较低的能量损失，散射半径一般远大于爱里斑角半径，但由于散射能量小，只是出现很宽广的晕圈，因此高频误差比中频误差更易分辨；低频误差引起的能量损失虽然较大，但散射角度很小，一般小于或稍大于爱里斑角半径，对分辨率的影响非常小；中等频带的误差使光线发生小角度散射，对分辨率的影响最大。对于衍射效应较小的超短波系统，需更加关注频带误差对分辨率的影响[18]。

综上所述，频带误差对光学性能的影响规律如下：较低频带的误差对 MTF

的影响较大,较高频带的误差对散射角度影响较大,中等频带的误差对分辨率影响较大。值得注意的是,在实际的光学系统中,可能会有多方面的光学性能要求,此时需进行综合考虑。

6.5.2 光学系统应用场合对频带误差的要求

在6.5.1节中建立了不同频带加工误差与 MTF、散射角度和分辨率等光学性能指标之间的联系,这种分析方法能够在确定性光学加工频带误差的控制上发挥作用:首先,根据应用场合对光学性能的要求,对加工的光学镜面进行评价,当面形误差不满足指标时,找出需要重点控制的频带误差;其次,能够研究不同的确定性加工方法、工艺参数对频带误差和光学性能的影响,从而为满足性能指标要求选择合适的工艺手段去控制对应的频带误差提供参考。整个分析过程参照图6.35所示,只是其中的光学性能评价需要针对不同的应用要求。

1. 不同应用场合的分析方法

对于分类的光学系统应用场合,具体的分析方法如下:

(1) 需要控制 MTF 的场合:将各频带误差对应的方差和相关长度代入式(6.28),得到它们与 MTF 之间的定量联系;根据式(6.23),将各频带误差对应的 MTF 相乘,得到加工误差的总体 MTF,从而评价光学表面是否满足 MTF 的指标要求。

(2) 需要控制散射的场合:将各频带误差对应的方差和相关长度代入式(6.30),再进行傅里叶变换,得到各频带误差与散射角度之间的定量联系,最大的散射角即为加工误差的总体散射角,进而评价光学表面是否满足散射性能要求。

(3) 需要控制分辨率的场合:由式(6.28)得到各频带误差的 MTF,将其与衍射、像差引起的光学系统 MTF 相乘,进行傅里叶变换后得到各频带误差的点扩散函数;分析相距为爱里斑半径的两点处点扩散函数合成曲线极大值和极小值之间的差异比值,得出各频带误差与分辨率之间的联系;将加工误差的总体 MTF 与衍射、像差引起的 MTF 相乘,进行傅里叶变换后得到总体的点扩散函数合成曲线,由其极大值和极小值之间的差异是否大于光学接受器能分辨的光强差别,评价光学表面是否满足分辨率要求。

下面针对口径为500mm、顶点曲率半径为3000mm 的 K9 抛物面镜进行频段误差对光学性能的影响分析。经 CCOS 小工具加工之后,采用波面干涉仪对光学镜面进行测量,CCD 阵列的有效像素为 873×873,采样周期 $\Delta = 0.529 \text{mm}/$像素。由于数据量比较大,在分析时进行了下采样,此时有效像素为 437×437,采

样周期 $\Delta \approx 1\,\mathrm{mm}$/像素。测量结果如图 6.40 所示(取中心 $\phi462\,\mathrm{mm}$ 范围,中心孔尺寸为 $\phi100\,\mathrm{mm}$),误差值为 0.1595λ PV、0.0147λ RMS。

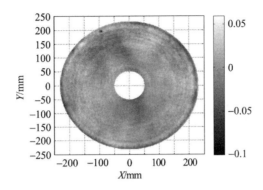

图 6.40　$\phi500\,\mathrm{mm}$ 抛物面镜的表面误差

首先进行频带误差分割。当信号的采样率满足 Nyquist 要求时,能分析到的信号最高频率为 $f_{\max}=1/(2\Delta)=0.5\,\mathrm{mm}^{-1}$。采用离散小波变换方法进行加工误差的二进频带划分,对第一层 $A1:0\sim0.25\,\mathrm{mm}^{-1}$、$D1:0.25\sim0.5\,\mathrm{mm}^{-1}$;依次进行类推,到第四层有 $S=D1+D2+D3+D4+A4$,误差频带分布范围如表 6.3 所示(为了直观,表中"频率范围"采用其倒数——空间波长进行表示),$D4$ 空间波长已达到 32mm,接近美国 LLNL 的大镜中、低频分界点 33mm。

表 6.3　$\phi500\,\mathrm{mm}$ 抛物面镜频带误差的特征参数

频带分割	频带范围/mm	方差 $\sigma^2/\mu\mathrm{m}^2$	相关长度 $l/\mu\mathrm{m}$
$D1$	$2\sim4$	3.23×10^{-8}	1059.6
$D2$	$4\sim8$	2.13×10^{-7}	2119.3
$D3$	$8\sim16$	1.37×10^{-7}	2119.3
$D4$	$16\sim32$	3.98×10^{-7}	4238.5
$A4$	$32\sim$	4.04×10^{-5}	67816.5

选用 bior 3.7 作为基本小波进行二维离散小波变换,分析结果如图 6.41 左侧所示;然后取各频带误差过中心横轴的平行截线作为计算方差 σ^2、相关长度 l 的误差数据,如图 6.41 右侧所示,σ^2、l 值的计算结果见表 6.3。由表 6.3 可见,最高频带误差 $D1$ 的方差和相关长度最小,最低频带误差 $A4$ 的方差和相关长度最大。

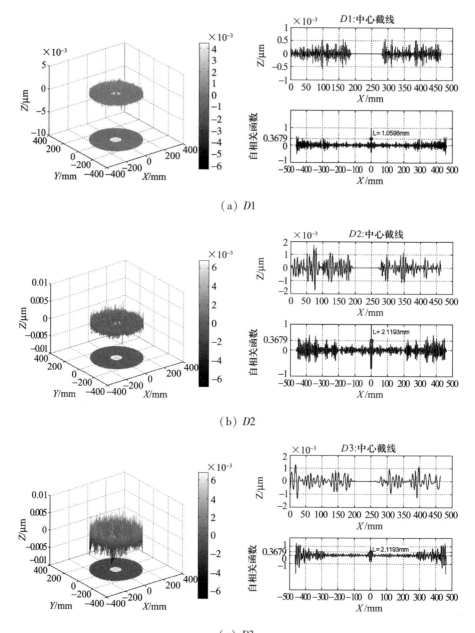

（a）D1

（b）D2

（c）D3

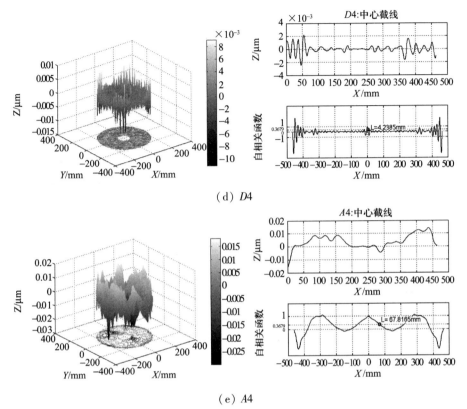

(d) D4

(e) A4

图 6.41　$\phi500\text{mm}$ 抛物面镜频带误差的分析结果

如果将这块抛物面镜作为改进型 Cassegrain 望远光学系统的主镜,垂直入射的单色光波长 $\lambda =632.8\text{nm}$。利用 Zemax 软件进行光路设计[37],如图 6.42 所示,其中第 2 面是需要分析的抛物面镜。通光口径 $D =460\text{mm}$,$F_{\text{数}} =6$,焦距 $f =2762\text{mm}$,具体的结构参数如表 6.4 所示。

表 6.4　改进型 Cassegrain 望远光学系统的结构参数

序号	类型	半径/mm	厚度/mm	玻璃牌号	半孔径/mm	二次曲面系数
0	Standard	infinity	infinity	Air	0	0
1	Standard	infinity	500	Air	90	0
2	Standard	−1500	−495	Mirror	240	−1
3	Standard	−700	400	Mirror	78.7	−3.04
4	Standard	−834.3	7.5	SF11	51	0
5	Standard	−830.9	537.3	/	51	0
6	Standard	infinity	0	Air	4.04	0

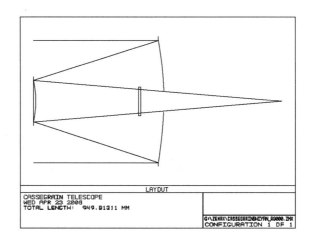

图 6.42　改进型 Cassegrain 望远光学系统的光路结构

改进型 Cassegrain 望远光学系统对应的 MTF、点扩散函数、环围能量等光学性能指标如图 6.43 所示,截止频率 $\nu_{\text{cutoff}} = D/(\lambda f) = 1/(\lambda F_{\text{数}}) \approx 263\text{mm}^{-1}$。由图 6.43 可见,当不考虑光学表面加工误差的影响时,望远系统是衍射受限的。

2. 加工误差频率成分对光学性能指标的影响

下面针对不同的光学系统应用场合,分析加工误差频率成分对光学性能指标的具体影响。

1) 频带误差对 MTF 的影响,频带范围为 $0 \sim \nu_{\text{cutoff}}$

将表 6.3 中每一频带误差的 σ^2(反射镜表面 $\sigma_\phi = 2 \times (2\pi/\lambda)\sigma = 4\pi\sigma/\lambda$)、$l$ 和自相关函数代入式(6.28)中,得出各频带误差对应的 MTF;在此基础上,根据式(6.23)将各频带误差的 MTF 相乘,即得到光学加工误差的总体 MTF 曲线,如图 6.44 所示,其中"ALL"即为总体 MTF 曲线。

由图 6.44 可见,最低频带误差 A4 对 MTF 的影响最大,图 6.44(b)中频率较小时,MTF 曲线之间存在少量交叉现象,但由于此范围很小,可以忽略。在频率 263mm^{-1} 处,总体误差的 MTF 达到最小值 0.996,这个数值仍接近于 1;如果衍射、像差引起的系统 MTF 达到指标要求,$\phi500\text{mm}$ 抛物面镜各频带误差对 MTF 值的影响将很小,加工过程满足预定目标。如图 6.45 所示,光学系统的 MTF 与衍射、像差引起的 MTF 基本重合。

2) 频带误差对散射的影响

在表 6.3 中,各频带误差均满足 $\sigma < \lambda/6$。将每一频带误差的 σ^2、l 和对应的自相关函数代入式(6.30),对其进行傅里叶变换,得到点扩散函数,其归一化

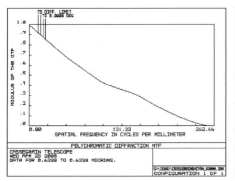

(a) MTF

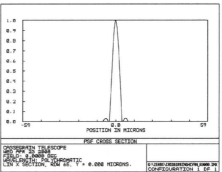

(b) 点扩散函数

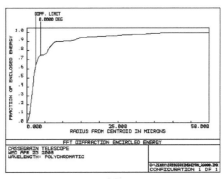

(c) 环围能量

图 6.43　改进型 Cassegrain 望远光学系统的性能指标

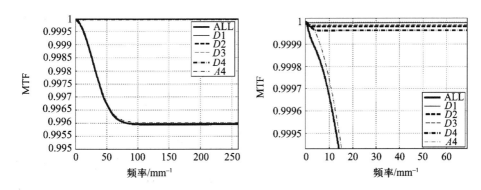

（a）原始图形　　　　　　　　　　　　（b）局部放大

图 6.44　$\phi500\text{mm}$ 抛物面镜各频带误差对应的 MTF

结果如图 6.46 所示,图中 $D2$、$D3$ 对应的曲线基本重合。

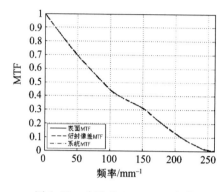

图 6.45　改进型 Cassegrain 光学
系统的 MTF 曲线比较

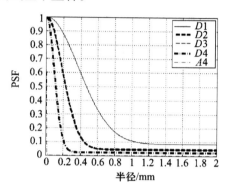

图 6.46　ϕ500mm 抛物面镜各频带
误差对应的点扩散函数

由图 6.46 可见,最高频带误差 $D1$ 导致的散射半径最大,达到 1.4mm。而爱里斑半径大小为 $r = 1.22\lambda f/D = 1.22 \times 632.8 \times 10^{-6} \times 2762/462 = 0.0046\text{mm}$,即最大散射半径约为爱里斑半径的 300 倍。如果设计过程要求杂散光控制在 1mm 范围内,则此抛物面镜不符合设计的要求;当然分析时还需要综合考虑散射角引起的光学系统能量损失,若能量损失很小,则对散射性能的影响不大。因此在传统光学设计中满足要求时,当考虑了散射影响后可能就不再满足,需要对频带误差做进一步的控制。

3）频带误差对分辨率的影响

针对改进型 Cassgrain 光学系统进行分析,将式(6.28)中各二进频带误差的 MTF 与衍射、像差引起的 MTF 相乘,进行傅里叶变换,得到各频带误差的点扩散函数;然后计算相距为爱里斑半径的两点处点扩散函数合成曲线极大值和极小值之间的差异比值。

由图 6.44 可见,因各二进频带误差对应的 MTF 均大于总体误差对应的表面 MTF,非常接近于 1,它们对应的点扩散函数基本重合,如图 6.43(b)所示。由于只考虑衍射、像差时光学系统性能接近于衍射极限,所以 ϕ500mm 抛物面镜满足分辨率要求,各频带误差对应的分辨率水平相当。

上面以改进型 Cassegrain 望远光学系统为例,介绍了光学表面加工误差对光学性能的影响;对于其他光学系统,分析方法类似。

6.5.3　ϕ200mm 抛物面镜离子束加工误差的评价

本节通过实例分析,将频带误差的评价与确定性光学加工过程结合起来,归纳出基于光学性能分析的确定性加工频带误差评价方法,从而为选择合适的加工方法和工艺参数,实现光学加工频带误差的合理控制提供参考。

分析对象是一块经过 CCOS 小工具加工的 ϕ200mm 微晶玻璃抛物面镜,利用离子束抛光方法进行精度提升,走刀方式为光栅扫描,离子束束径为 32mm。波面干涉仪的测量结果如图 6.47 所示,CCD 采样周期为 0.22mm/像素,分析时选取中间部位 ϕ160mm 的口径范围,中心孔径为 ϕ52mm。离子束加工前面形误差值为 0.752λ PV、0.104λ RMS,加工后面形误差值为 0.263λ PV、0.028λ RMS。可见经过离子束加工之后,面形精度得到了较大的提高。

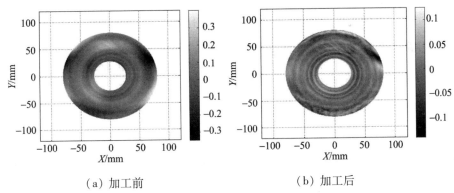

（a）加工前　　　　　　　　　　　（b）加工后

图 6.47　ϕ200mm 微晶玻璃抛物面镜离子束加工前后的表面误差

下面分析 ϕ200mm 抛物面镜在离子束加工前后面形误差对光学性能的影响,以便为下一步修形加工提供指导。

1. 加工误差的频谱特征分析

首先进行光学加工误差 PSD 曲线的比较分析,如图 6.48 所示。为了简便,图中只选取频率成分较丰富的纵向 PSD 误差数据。

由图 6.48 可见,抛物面镜较低频带的误差改善效果比较明显;随着误差频率增大,改善程度越来越小;当频率 $f>0.083$mm^{-1},即波长 <12mm 时,误差幅值只是稍有降低,改善作用不明显。

2. 敏感频率误差的分布区域分析

接下来选取改善效果不明显的起始敏感频率——(12mm)$^{-1}$进行 CWT2D 分析,以研究离子束加工之后 12mm 波长误差产生的具体原因。CWT2D 的分析

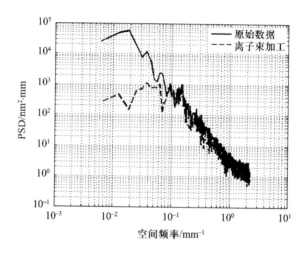

图 6.48　ϕ200mm 抛物面镜离子束加工前后的 PSD 曲线

结果如图 6.49 所示。

由图 6.49 可见,12mm 波长误差经过离子束加工后表现为回转对称的形式,与加工前的分布相似,但幅值有所降低。根据前面的结论,12mm 波长误差来源于去除函数对原始面形上该尺度误差的修正能力不足。

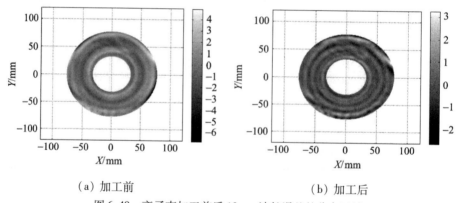

（a）加工前　　　　　　　　　　（b）加工后

图 6.49　离子束加工前后 12mm 波长误差的分布区域

3. 加工误差对 MTF 的影响

较低频带误差对 MTF 的影响最大,因此离子束加工对低频误差的改善体现在光学性能上主要是 MTF 值的提高。各类光学系统对 MTF 均有严格要求,ϕ200mm 抛物面镜在离子束加工前后的 MTF 如图 6.50、图 6.51 所示,图中 A4 曲线、ALL 曲线基本重合。

由图 6.50、图 6.51 可见,经过离子束加工后,因为低频带误差 $A4$ 改善幅度较大,总体 MTF 由 0.935 提高到了 0.981。因此,离子束加工对于改善 $\phi200mm$ 抛物面镜的光学性能具有很大作用。

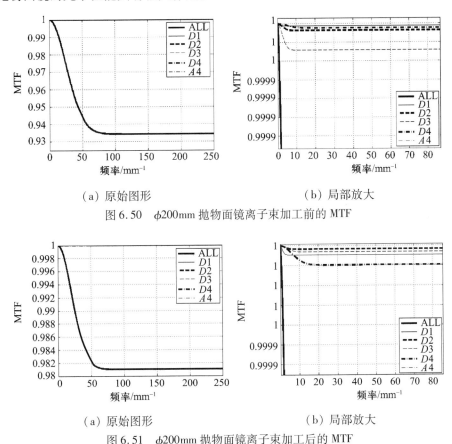

（a）原始图形 （b）局部放大

图 6.50 $\phi200mm$ 抛物面镜离子束加工前的 MTF

（a）原始图形 （b）局部放大

图 6.51 $\phi200mm$ 抛物面镜离子束加工后的 MTF

4. 敏感频率误差对光学性能的影响

干涉仪采样周期为 $0.22mm/$ 像素,采样频率为 $4.54mm^{-1}$,当信号的采样率满足 Nyquist 要求时,能分析到的最高频率为 $2.52mm^{-1}$。采用离散小波变换方法进行误差的二进频带划分,到第四层 $S = D1 + D2 + D3 + D4 + A4$,各误差对应的频带范围如表 6.5 所示,为了方便,"范围"采用其倒数——空间波长进行表示,频带二分过程中细节信号只取对角细节。

表 6.5 φ200mm 抛物面镜误差的频带范围

频带分割	范围/mm
D1	0.4 ~ 0.8
D2	0.8 ~ 1.6
D3	1.6 ~ 3.2
D4	3.2 ~ 6.4
A4	>6.4

由表 6.5 可见,没有改善的误差频率成分 $f > 0.083 \text{mm}^{-1}$(空间波长 < 12mm)囊括 D1、D2、D3、D4 及 A4 的一部分,A4 中未改善的频带误差设为 $A4_{part}$。由图 6.51 可见,D1、D2、D3、D4 频段误差对 MTF 的影响很小。

$A4_{part}$ 误差属于 A4 频带,而 A4 频带误差对 MTF 的影响较大,但经过离子束加工后 MTF 达到 0.981,接近于 1,所以 $A4_{part}$ 对光学性能的影响已经不大,不需要在 $f > 0.083 \text{mm}^{-1}$ 范围内分析更多的敏感频率成分误差。

5. 减小敏感频率误差的工艺方法

根据光学系统的应用要求,如果需要进一步提高 MTF 值,则 $A4_{part}$ 具有决定性的影响,应进行重点控制。在下一步离子束修形加工中,选取其中的敏感频率成分——12mm 波长误差进行分析。

根据 CWT2D 的分析结果,12mm 波长误差来源于去除函数对原始面形中本尺度误差的修正能力不足。参照 6.3.3 节的结论,随着离子束去除函数束径的减少,其对误差的改善能力增强,能改善的误差频率成分越高,因此通过选取较小的离子束束径,能够降低这一频率成分误差对光学性能的影响。

需要注意的是,上面主要针对光学性能指标 MTF 进行了分析。如果是其他类型的光学性能指标,则需要针对相关的频段误差进行分析,例如,考虑散射角度时,就需要对较高频带误差 D1 进行分析和改善,考虑分辨率时,就需要对中频带误差 D2、D3、D4 进行分析和改善。

参 考 文 献

[1] 周旭升. 大中型非球面计算机控制研抛工艺方法研究[D]. 长沙:国防科技大学机电工程与自动化学院,2007.

[2] Bielke A,Beckstette K,Kübler C. Fabrication of aspheric optics-process challenges arising from a wide

range of customer demands and diversity of machine technologies[C]. Proc. SPIE,2004,5252:1 – 12.

［3］ Lawson J K,Aikens D M,English R E,et al. Power spectral density specifications for high-power laser systems[C]. Proc. SPIE,1996,2775:345 – 356.

［4］ Lawson J K,Auerbach J M,English R E,et al. NIF optical specifications:the importance of the RMS gradient[R]. LLNL Report UCRL – JC – 130032,1998.

［5］ Tricard M,Murphy P E. Sub-aperture stitching for large aspheric surfaces[R]. Talk for NASA Technology Days,2005.

［6］ Meiling H,Benschop J P,Dinger U,et al. Progress of the EUVL alpha tool[C]. Proc. SPIE,2001,4343:38 – 50.

［7］ Meiling H,Benschop J P,Hartman R A,et al. EXTATIC:ASML's alpha-tool development for EUVL[C]. Proc. SPIE,2002,4688:52 – 63.

［8］ Meiling H,Banine V,Kuerz P,et al. The EUV program at ASML:an update[C]. Proc. SPIE,2003,5037: 24 – 35.

［9］ 任寰,卓志云,蒋晓东,等.波前功率谱密度函数评价方法探讨[J].强激光与粒子束,2002,14(2): 279 – 282.

［10］ Lawson J K,Wolfe C R,Manes K R,et al. Specification of optical components using the power spectral density function[C]. Proc. SPIE,1995,2536:38 – 50.

［11］ Aikens D M,Wolfe C R,Lawson J K. The use of Power Spectral Density(PSD)functions in specifying optics for the National Ignition Facility[C]. Proc. SPIE,1995,2536:281 – 292.

［12］ Aikens D M. The origin and evolution of the optics for the National Ignition Facility[C]. Proc. SPIE, 1995,2536:2 – 12.

［13］ 许乔,顾元元,等.大口径光学零件波前功率谱密度检测[J].光学学报,2001,21(3):344 – 347.

［14］ 徐芳,魏全忠,伍凡.功率谱密度函数评价方法探讨[J].光学仪器,2000,22(3):21 – 24.

［15］ 于瀛洁,李国培.关于光学零件波面测量中的功率谱密度[J].计量学报,2003,24(2):103 – 107.

［16］ ISO 10110. Optics and optical instrument:Preparation of drawings for optical elements and systems[S].

［17］ Noll R J. Effect of mid and high spatial frequencies on optical performance[J]. Opt. Eng. ,1979,18:137 – 142.

［18］ Harvey J E,Kotha A. Scattering effects from residual optical fabrication errors[C]. Proc. SPIE,1995, 2576:155 – 174.

［19］ Rice S O. Symposium on the theory of electromagnetic waves:reflection of electromagnetic waves from slightly rough surfaces[M]. New York,Interscience Publishers,1951.

［20］ Beckmann P,Spizzichino A. The scattering of electromagnetic waves from rough surfaces[M]. Artech House,Nordwood,MA,1987.

［21］ Noll R J,Glenn P,Osantowski J. Optical surface analysis code(OSAC)[C]. Proc. SPIE,1982,362:78 – 85.

［22］ Optical surface analysis code(OSAC)version 7.0 user's manual[R]. NASA goddard space flight center, 1993.

［23］ O'Donnnell K A,Mendez E R. Experimental study of scattering from characterized random surfaces[J]. J. Opt. Soc. Am. ,1987,4(7):1194.

［24］ Harvey J E,Vernold C L. Transfer function characterization of scattering surfaces：Revisited ［C］. Proc. SPIE,1997,3141:113 – 127.

［25］ Vernold C L,Harvey J E. Comparison of Harvey-Shack scatter theory with experimental measurements ［C］. Proc. SPIE,1997,3141:128 – 138.

［26］ Goodman J W. 统计光学［M］. 秦克诚,等译. 北京:科学出版社,1992.

［27］ Barkat R. The influence of random wavefront errors on the imaging characteristics of an optical system［J］. Optica Acta,1971,18:683 – 694.

［28］ 向阳. 粗糙波面光学传递函数像质评价准则和粗糙度公式理论［J］. 光学学报,1997,17(1):45 – 52.

［29］ Youngworth R N,Stone B D. Simple estimates for the effects of mid-spatial-frequency surface errors on image quality［J］. Applied optics,2000,39(3):2198 – 2209.

［30］ 程晓峰,郑万国,蒋晓东,等. 用功率谱密度坍陷评价光学零件波前中频误差特性［J］. 强激光与粒子束,2005,17(10):1465 – 1468.

［31］ Galigekere R,Holdsworth D,Swamy M,et al. Monent patterns in the random space［J］. Opt. Eng. ,2000,39(4):1088 – 1097.

［32］ 杨福生. 小波变换的工程分析与应用［M］. 北京:科学出版社,1999.

［33］ Wavelet toolbox3.0.1 help. MATLAB Version 7.0.1.24704 (R14) Service Pack 1［R］.

［34］ 梁铨廷. 物理光学［M］. 北京:机械工业出版社,1980.

［35］ 杨智. 确定性光学加工频带误差的评价与分析方法研究［D］. 长沙:国防科技大学机电工程与自动化学院,2008.

［36］ 张以谟. 应用光学:下册［M］. 北京:机械工业出版社,1982.

［37］ Zemax optical design program user's guide［R］. 2003.